中国城市科学研究系列报告
Serial Reports of China Urban Studies

中国绿色建筑(2015)

China Green Building

中国城市科学研究会　主编
China Society for Urban Studies（Ed.）

中国建筑工业出版社

China Architecture & Building Press

图书在版编目（CIP）数据

中国绿色建筑（2015）/中国城市科学研究会主编.
北京：中国建筑工业出版社，2015.3
（中国城市科学研究系列报告）
ISBN 978-7-112-17887-2

Ⅰ.①中⋯　Ⅱ.①中⋯　Ⅲ.①生态建筑-研究报告-中
国-2015　Ⅳ.①TU18

中国版本图书馆 CIP 数据核字（2015）第 044666 号

本书是中国绿色建筑委员会组织编撰的第八本绿色建筑年度发展报告，旨在全面系统总结我国绿色建筑的研究成果与实践经验，指导我国绿色建筑的规划、设计、建设、评价、使用及维护，在更大范围内推动绿色建筑发展与实践。本书包括综合篇、标准篇、科研篇、交流篇、实践篇和附录篇，力求全面系统地展现我国绿色建筑在 2014 年度的发展全景。

本书可供从事绿色建筑领域技术研究、规划、设计、施工、运营管理等专业技术人员、政府管理部门、大专院校师生参考。

＊　　　＊　　　＊

责任编辑：王　梅　刘婷婷
责任校对：姜小莲　刘　钰

中国城市科学研究系列报告
Serial Reports of China Urban Studies
中国绿色建筑（2015）
China Green Building
中国城市科学研究会　主编
China Society for Urban Studies（Ed.）
　＊
中国建筑工业出版社出版、发行（北京西郊百万庄）
各地新华书店、建筑书店经销
北京红光制版公司制版
北京云浩印刷有限责任公司印刷
　＊
开本：787×1092 毫米　1/16　印张：31¾　插页：1　字数：640 千字
2015 年 3 月第一版　　2015 年 3 月第一次印刷
定价：**80.00** 元
ISBN 978-7-112-17887-2
　　（27146）

《中国绿色建筑 2015》编委会

编委会主任： 仇保兴

副 主 任： 赖 明　陈宜明　杨 榕　孙成永　江 亿　王有为
王 俊　修 龙　张 桦　林海燕　毛志兵　黄 艳
吴志强　徐永模　李百战　叶 青　张燕平　李 迅
项 勤　王建国　涂逢祥

编委会成员：（以姓氏笔画为序）

丁 勇	于 瑞	卫新锋	王 立	王 蕴	王汉军
王向昱	王明浩	王建廷	王建清	王清勤	王然良
王翠坤	方东平	尹 波	甘忠泽	石铁矛	田 炜
朱惠英	朱颖心	仲继寿	刘 兰	刘 劲	刘少瑜
刘立钧	刘冠男	刘筑雄	汤 文	许解良	孙 凯
孙 澄	孙洪明	孙振声	李 萍	李丛笑	李加行
李明海	李国顺	李保峰	杨仕超	杨永胜	杨旭东
束晓前	吴元炜	吴永发	吴培浩	邱小坛	邹燕青
汪 维	宋 凌	张仁瑜	张巧显	张洪洲	张顺宝
张津奕	张智栋	张福麟	陈 新	陈光杰	陈其针
陈继东	陈蓁蓁	范 勇	林波荣	林树枝	卓重贤
罗 亮	金 虹	金新阳	赵丰东	赵建平	赵霄龙
胡德均	段苏明	饶 钢	骆晓伟	袁 镔	莫争春
徐 伟	徐禄平	殷昆仑	高玉楼	唐小虎	黄夏东
曹 勇	龚 敏	康 健	梁以德	梁俊强	梁章旋
彭红圃	蒋书铭	蒋立红	程大章	程志军	路 宾
路春艳	潘正成	薛 峰	魏深义		

技术顾问： 张锦秋　陈肇元　吴硕贤　叶克明　缪昌文　聂建国

编写组长： 王有为

副 组 长： 王清勤　李 萍　邹燕青

成 员： 陈乐端　叶 凌　谢尚群　张靖岩　戈 亮　郭晓川
张时聪　李晓萍　王 娜　赵 海　曹 博　程 岩
李国柱　朱荣鑫　王军亮　康井红　赵乃妮　李 婷

— 3 —

代　序

绿色建筑发展十年回顾[1]

仇保兴　国务院参事　中国城市科学研究会理事长　博士

Foreword

Review of green building development in the past ten years

绿色建筑大会已经召开了十届。在这十年里，我国绿色建筑从无到有、从试点到大面积推广实现了超越性发展。从 2005 年第一届绿色建筑大会开始，简单对我国绿色建筑的十年发展史做一个回顾，是完全有必要的。

一、2005 年第一届绿色建筑大会。

我当时的报告题目为"智能绿色建筑与中国建筑节能的策略"。我在报告中正式提议：我国的建设领域发展模式，应采用"双跨越"模式，一是建筑节能标准实现跨越，从 35％的节能标准，到 50％节能标准、75％节能标准，目前在一些大城市已经一步跨越到 75％的节能标准，从而避免了经常性变更建筑节能标准造成的浪费和混乱。二是建筑发展模式实现跨越，即从一般的节能建筑直接走向绿色建筑，使建筑的人文关怀和生态环境保护能够一致起来。我国只有实现了这两个跨越，才能最终实现绿色发展。同年 5 月 31 日，建设部印发了《关于发展节能省地型住宅和公共建筑的指导意见》。10 月 27 日，建设部与科技部联合发布了《绿色建筑技术导则》。

二、2006 年第二届绿色建筑大会。

这次大会的主题是"绿色智能，通向节能省地型建筑的捷径"，我的报告题目为"建立五大创新体系，促进绿色建筑发展"。我在报告中提出：绿色建筑是我国建立创新型国家的必然组成部分，这包括了建筑发展观的创新、能源

---

❶　根据 2014 年 3 月 28 日"第十届国际绿色建筑与建筑节能大会"上所做的演讲整理。

利用种类和模式的创新、建筑技术的创新、建筑开发运行方式的创新、政府管理制度的创新等五大创新体系。同年 2 月 7 日，国务院颁布《国家中长期科学和技术发展规划纲要（2006—2020 年）》，首次将"城镇化与城市发展"作为十一个重点领域之一，在该领域中"建筑节能与绿色建筑"是其中的一个优先主题。3 月 5 日，十届人大四次会议上审议的政府工作报告中提出：抓紧制定和完善各行业节能、节水、节地、节材标准，推进节能降耗重点项目建设，促进土地集约利用。鼓励发展节能降耗产品和节能省地型建筑。3 月 7 日，我国首部从建筑全生命周期多目标多层级对建筑进行评价的标准——《绿色建筑评价标准》发布。

三、2007 年第三届绿色建筑大会。

这次大会的主题是"推行绿色建筑，从建材结构到评估标准的整体创新"，我的报告题目为"我国推行建筑节能的主要障碍与基本对策"。我在主题演讲中提出我国推广绿色建筑与建筑节能存在的若干问题和基本对策：一是加快北方地区供热计量改革进度，二是对于南方地区的建筑节能或绿色建筑的设计，要着眼于实现建筑的朝阳面实行外遮阳和立体绿化，三是冬冷夏热地区绿色建筑和建筑节能设计方案要针对和利用当地气候条件，四是农居节能改造要注重借鉴地方传统的节能办法，大力推广各种可再生能源在农民住宅中的应用，五是节能建筑要从强化施工监管和验收入手来严格执行规范性的标准，实施建筑节能标识和能效证书制度，六是所有新建公共建筑必须率先执行建筑节能或绿色建筑标准，七是加快推行高强度建筑钢材和高强度水泥等新型建材的应用，八是倡导精装修和节能物业管理一步到位，九是停止在长江流域的民用住宅集中供热或者供冷系统中推广热电联产，十是加大可再生能源在建筑中的应用。同年 7 月 27 日，建设部决定在"十一五"期间启动"100 项绿色建筑示范工程与 100 项低能耗建筑示范工程"（简称"双百工程"）。8 月 21 日，建设部发布了《绿色建筑评价技术细则》，颁布了《绿色建筑评价标识管理办法》。

四、2008 年第四届绿色建筑大会。

这次大会的主题是"推广绿色建筑，促进节能减排"，我的报告题目为"建筑节能三要素——专项检查、评价标识和组织机构"。我在报告中提出推进我国建筑节能和绿色建筑发展中三个重要环节，即通过行政措施来强化专项检查；采取行政与市场相结合的办法实施建筑能效测评与绿色建筑等级评估，启动市场机制对绿色建筑和节能建筑的响应；通过组织机构的创新，调动社会力量来发展绿色建筑和推进建筑节能工作。当年我国的绿色建筑项目从零起步，有 10 个项目获得了绿色建筑评价标识，这是绿色建筑第一次在中国大地上展现出它的生命力（图 1）。

星级	项目数量（个）	项目面积（万m²）
★	4	107.4
★★	2	6.4
★★★	4	27.5
共计	10	141.2

图 1　2008 年绿色建筑评价标识数量与面积

五、2009 年第五届绿色建筑大会。

这次大会的主题是"贯彻落实科学发展观，加快推进建筑节能"，我报告的题目为"从专项检查到财政补贴，建筑节能工作总结与展望"。我在报告中提出：应在加大各级财政的激励政策的情况下，不断推进各项节能工作，并着力抓好北方地区既有居住建筑供热计量及节能改造这一重点，同时全力推进太阳能等可再生能源在建筑中的应用，从而加快我国建筑节能和绿色建筑发展步伐。该年度绿色建筑标识工作取得快速发展，获得标识项目个数比 2008 年度增加了一倍（图2、图 3）。

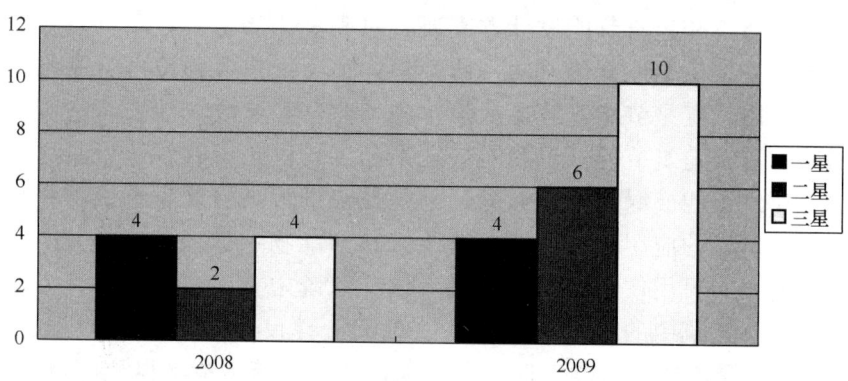

图 2　2009 年绿色建筑评价标识项目数量（个）

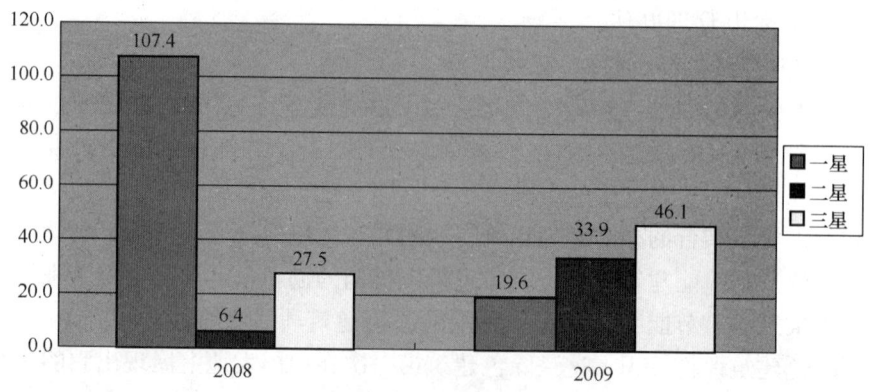

图 3　2009 年绿色建筑评价标识项目面积（万 m²）

六、2010年第六届绿色建筑大会。

这次大会的主题是"加快可再生能源应用，推动绿色建筑发展"，我的报告题目为"我国建筑节能潜力最大的六大领域及其展望"。我在报告中逐一论述我国近几年在北方地区城镇供热计量改革、新建建筑节能标准执行、大型公共建筑节能改造、住宅全装修和装配式施工的推广、可再生能源在建筑中应用、绿色建筑的示范推广等六个领域的工作成就、面临的问题以及相应的对策建议。绿色建筑实际上是一种适应当地气候条件的建筑，这种当地气候适应性主要体现在广泛地利用各种可再生能源，为人的健康与建筑的全生命周期提供节约和人性化服务。当年共有82个项目获得绿色建筑评价标识，比2009年增加了3倍多，同时绿色建筑面积也有了大幅度的增长（图4、图5）。

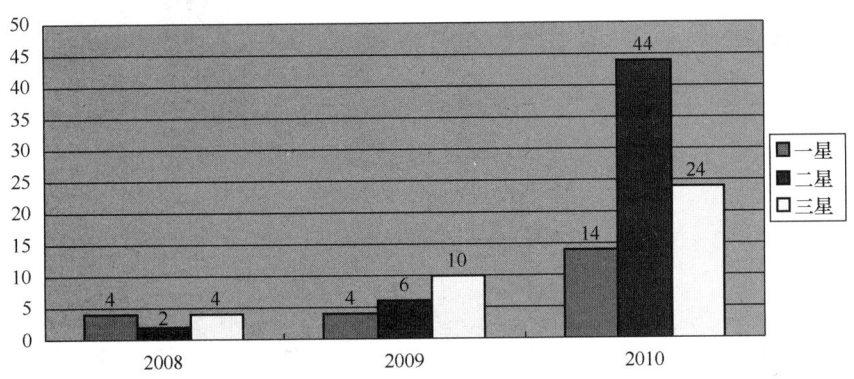

图4　2010年绿色建筑评价标识项目数量（个）

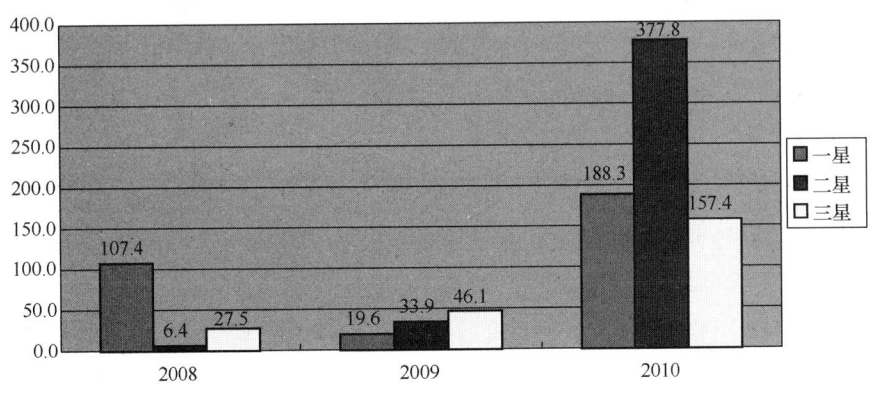

图5　2010年绿色建筑评价标识项目面积（万 m^2）

七、2011年第七届绿色建筑大会。

这次大会的主题是"绿色建筑，让城市生活更低碳、更美好"。我的报告题目为"进一步加快绿色建筑发展的步伐"。我在报告中通过对草拟中的"中国绿色建筑行动纲要"的解读，提出为进一步促进绿色建筑发展，社会各界需要全面加强对发展绿色建筑的重要意义与深刻内涵的认识，并在政策、技术和市场机制等方面提出具体而有效的措施。在这一年，住房城乡建设部研究起草了绿色建筑行动纲要，为国务院制定相关政策提供了支撑。当年共有 241 个项目，共计 2524 万 m^2 的建筑获得绿色建筑评价标识，项目个数比 2010 年增加了 2 倍，建筑面积比 2010 年增长了 2.5 倍。从全球角度来看，绿色建筑面积平均是五年翻一番，而我国基本上是每年都在翻番（图 6、图 7）。

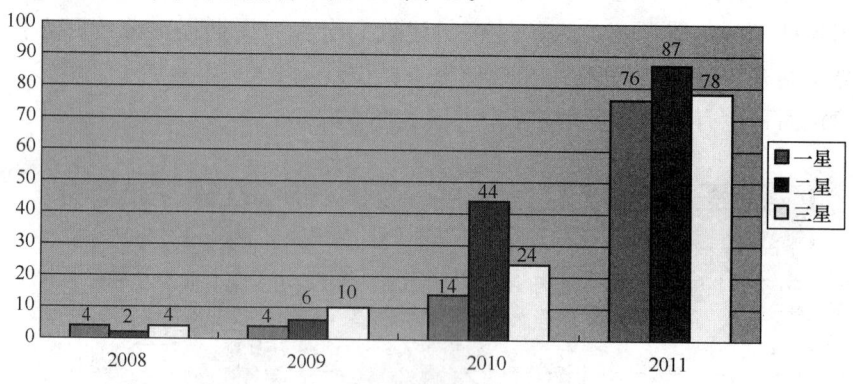

图 6　2011 年绿色建筑评价标识项目数量（个）

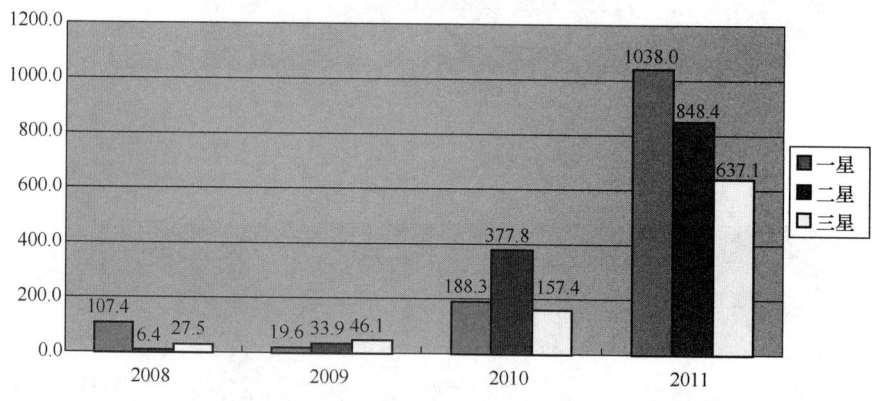

图 7　2011 年绿色建筑评价标识项目面积（万 m^2）

八、2012 年第八届绿色建筑大会。

这次大会的主题是"推广绿色建筑，营造低碳宜居环境"，我的报告题目为"我国绿色建筑发展和建筑节能的形势与任务"。我在报告中回顾了绿色建筑及相关技术的发展历程和现状，在此基础上重点分析了我国近期加快绿色建筑发展的六大推动力，并探讨了隔热板、太阳能光伏、LED 照明等技术的合理应用、南方尤其是长江流域冬天的采暖模式、热电联供能不能下江南、区域供冷技术的优劣等问题和解决方案。到了 2012 年，我国的空气污染状况到了一个被人们重新认识的严重程度，此时绿色建筑的形势和任务也发生了变化，除了节能，还要应对污染，缓减

PM2.5 的排放。当年共有 389 个项目、共计 4097 万 m² 的建筑获得绿色建筑评价标识，项目个数及建筑面积分别比 2010 年增长了 61％和 62％，特别是二星级以上的高星级绿色建筑数量大幅度增长（图 8、图 9）。在这次绿色建筑大会上，首次将"绿色建筑实践奖"颁给了深圳市市委常委、常务副市长吕锐锋同志，主要表彰他对绿色建筑持之以恒的推动，使深圳市成为绿色建筑之都，使深圳市继改革开放排头兵以后，又成为全国发展绿色建筑的排头兵（图 10）。

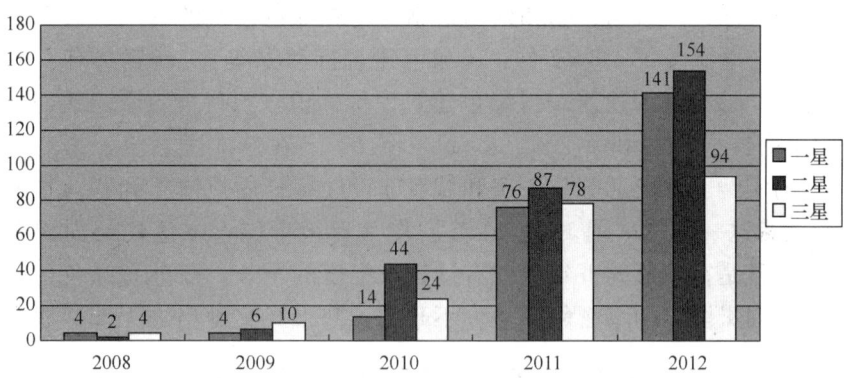

图 8　2012 年绿色建筑评价标识项目数量（个）

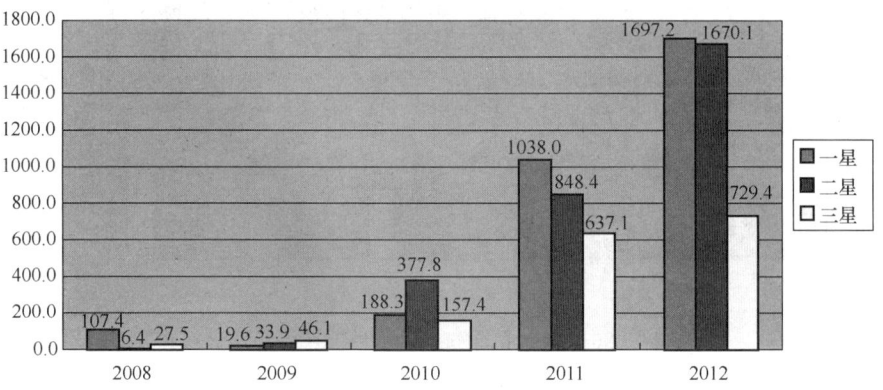

图 9　2012 年绿色建筑评价标识项目面积（万 m²）

图 10　2012 年第一次颁发绿色建筑实践奖

九、2013 年第九届绿色建筑大会。

这次大会的主题是"加强管理，全面提升绿色建筑的质量"，我的报告题目为"全面提高绿色建筑质量"。我在报告中提出：经过多年的发展，我国的绿色建筑已经开始呈现规模化推广态势，质量控制必须提上日程。要通过"五个到位"把住绿色建筑的质量关，即加强评价标识机构、专家、测评机构监管，对绿色建筑的设计、建造、运行进行全过程的监测，加强舆论、同行和社会监督，完善绿色建筑的补贴和处罚机制，培养绿色建筑的物业管理队伍。年初国务院办公厅下发了一号文件：《绿色建筑行动方案》。当年共有 704 个项目，共计 8690 万 m² 的建筑获得绿色建筑评价标识，项目个数及建筑面积分别比 2010 年增长了 81％和 112％（图 11、图 12）。在这次大会上，第二次颁布绿色建筑的实践奖，由江苏省住房和城乡建设厅厅长周岚博士和联合技术公司（UTC）获得这一称号（图 13）。江苏省作为省级单位，绿色建筑面积全国排名第一，而且是在短短的五年内就有这样大幅度的增长。江苏省绿色建筑的后来居上，跟周岚博士的卓越领导是分不开的，获得此奖她当之无愧。联合技术

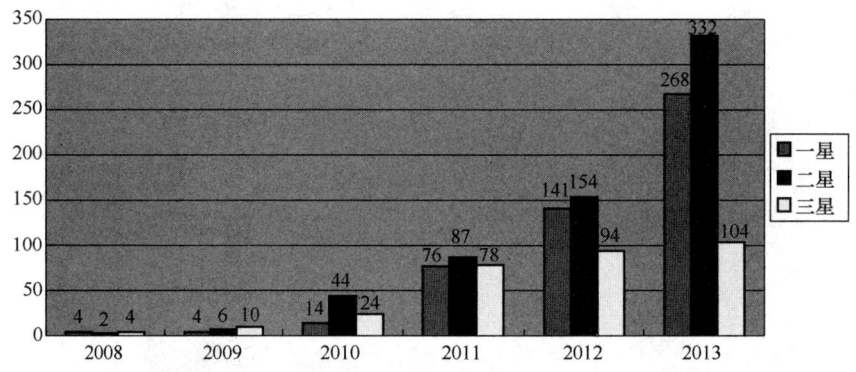

图 11　2013 年绿色建筑评价标识项目数量（个）

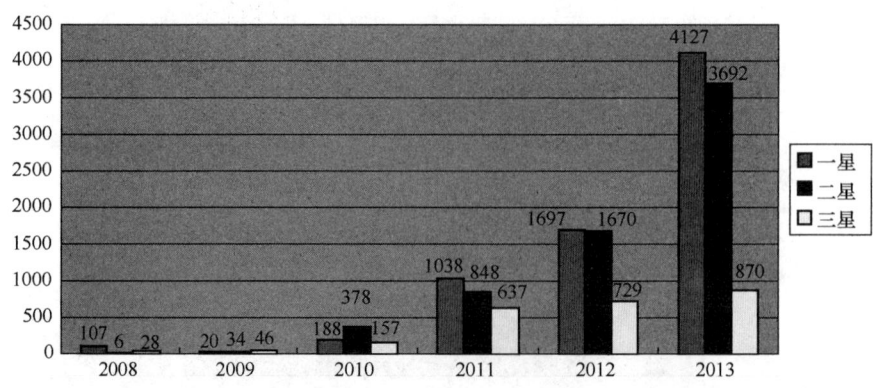

图 12　2013 年绿色建筑评价标识项目面积（万 m²）

公司几十年如一日，孜孜不倦致力于绿色建筑的发展，世界上第一台实现节能50％的可再生能源电梯，就是UTC发明的，同时UTC还与中国城市科学研究会合作，对生态城市评价导则进行了修编并发布，从绿色建筑走向生态城市，形成了中国特色的绿色低碳城市的规划设计技术要求，这个奖UTC也是当之无愧的。

图13　2013年第二次颁发绿色建筑实践奖

十、2014年第十届绿色建筑大会。

"十年磨一剑"，这十年里，我国的绿色建筑从零到大规模推广，所以今年的大会主题是"普及绿色建筑，促进节能减排"，我的报告题目为"普及绿色建筑的捷径——装配式住宅"。向污染宣战，绿色建筑是主力军，我们可以看到，绿色建筑从无到有，从少到多，增长十分迅速。所以我们设定的2014年绿色建筑发展目标是，要在2013年绿色建筑增长基础上，再翻一番，即2014年度绿色建筑增长面积力争达到1.7亿 m^2（图14）。这样巨大的增长量，要求我们开辟新的发展途径，就是要把装配式住宅作为绿色建筑发展的一个重要抓手。

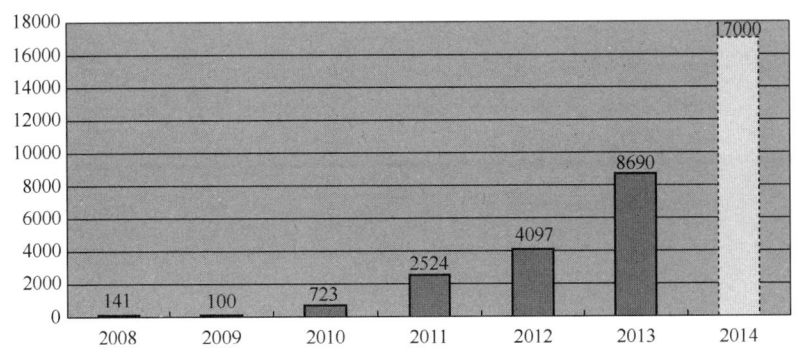

图14　2014年预计绿色建筑评价标识项目面积（万 m^2）

回顾十年历程，再展望未来十年，绿色建筑发展的大趋势已不可能逆转，前景更加美好，发展路径更加清晰，绿色建筑要占到全国新建建筑面积比率将明显上升。努力实现十年前提出的目标：我国建筑节能的发展战略要总结发达国家的经验和教训，实现"双跨越"模式——从30％的建筑节能跨越到75％节能，从一般节能建筑跨越到绿色建筑，这样才能为保障我国能源安全、减少温室气体排放、应对雾霾和空气污染做出更大贡献。由此可见，我们这一代人非常有幸成长和工作在绿色建筑大发展的时代，我们是中国绿色建筑坚定的推行者，也是新型城镇化的策划者和实施者，时代赋予诸位历史重任，希望大家勇于承担，勇于应对挑战，为中华民族及其子孙后代做出自己更大的贡献。

前　言

中国共产党第十八次全国代表大会以来，我国政府大力推进生态文明建设和新型城镇化建设同步协调发展，强调走集约、智能、绿色、低碳的新型城镇化道路，绿色建筑得到了快速的发展。2014年国家发布了《关于在政府投资公益性建筑及大型公共建筑建设中全面推进绿色建筑行动的通知》、《国家新型城镇化规划（2014—2020年）》、《能源发展战略行动计划（2014—2020年）》和《关于印发2014—2015年节能减排降碳发展行动方案的通知》等文件，均强调了绿色建筑的重要性，进一步保障了绿色建筑的推广工作。2014年是全面落实国家绿色建筑行动方案的一年，全国共有28个省市发布地方绿色建筑行动实施方案，并结合各地实际情况提出了强制实施绿色建筑的目标要求。2014年颁布了新版的《绿色建筑评价标准》GB/T 50378—2014，为我国现阶段乃至未来一段时期内的绿色建筑实践及评价工作提供技术支撑。

截至2014年12月31日，全国共评出2538项绿色建筑评价标识项目，总建筑面积达到2.9亿 m^2，涉及公共建筑、居住建筑、工业建筑等建筑类型。针对我国绿色建筑发展中的科技诉求，国家加大了绿色建筑科技创新的投入，并将绿色建筑科技作为城镇化与城市发展领域工作的重中之重进行安排部署。我国也初步建立了绿色建筑评价标准体系，并不断朝着规划建设运营全过程、不同区域和类型的全覆盖的方向发展。以绿色建筑发展为依托，促进城市绿色、生态、可持续发展，已成为一种必然趋势。

本书是中国绿色建筑委员会组织编撰的第八本绿色建筑年度发展报告，旨在全面系统总结我国绿色建筑的研究成果与实践经验，指导我国绿色建筑的规划、设计、建设、评价、使用及维护，在更大范围内推动绿色建筑发展与实践。本书在编排结构上延续了以往年度报告的风格，共分为6篇，包括综合篇、标准篇、科研篇、交流篇、实践篇和附录篇，力求全面系统地展现我国绿色建筑在2014年度的发展全景。

本书以国务院参事、中国城市科学研究会理事长仇保兴博士的文章"绿色建筑发展十年回顾"作为代序。文章中指出，在这近十年里，我国绿色建筑从无到有、从试点到大面积推广实现了超越性发展。绿色建筑发展的大趋势已不可能逆转，前景更加美好，发展路径更加清晰，绿色建筑要占到全国新建建筑面积比率将明显上升。文章最后强调我们这一代人非常有幸成长和工作在绿色建筑大发展的时代，我们是中国绿色建筑坚定的推行者，也是新型城镇化的策划者和实施者，时代赋予诸位历史重任，希望大家勇于承担，勇于应对挑战，为中华民族及其子孙后代作出自己更大的贡献。

第一篇是综合篇，主要剖析了装配式住宅作为普及绿色建筑的捷径，论述了以绿色建筑为依托促进生态城市建设，介绍了科技创新助力绿色建筑的成效及挑战，总结了我国2014年绿色建筑发展情况，介绍了我国既有建筑绿色改造实践情况并提出促进发展既有建筑绿色改造的建议，剖析和展望了我国绿色施工的发展，阐述了绿色建筑背景下的建筑工业化的发展现状，介绍了2015年1月1日开始实施的国家标准《绿色建筑评价标准》GB/T 50378—2014修订过程及要点，揭示了新型建筑工业化是实现绿色建造的必由之路，探讨了产业创新语境下的绿色建筑价值体现，阐述了从绿色建筑走向绿色城市的发展趋势，介绍了BIM与绿色建筑评价的关系。

第二篇是标准篇，主要介绍近一年里绿色建筑标准工作的新动向，包括国家标准《建筑工程绿色施工规范》，行业标准《民用建筑绿色设计规范》、《绿色建筑运行维护技术规范》、《预拌混凝土绿色生产及管理技术规程》及《绿色建材评价导则》，还对亚太经合组织（APEC）绿色建筑标准项目进行了介绍。

第三篇是科研篇，主要介绍绿色建筑相关科研课题的研究概况。本篇选择了8项"十二五"国家科技支撑计划课题，从课题的研究背景、课题概括、预期成果、阶段性成果和研究展望等方面进行简要介绍；选择了3项能源基金会课题，从课题的研究背景、研究目标和主要任务、研究成果和研究展望等方面进行简要介绍。

第四篇是交流篇，本篇在原地方篇的基础上，更名为交流篇，扩大了交流的范围，除收集了北京、天津、福建等部分省市有关绿色建筑发展情况简介外，还编入了有关介绍中国城市科学研究会绿色建筑研究中心绿色建筑评价标识工作和中国建筑工程总公司开展BIM工作的材料。

第五篇是实践篇，本篇共分两部分内容，前一部分是以文章的形式介绍与绿色建筑相关的创新实践，包括零能耗建筑的产生、绿色工业建筑的发展、历史风貌建筑绿色化改造以及BIM在绿色建筑中的应用等。后一部分介绍了11个绿色建筑工程案例，包括公共建筑、居住建筑以及工业建筑，这些案例大多都是取得了运营标识的项目，旨在强调运营效果，促进绿色建筑运营水平的提高。

附录篇介绍了中国绿色建筑委员会、中国城市科学研究会绿色建筑研究中心和绿色建筑联盟，收录了"2014年度绿色建筑标识项目"，并对2014年度内中国绿色建筑的研究、实践和重要活动进行总结，以大事记的方式进行了展示。

　　本书可供从事绿色建筑领域技术研究、规划、设计、施工、运营管理等专业技术人员、政府管理部门、大专院校师生参考。

　　本书是中国绿色建筑委员会专家团队和绿色建筑地方机构、专业学组的专家共同辛勤劳动的成果。虽在编写过程中多次修改，但由于编写周期短、任务重，文稿中不足之处恳请广大读者朋友批评指正。

本书编委会

2015 年 2 月 26 日

Preface

Since the 18th National Congress of the Communist Party of China (CPC), the Chinese government has vigorously promoted the collaborativedevelopment of ecological civilization construction and new urbanization, and highlighted the intensive, intelligent, green and low-carbon development characteristics of new urbanization, and as a result, green building has witnessed a rapid development. In 2014, the central government issued several documents, including the *Notice on the Comprehensive Promotion of Green Building Construction for Government-Invested Welfare Buildings and Large Public Buildings* , the *National Plan on New Urbanization* , and the *Notice on the Publication of Action Plan for Energy-saving and Emission Reduction Development in 2014—2015* . All of these documents emphasize the importance of green building construction and further guarantee the promotion of green building. 2014 is an important year for the comprehensive implementation of *National Green Building Action Plan* . In this year, 28 provinces and cities issued local green building action plans, in which the compulsory green building development goals are proposed based on local conditions. The new edition of *Assessment Standard for Green Building* (GB/T 50378—2014) issued in 2014 will also provide technical support for the practice and evaluation of green building for a certain period.

Up to Dec. 31th 2014, there are 2,538 projects with green building labels, covering a total building area of 290 million square meters, which are public buildings, residential buildings and industrial buildings. As to the technical requirements for the green building development, the Chinese government increases input for green building technical innovation, and consider green building technologies as the priority for urbanization and city development. Now, the green building assessment standard system has been preliminarily established, and green building development tends to cover the whole process of planning, construction and operation as well as buildings of different areas and types. It has become an inevitable trend to promote the green, ecological, and sustainable development of cities through the development of green building.

This book is the 8th annual development report of green building compiled by China Green Building Council, aiming to systematically summarize the research achievements and practice experiences of green building in China, guide the planning, design, construction, evaluation, utilization and maintenance of green building nationwide and further promote the development and practice of green building. The book continues to use the structure of the former annual reports, and covers six parts including general overview, standards, scientific research, experiences, engineering practice and appendix. It aims to demonstrate a full view of the development of green building in China in 2014.

The book uses the article of Dr. QiuBaoxing, counselor of the State Council and Chairman of Chinese Society for Urban Studies, as its preface, which is titled " Review of green building development in the past ten years. " In this article, Dr. QiuBaoxing points out that green building has made great progress in the last ten years, from scratches to the current large-scale construction. It has become an inevitable trend of green building development, with a more prosperous future, a specific developing road map and an increasing proportion of green building among new buildings. At last, the article emphasizes that it is an honor for this generation to grow up and work at the era of the development of green building. We are the propellers of green building, and also the planners and executants of the new urbanization. It is our responsibilities to face the challenges and make more contributions to our country and descendants.

The first part is an overview, analyzing fabricated housing as a shortcut for the promotion of green building, pointing out that eco-city construction can be pushed forward through the promotion of green building, introducing the achievements and challenges brought about by technical innovations for green building, and summarizing China green building development in 2014. Furthermore, this part also presents the green retrofitting practice for existing buildings with relevant suggestions, analyzes and forecasts green construction in China, describes building industrialization in the context of green building, introduces the revision process and key points of the new edition of *Assessment Standard for Green Building* (GB/T 50378—2014) implemented since Jan. 1st, 2015, reveals that industrialization of new-type buildings is the key to realize green construction, discusses the value of green building in the context of industrial innovation, elaborates the development from green building to green city, and introduces the relationship Between BIM and green building evaluation.

The second part is about standards, introducing new achievements of green building standards during the past year, such as the national standard *Code for Green Construction of Building* and the industrial standard *Code for Green Design of Civil Buildings* , *Technical Specification for Green Production and Management of Ready-mixed Concrete,* and *Assessment Guideline for greenbuilding material* . This part also introduces the green building standard projects of the Asia-Pacific Economic Cooperation (APEC) .

The third part is scientific research, introducing the research on green building. 8 projects of National Key Technologies R&D Program of the 12th Five-Year

Plan are presented from the aspects of research background, general situation, expected results, periodic progress and research prospect. Three projects funded by Energy Foundation are also introduced from the aspects of research background, objectives, main tasks, achievements, and research prospect.

The fourth part is about experiences. Formerly titled regional update in the previous edition, this part is titled experience this time, since its scope has been extended for experience exchange. In addition to introduction to green building development in cities like Beijing, Tianjin and Fujian, this part also presents the green building evaluation work conducted by CSUS Green Building Research Center and BIM by China State Construction Engineering Corporation.

The fifth part is about engineering practice, and is comprised of two sections. The first section are articles of innovative practices of green building, including the emergence of zero-energy building, the development of green industrial building, the green retrofit of historic building, and BIM application in green building. In the second section, 11 green building projects are introduced, covering public building, residential building and industrial building. Most of these projects have received the green building operation labels to emphasize the performances of green building and improve the green building operation abilities.

The appendix introduces China Green Building Council, CSUS Green Building Research Center and green building alliance, provides a list of projects which obtained green building labeling in 2014, and summarizes research, practice and important activities of green building in China in a chronicle way, which provides readers with a glimpse of the green building development in 2014.

This book should be of interest to professional technicians engaged in technical research, planning, design, construction and operation management of green building, government administrative departments, and college teachers and students.

This book is jointly completed by experts from China Green Building Council, local organizations and professional associations of green building. Any constructive suggestions and comments from readers are greatly appreciated.

Editorial Committee

Feb. 26th, 2015

目　录

Contents

第一篇 | 综合篇

2014 年 3 月，《国家新型城镇化规划（2014—2020 年）》正式公布，要求走中国特色新型城镇化道路，全面提高城镇化质量，"把以人为本、尊重自然、传承历史、绿色低碳理念融入城市规划全过程"。2014 年 6 月 7 日，国务院办公厅关于印发《能源发展战略行动计划（2014—2020 年）》的通知中明确指出，"实施绿色建筑行动计划……大力发展低碳生态城市和绿色生态城区，到 2020 年，城镇绿色建筑占新建建筑的比例达到 50%。"这些政策的发布将进一步带动我国绿色建筑的发展。

在新的绿色建筑发展的形势下，绿色建筑科技创新、建筑工业化、既有建筑绿色改造、生态城市等问题对于我国绿色建筑的发展显得愈发重要，对此，本篇从独特的视角探讨了绿色建筑发展中的热点问题，主要包括：剖析了装配式住宅作为普及绿色建筑的捷径，论述了以绿色建筑为依托促进生态城市建设，介绍了科技创新助力绿色建筑的成效及挑战，总结了我国 2014 年绿色建筑发展情况，介绍了我国既有建筑绿色改造实践情况并提出促进发展既有建筑绿色改造的建议，剖析和展望了我国绿色施工的发展，阐述了绿色建筑背景下的建筑工业化的发展现状，介绍了 2015 年 1 月 1 日开始实施的国家标准《绿色建筑评价标准》GB/T 50378—2014 修订过程及要点，揭示了新型建筑工业化是实现绿色建造的必由之路，探讨了产业创新语境下的绿色建筑价值体现，阐述了从绿色建筑走向绿色城市的发展趋势，介绍了 BIM 与绿色建筑评价的关系。

希望读者通过本篇内容，能够对中国绿色建筑总体发展状况有一个概括性的了解。

Part I | General Overview

In March 2014, the central government issued *National Plan on New Urbanization* (2014—2020), in which it is required that China should pursue the new urbanization with Chinese characteristics, comprehensively improve urbanization quality, and incorporate the concepts of people-oriented, respecting nature, inheriting history, green and low carbon into the whole process of city planning. On Jun. 7th, 2014, the General Office of the State Council issued *Action Plan for Energy Development Strategy* (2014—2020), pointing out that China should" implement action plan for green building, develop low-carbon eco-cities and green ecological urban areas, and make sure that green buildings in cities and towns take up 50% of new buildings by 2020. " All of these policies will promote green building development in China.

Under the green building development circumstances, some issues becomes more important, such as the technical innovation of green building, building industrialization, the green retrofitting of existing buildings and eco-cities. Therefore, this part discusses these hot issues from unique angles. It analyzes fabricated housing as a shortcut for the promotion of green building, points out that eco-city construction can be pushed forward through the promotion of green building, introduces the achievements and challenges brought about by technical innovations for green building, and summarizes China green building development in 2014. Furthermore, this part also presents the green retrofit practice for existing buildings with relevant suggestions, analyzes and forecasts green construction in China, describes building industrialization in the context of green building, introduces the revision process and key points of the new edition of *Assessment Standard for Green Building* (GB/T 50378—2014) implemented since Jan. 1st, 2015, reveals that industrialization of new-type buildings is the key to realize green construction, discusses the values of green building in the context of industrial innovation, elaborates the development from green building to green city, and introduces the relationship between BIM and green building evaluation.

Through this part, readers will have a general overview of the green building development in China.

1 普及绿色建筑的捷径——装配式住宅[1]

1 Shortcut for the promotion of green building-fabricated housing

绿色建筑发展至今，面临的现实问题是如何与我国快速的城镇化进程相适应，通过多种途径实现绿色建筑的快速发展。目前我国的发展阶段与美国、欧盟有所区别，美国、欧盟城镇化进程已经完成，而我国仍处于城镇化进程中，每年有 1000 多万人由农村居民转为城市居民，新建建筑总量超过 20 亿 m^2，相当于全世界新建建筑的 45%，每两年新建建筑量相当于一个德国全部既有建筑总量。面对这么巨大的建筑量，我们必须寻求一条既是绿色的、又能够实现快速生产的方式，来实现我国的绿色建筑快速普及性发展。而实现这一目标的捷径就是装配式住宅。本文从三个方面入手简略介绍装配式住宅的发展，一是介绍国外的装配式住宅的成就和历史，二是国内外装配式住宅发展的教训和趋势，三是如何克服我国装配式绿色住宅发展的瓶颈。

1.1 国外装配式住宅发展历史和主要成就

装配式住宅的起源主要有两方面原因，一是工业革命和城镇化带来大量农民向

城市集中，导致住宅需求量巨大，促使住宅建设方式必须发生转变，来满足快速增长的需求。二是第二次世界大战以后，城市面临重建，需要大批新建住宅，同时军人大量复员并建立家庭，住宅供需矛盾更加激化，传统建筑方式已经不能满足需求。因此，20 世纪法国建筑大师勒·柯布西耶提出，"建筑就是居住的机器"。他认

图 1-1-1 "包豪斯风格新潮"建筑

为建筑完全应像造汽车那样来建造，流水线生产，为了推行这一新的建筑理念，他专门建立了一个新的建筑学派，引发了"包豪斯风格新潮"（图 1-1-1）。

---

[1] 根据 2014 年 3 月 28 日"第十届国际绿色建筑与建筑节能大会"上作者所做的演讲整理。

从历史上来看，发达国家和地区装配式住宅的发展大致经历以下三个阶段：第一个阶段是初期阶段，重点是建立工业化生产（建造）体系，来满足城镇化人口的快速增长需要；第二个阶段是发展阶段，重点解决的是提高装配化产品（住宅）的质量和性价比，特别是抗震性能、防水性能等；第三个阶段是成熟阶段，解决的重点是进一步降低住宅的物耗和环境负荷，发展绿色住宅，并解决多样化、个性化、低碳环保等问题。在上述阶段划分的框架下，各个国家按照自身发展规律和特点，走出了不同的装配式住宅的发展道路。

（1）法国。1891年，巴黎Ed. Coigent公司首次在Biarritz的俱乐部建筑中使用装配式混凝土的构件。至今，装配式混凝土结构在法国的使用已经有130余年的发展历程。法国装配式住宅的特点是：构造体系以装配式混凝土体系为主，钢、木结构体系为辅。多采用框架或者板柱体系，向大跨度发展，焊接、螺栓连接等干法作业流行，结构构件与设备、装修工程分开，减少预埋，生产和施工质量高。主要采用预应力混凝土装配式框架结构体系，装配率达到80%。据有关资料显示，与现浇结构相比，施工模板减少85%、脚手架用量减少50%、节能70%、节水80%、节约钢材20%、节地20%、节时70%，减少建筑垃圾83%、节省人工20%～30%，缩短工期30%～50%等，符合绿色建筑提出的四节——能、地、水、材和环保等标准要求。

（2）德国。德国的装配式住宅主要采用叠合板混凝土剪力墙结构体系，剪力墙板、梁、柱、楼板、内隔墙板、外挂板、阳台板、空调板等构件采用构件装配式与混凝土现浇相结合的建造方式。德国装配式住宅的耐久性较好，同时能够满足德国严格的建筑节能要求（图1-1-2）。

图1-1-2　德国装配式住宅建造方式

德国是世界上对建筑节能要求最高的国家之一，每十年左右，对建筑的节能性能要求就提高一个等级，近年来要求五年左右就要提高一个等级，能耗指标要求从20世纪80年代的300 kWh/（m² · a）一直降到2009年的70 kWh/（m² · a），降低幅度非常大。最近，德国提出了零能耗的被动式建筑的建造需求，装配式住宅完全能够满足这种节能标准的建造要求（表 1-1-1）。

德国历年建筑节能标准 表 1-1-1

年 份	能 耗 指 标
1985 年前	对墙壁、屋顶（窗户）、地板、通风设施的保温性能提出了要求，能耗指标为 $\leqslant 300\text{kWh}/（\text{m}^2 \cdot \text{a}）$
1995 年	要求对整个建筑物的性能进行测算，能耗指标修订为 $\leqslant 250\text{kWh}/（\text{m}^2 \cdot \text{a}）$
2002 年	引入建筑能耗证明，能耗指标修订为 $\leqslant 170\text{kWh}/（\text{m}^2 \cdot \text{a}）$
2004 年、2006 年	分别对节能指标进行加严修订，能耗指标修订为 $\leqslant 100\text{kWh}/（\text{m}^2 \cdot \text{a}）$
2009 年	兼顾夏天制冷的情况，能耗指标修订为 $\leqslant 70\text{kWh}/（\text{m}^2 \cdot \text{a}）$

（3）瑞典、丹麦。瑞典从 20 世纪 50 年代开始在法国的影响下由民间企业开发了大型混凝土板的装配式住宅体系，以后大力发展以通用部件为基础的体系。目前瑞典的新建住宅中，采用通用部件的住宅占到了 80% 以上。瑞典的新建住宅单位面积能耗比传统住宅节约 2/3 以上（图 1-1-3）。

图 1-1-3 瑞典装配式住宅

丹麦是世界上第一个将模数法制化的国家，国际标准化组织的 ISO 模数协调标准就是以丹麦标准为蓝本的。丹麦推行建筑工业化的途径是开发以采用"产品目录设计"为中心的通用体系，同时比较注意在通用化的基础上实现多样化（图 1-1-4）。

（4）北美。美国、加拿大等北美国家，都是在 20 世纪 70 年代能源危机的时候，出于节能考虑，开始实行配件化施工和机械化生产。1976 年，美国国会通过了国家工厂化住宅建造及安全法案（National Manufactured Housing Construction and Safety Act），同年开始由 HUD 负责出台一系列严格的行业规范标准，一直沿用至今天。除了注重质量，现代装配式住宅更加注重提升环保、美观、舒适性及个性化。美国《绿色建筑认证体系》认证评比的百分制中，建筑选

图 1-1-4　丹麦装配式住宅

址占 22%，节水占 8%，能源消耗占 20%，建筑材料使用占 27%，空气质量占 23%。装配式住宅大多数都能达到认证级以上标准。在美国、加拿大，大城市住宅的结构类型以工业化混凝土装配式和钢结构装配式住宅为主，在小城镇多以工业化轻钢结构、木结构住宅体系为主（图 1-1-5）。

图 1-1-5　美国、加拿大装配式住宅

（5）日本。日本在 1968 年就提出了装配式住宅的概念。经过多年的发展，1990 年推出了采用部件化、工业化生产方式、高生产效率、住宅内部结构可变、适应居民多种不同需求的"中高层住宅生产体系"。日本的装配式住宅发展有非常鲜明的特点，从一开始就追求中高层住宅的配件化生产体系，能够满足日本人口密集的住宅市场需求。日本装配式住宅以市场的需求为导向，但日本政府强有力的干预和支持，对装配式住宅的健康发展起到了积极的作用。通过立法来确保装配式混凝土结构的质量，在装配式住宅方面制订了一系列住宅建设工业化的方针、政策，组织专家研究建立统一的模数标准，解决了标准化、大批量生产和住宅多样化之间的矛盾。

日本装配式住宅部件主要有：装配式外墙板、装配式楼梯、装配式阳台、半装配式叠合楼板。现场用工量在实施建筑工业化之前为每平方米 20～30 人·小时，实施工业化后下降到每平方米 5～8 人·小时。人均年竣工面积达 100m² 左右，相当于我国 3～4 倍，住宅建筑单位面积采暖能耗比我国节能 50％ 的节能标准提高 1～2 倍（图 1-1-6）。

图 1-1-6   日本装配式住宅

（6）新加坡。新加坡建屋发展局开发的组屋一般以 15～30 层的单元式高层住宅为主，自 20 世纪 90 年代初开始尝试采用装配式住宅，至今已有 20 年的历史，现已发展较为成熟。其特点是通过平面布置、部件尺寸和安装节点的重复性来实现标准化，以设计为核心和施工过程的工业化。装配式构件包括梁、柱、剪力墙、楼板（叠合板）、楼梯、内隔墙、外墙（含窗户）、走廊、女儿墙、设备管井等，整个工程装配式化率达到 70％ 以上（图 1-1-7）。

图 1-1-7   新加坡装配式住宅

1.2 装配式住宅发展的教训与趋势

1.2.1 装配式住宅发展的经验教训

（1）国外装配式住宅发展经验

欧洲（法国）的经验，一是采用附加值高的建筑部件来建筑房屋，这是节省劳工成本的必由之路，二是在工地上采用机械取代人工。法国混凝土工业联合会和法国混凝土制品研究中心把全国近 60 个装配式厂组织在一起，由它们提供产品的技术信息和经济信息，编制出一套 G5 软件系统。这套软件系统把遵守同一模数协调规则、在安装上具有兼容性的建筑部件（主要是围护构件、内墙、楼板、柱和梁、楼梯和各种技术管道）汇集在产品目录之内，方便使用者选择。

日本装配式住宅发展在亚洲处于领先状态，在高层、超高层装配化住宅建设方面有大量实践，有的装配式住宅已经超过 200m，具有代表性的是日本 2008 年采用装配式框架结构建成的两栋 58 层的东京塔，这个是国际上装配式住宅所能达到的一个新的高度（图 1-1-8）。

图 1-1-8 日本"东京塔"

（2）我国装配化住宅发展教训

我国装配化住宅起步比较早，1959 年，在北京进行了苏联拉古钦科薄壁深梁式大板建筑的第一次试点，此后发展了砌块建筑和装配式大板建筑。这种模式在苏联用得很多，但是这种模式所建房屋外观非常难看，城市规划学里面有一句话叫"莫斯科的假牙"，说明这种房屋不美观，而且性能比较差（图1-1-9）。

图1-1-9 "莫斯科的假牙"

20世纪70年代以后，我国又开发出大模板住宅和滑升模板住宅，同时先后发展了粉煤灰大板、振动砖板、少筋混凝土大板、钢筋混凝土大板、内板外砖等结构形式。1977年引进南斯拉夫整体预应力装配式板柱（IMS—Institute Materials Serbia）体系，并进行了系统的研究与开发。在这一阶段，国内出现了许多生产预制装配构件的厂家，生产范围包括各种预制楼板、墙板、楼梯梯段构件等，形成了装配式住宅新的发展高峰，但是伴随着这个高峰的是问题也大量出现，包括漏水、密闭性差、节能性能差等问题，特别是在1976年的唐山大地震中，这些大板式建筑全部垮塌，造成了大量的人员伤亡，装配式板式建筑的抗震性能开始引起建筑界反思。从20世纪80年代中期之后，在工厂生产、现场装配的大板住宅体系等因交通运输，再加上漏水、抗震性能差等缺点，已逐渐萎缩。采用模板现场浇注的各种体系，如内浇外砌住宅、框架住宅等得到了较大的发展。至20世纪90年代初，原有生产大板的预制厂基本上全部停产、转产，全装配的大板建筑在我国的建筑市场上销声匿迹。

1.2.2 装配式住宅技术发展总体趋势

国外发达国家装配式住宅已经发展多年，目前在技术上出现了新趋势，值得我们认真总结、学习。

（1）从闭锁体系向开放体系发展。西方国家装配式混凝土结构的发展，已从闭锁体（closesystem，其生产重点为标准化构件，并配合标准设计、快速施工，缺点是结构形式有限、设计缺乏灵活性）向开放体系（opensystem）转变，致力于发展标准化的功能块、设计上统一模数，这样易于统一又富于变化，方便了生产和施工，也给设计者更大自由度。

（2）从湿体系向干体系发展，现在又广泛采用现浇和装配式相结合的体系。湿体系（wetsystem）又称法国式。其标准较低，所需劳力较多，接头部分大都采用现浇混凝土，但防渗性能好。干体系（drysystem）又称瑞典式，其标准较高，接头部分大都不用现浇混凝土，但防渗性能稍差。

（3）从单纯结构装配式向结构装配式和内装系统化集成的方向发展。装配式住宅既是主体结构的可装配化也是内装修部品的可装配化，两者相辅相成，互为依托，片面强调其中任何一个方面均是错误的。2009 年英国最佳学生公寓奖就是奖给了此类建筑（图 1-1-10）。

图 1-1-10　2009 年英国最佳学生公寓奖获奖建筑

（4）采取信息化手段进行管理。通过信息化技术搭建住宅产业化的咨询、规划、设计、建造和管理各个环节中的信息交换平台，实现全产业链的信息平台支持。以"信息化"促进"构件化"，是实现住宅全生命周期部件质量责任可追溯管理和满足多样化需求的重要手段。

（5）结构设计更趋向多模式的发展。建筑的主要构件，比如梁、柱等的寿命可以超过 100 年，但有些构件，比如门、窗的寿命是达不到 100 年的，如何保证不同寿命构件的耐久性达到最优？就是通过结构设计，进行模块化的建筑装配，寿命长的为基本构架，寿命短的可以定期更换，这样使得耐久性得到很好体现，而且抗震性能、节能性能比较好，并且可以满足多样化和不断更新的需求（图 1-1-11、图 1-1-12）。

具体来讲，在建筑设计阶段，将建筑图纸拆分为可以在工厂生产、适宜运输的模块生产图纸（图 1-1-13）。鉴于可以生产异形模块，建筑的户型和外立面不受局限，可以满足个性化需求，同时可以自由输入统一的模数变化，又可以满足标准化的生产需求。模块建筑在工厂内的流水线上完成，每个模块内可以有多个空间。室内装修、家具摆放包括清洁等，都是在工厂内完成。生产完成后进行现场吊装即可（图 1-1-14）。

1.2.3　装配式住宅的节能减排作用

（1）提升了建筑的质量和性能。装配式住宅与 20 世纪 50 年代苏联大板式建

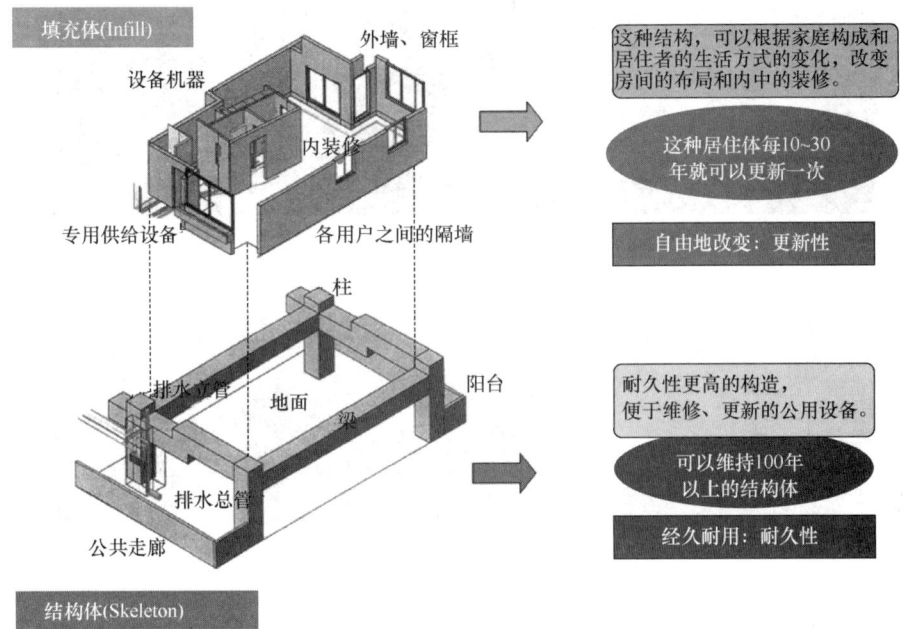

图 1-1-11 结构设计多模式

图 1-1-12 模块化住宅

筑相比，结构精度大大提高，装配精度达到毫米级，渗漏、开裂等质量通病明显改善，同时住宅的隔声、保温、防火性能好，而且便于系统维护、更新（图 1-1-15）。

（2）建造效率大大提高。施工工期与传统建造模式相比缩短了 1/5 以上，同

13

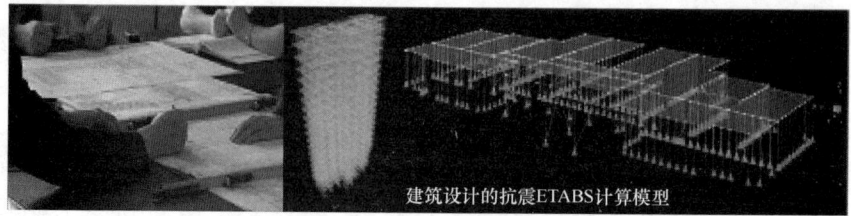

建筑设计的抗震ETABS计算模型

图 1-1-13　模式生产图纸

图 1-1-14　模块建筑工厂生产

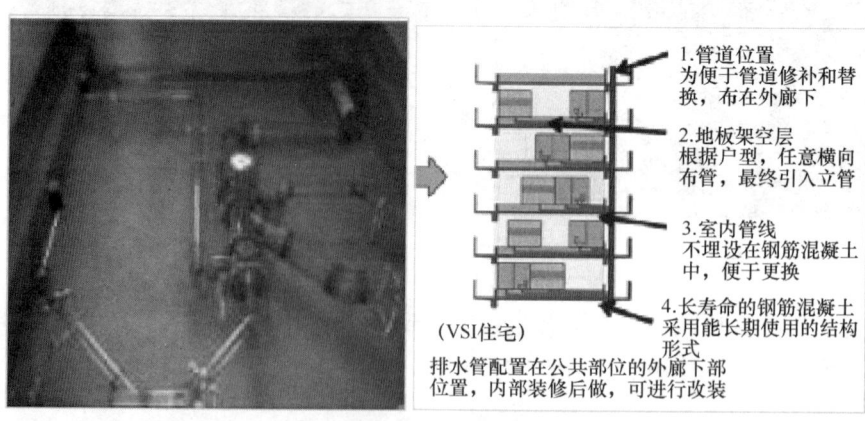

1.管道位置
为便于管道修补和替换，布在外廊下

2.地板架空层
根据户型，任意横向布管，最终引入立管

3.室内管线
不埋设在钢筋混凝土中，便于更换

4.长寿命的钢筋混凝土采用能长期使用的结构形式

（VSI住宅）
排水管配置在公共部位的外廊下部位置，内部装修后做，可进行改装

图 1-1-15　装配式住宅改善质量提高性能

时施工周期不受天气影响，全天候可以生产、现场安装，能够满足高原寒冷地带的施工需求。以上海新里程住宅项目 20 号楼为例，该建筑为 12 层住宅，采用装配式建造模式，与传统模式相比，工期缩短 19%（图 1-1-16）。

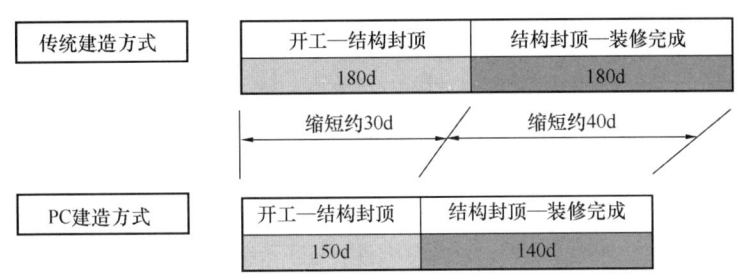

图 1-1-16 装配化建造方式与传统建造方式施工工期对比

（3）显著减少工序。以北京新里程 8 号楼、13 层住宅建造为例，与传统建造模式相比，可节省工序 25%，在劳动力成本逐渐上升的情况下，利润空间十分可观（表 1-1-2）。

装配化建造方式与传统建造方式施工工序对比　　　　　　　　表 1-1-2

	装配式楼座 8 号楼（人）	现浇楼座 3 号楼（人）	备　　注
吊装工	5	0	仅 PC 才有
木工	15	35	含顶板支模、大模合模出模调整，预制楼座叠合板堵缝
钢筋工	30	35	总体钢筋用工少，预制构件需要考虑调整钢筋用工
混凝土工	15	20	工业化楼混凝土浇筑量减少
脚手架工	5	10	外挂金属架安装较为简易
灌浆工	5	0	仅 PC 才有
合计	75	100	

（4）充分体现绿色建筑特点，节能节水节材环保。根据万科建筑研究中心、深圳建筑科学研究院对万科东莞试验基地的四号实验楼和第五园装配式试验楼的建造全过程进行全程跟踪记录，依据统计方案得到的数据，在整个建造过程中间，节约施工能耗 20%，节约水耗 63%，木模板使用量减少 87%，建筑垃圾产生量减少 91%（表 1-1-3）。

建造阶段资源消耗对比   表 1-1-3

统计项目	装配式项目	传统施工项目	相对传统方式
每平方米能耗（kg标准煤/m^2）	约15	19.11	一约20％
每平方米水耗（m^3/m^2）	0.53	1.43	一63％
每平方米木模板量（m^3/m^2）	0.002	0.015	一87％
每平方米产生垃圾量（m^3/m^2）	0.002	0.022	一91％

    北京新里程二期项目于2011年12月被列为北京市住宅产业化试点工程，其中21－1号、2号、4号、5号、7号、8号楼采用装配式建造，总建筑面积6.4万m^2，结构预制率都在55％以上，最高达到65％。采用装配整体式剪力墙结构体系，楼板、阳台、楼梯、外墙、内墙及装饰构件在工厂完成生产。建筑结构质量提升显著，构件质量偏差控制在3mm以内，门窗洞口尺寸精准，减少了渗漏风险，夹心保温外墙一次浇筑成型，实现了保温与建筑结构一体化，建筑施工周期缩短了3个月。该项目的施工建设环境明显改善，构件大部分在工厂完成，现场污水排放明显减少，现场模板、钢筋、混凝土作业减少，噪声、粉尘排放也大大减少，项目主要指标全部满足绿色二星甚至达到了三星的标准（图1-1-17、图1-1-18、表1-1-4）。

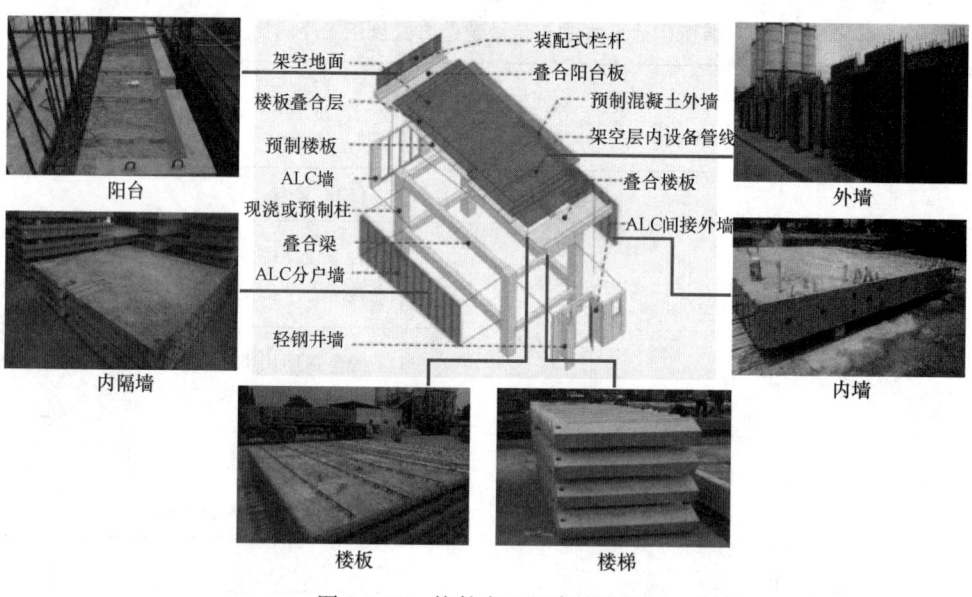

图 1-1-17 构件在工厂完成生产

图 1-1-18 北京新里程装配化建造项目现场

节能减排情况 表 1-1-4

单位面积取值	装配式项目	传统施工项目	相对传统方式	单位面积减少量	本项目减少量	单　位
能耗	约 15	19.11	一约 20%	4.11	263t	kg 标准煤/m²
水耗	0.53	1.43	−63%	0.9	57600m³	m³/m²
木模板量	0.002	0.015	−87%	0.013	832m³	m³/m²
垃圾量	0.002	0.022	−91%	0.02	1280m³	m³/m²

1.3　克服我国装配式绿色住宅发展瓶颈

随着我国经济社会的不断发展与城镇化进程的持续推进，建筑领域劳动力的成本不断上升，已经成为整个建筑成本中最主要的组成部分。2003 年，我国的建筑工人劳动成本平均每人 10000 元/年，到 2012 年，已经涨到了 40000 元/年以上，每五年翻一番，这与二战以后发达国家劳动力成本上涨趋势是一致的。劳动力成本上升已经成为装配式住宅普及的主要动力（图 1-1-19）。

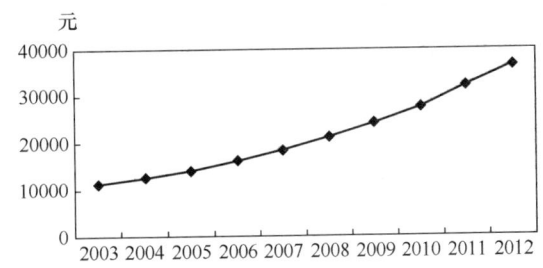

图 1-1-19　建筑业城镇单位就业人员平均工资

目前我国装配化住宅发展面临的主要问题，**一是技术标准滞后**。装配式住宅的设计、生产、安装施工、验收评定等技术标准尚未建立，试点成果无法大规模推广。同时跟绿色建筑的标准还不能融合。**二是建造成本相对较高**。目前装配式住宅的建造成本比传统方式成本高 500 元/m² 左右。主要原因包括未形成大规模生产，规模效益无法体现；工业化生产属生产企业，构件工业化生产产品要交纳 17% 的增值税；建设管理体制不适应等方面。**三是工程项目建设管理体系不利于工业化装配式住宅的发展**。目前具备总承包资质的企业不具备专业化生产能力，尤其是装配式住宅生产、安装的能力不足，少数具备能力的企业又无承包项目资格，造成专业化公司还要挂靠，增加管理成本。同时，装配式住宅有利于建造成品住宅，但会增加企业税费。这些装配化住宅发展过程中的问题需要在体制上加以解决。

目前，我国部分地方已经开展了装配化住宅的试点，取得了良好效果。例如，深圳市在龙悦居（三期）保障性住房项目中，采用"四化"管理模式，即图纸标准化、施工工厂化、管理可视化、现场整洁化，生产效率与工作质量大大提升，并达到了绿色建筑二星标准。此外，还有长沙市宁乡蓝色港湾项目、杭萧钢构集团建设的包头万郡项目、北新房屋建设的成都青白江新农村项目等，这些装配化住宅项目在质量、工期、成本、安全、环保等方面体现出了明显优势（图 1-1-20、图 1-1-21）。

图 1-1-20 深圳保障性住房龙悦居（三期）项目

图 1-1-21 长沙宁乡蓝色港湾项目

同时，由于我国是钢材生产大国，钢结构装配式住宅、钢木结构的混合住宅，实际上比混凝土构件更加成熟。因此，我国必须大力发展装配化住宅，建议采取以下几方面对策。

首先要加大科研投入，突破关键技术。绿色装配式住宅以标准化设计、工业化生产、机械化安装、信息化管理的现代化建造方式为特征，其优点是"SQ-SEE"，S—Speed（速度）、Q—Quality（质量）、S—Safety（安全）、E—Environment friendly（环境友好）、E—Economic（效益）。推广装配式住宅必须解决下列关键技术，一是高强度、自保温、阻燃、长寿命、可循环、健康的轻型建材开发，二是加快类似于法国 G5 的设计软件和"绿色"评估软件的开发应用，三是加强装配式住宅新型结构研发，推行混凝土、木材、钢材等多种混合新型结构、装配式绿色建筑、高抗震性能结构的开发，尤其是开发高强度、抗震、可拆卸的构件标准化连接技术。我国大多数城市处在地震断裂带，在建筑的开发设计过程中，尤其要注意高强度抗震装配式住宅的标准设计和施工设计。

其次，加快项目建设体制改革，创造有利于装配式住宅发展的市场环境。一是要研究解决适应于装配式住宅研发、生产、推广应用的项目管理体制，鼓励大型企业集团向生产、设计、安装与管理一体化（如万科、远大）的社会化大生产模式发展。二是加快绿色施工企业营业税改增值税进程，优化建筑企业结构，淘汰技术力量薄弱、挂靠、分包小队伍，促进建筑业结构调整。三是改革现有的以项目公司运作的房地开发管理体制，有利于开发企业统筹协调发展。

第三，要扶持和培育大型企业集团和集群，激发市场主体推进装配式住宅的积极性和创造性。装配式住宅发展必须实现设计、施工、管理一体化，要求从项目策划、规划设计、建筑设计、生产加工、运输施工、设备设施安装、装饰装修及运营管理等全过程统筹协调，形成完整的一体化运行模式。这种"一体化"有三种模式：一是大型集团（内部化）；二是以某企业为龙头，形成构件生产、原材料供应、结构设计、施工建造、家具部品生产和住宅物业管理等企业参与集群（外部化）；三是利用因特网建立类似于零库存生产体系（Just in time），组织各种协作企业按照生产、运输、存储、施工零库存化、即时化的原则进行物流创新。中国绿色建筑与节能专业委员会公布的第一批四个国家级绿色建筑基地，整合了多方面的优势，形成了规划、设计、施工、运行为一体的绿色建筑发展平台。

可以看到，绿色建筑发展到现在，应该走多途径发展道路，通过发展装配式住宅，走资源节约型、环境友好型的设计和建造模式来普及绿色建筑，是一条必由之路。作为一个发展中的、城镇化快速推进的大国，绿色建筑普及和装配式住宅的发展面临着五大机遇：一是劳动力成本快速上升；二是国务院出台"大气十条"，向空气污染宣战，意味着工地施工扬尘的排放应该降低到最低程度；三是到 2015 年我国要建设 3600 万套保障房，在许多城市里面将占到住宅开发面积的 40％以上，如此大量的保障房建设就要求我们用装配式住宅来满足质量和性能的控制要求；四是国家推动绿色建筑行动，采取财政补贴、税收优惠等措施，鼓励绿色建筑发展；五是高强度、保温防火性能好、可循环的绿色建材大量开发应用。我们必须抓住这五大机遇，乘势而上，实现绿色建筑的跨越式发展，为建设我国生态文明做出应有贡献。

作者：仇保兴（国务院参事 中国城市科学研究会理事长 博士）

2 以绿色建筑推广为依托
促进生态城市建设

2 Push forward eco-city construction through the promotion of green building

众所周知，绿色建筑投入低、比较效益高，技术相对成熟，应用前景广阔，关系节能减排、应对气候变化、生态城市建设等诸多方面，是实现产业结构调整和经济转型升级的重要抓手，是建筑行业智慧的集中体现，能够促进城市建设的转型升级。目前，我国既有建筑已超过 500 亿 m^2，同时每年城乡新建建筑约 20 亿 m^2。然而，我国建筑的 95％以上是高耗能建筑，如果达到同样的室内舒适度，单位建筑面积能耗是同等气候条件发达国家的 2～3 倍。"十一五"期间，建筑节能承担了我国全部节能任务的 20％，如果切实执行 50％的节能标准，局部地方执行 65％的节能标准，到 2020 年，能节约 3.54 亿 t 标准煤，占同期国家节能目标任务的 30.7％。据测算，达到同样的节能效率，建筑要比工业投入少。联合国政府间气候变化专门委员会曾指出：到 2030 年，全球建筑行业可分别以小于 0 美元、20 美元和 100 美元/t CO_2 当量成本每年分别减少 45 亿 t、50 亿 t 和 56 亿 t CO_2 当量，大大低于工业节能的投入。

当前，绿色建筑已获得世界范围内的广泛认同，正在蓬勃发展。2004 年 9 月，建设部"全国绿色建筑创新奖"正式启动，标志着我国绿色建筑进入了全面发展阶段。十年来，随着我国绿色建筑政策的不断完善、标准体系的不断完备、绿色建筑实施的不断深入，以及国家对绿色建筑支持力度的不断加大，我国绿色建筑规模以年均翻番的速度持续高速增长。至 2014 年 3 月，通过中、美、英、德等国绿色建筑评价标准认证的项目超过 3000 个，累计通过认证的绿色建筑面积超过 3 亿 m^2。"十二五"期间，我国还将完成新建绿色建筑 10 亿 m^2，到 2015 年末，20％的城镇新建建筑将达到绿色建筑标准要求。我国绿色建筑发展已经从示范起步进入了规模发展阶段。在这一过程中，政府和市场都发挥了重要作用。一方面，政府在完善体制机制、加强标准体系建设和促进技术创新等方面发挥了"看得见的手"的引导和扶持作用；另一方面，越来越多的企业在政策的引导下，大力推广绿色建筑，尤其是一些房地产开发商实施"非绿色建筑不建"策略，绿色建筑已逐步成为一种市场需求，表现出良好的发展态势，市场这只"看不见的手"发挥了重要作用。例如，江苏省的绿色建筑发展走在全国前列，已累计建成绿色建筑总面积达 6400 万 m^2，总量居全国第一。

在中国这样一个城镇化进程受资源环境刚性约束且不断加剧的背景下，以绿色建筑发展为依托，促进城市发展模式转变，实现城市绿色、生态、可持续发展，已成为一种必然趋势。生态城市强调从建筑、交通、人居环境等角度出发，大幅节能减排，减少污染和废弃物排放，实现由粗放型向集约节约型转变。以绿色建筑发展为依托，促进生态城市建设意义重大。

一是节能减排、低碳发展的必然要求。城市是碳排放最主要的来源，城镇化发展无论是人口增长、空间扩张还是经济发展和生活水平的提高，都意味着城市的资源需求增长和环境压力增加。世界观察研究所曾在调查报告中指出：虽然城市面积只占陆地面积的 2%，但城市排放的二氧化碳却占总排放量的 78%，消耗了工业木材总使用量的 76%，生活用水总量的 60%。我国有 658 个城市，20113 个建制镇。据对 287 个地级以上市的统计显示，这些城市的能耗占我国总能耗的 55.48%，二氧化碳排放量占我国总排放量的 58.84%，如果把其余的城市、建制镇统计进来，要占到社会总能耗的 80% 以上。我国正处于新型工业化、信息化、城镇化和新农村建设快速发展的历史时期，新增基础设施、公共服务设施以及工业与民用建筑投资对建筑业需求巨大。随着建筑面积的扩张和居民生活水平的不断提高，建筑领域将成为未来 20 年我国用能的主要增长点，建筑的"用能锁定"特性，决定我国的建筑能耗问题成为中国特色低碳发展道路必须高度重视的问题。积极发展绿色生态城，鼓励城市新区按照绿色、生态、低碳理念进行规划设计，推动既有建筑节能改造，将大大减少城市的能源消耗和碳排放。譬如，通过城区改造，芝加哥中心区"脱碳"规划将帮助芝加哥减少 25% 的碳排放，到 2020 年降至低于 1990 年的水平。阿联酋的马斯达尔生态城通过大力建设绿色建筑，大大降低对电力的需求，同时大量建设雨水回收设施，以及高效率的污水回收与再利用，显著改善了城市水生态。深圳市在市区范围内强制实施绿色建筑技术，至 2011 年底，深圳建筑节能面积累计达到 6088 万 m^2，太阳能应用建筑面积达到 1112 万 m^2，全市建筑节能总量累计达 275.3 万吨标准煤，相当于节省用电 86.6 亿度，减排二氧化碳 714.8 万 t。深圳光明新区 31 个绿色建筑示范项目每年可节约标煤约 5014t，减少碳排放 1.24 万 t，节省运营成本 946.7 万元。

二是破解资源约束，推动新型城镇化的必然趋势。中国的城镇化是资源约束下的城镇化。我国耕地、水、石油、天然气等资源极为有限，以占全球 7% 的耕地、7% 的淡水资源、4% 的石油储量、2% 的天然气储量来推动占全球 20% 人口的城镇化进程，任务异常艰巨。2013 年中国城镇化率已达到 53.7%，但"人户分离"人口达到了 2.89 亿人，其中流动人口 2.45 亿人，"户籍城镇化率"仅为 35.7% 左右，不仅远低于发达国家 80% 的平均水平，也低于人均收入与我国相近的发展中国家 60% 的平均水平。国际经验表明，从城镇化中期到城镇化完成阶段，一个国家对资源的需求增速最快；当城镇化完成之后，资源消费增速才开始趋缓。由于中国还处于城镇化发展的中期，因此未来数十年内，中国资源需求持续上升的趋势将成为严峻挑战。

冒进式城镇化导致城镇建设的盲目扩张和无序蔓延，侵占了大量的优质耕地。20世纪90年代中期以来，各地的"开发热"和"房地产热"现象普遍发生，全国各地建立了6800多个开发区，占地达3.2万km²，相当于中国上千年形成的城镇占地面积。在1999～2008年耕地减少类型的贡献率中，建设占用耕地高达76.98%。城镇建设用地面积增加速度远快于城市人口增加速度，2000～2011年，城镇建成区面积增长76.4%，远高于城镇常住人口50.5%的增长速度。我国土地资源粗放利用的现状还没有根本转变，一些地方用地粗放，布局混乱，效率低下。许多城镇存在大量闲置或低效用地、批而未用的土地，单位国内生产总值地耗不仅高于发达国家，而且高于一些新兴经济体国家；一些地方城镇建设用地规模扩张过快，城镇建成区人口密度大幅下降，脱离了人多地少的基本国情。据统计，目前我国城镇低效用地占40%以上，农村空闲住宅达到10%～15%。同时，低效利用的城镇工矿建设用地约5000km²，占全国城市建成区的11%，造成土地的严重浪费。目前，我国很多城市的土地开发强度已经远超国际30%的用地强度警戒线。例如，深圳和东莞的土地开发强度已经分别达到46.5%和40%以上。

水资源缺乏已成为我国城镇化的重要瓶颈。中国近2/3的城市供水不足，很多城市饮用水源严重依赖地下水。在华北和西北地区，城市供水量中地下水比例分别达到72%和66%；在部分城市，地下水是唯一的供水水源；水资源短缺造成地下水的过度开采，使地面加速沉降，破坏了当地的地质构造。超越资源承载能力的城市规划失控和水资源的低效利用加剧了水资源的短缺。目前我国万元GDP用水量高达121m³，为世界平均水平的2倍，许多城市输配水管网和用水器具的漏失率高达20%以上，一般工业用水重复利用率仅60%左右，而发达国家已达85%。

快速城镇化引起自然资源的过度消耗，威胁到城市的宜居性，并阻碍了中国的可持续发展。在城镇化进程与区域经济发展受资源环境约束不断强化的背景下，发展绿色建筑，推进生态城市建设，构建与新型城镇化相适应的城镇发展空间格局、生态安全格局，最大效率地利用资源和最低限度地影响环境，有效转变城乡建设发展模式，是实现可持续发展的必由之路。一些欧盟国家以及日本都面临严峻的资源约束，但是通过合理的管理措施和规划，如建设"生态城市"、"紧凑型城市"等，都在有效利用资源方面取得了显著成效。我国和新加坡合作建设的中新天津生态城选址在盐碱荒滩上，对破解人多地少水少、能源资源紧张、环境压力大等难题，走资源节约、环境友好、社会和谐的新型城镇化道路提供了重要的示范作用。

三是发展生态文明、建设美丽中国的必然选择。当前，"城市病"问题日益突出。一些城市重经济发展、轻环境保护，重城市建设、轻管理服务，空间无序开发、人口过度集聚，交通拥堵问题严重，公共安全事件频发，城市管理运行效率不高，公共服务供给能力不足。大量中小城市和小城镇沦为"穷城"、"睡城"，大量人口潮汐流动，给交通和环境带来沉重负担。部分城市脱离实际建设国际大都市，新城泛滥、规划常改、建筑常拆，造成大量资源浪费，破坏了城市文脉传承和肌理延续。一些城市污水和垃圾处理能力不足，大气、水、土壤等环境污染加剧。2013 年，全国设市城市生活垃圾清运量为 1.73 亿 t，预计今后一段时期，垃圾量仍将以每年 8％～10％的速度增长；许多城市垃圾处理能力不足，处置设施运行效率低下，全国 2/3 的城市陷入垃圾"包围圈"，有 1/4 的城市已无合适场所堆放垃圾；全国城市垃圾堆存累计侵占土地超过 5 亿 m^2，每年经济损失高达 300 亿元。

生态系统服务功能弱化是城市扩张所造成的最严重的负面影响之一。城市环境恶化对居民健康状况产生显著影响，比较突出的问题包括水资源、土地和能源的约束，空气质量和水质恶化给居民健康带来的威胁。例如，2013 年 74 个空气质量新标准第一阶段监测实施城市中超标城市比例为 95.9％，仅海口、舟山和拉萨 3 个城市空气质量达标；473 个监测降水的城市中，出现酸雨的城市比例为 44.4％，酸雨频率在 25％以上的城市比例为 27.5％，酸雨频率在 75％以上的城市比例为 9.1％。据对我国 118 座城市的饮用水调查显示，64％的城市地下水严重污染，33％的城市地下水为轻度污染，仅 3％的城市水质处于清洁状态。在人口密集的城市，水污染、空气污染和噪声污染以及自然灾害等不良事件的影响更为突出。

习近平总书记指出，"中国将聚焦于提升经济发展的质量和效益，建设美丽中国，并且将加强生态文明建设，努力实现绿色发展、循环发展和低碳发展。"生态城市从自然环境、人工环境、生活模式、基础设施、经济发展等角度出发建设新型城区（城镇），是一种社会和谐、经济高效、生态良性循环的人类居住形式，是落实"美丽中国"战略的具体行动，是践行科学发展观，加快生态文明建设，实现可持续发展的战略选择，能有效破解"城市病难题"，推动城市发展模式转变。

与此同时，我们也注意到，绿色建筑发展、生态城市建设还面临一些亟待重视的问题。

一是我国绿色建筑产业发展迅猛，但与"十二五"规划提出的 10 亿 m^2 目标相比，还有较大差距，与每年近 20 亿 m^2 的建筑开工量，以及今后 20～30 年城镇化过程中新建 200～300 亿 m^2 的总建筑量相比，更是"杯水车薪"，绿色建筑建设量远跟不上节能环保严峻形势的要求。缺少对绿色建筑技术落实程度、运营效果、经济社会效益等方面的系统性研究，对现有技术体系和未来发展方向缺乏符合国情的科学判断。由此，一些绿色建筑名不副实，沦为营销口号；一些绿色建筑过度超前，盲目追求超低能耗，没有体现因地制宜原则。同时，补贴和评价机制不完善，财政补贴的对象和操作方式不科学，一些地方的绿色建筑质量参差不齐，有的滥竽充数、以次充好，没有充分发挥财政支持的效益。绿色建筑的评价标准体系有待进一步完善，对评价过程和质量的管控有待加强；对绿色建筑的设计评价多、运行评价少。目前，大部分项目仅申报绿色建筑设计评价标识，申报运行评价标识的项目不足 10%，而设计标识仅对项目设计方案和施工图进行评价，难以确保项目在施工、运营阶段能够落实绿色技术措施，一些绿色建筑徒具虚名。

二是关键技术与装备自给率低。高技术含量绿色建筑技术实施不理想，一些常用绿色技术存在缺陷。从我国绿色建筑的技术与装备来看，一些核心技术未被掌握，如大部分热泵压缩机技术、建筑产业化技术等关键技术还需引进。据调查，一些绿色建筑关键技术如可调节的外遮阳、太阳能热水系统等，因建造或运行成本偏高使用范围不广；70% 的雨水收集系统未投入运行；约 20% 的常用绿色建筑技术因设计缺陷或用户没有使用而未运行，如太阳能光电板被灌木遮挡不能发电、用户不习惯启用外遮阳设备等。

三是生态城遍地开花，盲目建设和无序开发严重。截至 2012 年 6 月，中国 287 个地级以上城市中提出"低碳生态城"建设目标的城市已达到 280 个。生态城市建设是重要的城市转型发展方向，但不能停留于口号。离开低碳生活、绿色经济、绿色发展的生态城市建设，显然是不完整的、盲目的。一些生态城市发展定位不清，重建设性规划，轻非建设性规划，在开发过程中普遍存在随意高强度开发现象；一些地方片面地将生态城市理解为城市景观建设，盲目上马山水城市、花园城市、森林城市、园林城市等仅仅依靠增加绿地面积的所谓生态城市建设，违背了生态城市建设的真正内涵；部分生态城市建设严重违反保护生物多样性及最大限度地减少对自然环境破坏的最基本原则，采用围海造地、填湖造地、开山造地的做法，以"生态城市"的名义无视生态敏感性而进行大规模的生态破坏，开发前湖光山色、鸟语花香，开发后则高楼林立、车水马龙，生态环境遭到极大破坏；部分城市在建设中仅仅将"生态城市"作为新城建设的口号，并未真正按照资源节约、环境友好的低碳生态发展模式进行建设，打着生态的名义，进行着大规模房地产开发，拉大城市框架，获取土地出让指标，扩大城市规模。

四是建设规划不科学、不合理现象普遍存在。部分生态城区规划建设指标体系内容趋同，地域特色、气候条件考虑不足。不少生态城区在选址上背离生态环境保护、防灾控灾等要求，有的项目选址在生态资源丰富和敏感的地区，有的选址在防灾标准达不到要求的地区，这样的选址不仅破坏自然生态环境，而且影响居民生活安全，难以实现可持续发展。此外，不合理的选址还对交通、市政等基础设施造成负担，从而增加城区建设和运营的成本。许多生态城市宣称城市布局功能混合，但实际上仍未摆脱商务区、居住区等传统规划模式。

2013 年 12 月，中央城镇化工作会议指出，"要坚持生态文明，着力推进绿色发展、循环发展、低碳发展，尽可能减少对自然的干扰和损害，节约集约利用土地、水、能源等资源。"2014 年 3 月颁布的《国家新型城镇化规划》又进一步强调了可持续发展的重要意义，明确了"集约、智能、绿色、低碳"的发展思路，为在未来的城镇化过程中实现人类发展目标，中国的城市应该选择更加具有可持续性和宜居性的、符合生态文明建设要求的发展路径，进一步加快生态城市建设步伐。为此，提出以下建议。

（1）大力推动绿色建筑发展

绿色建筑是"优质内需"，是调结构、转方式、惠民生、实施新型城镇化战略的重要抓手，对生态文明建设、可持续发展以及建设美丽中国等都具有重要作用。一是以新型城镇化为契机，推进绿色建筑规模化发展。要深入研究和分析现有绿色建筑发展现状，特别是设计方案实施情况、运营效果和经济效益等方面情况，为绿色建筑规模化发展夯实基础。在城镇新区建设、旧城更新中建立包含绿色建筑比例、生态环保、可再生能源利用等内容的指标体系，并纳入城市总体规划、控制性详细规划、修建性详细规划以及其他专项规划；将绿色建筑作为土地招拍挂前置条件，建立绿色建筑项目审批绿色通道。同时，要依托生态城建设促进绿色建筑产业发展，积极推广绿色建筑的新技术、新材料，明确规定新建生态城区 80％ 的新建建筑应为绿色建筑，既有城市升级为生态城的 50％ 以上新建建筑应为绿色建筑。二是健全激励和监管机制，强化宣传及推进"行为节能"。制定鼓励绿色建筑产业发展的税收优惠、费用减免等政策；按照绿色建筑的星级标准奖励容积率；通过减免契税、维修基金、物业费减免、直接兑付等方式，使业主和消费者分享绿色建筑政府补贴。因地制宜地设立绿色建筑产业发展专门推进机构，加强管理。要建立专家评审机构尽责、政府监管到位和社会监督公开透明的绿色建筑评价体系。三是加强技术创新和人才队伍建设，促进绿色建筑产业持续健康发展。完善绿色建筑专业性人才培养体系，在高校增设绿色建筑课程，强化职业培训和考核，建立绿色工程师、能源管理师执业资格制度等。

（2）大力推动建筑产业化

建筑产业化节地、节能、节水、节材和环境友好。可减少用水量 60％ 以上、木材近 80％、材料浪费 20％ 以上、建造垃圾约 80％、建造综合能耗 70％ 以上，可促进传统产业升级，转变城镇化建设模式，全面提升建筑品质，是建筑业转变发展方式的重要举措，应当成为绿色生态城建设的首要选择。一是加强标准体系建设。建筑产业化的核心是标准化，应尽快制定地方标准、行业标准和国家标准体系，并与国际标准接轨。二是重视技术体系集成。健全建筑产业化技术保障、构部件产品以及产业化建筑质量控制等技术体系。三是强化产业链培养。支持建筑构部件生产企业产业化发展布局，完善产业链，使构部件产品生产与建筑建造相配套、使用与工程技术相配套，以保障建筑质量。四是通过财政支持激励建筑产业化。对企业开发建设和消费者购买产业化建筑，给予适当税收减免或优惠；对产业化建筑给予适当容积率奖励。五是加大产业化建筑在绿色生态城建设中的试点示范，加大建筑产业化基地建设规模和推广力度，扩大示范试点覆盖面，在绿色生态城建设中加强对建筑产业化的要求。

（3）加强科技创新

一是加快对引进核心技术的消化吸收和再创新，形成符合国情的绿色生态城与绿色建筑适宜性技术、产品和设备，加快具有自主知识产权的关键技术开发应用及产业化进程。二是加大技术集成研发创新投入，对积极使用相关绿色技术的建设项目给予审批优先、减免土地增值税、发放低息贷款等优惠政策。三是加强适合国情的成套技术、工艺、装备的集成与开发，将成套装备纳入环保装备目录，以不断提升技术水平、提高产品附加值、增强企业市场竞争力。四是推动产学研协同发展，引导政府、企业与高校、科研单位等机构共建绿色生态城区技术研发和集成展示中心、产品孵化中心和产学研协同创新平台。

（4）确保规划的科学性和严肃性

一是加快制订适合不同气候区的生态城市规划指导意见和技术标准，建立健全配套管理办法，修改制定申报、监控和验收的全套考核制度和权威合理的考核评估办法，全面加强试点示范的规划管理工作。二是要发挥城市规划整体部署、统筹协调的作用，强化城市规划的科学性、战略性、综合性、总体性、系统性，加强对生态城市的规划指导作用，结合地方经济社会发展实际和未来发展需求，严格生态管控要求，确立科学合理的发展目标，将城市低碳生态发展与绿色产业、循环经济协调起来，共同推动、协同推进。三是结合全国城镇化发展规划和即将启动的"十三五"规划编制工作，改革规划编制和管理体制，出台指导性文件和技术导则，建立涵盖资源环境承载力标准的指标体系，在各个行政层级推进绿色生态城建设的"多规融合"。四是建立城市总规划师制度，强化问责和管控措施，增强规划的法律约束性。阿根廷布宜诺斯艾利斯的城市规划制定于1925年，沿用至今。巴西利亚建城50多年来，不仅一直沿用一个总体规划，而且所有的重要建筑都由同一位总建筑师把关。因此，要加快推进规划立法工作，强化人大对重大规划的审批权，"一张蓝图绘到底"；明晰官员和专家的权责，保证责任的长效性，可检查、可追责。

推进绿色建筑发展、生态城市建设是一场涉及价值观念、生产生活方式和经济发展模式的全方位变革，是一项长期而紧迫、复杂而艰巨的历史使命，任重而道远。我们要广泛借鉴成功理念和先进经验，不断启发思维，为推进我国建筑业持续健康发展做出更多、更大的贡献。

作者：赖明（全国政协常委、提案委员会副主任、九三学社中央副主席）

3 科技创新助力绿色建筑发展

3 Scientific and technical innovation propels the development of green building

发展绿色建筑，以绿色、循环、低碳理念指导城乡建设，严格执行建筑节能强制性标准，扎实推进既有建筑节能改造，集约节约利用资源，提高建筑的安全性、舒适性和健康性，对转变城乡建设模式，破解能源资源瓶颈约束，改善群众生产生活条件，培育节能环保、新能源等战略性新兴产业，具有十分重要的意义和作用。

2013年1月1日，国务院办公厅以国办发〔2013〕1号文转发国家发展改革委、住房城乡建设部制订的《绿色建筑行动方案》，要求"到2015年末，20％的城镇新建建筑达到我国绿色建筑评价标准的要求"。十八大以来，我国政府大力推进生态文明建设和新型城镇化建设同步协调发展，强调走集约、智能、绿色、低碳的新型城镇化道路。2014年6月7日，国务院办公厅关于印发能源发展战略行动计划（2014—2020年）的通知中明确指出，"实施绿色建筑行动计划……大力发展低碳生态城市和绿色生态城区，到2020年，城镇绿色建筑占新建建筑的比例达到50％。"这标志着我国绿色建筑科技工作进入一个新的快速推进的阶段。

我国发展绿色建筑将有效带动新型建材、新能源、节能服务等产业发展，有望撬动超过万亿元的市场规模。依靠科技进步，推进绿色建筑规模化发展，是生态文明建设和推进新型城镇化工作的重要体现，可显著提升我国绿色建筑技术自主创新能力，提升产业核心竞争力，改变建筑业发展方式。

今年是《国家中长期科学和技术发展规划纲要（2006—2020年）》（以下简称《规划纲要》）实施的第十年，也是"十二五"国家科技计划收尾之年。在当前形势下，有必要把我国政府在推进绿色建筑科技工作方面的情况及时进行总结，以便更好地推进绿色建筑规模化建设，提升我国绿色建筑技术自主创新能力，加速产业核心竞争力。

3.1 回　顾

我国政府高度重视绿色建筑领域科技工作，《国家中长期科学和技术发展规划纲要（2006－2020年）》明确设置了"城镇化与城市发展"领域的"建筑节能与绿色建筑"优先主题，要求从"绿色建筑设计技术、建筑节能技术与设备、可再生能源装置与建筑一体化应用技术、精致建造和绿色建筑施工技术与装备、节能建材与绿色建材和建筑节能技术标准"等方面开展科技攻关工作。

"十五"期间，国家科技攻关计划通过实施"绿色建筑关键技术研究"项目，系统开展了绿色建筑的科技攻关，建成了一批生态型、低能耗的绿色建筑示范样板。

"十一五"期间，科技部通过国家科技支撑计划，设立了"建筑节能关键技术研究与示范"、"环境友好型建筑材料与产品研究开发"、"既有建筑综合改造关键技术研究与示范"、"夏热冬冷地区建筑科学用能关键技术与装备研究及示范"、"可再生能源与建筑集成技术研究与示范"、"建筑工程装备研究与产业化开发"等项目，对建筑节能和绿色建筑领域各项工作给予有力的支持，项目研究成果为国家重大建设工程，特别是北京奥运会、上海世博会和广州亚运会等国家重大活动的成功举办提供了重要的科技支撑。

"十二五"以来，科技部将绿色建筑科技工作作为城镇化与城市发展领域工作的重中之重进行安排部署。2011—2013 年期间，为响应国务院"绿色建筑行动方案"，落实"十二五"工作重点，科技部经广泛调研，于 2012 年 5 月编制并发布了《"十二五"绿色建筑科技发展专项规划》（国科发计〔2012〕692 号），明确了"将绿色建筑共性关键技术体系、绿色建筑产业推进技术体系、绿色建筑技术标准规范和综合评价服务技术体系建设作为绿色建筑科技发展的三个技术支撑重点"。

同时，为配合国务院出台的《绿色建筑行动方案》，科技部联合住房和城乡建设部等部门，重点围绕标准与规划设计技术、关键技术产品、集成与示范三个方面部署重点科技工作，以增强我国绿色建筑领域的标准、技术、服务、产品、产业的国际竞争力为目标，通过在 20 多个省市建设覆盖不同气候区、不同类型的建筑节能与绿色建筑示范工程，推动绿色建筑相关技术成果转化应用和规模化发展。

截至 2014 年年底，通过国家科技支撑计划，先后启动实施了"绿色建筑评价体系与标准规范技术研发"、"建筑节能技术支撑体系研究"、"新型预制装配式混凝土建筑技术研究与示范"、"既有建筑绿色化改造关键技术研究与示范"等支撑计划项目 27 项，课题数超过 100 项，总投入经费 22.2 亿元，其中国拨经费约 7.9 亿元。

3.2 成　　效

总体看，绿色建筑的快速发展，已经极大地激发我国城镇新建建筑和既有建筑改造所需要的新型绿色建材与产品、新型设备和部品、绿色施工平台与技术、建筑节能与环境等相配套的材料、产品、设备、工艺、工法等科技诉求。"十二五"以来，科技部通过国家科技支撑计划、国家科技重大专项等方式，已在绿色建筑关键技术、标准体系、示范工程和核心设备等研发方面实现了突破，在绿色建筑新技术、新产品、新装置、新工艺领域，以及技术集成与工程示范方面取得了显著的阶段性进展。据不完全统计，通过科技支撑计划项目，已经累计开发新技术/新产品292项，新装备/新装置60项，共计352项，申请专利130项，发表科研论文650篇，编制/完成相关标准/导则120项；完成软件/数据库170项，形成示范工程250项。

同时，建设完成与绿色建筑科技相关的国家级条件平台6个，包括国家建筑工程技术研究中心（中国建筑科学研究院），国家绿色建筑材料重点实验室（中国建筑材料科学研究总院），亚热带建筑科学国家重点实验室（华南理工大学）和国家住宅和居住环境工程技术研究中心（中国建筑设计研究院）等。建设完成部级重点平台12个，包括生态规划与绿色建筑教育部重点实验室（清华大学）、建设部绿色建筑工程技术研究中心（上海市建筑科学研究院有限公司），绿色建筑材料及制造教育部工程研究中心（武汉理工大学），教育部建筑节能工程研究中心（清华大学），低碳型建筑环境设备与系统节能教育部工程研究中心（东南大学）等。同时，形成了一批以中建总公司为代表、企业为主体的产学研队伍，培养了一批包括入选中组部万人计划、科技部中青年科技创新人才的绿色建筑高端科技人才。

具体成果包括：

（1）研究建立了我国绿色建筑评价标准体系，填补了我国多项建筑节能与绿色建筑评价准则的空白，推动我国绿色建筑技术标准体系朝着规划建设运营全过程、不同区域和类型的全覆盖。制修订完成国家标准《绿色建筑评价标准》GB/T 50378—2014、《节能建筑评价标准》GB/T 50668—2011 和《建筑工程绿色施工评价标准》GB/T 50640—2010，正在研究编制《既有建筑绿色改造评价标准》、《绿色商店建筑评价标准》、《绿色医院建筑评价标准》、《绿色办公建筑评价标准》等国家标准。

（2）初步建立了符合我国国情的绿色建筑规划预评估与诊断框架体系和基于建筑信息模型的绿色建筑规划设计软件架构和数据结构，提出了以性能目标为导向的绿色建筑设计新方法和优化新技术，形成20余项计算机软件著作权。

（3）建立了建筑节能基础数据库，编制建筑能耗标准和国际标准 ISO 12655，为我国建筑能源规划、建筑节能设计、优化运行管理以及合同能源管理等提供了重要技术支撑；攻克了夏热冬冷地区节能结构一体化围护体系在设计、预制构件制作及施工安装等技术难点，建筑外围护结构预制化程度提升到70%；完成了严寒地区聚氨酯发泡生产智能控制系统研发，在东北严寒地区实现了在国家规范要求基础上再节能15%的目标；研发了一批高效节能的空调设备系统，能效达到国际领先水平；实现了不同采暖热源方式适用性、联合供暖系统运行的能量匹配、互补供热系统最佳负荷分配比例等一批关键技术突破；建立了不同区域不同类型建筑可再生能源系统运行性能远程监测系统。

（4）完成了超大型塔式起重机关键技术研究，对高耸建筑的绿色高效施工起到了示范作用，有力推动了建筑施工技术的创新；研究开发了无脚手架安装作业系列装备，可以有效解决日益增多的大跨度建筑结构施工，以及倾斜、旋转、凹凸等不规则的新型建筑主体施工难题；研究开发了一批应用于高精尖工程的精致建造和绿色建筑施工技术与装备，实现了施工过程中自动检查分析、精确计划与精确施工。

（5）建立了两条年生产能力达 10 万 t 的保温砂浆生产线；完成了对新型外墙保温装饰板的技术改进，现已形成年产 300 万 m^2 产能，超过 200 万 m^2 建筑应用，年产值达 6 亿多元。

（6）新建或改造完成了上海沪上生态家、上海张江集电港办公中心、深圳南海意库等一批大型办公建筑、商业综合体和商业住宅等绿色建筑技术集成示范工程约 60 余项，相关新技术在北京市新机场、上海中国博览馆等国家重大工程中得到示范应用。

3.3　挑　　战

在我国新型城镇化建设和绿色建筑规模化发展的新形势下，绿色建筑科技发展也面临新的挑战。

首先，十八大以来，中央城镇化工作会议及新型城镇化规划都提出推进生态文明建设和新型城镇化建设同步协调发展，强调走集约、智能、绿色、低碳的新型城镇化道路。2014 年 8 月，习总书记指示，要用新技术建设绿色城市。今后 5 到 10 年，新型城镇化建设需求和城镇绿色建筑规模化发展，都对绿色建筑科技提出了新的更高的要求。从国际趋势来看，绿色建筑已成为 21 世纪全球建筑可持续发展的共识和发展趋势。欧美国家纷纷将绿色建筑作为新一轮科技创新的主要方向，持续出台绿色建筑相关政策及推广措施，加快研发绿色建筑标准、技术和新产品，大力发展绿色建筑产业。日趋严峻的国际节能减排形势也要求我国建筑行业必须在绿色建筑和节能减排技术方面有所突破。

第二，绿色建筑追求的目标与传统模式不同，相应地，新理念下的规划设计理论和方法、施工、装备、产品也需更新，基础研究支撑也需要跟上。同时，绿色建筑不能阳春白雪，也不应仅仅是技术堆砌和数据展示，还需要让普通百姓主观上能够接受，要有人文关怀，需要传递新的审美观点，引领创新的设计、建造与运行理念。因此，急需建立和完善服务我国绿色建筑规模发展的"基础理论—

标准体系－技术创新－集成示范"的全链条科技布局。

第三，当前获得绿色建筑标识的项目已超过 2500 项，规模约 2.9 亿 m²，面对到 2015 年城镇 20％新建建筑都需达到绿色建筑要求和 2020 年城镇新建建筑 50％需达到绿色建筑要求，如何保证绿色建筑"四节一环保"的性能和质量？建筑建成后，如何落实其性能与质量控制，实际的节能、节水、节费效果及环境品质改善情况如何？急需开展后评估研究，反馈设计与施工。只有这样，才能真正把当前绿色建筑发展的良机和契机真正变为城镇化领域发展的"红利"。

第四，还需要研究解决我国绿色建筑技术适宜性和成熟度的问题。我国地域广阔，气候、经济及资源秉性差别大，建筑类型多样化，必须因地制宜发展绿色建筑技术。同时，绿色建筑发展带动一系列新型技术、设备和产品，急需解决技术成熟度与建筑寿命同步的问题。例如绿色建造与施工集成技术。住宅工业化、产业化虽然不仅保证了住宅的各项品质，还避免了现场施工所产生的安全、能耗与排放、环境等问题，但我国在该领域仅处于概念和起步阶段，与发达国家和地区相比存在较大的差距。部分房地产企业进行了有效的探索，但尚未成规模。绿色施工领域，我国在材料替代、资源循环利用、新工艺、新工具、新施工技术等重点技术领域取得一些成果，特别是建筑信息模型（BIM）的引入，实现了施工过程中自动检查分析、精确施工、精确计划、限额领料，并实现了施工过程信息的共享和协同，但从整体上看，施工阶段信息化水平仍然不高，很多集成技术都还停留于概念。

第五，还有绿色建筑相关产业的培育与市场引导的问题。尽管我国城镇化建设成效世界瞩目，但在关键的产业化设备、产品中，仍有不少设备、技术的核心部品、部件关键环节仍为国外公司把控。必须加快研究利用规模化发展绿色建筑的契机，研究完善财政支持政策，让企业知晓、用好绿色建筑发展政策，加强政策执行，确保政策落实到位。着力围绕绿色建筑产业链部署创新链，围绕创新链完善资金链，聚焦目标，集中资源，形成合力。着力以科技创新为核心，全方位推进绿色建筑相关产业的产品创新、品牌创新、组织创新和商业模式创新。全面整合绿色建筑上下游产业链，集成创新，形成一批具有重大突破的创新关键设备，推动绿色建筑产业化。

3.4 展　望

2015 年，将是科技计划管理体制改革进一步深化的一年。按照科技计划管理改革的新要求，我们要强化顶层设计，打破条块分割，加强部门功能性分工，建立具有中国特色的以目标和绩效为导向的科技计划（专项、基金等）管理体制。建立以"国家自然科学基金、国家科技重大专项、国家重点研发计划、基地和人才专项、技术创新引导专项（基金）"为主要内容的科技计划体系。当前，新科技革命的一个重要特征是从"科学"到"技术"到"市场"的演进周期大为缩短，基础研究、应用研究、技术开发和产业化等阶段的边界日趋模糊，科技创新链条更加灵巧，技术更新和成果转化更加快捷。为了适应这一新特征，我们将整合科技部管理的国家重点基础研究发展计划（973计划）、国家高技术研究发展计划（863计划）、国家科技支撑计划、国际科技合作与交流专项，发展改革委、工业和信息化部管理的产业技术研究与开发资金，有关部门管理的公益性行业科研专项等，形成国家重点研发计划。建立科技计划管理联席会议制度，加强统筹规划。共同制定议事规则，负责审议科技发展战略规划、科技计划（专项、基金等）的布局与设置、战略咨询与综合评审委员会的设立、专业机构的择优遴选等事项。

"十三五"期间，在新型城镇化方面，要紧紧围绕建设绿色、低碳、智能城镇的重大需求，加强面向新型城城镇化的科技创新，推动城镇群协同发展、绿色建筑和建筑工业化、城市基础设施、地下空间开发建设、供暖系统节能减排等方面的技术研发和示范应用。

绿色建筑仍将作为城镇化与城市发展领域的重点方向和重点任务。要通过强化部门联动、产学研相结合，继续支持绿色建筑持续发展的技术体系研究，加速提升绿色建筑规划设计能力、技术整装能力、工程实施能力、运营管理能力。未来绿色建筑科技布局，将充分体现国家新型城镇化发展重大需求，并以需求为导向，凝练重点方向、重点任务。坚持有所为有所不为，强化自主集成创新，重视国际合作，构建示范平台，培养创新团队，培育新兴产业，全面推进绿色建筑相关基础理论创新、技术研发和集成示范实践。

让我们携手共进，通过科技创新驱动，全面推进我国绿色建筑健康可持续发展！

作者：科技部社会发展司

4 2014 年我国绿色建筑发展情况
4 China green building development in 2014

2014 年，各地不断深化落实国务院发布的绿色建筑行动方案，政府对于政府投资的新建公益性建筑以及保障性住房强制执行绿色建筑标准，一些城市继北京、深圳之后也开始对新建项目全面实行绿色建筑标准，我国的绿色建筑又迎来了一轮新的发展高潮。

4.1 总体发展态势

几年来，我国绿色建筑发展规模始终保持大幅增长态势，截止到 2014 年 12 月 31 日，全国共评出 2538 项绿色建筑评价标识项目，总建筑面积达到 2.9 亿 m²（图 1-4-1～图 1-4-3），其中，设计标识项目 2379 项，占总数的 93.7％，建筑面积为 27111.8 万 m²；运行标识项目 159 项，占总数的 6.3％，建筑面积为 1954.7 万 m²。平均每个绿色建筑的建筑面积为 11.5 万 m²（图 1-4-4、图 1-4-5）。

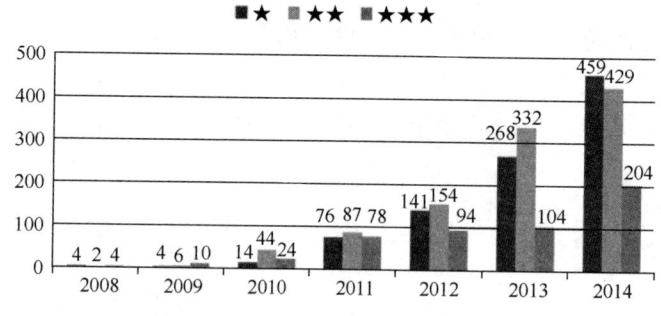

图 1-4-1 2008～2014 年绿色建筑评价标识项目数量逐年发展状况

在各个评审机构中，中国城市科学研究会和住建部科技促进中心评审的项目数量较多，地方行政主管部门组织评审的项目数量又有了进一步增加，其中以江苏、山东、深圳、河北等地方评审机构评审数量较多（图 1-4-6）。相比 2012、2013 年，山东、深圳、湖南、陕西、北京、广东等地方评审机构评审数量增幅较大，而青海、贵州、甘肃、云南、海南等地实现了零的突破（图 1-4-7）。

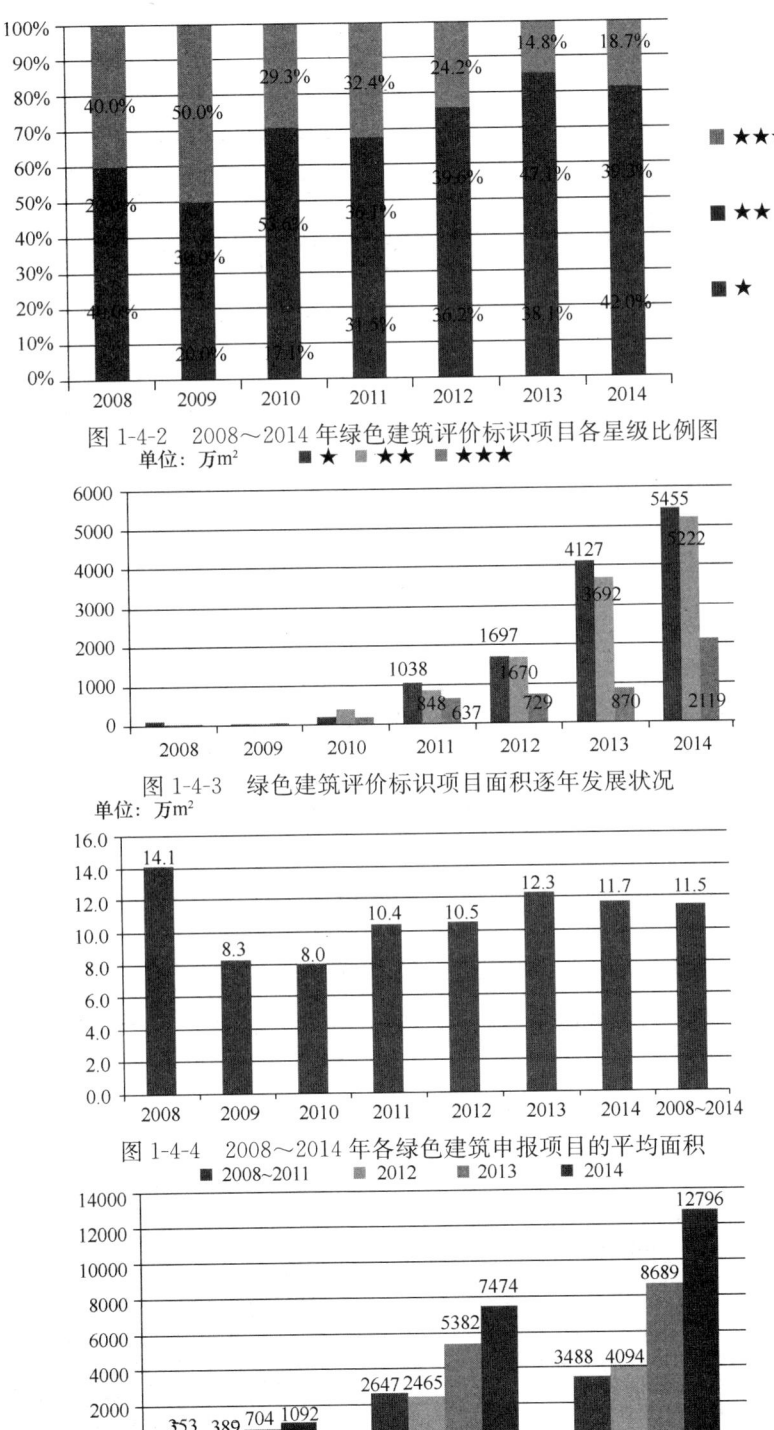

图 1-4-2 2008～2014 年绿色建筑评价标识项目各星级比例图

图 1-4-3 绿色建筑评价标识项目面积逐年发展状况

图 1-4-4 2008～2014 年各绿色建筑申报项目的平均面积

图 1-4-5 绿色建筑评价标识项目发展状况

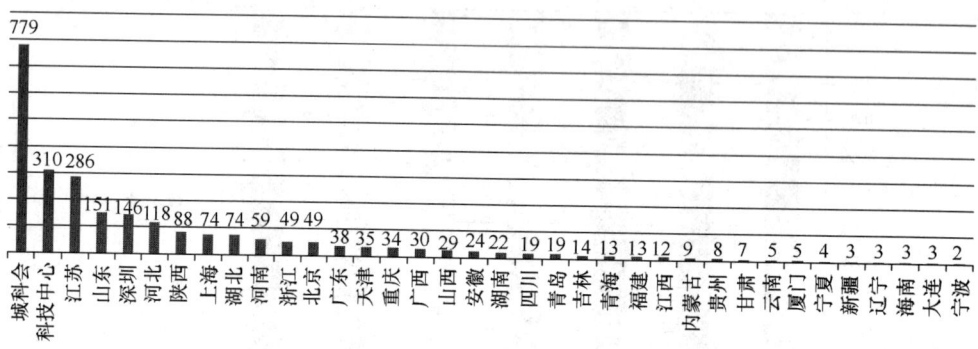

图 1-4-6　2008～2014 年全国绿色建筑标识各评价机构评审数量情况

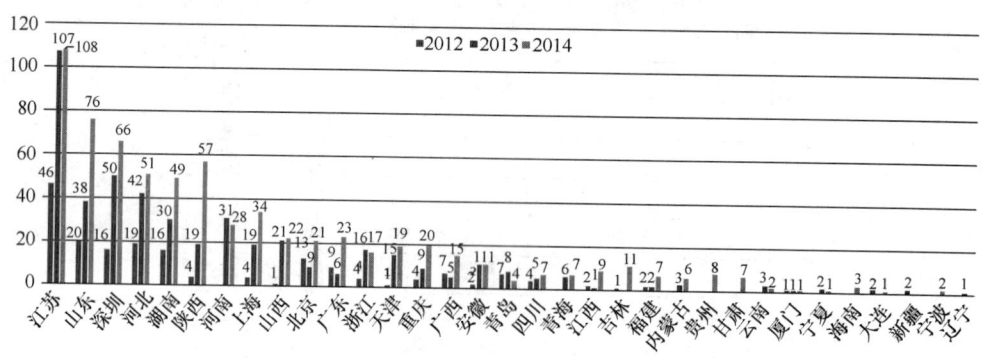

图 1-4-7　2012～2014 年绿色建筑评价标识地方评价机构评审数量变化情况

4.2　各类型绿色建筑标识情况

综合统计 2008～2014 年，从星级比例构成来分析：一星级 966 项，占 38%，面积 12632.8 万 m²；二星级 1054 项，占 42%，面积 11850.5 万 m²；三星级 518 项，占 20%，面积 4586.8 万 m²。从建筑类型来分析：居住建筑 1303 项，占 51.3%，面积 18983.8 万 m²；公共建筑 1212 项，占 47.8%，面积 9606.4 万 m²；工业建筑 23 项，占 0.9%，面积 480.3 万 m²（图 1-4-8、图 1-4-9）。

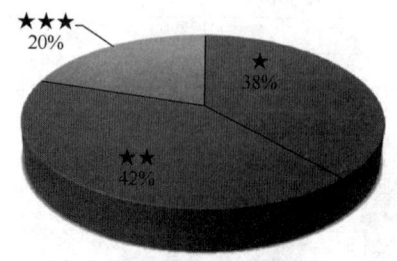

图 1-4-8　2008～2014 年绿色建筑评价
标识项目建筑星级分布图

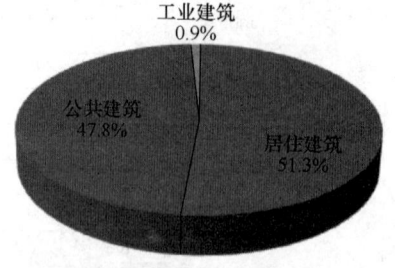

图 1-4-9　2008～2014 年绿色建筑评价
标识项目建筑类型分布图

在2008～2014年获得绿色建筑评价标识的655项公共类建筑项目中，从星级比例来看，一星级448项，占37%，面积4256万 m²；二星级454项，占37%，面积3464.6万 m²；三星级310项，占26%，面积1885.5万 m²。从建筑类型上看，办公、商店、酒店、场馆、学校、医院等建筑以及改建项目和其他项目各占48%、15%、8%、10%、8%、3%、4%、4%（图1-4-10、图1-4-11）。

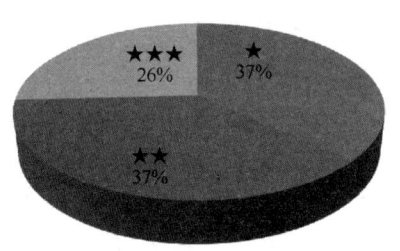

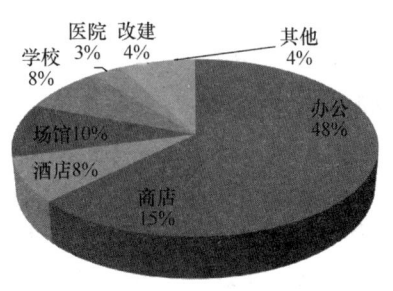

图1-4-10　2008～2014年公共类绿建评价
标识项目星级分布图

图1-4-11　2008－2014年公共类绿建
评价标识项目详类

2008～2014年获得绿色建筑评价标识的住宅类绿色建筑项目中，一星级426项，占37%，面积8356.8万 m²；二星级583项，占50%，面积8350.1万 m²；三星级156项，占13%，面积2776.8万 m²（图1-4-12）。从比例上看，二星级占比最大，为总数的一半，其次为一星级，而三星级相对较少。从评审中了解的情况看，一星级项目增量成本不高而容易达到，一些地区已经开始要求保障房普遍达到一

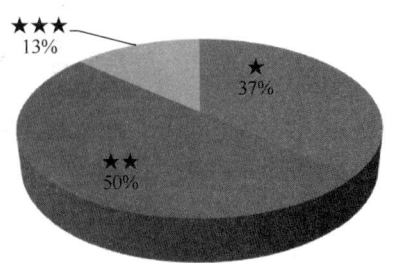

图1-4-12　2008～2014年住宅类绿建
评价标识项目星级分布

星级要求，还有一些地区如北京、深圳等要求所有新建房屋普遍执行至少一星级的绿色建筑标准，普及一星级绿色建筑乃大势所趋；二星级项目在国家财政补贴下，再加上一些地区还提供了地方补贴、城市建设配套费减免等激励政策，增量成本压力相对不大，已激发起开发商越来越大的实施动力；三星级增量成本较高，开发商经过一定的研发努力方可达到，而总体来看，三星级的建筑品质普遍较高。

2014年，以城科会绿建中心为主共评出15个绿色工业建筑标识，其中中煤张家口煤矿机械有限责任公司装备产业园获得了采用新国标《绿色工业建筑评价标准》GB/T 50878—2013评价的运行标识。截至目前，全国共评审出28个绿色工业建筑项目，其中3个三星级运营标识。从地域上看，东南沿海地区在绿色工业建筑的探索和实践上处于领先地位，内陆省份正迎头赶上。标识项目共分布在8个省市，其中5个是沿海省份。广东省作为2013年GDP全国排名第一的省份，绿色工

业建筑标识项目也最多，共有 3 项。江苏省是民用绿色建筑标识项目数量最多的省份，第一项绿色工业建筑设计标识和运行标识均位于该省。由此可见，当地较高的经济水平以及民用绿色建筑发展水平都对绿色工业建筑发展起到一定的促进作用。

4.3　各地区绿色建筑发展的特点

从各气候区来看，综合统计 2008～2014 年，夏热冬冷地区累计获得绿色建筑评价标识项目为 1120 项，占 44%；夏热冬暖地区项目为 405 项，占 16%；寒冷地区项目为 852 项，占 34%；严寒地区项目为 128 项，占 5%；温和地区项目为 33 项，占 1%。

从统计中看出，在居住建筑方面，夏热冬冷地区与寒冷地区绿建数量占比较大，均超过总量的 1/3。而公共建筑方面，夏热冬冷地区绿建数量占总量的一半，寒冷地区绿建数量超过总量的 1/4，而夏热冬暖地区绿建数量占约 16% 左右。在严寒和温和地区绿建项目数量均较少（图 1-4-13）。

2008～2014 年绿建评价标识项目气候区分布：

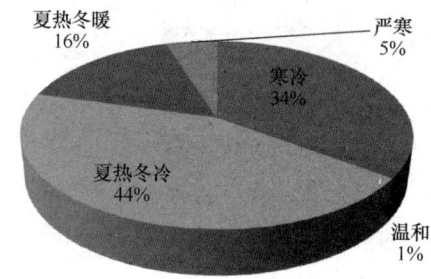

2008～2014年绿建评价标识项目气候区分布

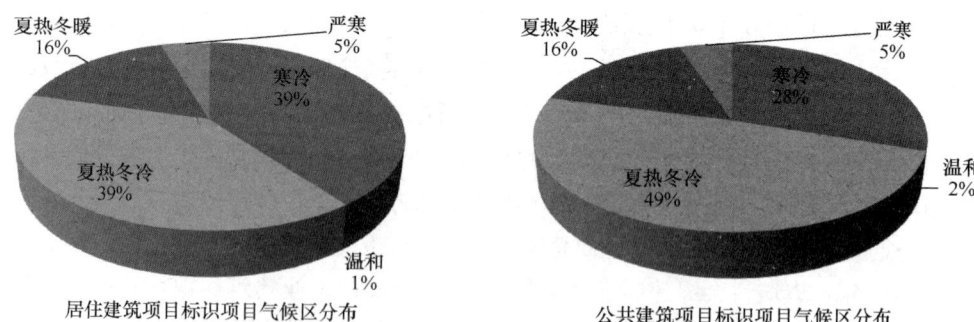

居住建筑项目标识项目气候区分布　　　公共建筑项目标识项目气候区分布

图 1-4-13　2008～2014 年绿建评价标识项目气候区分布（分居住和公建）

按照项目地区分布来看，2013 年青海、贵州、甘肃也开始有了获得标识的绿色建筑，现除西藏以外各省、自治区、直辖市都有获得标识的绿色建筑。标识项目数量在 100 个以上的地区占 29%，在 30～100 个地区占比 35%，数量在 10

～30 个的地区占比 26%，数量不足 10 个的地区占比 10%，其中江苏、广东、山东、上海 4 个沿海地区的数量继续遥遥领先（图 1-4-14）。在 2014 年各地标识项目数量增速普遍加快，江苏、广东、天津、河北、浙江、河南、山西、安徽等地增速明显（图 1-4-15）。从各星级的比例上看，江苏、上海、浙江、湖北的绿色建筑各星级比例较为均匀，山东、河北二星级绿色建筑比例较高，天津三星级绿色建筑比例较高，广东则一星级绿色建筑比例最高（图 1-4-16）。

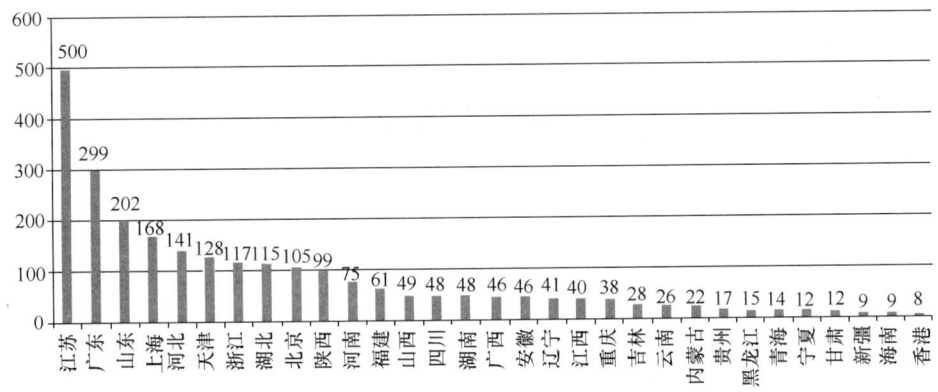

图 1-4-14　2008～2014 年各省市绿建评价标识项目数量统计

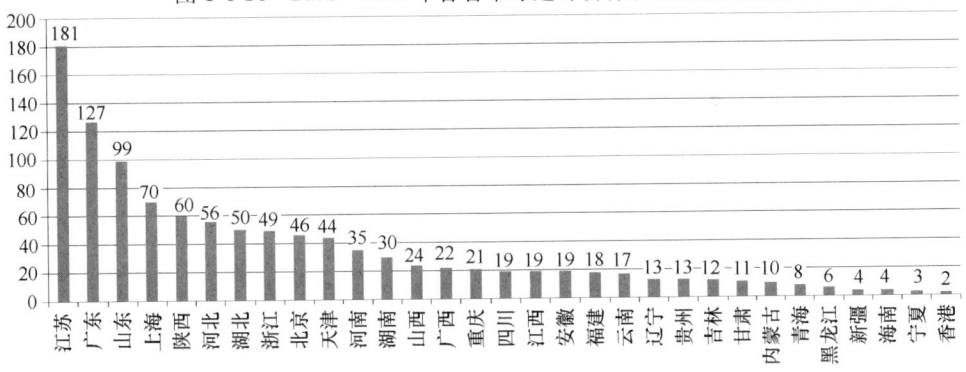

图 1-4-15　2014 年各省市绿建评价标识项目数量统计

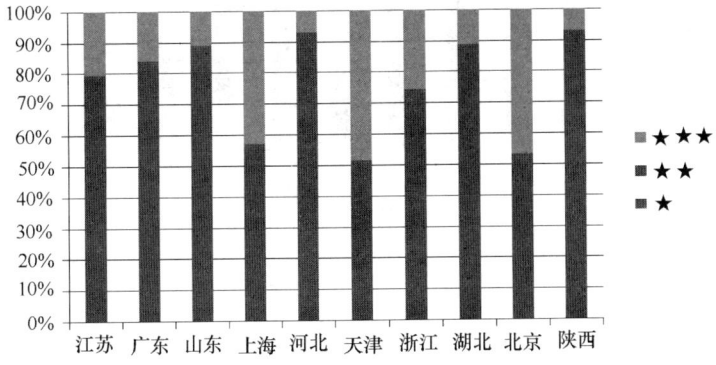

图 1-4-16　2008～2014 年主要地区绿建评价标识项目的星级构成

4.4 绿色建筑标识申报单位情况

拥有绿色建筑标识最多的前几名申报单位分别是万达、万科、绿地等开发商（图1-4-17），前三名占了总数的1/5。其中住宅类绿色建筑由万科、万达、绿地、保利等集团申报项目最多，公建类绿色建筑则由万达、绿地、招商、天津生态城投等集团申报项目最多（图1-4-19，图1-4-20）。而前十名中各星级的构成比重却不尽相同，万达、华润、深圳光明等项目主要为一星级，万科、天津生态城投、苏州建屋项目主打三星级，花桥商务城、华润等在一、二星级有所建树的同时少量项目尝试三星级，招商、绿地则比例较为均匀（图1-4-18）。

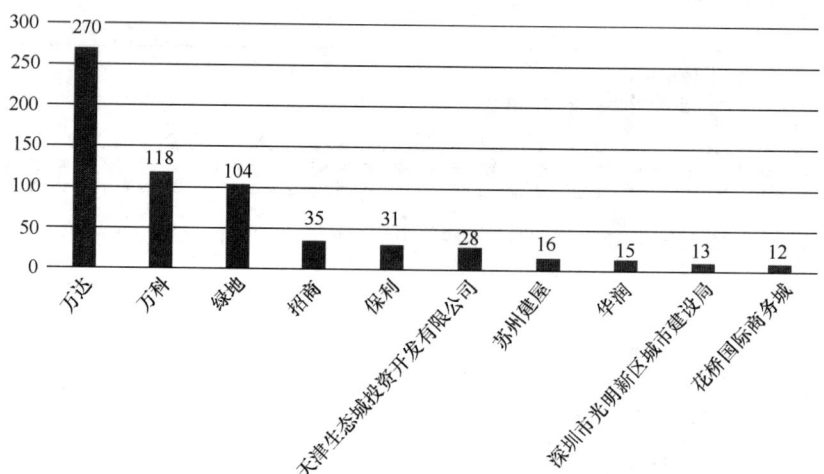

图1-4-17 2008～2014年绿建评价标识项目数量前十位申报单位

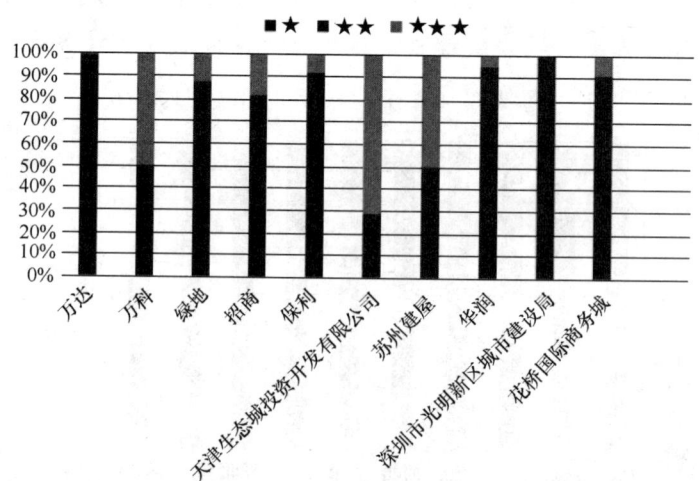

图1-4-18 2008～2014年绿建评价标识项目数量前十位申报单位项目星级构成

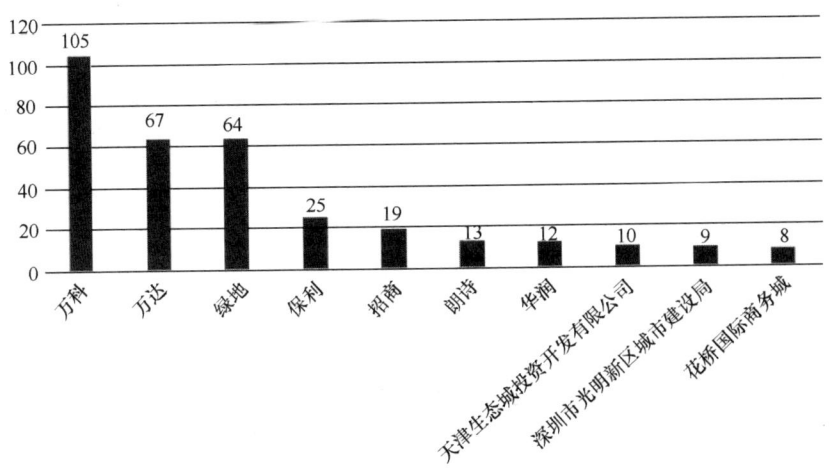

图 1-4-19　2008～2014 年住宅类绿建评价标识项目数量前十位申报单位

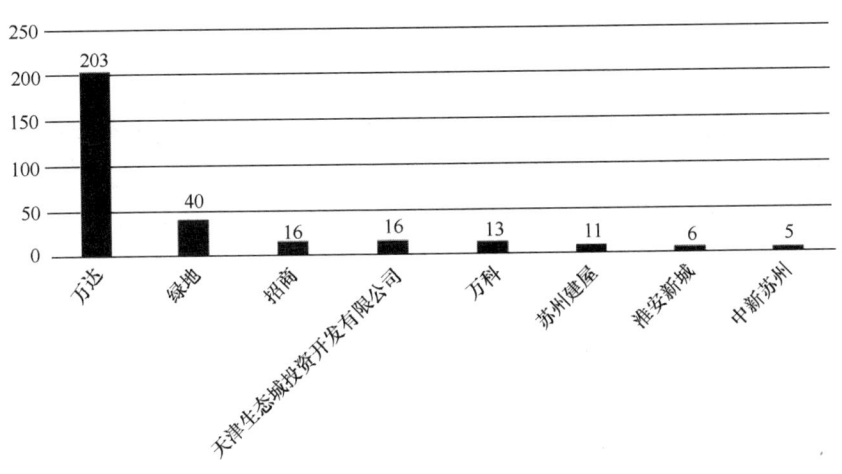

图 1-4-20　2008～2014 年公建类绿建评价标识项目数量前十位申报单位

4.5　绿色建筑评价标准的最新发展

2014 年，绿色建筑标识所依据的评价标准取得了较大发展变化，国标《绿色建筑评价标准》GB/T 50378—2006 从 2006 年 6 月 1 日实施以来，经过了八年多的使用，成功评价出上千个绿色建筑项目，终于迎来了新国标《绿色建筑评价标准》GB/T 50378—2014 的修订完成并发布。新国标从 2015 年 1 月 1 日起正式实施，继续传承这一历史使命。同年，专项标准中《绿色工业建筑评价标准》GB/T 50878—2013 已于 2014 年 3 月 1 日起实施，《绿色办公建筑评价标准》

GB/T 50908—2013 已于 2014 年 5 月 1 日起实施,《绿色医院建筑评价标准》、《绿色商店建筑评价标准》、《绿色宾馆建筑评价标准》、《绿色铁路客站建筑评价标准》、《既有建筑绿色改造评价标准》均正处于报批阶段,《绿色城区评价标准》、《绿色校园评价标准》正在紧锣密鼓地编写之中,绿色建筑评价工作已经迎来了深入量化、细分领域的新时期,2015 年预期可形成中国绿色建筑评价全方位的标准体系。

4.6 绿色建筑实施效果

根据住建部委托中国城市科学研究会牵头完成的课题"我国绿色建筑效果后评估与调研"成果,我国绿色建筑投入使用后的情况如下:(1)绿色建筑运营后各项绿色建筑技术的落实情况和使用效果总体较好。在技术落实率方面,节地与土地资源利用、节能与能源利用、节材与材料资源利用、室内环境质量控制部分所采用技术的落实情况比较理想,而节水与水资源利用及垃圾分类收集处理方面技术在落实过程中出现的问题相对较多。我国明文要求的技术和政策积极支持的技术都在绿色建筑中率先得到了很好的采用和落实。而实际应用中评价效果相对较差的绿色建筑技术主要包括:透水地面、公共交通配套、用电分项计量系统、雨水收集系统、中水系统、绿化灌溉、垃圾分类收集系统和物业管理。(2)调研的绿色建筑在节能节水方面已经取得了良好的环境效益。调研项目中接近 70% 的绿色办公建筑能耗低于相应气候区下的能耗约束值。55.7% 的建筑使用了非传统水源,节水前景十分可观。(3)绿色建筑增量成本对绿色建筑效果的好坏起着极其重要的作用。分析结果表明,绿色技术增量成本回收期一般在 2~10 年,少数在 10 年以上。开发绿色建筑成本多由项目开发商自己承担,需通过绿色建筑市场价值进行转化实现绿色建筑增量成本回收,其投资回收期长短,将直接影响绿色建筑开发力度和深度。由于目前对绿色建筑理念的认识度仍有待深入,绿色建筑项目市场价值增值还有待提高,开发商开发绿色建筑项目所承担的风险较大,一定程度上导致绿色建筑技术方案落实上存在障碍,影响了运行效果达到最佳。

完备、规范的物业管理可以有效实现绿色建筑的良好效果,充分发挥绿色建筑技术措施的作用,实现绿色建筑的设定目标。调研结果显示,绿色建筑运营增量成本对绿色建筑效果的好坏起着极其重要的作用,后者是影响绿色建筑运营效果最直接的因素。一些绿色技术尤其是主动式技术,如暖通空调、雨污水的处理与回用、智能化系统应用、垃圾处理、绿化无公害养护、可再生能源应用等,需要在日常运行中使用能源、人力、材料资源等维持有效功能,同时,在使用一定时期后,还需要进行耗材补充、部品更换或软硬件升级等,从而产生一定的超过传统建筑的增量成本，而这些成本往往不能得到有效的资金支持，导致绿色建筑应有的效果不能得到充分发挥。

由此可见，对绿色建筑而言，绿色建筑技术的选择非常重要，采用适宜的技术会容易达到设定的效果，而加强绿色建筑运行调试及运行后的管理更显重要，相关管理部门应充分重视绿色建筑竣工后的验收、投入使用前的设备运行调试和使用后的中期检查。绿色建筑的推广、普及工作任重道远，尤其要针对开发单位、设计院、咨询公司、物业公司进行分类培训。绿色建筑的推广和实践，还需要配套的引导政策和保障机制，提高全行业参与各方的水平。

4.7　政府的强制执行政策

根据国家绿色建筑行动方案的任务要求，2014 年起政府投资的国家机关、学校、医院、博物馆、科技馆、体育馆等建筑，直辖市、计划单列市及省会城市的保障性住房，以及单体建筑面积超过 2 万 m^2 的机场、车站、宾馆、饭店、商场、写字楼等大型公共建筑全面执行绿色建筑标准。截至 2014 年底，全国发布地方绿色建筑行动实施方案的 28 个省市，均结合各地实际情况，提出了强制实施绿色建筑的目标要求。住建部发布了《关于保障性住房实施绿色建筑行动的通知》，该通知要求自 2014 年 1 月 1 日起，全国直辖市、计划单列市及省会城市市辖区范围内政府投资、公共租赁住房，应率先实施绿色建筑行动，至少达到绿色建筑一星级标准。政府投资公益性建筑、保障房、单体面积超过 2 万 m^2 的大型公建 2014 年起率先执行绿色建筑标准。继该文件后，住建部办公厅、发改委办公厅、国家机关事务管理局办公室于 2014 年 10 月 15 日印发了《关于在政府投资公益性建筑及大型公共建筑建设中全面推进绿色建筑行动的通知》（建办科〔2014〕39 号），进一步强调了推进绿色建筑行动的重要性，强化了建设各方主体的责任，通过加强建设全过程管理和完善实施保障机制，确保强制目标得到落实，并将该项工作推进情况纳入国家节能减排专项检查、大气污染防治专项检查的考核内容，上述强制要求在中共中央、国务院发布的《国家新型城镇化规划（2014－2020 年）》及国务院办公厅发布的《关于印发 2014—2015 年节能减排降碳发展行动方案的通知》（国办发〔2014〕23 号）做了进一步强调。与此同时，国家发改委和住建部于 2014 年 11 月 27 日发布了《党政机关办公用房建设标准》，将绿色建筑的基本要求纳入其中，彰显了政府带头落实绿色建筑标准要求的实际行动。2014 年底，住房城乡建设部首次对绿色建筑行动方案的执行情况进行了专项检查。国家发展改革委 2014 年 3 月份发布《关于开展低碳社区试点工作的通知》，目标在地级以上城市开展低碳社区试点工作，同时，国家低碳试点省市要率先垂范，大力推动低碳社区试点工作。到"十二五"末，全国开展的低碳社区试点争取达到 1000 个左右，择优建设一批国家级低碳示范社区。在该通知中明确要求"推广节能建筑和绿色建筑，新建住房应全部达到绿色建筑标准，既有建筑也要进行低碳化改造。"

此外，尽管绿色建筑行动方案对商业房地产开发项目执行绿色建筑标准采取引导和鼓励的原则，但北京、上海、广州、深圳、秦皇岛等城市已经要求城市新建居住建筑强制执行绿色建筑标准，江苏、重庆、长沙等省市也将于 2015 年陆续要求新建居住建筑按绿色建筑标准要求设计建造，绿色建筑标准的强制实施范围逐步扩大。

在强制执行绿色建筑标准的落实办法方面，大多省市均根据住房城乡建设部 2013 年 4 月 27 日发布的《房屋建筑和市政基础设施工程施工图设计文件审查管理办法》（住房和城乡建设部令第 13 号）相关要求，通过施工图审查机构，对执行绿色建筑标准的项目是否符合绿色建筑标准进行审查。北京、广州、重庆、上海、江苏、浙江等省市通过编制绿色建筑设计标准或施工图审查要点，明确了绿色建筑的基本要求，并加以实施管理。长沙、武汉、海南除在施工图审查阶段进行重点管控外，本着因地制宜、控制增量成本、避免增加过多工作量和便于操作的原则，通过编制技术与管理文件，将绿色建筑的基本要求纳入现行工程建设管理程序的主要阶段进行管控，建立了涉及土地出让、初步设计、规划设计、施工图设计、施工、竣工验收、运营管理全过程的管理制度，实现了绿色建筑基本要求的闭合管理。

根据最新统计，截至 2014 年底，我国取得绿色建筑标识以及通过施工图审查符合绿色建筑标准的绿色建筑项目总面积已经达到 6.5 亿 m^2。"强制图审"与"自愿标识"两种方式相辅相成，缺一不可，已成为我国推动绿色建筑发展的"新常态"，为实现住房城乡建设部提出的 2015 年完成新增绿色建筑 3 亿 m^2 以上，国家绿色建筑行动方案提出的"十二五"期间完成绿色建筑 10 亿 m^2、到"十二五"期末 20％城镇新建建筑达到绿色建筑标准要求，以及中共中央、国务院《国家新型城镇化规划（2014－2020年）》提出的到 2020 年城镇绿色建筑占新建建筑的比重达到 50％的目标提供了重要保障。

4.8 小结及展望

2014 年我国绿色建筑取得了蓬勃的发展，呈现出了欣欣向荣的新气象。2015 年随着绿色建筑行动方案的不断深化以及各级政府对绿色建筑工作开展的进一步推进，绿色建筑的发展定会展现出新的面貌，在国家新型城镇化的浪潮中实现阶段性的目标。

　　作者：王建清[1]　高雪峰[1]　李丛笑[2]　宋凌[3]　马欣伯[3]　白天杨[2]（1. 住房和城乡建设部建筑节能和科技司；2. 中国城市科学研究会绿色建筑研究中心；3. 住房和城乡建设部建筑科技促进中心）

5 推动既有建筑绿色改造实践，促进既有建筑绿色改造发展

5 Promote the green retrofit of existing building by encouraging practices

我国既有建筑面积已经超过 500 亿 m^2，且大部分既有建筑的建设受当时技术水平与经济条件等原因的限制，导致约有 30%～50% 的建筑出现安全性失效或进入功能退化期[1]，加之城市规划的更新、建筑结构和部件的老化、建筑维护不及时等原因导致建筑拆除比例较高，不仅浪费了宝贵的资源，还造成了大量的污染。此外，我国建筑在使用阶段的碳排放量基本占自身全生命周期碳排放量的 80%～90%[2]，量大面广的既有建筑的高排放给我国生态环境的承载力带来了很大的压力。相对于趋向平稳的新建建筑的完工速度，大量业已存在的既有建筑的绿色改造无疑会给我国的绿色建筑行业创造另一个重要的支柱和更加可观的效益，从未来一段时期来看，新建与既改并重推进将成为绿色建筑行业发展的"新常态"。不难看出，对既有建筑进行绿色改造将成为解决我国当前所面临的资源与环境问题的重要途径和关键环节，也将缓解我国节能减排潜力日益缩减的困局。

5.1 既有建筑绿色改造的背景现状

根据现阶段我国的国情和多年来建筑节能工作的推进思路，既有建筑绿色改造的潜在对象可分为北方采暖地区居住建筑、夏热冬冷地区居住建筑、夏热冬暖地区居住建筑和公共建筑[3]。在北方采暖地区居住建筑当中包括 1981～1997 年期间建成的大部分建筑，1998～2005 年期间建成的非节能建筑；在夏热冬冷地区居住建筑当中包括 1981～2001 年期间建成的不满足《夏热冬冷地区居住建筑节能设计标准》要求的建筑；在夏热冬暖地区居住建筑当中包括 1981～2005 年期间建成的不满足《夏热冬暖地区居住建筑节能设计标准》要求的建筑；在公共建筑当中包括 1981～2005 年期间建成的不满足《公共建筑节能设计标准》要求的建筑。以上总计约 351.5 亿 m^2 的既有建筑将成为有必要进行绿色改造的主要载体，也是推进我国既有建筑绿色改造工作的重点和难点。

与新建建筑相比，我国既有建筑的绿色改造工作基础较为薄弱，相关标准、技术、政策、产品、机制等各方面都还有待于进一步完善，既有建筑绿色改造的

推广任务比较艰巨。但随着我国绿色建筑和建筑节能工作的持续实践和积累，同时绿色建筑的发展模式也在逐渐回归到重视质量和实效的健康道路上，以上两个有利因素为既有建筑绿色改造的发展打下了良好的基础和提供了正确的指引。

截止到 2014 年末，我国城镇化率已经超过 54%，城市发展将逐步由大规模建设为主转向建设与管理并重的发展阶段，从简单的数量扩张转变为质量提升阶段，既有建筑绿色改造已经逐步成为我国推进新型城镇化建设的一项重要工作，也将成为我国建筑绿色化道路上的"新常态"和重要组成部分，各种推进既有建筑绿色改造的实践工作也将逐渐拉开序幕。

5.2 既有建筑绿色改造的实践进展

5.2.1 研究绿色改造政策机制

随着国家和地方政府对绿色建筑和建筑节能的重视，绿色建筑和建筑节能相关的法律法规及政策文件也相继发布。法律文件《中华人民共和国节约能源法》的多条内容直接与既有建筑节能改造相关；《民用建筑节能管理规定》、《国家机关办公建筑和大型公共建筑节能专项资金管理暂行办法》等多个条例包含既有建筑改造相关内容；此外，《绿色建筑行动方案》、《"十二五"绿色建筑和绿色生态城区发展规划》及《国家新型城镇化规划（2014—2020 年）》等政策文件提出了既有建筑节能改造的规划和要求。尽管目前还没有出台直接与既有建筑绿色改造相关的法规和政策文件，但绿色建筑和建筑节能相关法规和政策文件也间接推动我国既有建筑绿色改造工作的进展。

针对既有建筑绿色改造发展的需求，行业内也在相关政策研究方面进行了专项的探索和整合[3]，成果率先在北京雁栖湖生态示范区和山东临沂市北城新区分别形成了适合当地发展的既有建筑绿色改造的落地政策，鼓励区域内有条件的既有建筑通过改造成为绿色建筑，在我国实属首创，对我国既有建筑绿色改造项目建设和辐射示范推广具有重要的推动作用。

5.2.2 研发绿色改造技术体系

我国在绿色建筑和建筑节能的技术研发方面开展较早，"十五"期间国家立项"绿色建筑关键技术研究"等项目，"十一五"期间国家立项"建筑节能关键技术研究与示范"等项目，"十二五"期间科技部加大对绿色建筑和建筑节能的资助，发布《"十二五"绿色建筑科技发展专项规划》，启动"绿色建筑评价体系与标准规范技术研发"、"建筑节能技术支撑体系研究"等多项国家科技项目的研发工作，极大地促进了我国绿色建筑和建筑节能科技的发展。相对新建建筑，针对既有建筑改造的科技研发的课题数量和经费资助额度上还是远远不够的，但随着绿色建筑和建筑节能的不断发展，既有建筑绿色改造的技术研发也呈现逐渐加大的趋势。

"十一五"期间国家启动"既有建筑综合改造关键技术研究与示范"项目，为我国"十二五"期间开展既有建筑绿色改造做出很多探索性的研究工作；"十二五"初期，国家启动"既有建筑绿色化改造关键技术研究与示范项目"，其中包括"既有建筑绿色化改造综合检测评定技术与推广机制研究"、"典型气候地区既有居住建筑绿色化改造技术研究与工程示范"、"典型气候地区既有居住建筑绿色化改造技术研究与工程示范"、"大型商业建筑绿色化改造技术研究与工程示范"、"办公建筑绿色化改造技术研究与工程示范"、"医院建筑绿色化改造技术研究与工程示范和工业建筑绿色化改造技术研究与工程示范"七个课题；此外还启动"城市老工业搬迁区功能重构与宜居环境建设关键技术研究与示范"项目，包括"老工业搬迁区生态风险评估与土地再利用规划方法研究"、"老工业搬迁区生态环境重建关键技术集成与示范"、"原有工业建筑功能提升与生态改造关键技术研究与示范"、"老工业搬迁区宜居环境建设规划设计技术研究与示范"四个课题。"十二五"中期，国家启动了"公共机构绿色节能关键技术研究与示范"项目，包括"公共机构既有建筑绿色改造成套技术研究与示范"等课题。此外，住房和城乡建设部及地方政府在既有建筑绿色改造方面也做了大量研究性工作[4]，这些科研项目的立项和开展，为我国既有建筑绿色改造的发展提供了技术支撑。

5.2.3 编制绿色改造系列标准

经过多年的发展，我国已逐步形成了较为完备的绿色建筑标准体系，包括《绿色建筑评价标准》、《绿色商店建筑评价标准》、《绿色办公建筑评价标准》等，为我国绿色建筑的专业化和规模化发展起到了不可估量的作用。与新建建筑相比，既有建筑绿色改造的标准发展相对滞后，标准数量明显偏少，有些专业尚存空白，远不能自成体系，不能满足现阶段面临的既有建筑绿色改造的工程实际需要。基于对现有相关标准的梳理和研究[3]，行业内相继开展了国家标准《既有建筑绿色改造评价标准》、上海市地方标准《既有工业建筑绿色民用化改造技术规程》、北京市地方标准《既有建筑绿色改造评价标准》和学会标准《既有建筑评定与改造技术规范》等标准规范的编制，为既有建筑绿色改造提供了切实可行的参考依据，对于推进我国量大面广的既有建筑改造和全面发展绿色建筑具有重要意义。

国家标准《既有建筑绿色改造评价标准》在对国内外相关绿色建筑评价标准进行广泛调研和对国内典型既有建筑的实际运行进行综合检测评定的基础上，统筹考虑绿色改造的经济可行性、技术先进性和地域适用性，结合既有建筑绿色改造特点而进行编制。标准主要从规划与建筑、结构与材料、暖通空调、给水排水、建筑电气、施工管理和运营管理等方面引导既有建筑经改造后实现绿色建筑所要求的社会效益、环境效益和经济效益。目前该标准已经报批。

上海市地方标准《既有工业建筑绿色民用化改造技术规程》适用类型包括厂房和仓库，改造方向包括办公、宾馆、商场以及文博会展等建筑类型，内容涵盖设计、施工、运营等环节。该标准对于提升上海地区乃至全国的旧工业建筑改造利用水平，实现旧工业建筑在更高层次上的更新与再生具有重要的意义。目前该标准正处于编制过程中。

北京市地方标准《既有建筑绿色改造评价标准》在充分借鉴和吸收国家标准《既有建筑绿色改造评价标准》的编制思路和内容的基础上，充分考虑北京市当地的气候特点和经济发展水平，并重点体现北京市地方标准起点高、要求严的原则，形成适应首都既有建筑改造上水平、出效益的具有先进性和适用性的技术标准。目前该标准正处于编制过程中。

学会标准《既有建筑评定与改造技术规范》从房屋安全责任人、使用人或管理人的权利和义务，检查和检测，抵抗偶然作用能力评定、安全性评定、适用性和功能性评定和耐久性评定，修复修缮、加固改造和提升功能改造几个方面系统地将既有建筑的维护与修缮、检测与鉴定、加固与改造、废弃与拆除等涵盖在内。该规范为既有建筑评定和改造提供了技术依据，弥补了国内既有建筑评定与改造行业规范和标准的空白。目前该标准已通过专家审查。

5.2.4　建设绿色改造示范工程

依托于国家科技支撑计划项目"既有建筑绿色化改造关键技术研究与示范"，课题组分别在多个气候区建立了既有居住建筑、既有城市社区、既有办公建筑、既有医院建筑以及既有工业建筑等多种类型的既有建筑绿色改造示范工程，部分示范工程已建成并进入示范阶段，其中 3 项已获得绿色建筑星级认证，部分项目信息见表 1-5-1。

部分示范项目绿色改造内容　　　　　　　　　　表 1-5-1

序号	项目名称	类型	面积	绿色改造主要内容
1	哈尔滨河柏小区	居住建筑	158000m²	外墙保温采用 B1 级防火保温材料 EPS 板；进行外窗改造，窗框与洞口进行保温构造处理；重做屋面保温及防水层，加做两层防水卷帘以及一层隔汽层；槽式太阳能集热器与天然气锅炉相结合的联合供热方式；增设居民健身广场、绿化景观、停车库等配套服务设施；增设无障碍通行设施，庭院铺装透水砖；加装能源监测系统，小区安全报警系统，智能一卡通系统；公共照明采用智能控制的 LED 灯具等

序号	项目名称	类型	面积	绿色改造主要内容
2	上海电气总部办公大楼	历史建筑	6884m²	增加绿化种植屋面，变制冷剂流量空调系统，增设排风热回收装置，改用 Low-E 玻璃窗，照明改用 LED 灯并以光导管辅助；增加雨水回收利用，喷灌节水系统，节水龙头、节水坐便器；装饰装修材料采用低挥发性材料；增设楼宇自动控制系统，智能灯控系统，能耗独立分项计量系统，远程能效管理系统等
3	江苏省人大常委会办公楼	办公建筑	23423m²	外墙增加玻化微珠保温板保温系统，屋面增加真空绝热板保温层；原单玻窗更换高性能中空玻璃断热铝合金节能门窗；选用节水器具，采用透水铺装地面，增加雨水回用系统；屋面增加太阳能热水系统，空调系统进行节能改造，增加分项计量装置；采用节能灯具、可再循环、可再利用材料等
4	上海市胸科医院	医院建筑	10458.59m²	功能重新布局，燃油＋燃气锅炉，空气源热泵＋太阳能系统，空调、热水系分项计量及能耗监测平台，废水处理，塑钢窗＋内遮阳，屋顶绿化，锅炉烟气做回收处理等
5	上海申都大厦	工业建筑	7301m²	外立面单元式垂直绿化，屋顶复合绿化，建筑功能集成的边庭空间，中庭拔风烟囱强化自然通风，太阳能光热技术，太阳能光伏技术，排风热回收，能耗分项计量与监控，雨水回收与利用，结构阻尼器增设加固等

5.3　既有建筑绿色改造的宣传推广

5.3.1　编撰系列图书

为系统总结我国既有建筑改造的研究成果与经验积累，推动我国既有建筑改造的发展与实践，中国建筑科学研究院会同有关单位编撰了《既有建筑改造年鉴》，年鉴主要包括政策法规、标准规范、科研项目、技术成果、论文选编、工程案例、统计资料、大事记等内容，力求全面系统地展现我国既有建筑改造取得的进展。目前共出版 4 本既有建筑改造年鉴（2010、2011、2012、2013），《既有建筑改造年鉴 2014》也将于 2015 年初出版。

此外，2015 年还将计划出版《国外既有建筑绿色改造标准和案例》、《既有居住建筑绿色改造技术指南与案例集》、《办公建筑绿色改造技术指南》、《办公建筑绿色改造工程实践》、《医院建筑绿色改造技术》、《申都大厦的绿色改造》等图书，力图形成既有建筑绿色改造系列图书，供广大从事既有建筑绿色改造的人员参考使用。

5.3.2 制定技术指南

在科技部、住房和城乡建设部的组织和推动下，以中国建筑科学研究院牵头的编制组在 2014 年启动了《既有建筑绿色改造技术指南》的编制工作。该指南立足我国既有建筑发展现状，对现有的既有建筑改造相关政策法规和技术要求进行了系统梳理，并结合在编的国家标准《既有建筑绿色改造评价标准》的指标体系，以及示范工程的技术经验积累展开编制工作。《既有建筑绿色改造技术指南》届时将由科技部、住房和城乡建设部联合发布。

5.3.3 召开技术交流研讨会

自 2009 年在深圳举办"第一届既有建筑改造技术交流研讨会"以来已连续成功举办六届（2009、2010、2011、2012、2013、2014）既有建筑改造技术交流研讨会，有效推进了我国既有建筑改造工作的深入开展。为了更好地交流国内外既有建筑绿色改造的技术成果及成功案例，研讨既有建筑绿色改造政策措施及标准规范，分享既有建筑绿色改造工作经验，促进既有建筑绿色改造领域的科技创新、成果转化和推广应用，近年来既有建筑改造技术交流研讨会均以"推动建筑绿色改造，提升人居环境品质"为主题开展相关的讨论，并出版会议论文集，促进科研院所、高等院校、企业等单位之间的交流合作。"第七届既有建筑改造技术交流研讨会"定于 2015 年 4 月 15～17 日在海口召开，将继续探讨既有建筑绿色改造的相关议题。

5.3.4 建立绿色改造技术平台

依托中国建筑改造网（http：//www.chinabrn.cn/）在业界较大的影响力和完善的构架，中国建筑科学研究院对原网站进行全面扩容，丰富既有建筑绿色改造相关的新闻时讯、统计数据、法律法规、政策文件、标准规范、科研成果、技术介绍、产品推广、示范案例等板块，并配套建立既有建筑绿色改造信息动态数据库，形成国内首个既有建筑绿色改造网络信息平台。

为推进既有建筑绿色改造的科研成果转化和面向社会形成服务能力，在华北地区以国家建筑工程质量监督检验中心为依托，在华东地区以上海国研工程检测有限公司为依托，通过深度的业务整合、人员调配、设备改造等一系列有针对性的措施，目前初步形成既有建筑绿色改造综合性技术服务平台两个。这两个实体机构性综合技术服务平台的建立，为在以上两个地区针对既有建筑绿色改造展开政策咨询、技术服务、市场培育、业务宣贯、人才培养等将既有建筑绿色改造做大做强的一揽子推广行动提供了良好的平台支撑。

5.4 促进既有建筑绿色改造发展的几点建议

目前我国既有建筑绿色改造的政策机制仍不完善,标准体系仍未健全,可大规模推广复制的技术体系尚未形成,产业化发展还未呈现,仍处于探索积累的阶段。在建设美丽中国和新型城镇化的新形势下,应抓住机遇,加强政策研究,强化理念宣传,推动技术创新,开展工程示范,完善标准体系,建立推广平台,培养既有建筑绿色改造产业链,推进"以人为本"的既有建筑绿色改造工作的"快发展"。

5.4.1 加强政策研究,强化理念宣传

既有建筑绿色改造应在我国开展绿色建筑和建筑节能工作的基础上,对现有政策进一步整合、创新,并结合我国既有建筑绿色改造发展路径及规律,阶段性地、适时地推动既有建筑绿色改造的政策研究。在推广既有建筑绿色改造的实践过程中,积极探索业主、政府、使用者、设计方和施工企业等与既有建筑绿色改造相关方的最佳利益平衡点,制定科学合理的、贴近实际的激励机制。

绿色建筑理念已深得民心,既有建筑绿色改造应以绿色的理念为突破口,结合政策推广工作,加强民众对既有建筑绿色改造带来的直接利益和间接效益的认识,形成"政策+宣传"环环相扣的联动模式,放大政策正面效应。

5.4.2 推动技术创新,开展工程示范

既有建筑改造远比新建建筑复杂,加之气候区和建筑类型的不同,既有建筑绿色改造技术创新也就显得更加迫切。从单体既有建筑到区域或整个城区的绿色改造、从20世纪建成的既有建筑到21世纪建成的既有建筑绿色改造,探索多维度的、经济合理的、因地制宜的绿色改造技术。充分利用大数据技术手段,对既有建筑绿色改造涉及的各专业进行分析研究,并借助信息化管理手段,不断推动既有建筑绿色改造的技术创新,真正发挥既有建筑绿色改造的效益。

逐步建立起全国不同气候区、不同建筑类型的既有建筑绿色改造示范工程,总结并分析绿色改造前后的效果,建立绿色改造数据库,形成可推广、可复制的技术体系,为既有建筑绿色改造规模化发展提供支撑。

5.4.3 完善标准体系,建立推广平台

完善国家标准《既有建筑绿色改造评价标准》的各项保障措施,鼓励更多的绿色改造项目申请标识认证,充分发挥绿色建筑标识的规范和带动作用;整合现有既有建筑绿色改造相关的标准规范,在此基础上制定既有建筑绿色改造全生命

周期各阶段以及涉及各技术专业的标准规范系列，同时开展地方既有建筑绿色改造相关标准规范的研究，形成"国家标准＋地方标准"联合推进的形式，后续还应根据既有建筑绿色改造的实践经验及发展趋势，及时修订相关既有建筑绿色改造标准，建立动态的、完备的既有建筑绿色改造标准体系。

建立完善的推广服务平台，包括既有建筑数据库、服务公司数据库、物业管理数据库、投融资数据库、设备供应商数据库等信息，实施资源共享，提供一站式服务，减少因信息不对称而增加的交易成本。在平台的监管下，既有建筑绿色改造相关方不断加强自身素质建设，提高整合资源的能力，建立自身信誉，从而减少绿色改造项目实施中的风险。

5.4.4 推进"以人为本"绿色改造

绿色建筑的定义为在全寿命期内，最大限度地节约资源、保护环境、减少污染，为人们提供健康、舒适和高效的使用空间，与自然和谐共生的建筑。绿色建筑的定义中"健康、舒适、高效"间接体现了"以人为本"的内涵，而既有建筑绿色改造的目标之一即是将非绿色建筑改造为绿色建筑，因此既有建筑绿色改造应处处体现"以人为本"的理念。

既有建筑改造相比新建建筑更加具有特殊性，改造目标也更具有多样性，因此应充分考虑人文历史及当地民族生活习惯、使用者的年龄特征、城市功能定位等多因素，制定"以人为本"的绿色改造方案，提升人居环境品质。

只有"以人为本"地推动既有建筑绿色改造才能深得民心，才能取得长足发展。

5.4.5 培育既有建筑绿色改造产业链

既有建筑绿色改造应充分重视培养绿色改造人才素质，提升绿色改造产品性能和质量，培育绿色改造基地建设，分别从既有建筑绿色改造咨询设计、产品生产、施工、运行维护等全寿命期的产业链角度引导和布局，分步实施，成熟一个发展一个，待条件全面成熟时即可以"星星之火可以燎原"之势快速发展，做大做强既有建筑绿色改造产业。

作者： 王俊（中国建筑科学研究院 院长，研究员，工学博士）

参考文献

[1] 王乾坤，李顺国，卢哲安，王二磊. 既有建筑使用与维护现状调查分析[J]. 建设科技. 2010(22)
[2] 王有为. 中国绿色建筑发展的几个动向，中国绿色建筑 2013[M]. 北京：中国建筑工业出版社. 2013，60-65

［3］ 王俊. 我国既有建筑绿色化改造的发展现状与研究展望，中国绿色建筑 2013［M］. 北京：中国建筑工业出版社，2014，66-76.

［4］ 王俊. 既有建筑绿色改造的科研、标准和案例，中国绿色建筑 2014［M］. 北京：中国建筑工业出版社. 2014，29-38.

6 中国绿色施工的发展剖析与展望

6 Development analysis and prospect of green construction in China

施工企业是我国建设队伍中人数比例最高的一个部分，也属比较典型的粗犷型企业。面对国家经济建设的高速发展，大中型工程层出不穷的现状，倡导施工企业实施绿色施工，可以有效控制资源消耗和环境污染，是整个建筑业绿色发展中不可缺失的一个方面。

纵观 2014 年，住房和城乡建设部在全面发展绿色建筑和绿色生态城区的同时，也推进了绿色施工的发展，绿色施工取得了长足的进步，主要表现在以下三个方面。

6.1 标准规范趋于系列化、地方化

在早期《绿色施工导则》的基础上，编制了国家标准《建筑工程绿色施工规范》GB/T 50905—2014 和《建筑工程绿色施工评价标准》GB/T 50640—2010。2015 年 1 月 1 日起执行的新版《绿色建筑评价标准》GB/T 50378—2014 增设了施工管理的新章节，集中了绿色施工中比较关键的内容。针对绿色施工示范工程的开展，住房和城乡建设部组织土木工程学会总工程师研究会编写了《住建部绿色施工科技示范工程实施细则》和《住建部绿色施工科技示范工程技术指标》，中国建筑业协会编写了《全国建筑业绿色施工示范工程申报与验收指南》，充分体现了国家层面绿色施工标准规范的系列化发展趋势。

随着节能减排工作的深入开展，大气环境的严格控制，各地相继出台了绿色施工的相关标准，如《北京市绿色施工管理规程》DB 11/513—2008、《上海市建筑工程绿色施工管理规范》DB/TJ 08—2129—2013、《天津市绿色建筑施工管理技术规程》DB29—200—2010、《重庆市绿色施工管理规程》DBJ 50/T—166—2013，就连我国西部的青海省也编制了《青海省建筑工程绿色施工规程》DB 63/T1307—2014。据统计，全国共有 18 个省市 22 个绿色施工的标准规范已实施或在编，足见我国开展绿色施工工作的深度和广度。

从世界范围来看，中央和地方如此积极地编制绿色施工相关标准，主要原因为：①中国的建设规模将近占世界规模的一半，在新型城镇化、新型工业

化、信息化的大潮中，近年来我国以年均约 20 亿 m² 的速度进行建设，让世界惊叹"中国真是个大工地"！如此的建设规模，若不狠抓绿色施工，谁都无法预测我们的资源浪费和环境破坏达到何种程度，因此政府和企业都想到用制度来约束建设；②中国国土面积巨大，不同的气候条件、不同的经济基础、不同的资源环境加上不同素养的施工队伍，面临着不同规模、不同功能的建筑，确实需要不同水平的标准来指导。尽管不排除各本标准间的内容重复、指标相异甚至矛盾的情况存在，但对初级阶段的大国来讲，此乃建设发展的必经阶段，会逐步磨合的。

6.2 示范工程开展活跃，内容丰富多彩，重点突出

我国落实新技术、新工艺、新产品常用示范工程来体现，尤其建筑行业，更是落实在示范工程上，绿色施工也不例外。住房和城乡建设部通过土木工程学会总工程师研究会带动绿色施工科技示范工程，近三年的申报数量依次为 99 项，134 项，153 项（经专家评审最后批准为 70～80 项），远高于其他专业的科技示范工程数量；中国建筑业协会将鲁班奖的评审与绿色施工挂钩，近几年申报数量达 600～700 项，震惊外国同行。中国的示范工程从申报—评审—批准—中间检查-验收有多个环节，项目需投入一定的财力和人力，之所以引起大家的积极性，说明绿色理念已经深入人心，提高企业自身素养为国家节能环保做贡献的意识悄然而生。

绿色施工的内涵很丰富，从节材、节能、节水到环境保护都有具体的内容，而开展示范工程绿色施工活动时，最本质的是要结合本土条件的工程情况因地制宜的实践。如在缺水的地域进行钢筋混凝土工程，特别是夏季施工时，混凝土上的养护（尤其是竖向构件）采用传统的每两个小时浇水一次还是用薄膜养护等先进方法，雨水有无必要收集来洗车洗路，工人澡堂是否需要采用脚踩式淋浴等一系列问题会摆在眼前等候决策；采用混凝土拱圈支护深基坑时，拆下的建筑垃圾如何当地资源化处理，几乎每个项目都可根据自身的特点，找出其绿色施工的重点内容。联想到以质量为主的鲁班奖也与绿色施工挂钩就不足为怪，质量再好，若不是在四节一环保指导下建造的建筑，鲁班奖也不予承认，绿色施工的触角正在逐步舒展。

6.3 新版《绿色建筑评价标准》GB/T 50378—2014 是我国绿色施工各种成果的集成体现

众所周知，绿色建筑的一大特点是强调全生命期，具体地讲，从规划、设计、施工、运营、维护、拆除、废弃物处理合在一个链条上，整体地考虑其节能、节水、节地、节材与环境保护。旧版的《绿色建筑评价标准》GB/T

50378—2006虽有十几处提到施工环节，却都是务虚的内容，评审过程中很少有人去查阅施工过程中的数据及文字记载，可操作性较差。新版绿色建筑评价标准根据近年来的研究成果，设置了第9章"施工管理"的内容，有详细的定量和定性评价指标，能较完整地展现我国绿色施工的新水平。具体表现如下：

（1）正视环保问题。面对着"中国是个大工地"的舆论，面对着"城市的三分之一的尘埃来自于建筑工地的扬尘"的观点，施工章节将环境保护设在首当其冲的位置，紧扣民间投诉最多的扬尘、噪声与废弃物处置问题。北京与上海针对产生PM2.5的本土分析，均得出建筑施工的贡献率在10%～20%的结论，故标准中首次强调采用洒水、覆盖、遮挡等降尘的措施，并向发达国家学习，在工地建筑结构脚手架外侧设置密目防尘网或防尘布。关于噪声问题，原先就有国家标准《建筑施工外界环境噪声排放标准》GB 12532，本标准中再次强调赋以分值，以引起施工单位的重视。

建筑废弃物的量化标准是本次新编章节中的创新点。根据北京和上海的实践经验，能比较正确地测出我国建筑废弃物的排放量基本上在$500～600t/$万m^2，如此大量的建筑废弃物都是从新材料演变而形成的，既不节材，又会造成环境污染，对此不仅提出量化的减排要求，还提出了资源化利用的要求，这在我国的施工历史上确属首次，能将建筑施工与环境保护相结合，确实迈了一大步。

碍于是首次，本标准未对光污染、水污染、土污染等环境保护问题——评价，让施工企业投入一定的人力财力，先把扰民最突出的环保问题集中力量解决了就是进步，以后的问题再逐步解决。

（2）对资源节约做出量化规定。施工企业的用能用水量长期以来不受任何制约，制度上对能耗水耗从不干预，本次修编标准对此作了严格规定。不仅要制定节能用能和节水用水的方案，更要求分别对施工区、生活区进行实时监测和记录，只有这样才能针对性地展开节能节水工作，施工企业必须投入一定的财力人力来开展此项工作。这样的措施在世界范围内都是罕见的。面对中国大规模的建设活动，让企业增强能耗水耗的忧患意识将会收到可喜的成效。由于我国地域广大，工程的难易程度不一，不能科学地制定用能用水指标，我国目前尚未做到定量控制，仅要求提供用能用水的实测值（要求分区分点提供），这是非常了不起的开创性工作。

材料资源的浪费是我国施工环节的突出问题，所以谈及绿色施工时，包括对它的定义始终将节材放在第一位。针对我国建筑结构约90%以上为钢筋混凝土结构的实际情况，标准不仅明确地强调混凝土、钢筋及模板三种材料的节约指标（未提及砂浆的节约指标），还细化到分级的指标。不同比例的损耗率给予不同的分值,对偌大的工程已开始严格控制,可见国家对资源的重视程度。严格地讲,这些规定还有瑕疵,因为我们的工程量预算定额精细度不是百分之百的科学,但毕竟走出了绿色施工节材的第一步。

(3)重视过程管理。建筑施工周期较长,涉及管理工作内容颇多,隐含着四节一环保的丰富内容,虽然有不定量地设置指标,但也强调了定性方面的多项工作。碍于国内的现状,土建装修一体化施工未能进入控制项,而是通过加大分值的方式引导大家朝此方向努力。毛坯房不仅浪费材料、破坏环境,更主要体现出对人民不负责任的一种态度,也是国际建筑业一种稀有现象。现在不仅对不同功能的建筑设置了不同要求,还对各类检测报告、保修书、使用说明书、反馈意见书提出要求,这些保障措施将能推动我国土建装修一体化的实施进展。耐久性涉及施工的方方面面,是常被人们忽略的绿色属性,在制定标准时从结构耐久性、装修装饰材料耐久性、固定设备耐久性等方面作了全面的考虑,带来的节材效益不可小看。此外,还针对设计变更频现、设计施工对接不良、竣工调试等常见弊端,均提出了评价要求。应该说,面对施工全过程的四节一环保抓住了关键问题,制定了有效措施,提高了工程技术人员的绿色意识。

总之,新版《绿色建筑评价标准》GB/T 50378—2014 中第 9 章施工管理的所有内容集中体现了我国绿色施工的新水平、新突破,与国际同类标准相比,内容更丰富、定量更严格,处于一个较先进的水平,赢得了他国的青睐。

在此,需要提醒施工企业的是在绿色建筑的大潮中,业主为使绿色建筑达标,挑选施工队伍开始注重绿色建筑施工理念。施工企业若不与时俱进,则面临落伍的遭遇。

2014 年过去了,全面回顾与总结我国绿色建筑的发展大局,绿色施工无论从规模、实践和深度上都取得了卓越的成绩,影响面大、涉及人员广、取得效益大,这是广大施工企业工程技术人员共同努力的结果。展望 2015 年,我国在绿色施工的科研、指标、制度、效益等方面工作有待进一步深化,尤其是投入产出比,是众多企业关心的指标。笔者需强调的是,纯经济账的计算方法是不合潮流的,环境效益是国内外共同关心的大事,碳税是势在必行的政府行为,我们应正确把握绿色施工对节能减排的贡献率,考虑企业自身的社会责任,在制定企业自身发展规划时,应对绿色施工的政策理念、应用技术的掌握程度、整个团队的素养建设、示范工程的批量建立等关键问题有全面科学的策划。我们殷切期望,2014 年绿色施工又快又好的发展局面能深入持久地发展下去,每个环节都抓实有效,中国建筑业可持续发展才能方兴未艾。

建筑工业化正在我国悄然兴起,传统的建造模式面临着一场脱胎换骨的改革冲击。虽然构件部件改成工厂生产,装修装饰工艺也在工厂完成,毕竟还需要将这些构件部件运到现场，还需要吊装装配，还需要必要的涂脂抹粉才能最终变成成品房，新的绿色施工问题又会出现在施工企业面前，我们又将开始新的创新历程。充满智慧的中国工程建设队伍能建造奇形怪状的超高层、大跨度建筑，无疑地也会创造出适合建筑工业化的绿色施工的新技术、新工艺。大家拭目以待吧！

作者：王有为（中国城市科学研究会绿色建筑与节能委员会，中国建筑科学研究院）

7 绿色建筑背景下的建筑工业化的发展现状

7 Industrialization of construction in the context of green building

随着绿色建筑在我国普适性地推进，以减少资源能源消耗、提升建筑业劳动生产率、提高房屋建筑性能品质及人居环境为目标的建筑工业化已逐渐被社会接受，并逐渐付诸实践，已成为有质量地发展绿色建筑的助推器。

建筑工业化是以标准化设计、工厂化生产、装配化施工、成品化装修、信息化管理为特征的建筑产业现代化。近两年来，随着建筑行业的转型升级和各地政府相关政策及技术标准的出台，建筑工业化迎来发展的良好机遇，越来越多的企业或转型或涉入到这个生机勃勃的朝阳行业。

7.1 政 府 引 导

2013年国务院1号文《转发发展改革委住房城乡建设部绿色建筑行动方案的通知》中明确提出推动建筑工业化，加快建立促进建筑工业化的设计、施工、部品生产等环节的标准体系，推动结构件、部品、部件的标准化，丰富标准构件的种类、提高通用性和可置换性。推广适合工业化生产的预制装配式混凝土、钢结构等建筑体系，加快发展建筑工程的预制和装配技术，提高建筑工业化技术集成水平；2014年3月17日，中共中央、国务院印发《国家新型城镇化规划（2014—2020年）》，规划在"加快绿色城市建设"一节中提及：大力发展绿色建材，强力推进建筑工业化；2014年7月1日，住建部正式出台《关于推进建筑业发展和改革的若干意见》，在"促进建筑业发展方式转变"的第一条中就明确提出应大力推动建筑产业现代化。

目前各省市、各地区积极应对建筑工业化的新格局，陆续出台了推进建筑工业化的相关政策，表1-7-1列举了部分省市建筑工业化的政策或文件。

部分省市、地区推进建筑工业化的文件　　　　　　　　　　表1-7-1

北京	关于产业化住宅项目实施面积奖励等优惠措施的暂行办法
上海	关于本市进一步推进装配式建筑发展的若干意见
江苏	关于加快推进建筑产业现代化促进建筑产业转型升级的意见
浙江	关于深化推进新型建筑工业化促进绿色建筑发展实施意见

河北	关于加快推进全省住宅产业化工作的指导意见
湖南	省政府关于推进住宅产业化的指导意见
吉林	省政府关于加快推进住宅产业化工作的指导意见
沈阳	市建委关于推动沈阳市现代建筑产业化工程建设的通知
合肥	合肥市促进建筑节能发展的若干规定
济南	市办公厅关于促进住宅产业化发展的指导意见
厦门	厦门市新型建筑工业化实施方案
绍兴	关于加快推进新型建筑工业化的实施意见

上述各地文件中，各地区政府对推进工业化建筑的目标任务、技术应用政策、组织实施、监督管理措施、金融与税收扶植政策，均根据当地经济发展和市场情况做出了具体的规定。

上海市在 2010～2014 年期间，先后出台了多个建筑工业化地方规范政策和补贴奖励政策，2013 年上海市政府转发了《上海市绿色建筑发展三年行动计划（2014—2016）》，将新建建筑、建筑工业化、既有建筑节能改造作为绿色建筑行动计划的重点工作，其中建筑工业化范围不仅仅针对住宅建筑，对其他新建民用建筑也包含在内。对落实的工业化建筑面积提出了与占土地供应面积总量比例的要求，2014 年不少于 25%，2015 年不少于 50%，2016 年外环线以内符合条件的新建民用建筑原则上全部采用装配式建筑。2014 年 11 月上海颁布了"关于推进本市装配式建筑发展的实施意见"，提出 2015 年采用混凝土结构体系建造的装配式住宅单体预制装配率和公共建筑单体预制装配率应不低于 30%，2016 年起不低于 40%。意见对于 2015 年底前签订土地出让合同 2016 年前开工建设的、总建筑面积达到 3 万 m^2 以上的装配式住宅项目（政府投资项目除外），预制装配率达到 40% 及以上的，每平方米补贴 100 元，单个项目最高补贴 1000 万元。

合肥市《关于加快推进建筑产业化发展的指导意见》鼓励消费者购买装配式建筑的商品住宅、全装修住宅，住房公积金贷款首付比例可按政策允许范围内最低首付比例执行。

据不完全统计，包含了浙江省、江苏省、安徽省、江西省、山东省、福建省、河南省、河北省、湖北省、陕西省、湖南省等 11 个省市，共颁布各类涉及建筑工业化的政策 42 项。各个省市颁布的建筑工业化政策的数量分布如图 1-7-1 所示。

从图中可以看出，东部沿海城市对建筑工业化政策颁布数量较多，如山东省 12 项、浙江省 7 项、江苏省 6 项。西部和中部城市颁布数量较少，如陕西省 1 项、江西省 1 项，河南省 2 项。从总体的政策文件颁布的区域来看，我国东部经济发达的地区引导鼓励政策的力度相对较大，这与我国东部沿海地区经济发展较快、工程建设规模很大、产业化基础较好、具有技术研发和人才集聚优势有着密

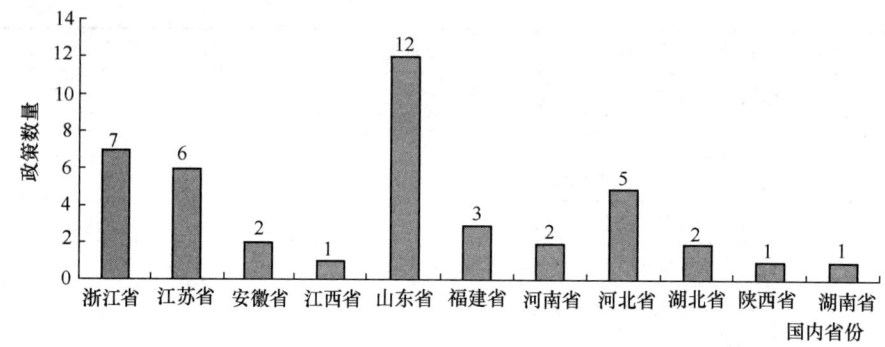

图 1-7-1 国内各省份颁布建筑工业化政策数量分布

切关系。这些地区建筑市场分工协作较为成熟,实施建筑产业化的时机已经成熟。

7.2 技术和标准引领

作为建筑工业化的重要内容之一,装配式混凝土建筑在我国得到了快速发展。

《新型预制装配式混凝土建筑技术研究与示范》是"十二五"国家科技支撑计划项目,包括了装配式建筑设计技术、框架结构技术、剪力墙结构技术、框架-剪力墙结构技术、预制构配件生产技术、安装施工技术以及集成应用示范等多方面研究内容。成果包括:建筑原型设计关键技术,钢筋连接技术(套筒灌浆连接、浆锚搭接连接、金属波纹管连接等),预制构件连接技术(叠合梁拼接技术、预制柱连接技术、预制剪力墙水平、竖向连接技术),预制装配式构件、结构设计技术(叠合梁、预制柱、叠合楼板以及框架结构、剪力墙结构、框—剪结构等),预制构件生产工艺,预制构件的生产检验标准,预制构件吊运与运输技术,预制装配式建筑的安装、施工关键技术等。

在技术保障体系方面,2014 年住建部批准并实施行业标准《装配式混凝土结构技术规程》JGJ1,目前针对装配式剪力墙结构,住房和城乡建设部正在编制相应配套的国标图集《预制混凝土剪力墙外墙板》、《预制混凝土剪力墙内墙板》、《钢筋桁架混凝土叠合板》、《预制钢筋混凝土板式楼梯》、《预制钢筋混凝土阳台板、空调板及女儿墙》等。

目前由于各地政府各自的现行标准体系和抗震设防、绿色建筑等要求不一致,有必要加快研究制定基础性通用标准、标准设计、施工标准和计价定额,构建部品与建筑结构相统一的模数协调系统,研发相配套的计算软件,实现建筑部品、住宅部品、构配件系列化、标准化、通用化。北京市《装配式剪力墙住宅建筑设计规程》、《装配式剪力墙结构设计规程》、《装配式混凝土结构工程施工与质量验收规程》、上海市《装配整体式混凝土住宅体系设计规程》、《装配整体式住宅混凝土构件制作、施工及质量验收规程》、《装配整体式混凝土结构施工及质量验收规范》、湖南省《混凝土叠合楼盖装配整体式建筑技术规程》；江苏省《装配整体式自保温混凝土建筑技术规程》、《预制装配整体式剪力墙结构体系技术规程》；沈阳市《预制装配整体式剪力墙结构体系技术规程》、深圳市《预制装配钢筋混凝土外墙技术规程》等一批地方建设标准陆续颁布出台，为预制建筑的有序健康发展提供了良好的技术支撑。

以单体民用建筑为评价对象的国家标准《工业化建筑评价标准》（征求意见稿）已在网上公布。该标准分为设计阶段评价和工程项目评价，两个阶段评价分别在参评项目施工图设计文件通过审查后和工程项目评价在参评项目通过竣工验收后进行。评价内容包含了标准化设计、装配式混凝土结构预制率、建筑构件和部品的装配率、设计深度、一体化装修设计、信息化技术手段、构件生产制作及质量控制、堆放与运输管理、施工技术与工艺评价等评价内容。

装配式建筑设计与传统的现浇结构的建筑设计在设计理念上有所不同，装配式结构的建筑设计要求建筑师具有工业化建筑设计理念，尽量按标准化生产要求，设计出可组合的定型单元、可重复利用的建筑构配件，降低工程造价；同时对装配式结构要求设计与外部的建设、施工安装、制作三方在方案设计阶段协同工作，对标准化、技术可行性、经济性进行论证；内部各专业相互密切配合，对预制构件的尺寸、形状、节点构造、预制外墙及防水保温形式、设备管线方面等提出具体要求，对其可行性、经济性进行研究比较。对于装配式结构预制构件的连接技术是关键核心技术。上海市即将出台《上海市装配式混凝土建筑工程设计文件编制深度规定》，对装配式混凝土建筑工程设计各阶段各相关专业的文件内容提出了具体的要求，保证了与生产制作、构件安装的一致性。

7.3　住宅产业化基地

国家住宅产业化基地是国家扶植和推广的住宅开发、建设和配套服务方面的示范城市或企业。国家住宅产业化基地以住宅部品、部件、技术集成的生产企业为载体，依托对住宅产业现代化具有积极推动作用、技术创新能力强、产业关联度大、技术集约化程度高、有市场发展前景的企业建立住宅产业化基地。通过基地的建立，培育和发展一批符合住宅产业现代化要求的产业关联度大、带动能力强的龙头企业，发挥示范、引导和辐射作用。

目前产业化基地的关键技术领域主要包括：新型工业化住宅建筑结构体系；符合国家墙改政策要求的新型墙体材料和成套技术；满足国家节能要求的住宅部

品和成套技术;符合新能源利用的住宅部品和成套技术;有利于水资源利用的节水部品和成套技术;有利于城市减污和环境保护的成套技术;符合工厂化、标准化、通用化的住宅装修部品和成套技术等。住宅产业化基地分类:包括企业联盟型(集团型)、部品生产企业型和综合试点城市型。目前已成立的国家住宅产业化基地共有45个。根据不完全统计,2014年国内住宅产业化基地的建设与发展情况如表1-7-2所示。

2014 年国内住宅产业化基地建设情况

表 1-7-2

序号	地区		项目名称	成立时间	生产能力
1	北京市		北京住总和万科住宅产业化基地	2014 年 3 月	可满足 100 万 m² 装配式住宅构件需求的楼梯、顶板、墙板等构件。总投资额约 1.1 亿元
2	天津市		远大住工天津住宅产业化生产基地	2014 年 6 月	共 5 条生产线,设计产能 150 万 m²,覆盖北京、天津及河北等区域市场
3	山东省	济南市	保利建设集团建筑产业化基地	2014 年 8 月	投资 20 亿元,占地 1000 多亩
		潍坊市			规划将用五年时间,新增国家住宅产业化基地 2~3 个
4	湖南省		三新建筑工业化金霞住宅产业化基地	2014 年 8 月	PC 预制结构件
5	重庆市			2014 年 6 月	投资 12.5 亿元,一期工程 2016 年建成后,将成为全国一流、西部最大的建筑产业化基地
6	浙江省		浙建集团建筑工业化创新基地	2014 年 7 月	年产 13 万 t 钢结构、20 万 m³ PC 构件及其他预制构件、50 万 m² 建筑节能门窗、10 万 m² 幕墙
7	河北省		卓达房地产集团有限公司("国家级")	2014 年 2 月	2013~2015 年,石家庄、唐山、保定和邯郸市各建成 1 个以上生产装配式混凝土结构体系预制构件的国家住宅产业化基地,其他市争取建成 1 个住宅产业化成套部品及技术的国家住宅产业化基地
8	四川省		四川华构住宅工业有限公司	2014 年 1 月	西部首个"国家级基地",拟投资 60 亿元,打造占地 3000 亩的新型城镇化低碳示范产业园
9	沈阳市		沈阳万融现代建筑产业有限公司	2014 年 1 月	主要产品为建筑用 PC 构件、地铁管片、市政构件、轨枕、商品混凝土、沥青混凝土、节能门窗系统、建筑用精密模具等,总投资 6 亿元,厂房建设 7 万 m²

7.4 存 在 问 题

（1）政策法规有待进一步完善

国家层面尚未出台系统的行业制度体系和技术标准，在设计、定额、造价、招投标、监理、物流、咨询等各个环节的技术规范较为薄弱。其中验收标准的缺失，严重制约建筑产业现代化建设。建筑工业化目前先行企业采取的自定标准、主管部门组织技术论证的方法只能是权宜之计，适应建筑工业化发展的工程质量安全监管制度尚未建立。

装配式混凝土结构体系需要从设计、生产及施工高度契合协调，但现有行业管理制度专业细分，客观上增加了新的生产方式推广的难度。各地政府虽然出台的推广措施和扶持政策，提出了一些政策，但缺乏具体实施办法，同时政策落地涉及许多职能部门，单靠建设主管部门一己之力难以成效。

（2）产业基础比较薄弱

预制装配式结构体系是一种新型结构体系，PC构件生产线设备制造、模具设计加工、配套五金材料等支撑体系未形成产业链，目前预制装配式建筑成本要比传统高出30％～40％，业主、施工单位（特级企业中大部分尚未介入这一领域）在一定程度上不愿接受，因此市场存在对其质量、价格有一个评估、接受的过程。

建筑工业化前期投资资金巨大，但市场有多大，近、远期有多大，企业心中无数，因而不敢放开手脚。这些问题的存在，阻碍了建筑产业现代化的推进，应尽快得到解决。已经开展建筑工业化工作的企业，生产规模不大，还需要在研发设计、构件生产、安装施工三个环节的协调配套上下功夫。

（3）专业人才极度缺乏

建筑工业化发展受土地、资金、人才三大因素制约，尤其是人才因素的瓶颈。在人才瓶颈上，首先专业做建筑工业化的设计人才极其缺乏；其次为部品生产和现场装配的工艺流程应由产业工人来完成，传统建筑业中的农民工将无法胜任。此外，按照建筑工业化方式建设的项目管理是一种全新的管理方式，现行项目经理的知识结构、管理理念、专业能力都需要重新培训方能适应。

7.5 对建筑工业化的有关建议

（1）制定激励扶持政策

从土地供应、税收减免、容积率奖励、工程总承包建设、财政补贴、绿色审批、信贷支持等方面研究制定产业扶持政策。

明确由政府出资建设的各类保障房项目、公建项目及农房改造、新型城镇化建设等领域，率先推广应用 PC 构件或钢结构；优先将建筑工业化示范项目评定为绿色建筑；各级政府设立专项基金，重点支持企业开展建筑工业化技术集成研究、标准编制和示范基地、示范项目建设，引导更多大型企业加入到建筑工业化的实践之中。

（2）建立建筑工业化的工程质量监管机制

探索建立 PC 部品准用证制度和质量认证制度，逐步建立起企业自控、行业管理、政府监督相结合的建筑质量管理机制。实行建筑产品全过程的追踪管理，完善质量追溯机制，推行产品部品质量终身负责制。制定建筑工业化项目的招投标、施工图审查、取费结算、建设监理、质量安全监督、工程验收管理办法，明确工程预决算方法，编制配套定额，逐步建立适应建筑产业现代化的管理制度。

（3）加快科研与标准体系建设

从降低成本与提升性能的角度，进一步开展适用于居住建筑和公共建筑的预制装配式结构体系开发与受力性能研究，探索系统的设计计算方法；引导企业在提升建筑工业化生产方式技术水平基础上，进行科研集成研究，为建立标准化部品构件体系创造条件；编制不同结构体系的设计、生产、施工、验收标准及相关图集，技术规范和产品推广应用目录，形成完备的技术标准体系；鼓励建筑企业对建筑工业化相关的生产自控系统、施工安装辅助设施（连接套筒、灌浆、支撑体系等）、专业运输特种车辆、预制轻质隔墙、预制和集成卫浴厨房等配套机具和产品的研发。

（4）加强专业人员培训

建筑企业推行建筑工业化后，原有的技能岗位和专业要求发生很大变化，因此针对设计人员和施工安装人员分别编制建筑工业化培训教材，结合专业继续再教育学习，强化建筑工业化的理念、设计方法、制作工艺、安装方法等知识点的学习。建筑企业加速培养适应产业现代化发展需要的专业技术管理人才，同时将一大批由现场操作农民工转型成为高素质的产业工人，是实现建筑工业化的重要保证。

作者： 张桦　田炜　李进军（上海现代建筑设计集团有限公司）

8 国家标准《绿色建筑评价标准》 GB/T 50378 修订过程及要点

8 Revision process and key points of the national standard *Evaluation Standard for Green Building* GB/T 50378

8.1 背 景

国家标准《绿色建筑评价标准》GB/T 50378—2006（以下简称《标准》）是总结我国绿色建筑方面的实践经验和研究成果，借鉴国际先进经验制定的第一部绿色建筑综合评价标准。该标准确立了我国以"四节一环保"为核心内容的绿色建筑发展理念和评价体系，明确了绿色建筑的定义、评价指标和评价方法，自2006 年发布实施以来，有效指导了我国绿色建筑实践工作，累计评价项目数量逾千个。该标准已经成为我国各级、各类绿色建筑标准研究和编制的重要基础。

"十一五"期间，我国绿色建筑快速发展。随着绿色建筑各项工作的逐步推进，绿色建筑的内涵和外延不断丰富，各行业、各类别建筑践行绿色理念的需求不断提出，《标准》已不能完全适应现阶段绿色建筑实践及评价工作的需要。根据住房和城乡建设部的要求，自 2011 年 9 月起，由中国建筑科学研究院、上海市建筑科学研究院（集团）有限公司会同有关单位开展了《标准》的修订工作。经过 2 年多的努力，《标准》修订工作已经完成并通过审查批准，新版的《绿色建筑评价标准》GB/T 50378—2014 已正式颁布实施。

8.2 修订工作的主要过程

标准修订任务下达后，标准修订组首先开展了前期调研工作。

前期调研主要包括：《标准》2006 年版的修订意见和建议调研；《标准》2006 年版的评价方法与条文应用情况调研；国外新近推出的绿色建筑评估体系调研。其中：

（1）修订意见和建议调研包括：于 2011 年 9 月起公开征集对于《标准》2006 年版的修订意见和建议；在"中国知网"以"绿色建筑评价标准"为主题

词检索科技文献收集整理对于《标准》2006 年版的修订意见和建议；收集整理中国城市科学研究会绿色建筑评审专家委员会于 2009 年至 2011 年在绿色建筑标识评审工作中所提出的评审意见。相关意见和建议，已在修订工作中进行了充分考虑和适当体现。

（2）评价方法与条文应用情况调研包括：对《标准》2006 年版 115 条一般项和优选项条文的参评和达标情况进行统计分析；将其与国内绿色建筑评价相关标准作对比分析；将其与多个省市区的绿色建筑评价地方标准或细则作对比分析。调研成果最终形成了"国家标准《绿色建筑评价标准》GB/T 50378—2006 应用情况调研报告"。

（3）国外绿色建筑评估体系调研主要包括：英国 BREEAM 针对新建非住宅建筑的 2011 版；美国 LEED 2012 版（后改称 v4 版）公开征求意见稿；德国 DGNB 新建办公建筑 2012 版（在修订工作开展后进行）。

在前期工作基础上，修订组于 2011 年 9 月召开了成立暨第一次工作会。会上，修订组成员初步确定了技术原则、人员分工、进度安排、工作方式等，最终形成了修订工作大纲与修订工作规则等文件。所确定的技术原则对于《标准》修订稿产生了深远影响，例如：修订稿扩展了适用范围，现已覆盖民用建筑各主要类型；明确了设计评价与运行评价两个阶段，并在条文内容和评价方法上作了充分考虑；评价方式及其内容，并兼具通用性和可操作性。会后，修订组以专题工作小组为单位，进一步落实了框架结构，并根据前期研究成果讨论了对于《标准》2006 年版具体条文的修改。

基于各专题工作小组的工作成果，修订组于 2012 年 1 月召开了第二次工作会。会上，确定了采用量化评价方式，对控制项以外的条文进行评分，且各类一级指标分别计分；并确定了在原有"四节一环保＋运营"六章的基础上增设"施工管理"章，进一步体现全过程控制。会后，各专题工作小组开展并完成了《标准》修订初稿的条文编写。

修订组于 2012 年 3 月召开了第三次工作会。会上，进一步确定了对"四节一环保＋施工＋运营" 7 类一级指标的评价条文赋分，并对各类一级指标得分加权计算总得分的评分方法；同时也提出了各类一级指标的最低得分率要求；此外，提出了在评分项之外补充引导性、创新性或综合性等额外评价内容（后称"加分项"）。会后，各专题工作小组对此前稿件作了进一步修改，不仅对条文作了补充和调整，还细化了条文的适用范围、评价方式和条文说明，形成了《标准》修订初稿。

修订组就《标准》修订初稿于 2012 年 5 月召开了"国家标准《绿色建筑评价标准》修订稿征求意见会"。与会的主管部门领导和相关领域专家对《标准》修订初稿提出了修改意见和建议，包括：技术要求与相关标准合理衔接，将一星级技术水平定为在满足相关现行标准基础上的略为提高；明确评价边界，纳入可支持"行为绿色"的技术措施，但不考量建筑使用者的行为；通过项目试评进一步合理确定得分率、权重等取值，以及各星级的达标技术难度；在条文或条文说明中进一步明确和细化其使用范围及参评条件；编制与《标准》配套的打分表或软件等。会后，修订组根据专家意见对《标准》修订初稿进行了修改。

为了更好地开展《标准》征求意见等工作，修订组于 2012 年 8 月召开了第四次工作会。会上，进一步明确相关技术要求，布置了《标准》修订稿征求意见以及项目试评的相关工作。会后，《标准》修订稿于 2012 年 9 月起公开征求意见，截至 10 月 31 日共收到意见反馈 181 份，相关意见建议共计 1673 条；同时还启动了《标准》修订征求意见稿的项目试评工作，中国建筑科学研究院上海分院、建筑设计院、深圳分院、天津分院、上海市建筑科学研究院（集团）有限公司、深圳市建筑科学研究院有限公司、北京清华同衡规划设计研究院有限公司共同完成了 75 个项目的试评工作，并形成了试评报告。

根据征求意见和试评两方面工作成果，修订组于 2012 年 12 月召开了第五次工作会。会上，讨论了对征求意见（包括重点征求意见问题）的处理和项目试评结果及所反映的问题，确定了若干重点事项：评价对象为建筑单体或建筑群；设计阶段评价内容为"四节一环保"五章，运行阶段再增加"施工管理"、"运营管理"章；多种功能的综合性建筑以"条文"为基本单位进行评分，以总得分确定整栋建筑的星级；原"创新项"改为"加分项"，包括"提高"和"创新"两个方面。会后，各专题工作小组对征求意见稿作了进一步修改形成了《标准》送审稿。

2013 年 3 月 18 日，住房和城乡建设部建筑环境与节能标准化技术委员会组织召开《标准》审查会。修订组随即于次日召开了第六次工作会。会上，修订组逐条研究确定了对于《标准》审查专家提出的具体修改意见和建议的处理。除了修改《标准》稿件、形成报批稿这一工作之外，会议还布置了评价技术细则、第二轮试评等其他相关工作。会后，修订组根据审查专家意见，修改得到了《标准》报批稿初稿。

为了更好地完成《标准》报批工作，修订组于 2013 年 7 月 5 日召开了第七次工作会。会上，修订组根据稿件修改工作以及第二轮试评工作中反映出来的相关问题，对报批稿初稿进行了局部修改，并要求在条文说明中进一步明确不参评条件及可直接得分的条件。7 月底，主编单位中国建筑科学研究院还组织修订组部分专家进行了《标准》报批稿定稿工作，形成了《标准》报批文件。

在《标准》修订过程中，修订组还组织召开了两次《标准》修订稿试评工作会议；在《标准》报批稿定稿前，还对之前试评的部分项目进行了复核检验。

8.3 标准修订的重点内容

与《标准》2006 年版相比，本标准修订主要内容或重点内容包括：

（1）适用建筑类型。

适用范围由《标准》2006 年版中的住宅建筑和公共建筑中的办公建筑、商场建筑和旅馆建筑，进一步扩展至民用建筑各主要类型。首先，由近些年的绿色建筑评价工作实践来看，绿色建筑的内涵和外延不断丰富，各行业、各类别建筑践行绿色理念的需求不断提出。截至 2012 年底，绿色建筑标识项目中已有医疗卫生类 5 项、会议展览类 9 项、学校教育类 12 项，但具体评价中却反映出《标准》2006 年版对于这些类型的建筑考虑得不够。其次，近些年住建部先后立项了《绿色办公建筑评价标准》、《绿色商店建筑评价标准》、《绿色饭店建筑评价标准》、《绿色医院建筑评价标准》、《绿色博览建筑评价标准》等特定建筑类型的绿色建筑评价标准，作为绿色建筑评价体系中的一本基础性标准，《标准》修订版如能对这些建筑类型统筹考虑，必将有助于各特定建筑类型的绿色建筑评价标准之间的协调，形成一个相对统一的绿色建筑评价体系。最后，《标准》修订稿的试评工作也纳入了 4 个医疗卫生类、5 个会议展览类、7 个学校教育类以及航站楼、物流中心等建筑，初步验证了《标准》修订稿对此的适用性。

（2）评价阶段划分。

《标准》2006 年版要求评价应在建筑投入使用一年后进行。但在随后开展的绿色建筑评价工作中，发现有很多业主希望在建筑设计完成之后即能得到一个绿色评价的结果，因此住建部于 2008 年发布了《绿色建筑评价标识实施细则（试行修订）》（建科综［2008］61 号），明确将绿色建筑评价标识分为"绿色建筑设计评价标识"（规划设计或施工阶段，有效期 2 年）和"绿色建筑评价标识"（已竣工并投入使用，有效期 3 年）。而且，经过多年的工作实践，证明了这种分阶段评价的可行性，以及对于我国推广绿色建筑的积极作用。因此，《标准》在此方面进行了修订，明确规定了绿色建筑的评价可分为"设计评价"和"运行评价"，便于更好地与相关管理文件配合使用，同时也更有利于绿色建筑的推广和发展。

具体方法上，根据《标准》修订稿征求意见的结果，有 66.3% 的反馈意见同意将"施工管理"、"运营管理"方面的内容仅在运行阶段评价。基于此，最终定为设计阶段评价内容为"节地、节能、节水、节材、室内环境质量"五个方面，运行阶段再增加"施工管理"、"运营管理"两个方面。

（3）评价指标体系。

指标大类方面，在《标准》2006 年版中节地与室外环境、节能与能源利用、节水与水资源利用、节材与材料资源利用、室内环境质量和运营管理六类一级指标的基础上，增加了"施工管理"一级指标。虽然绿色建筑的施工过程在设计评价阶段还未开始，在运行评价阶段已经结束，本标准并不能对施工过程展开绿色评价，但有了"施工管理"这一级指标，在绿色建筑设计评价阶段可以预审相关内容，提醒业主和施工方注意施工过程的节能环保，在运行评价阶段则可以检查施工过程留下的绿色"足迹"，更好地实现《标准》对建筑全生命期的覆盖。

具体指标（评价条文）方面，根据前期各方面的调研成果，以及征求意见和试评两方面工作所反馈的情况，以《标准》修订前后达到各评价等级的难易程度略有提高和尽量使各星级绿色建筑标识项目数量呈金字塔形分布为出发点，通过补充细化、删减简化、修改内容或指标值、新增、取消、拆分、合并、调整章节位置或指标属性等方式进一步完善了评价指标体系。

（4）评价定级方法。

与《标准》2006年版相比，本次修订最大的改变就在于评价定级方法上。《标准》2006年版依据达标的条文数量给绿色建筑定级。这种方法容易操作，但隐含着"所有的条文都是同等重要的"，显然不够合理和精细。当年编制《标准》2006年版时，也曾考虑过采用评分定级的方法，由于当时条件不够成熟，最终采用了按达标条文数量定级的方法。经过多年的实践，目前评分定级的条件已经具备，因此修订组在第一次工作会议上就确定了采用量化评价手段。经反复研究和讨论，最终采用了逐条评分后分别计算各一级指标得分和加分项附加得分、然后对各一级指标得分加权求和并累加上附加得分计算出总得分的评价方法；等级划分则采用"三重控制"的方式：首先仍与《标准》2006年版一致，保持一定数量的控制项，作为绿色建筑的基本要求；其次每类一级指标设固定的最低得分要求；最后再依据总得分来具体分级。

严格地讲，上述"一级指标得分"实际上都是"得分率"。由于我国地域辽阔，各地的气候、资源、环境条件以及社会和经济的发展程度都有很大不同，加之以民用建筑包含的建筑类型又很多，各一级指标下的评价条文不可能适用于所有的建筑。对某一栋具体的被评建筑，总有一些评价条文不能参评，这就意味着每一栋建筑实际可能达到的满分不是一个恒定值。"得分率"为被评建筑实际的评审得分与该建筑实际可能达到的满分的比例，显然用"得分率"来衡量建筑实际达到的绿色程度更加合理。但是在习惯上，"按分定级"更容易被理解和接受，因此《标准》又规定了一种折算的方法，避免了在字面上出现"得分率"。

绿色建筑量化评分的方式现已非常成熟，目前通行于世界各国的绿色建筑评价体系之中；而引入权重、计算加权得分（率）的评分方法，则也早为英国BREEAM、德国DGNB等所用，并取得了较好的效果；《标准》修订稿所加入的一级指标最低得分率，则是一种避免参评建筑某一方面性能存在"短板"的措施，并已通过项目试评论证了控制最低得分率的必要性。

一级指标（各大类指标）权重和二级指标（某大类指标下的具体评价条文/指标）的分值，经广泛征求意见后综合调整确定。

（5）加分项评价。

为了鼓励绿色建筑在节约资源、保护环境等技术、管理上的提高和创新，同时也为了合理处置一些引导性、创新性或综合性等的额外评价条文，参考国外主要绿色建筑评价体系创新项的做法，设立了加分项。加分项包括规定性方向和可选方向两类，前者有具体指标要求，侧重于"提高"；后者则没有具体指标，侧重于"创新"。加分项最高可得10分，实际得分累加在总得分中。

（6）多功能综合建筑评价。

以商住楼、城市综合体为代表的多功能综合建筑的评价，是近些年绿色建筑评价工作中频频遭遇的老大难问题，也是本次修订力图解决的重要内容。《标准》修订组首先明确了评价对象应为建筑单体或建筑群的前提，规定了多功能综合建筑也要整体参评，避免了此前个别绿色建筑标识项目为"半拉楼"、"拦腰斩"的尴尬情况。

在其具体评价和分级问题上，《标准》修订组基于前期调研成果，在征求意见稿中提出了两种备选方案：一为"先对其中功能独立的各部分区域分别评价，并取其中较低或最低的评价等级作为建筑整体的评价等级"；或是"先对其中功能独立的各部分区域分别评价，然后按各部分的总得分经面积加权计算建筑整体的总得分，最后依建筑整体的总得分确定建筑整体的评价等级"。由意见反馈情况来看，39.6%赞同前一方案，58.6%赞同后一方案。

即便如此，赞同某一方案的反馈意见中，也对其本身的固有问题提出了一些质疑，例如前一方案过于严格，后一方案过于烦琐等。根据有关专家建议，并基于修订稿中条文大多适用于民用建筑各主要类型的工作基础，修订组在多方面综合考虑后最终采用了另一种方案：不论建筑功能是否综合，均以各个条/款为基本评判单元。如此，既科学合理，又避免了重复工作，而且保持了评价方法的一致性。

（7）评价条文分值。

评价分值以1分为基本单元，按评价条文在本章内的相对重要程度赋予不同分值。而在某评价条文内，也可针对不同建筑类型分别设款（并列式），也可根据指标值大小分别设评分款（递进式），进一步细化了评分。此外，各章评价条文分别由相关专业的专家组成的工作小组编写并分配分值，有利于提高其专业性和可行性。

（8）绿色建筑分数要求。

不仅要求各个等级的绿色建筑均应满足所有控制项的要求，而且要求每类指标的评分项得分不小于 40 分。对于一、二、三星级绿色建筑，总得分要求分别为 50 分、60 分、80 分。这是修订组从国家开展绿色建筑行动的大政方针出发，综合考虑评价条文技术实施难度、绿色建筑将得到全面推进、高星级绿色建筑项目财政激励等因素，经充分讨论、反复论证后的结果。

《标准》2006 年版以达标的条文数量为确定星级的依据，《标准》修订稿则以总得分为确定星级的依据。就修订前后两版《标准》星级达标的难易程度，修订组对两轮试评的 70 余个项目的得分情况进行了分析，得出的结论是：一、二星级难度基本相当或稍有提高，三星级难度提高较为明显。之所以规定三星级达标分为 80 分，适当提高难度，主要是希望国家的财政补贴主要用在提高建筑的"绿色度"上，而非减少开发商的实际支出，另外，适当提高三星级的达标难度也有助于推动我国绿色建筑向着更高的水平发展。

8.4　与国外相关评价体系的对比

世界其他国家的绿色建筑评价体系主要有英国 BREEAM、美国 LEED、日本 CASBEE、澳大利亚 Green Star 和 NABERS、德国 DGNB、新加坡 Green Mark 等。从中挑选有代表性者，与本标准对比如表 1-8-1 所示。

与其他国家绿色建筑评价体系的对比　　　　表 1-8-1

国家	英国 BREEAM	美国 LEED	日本 CASBEE	中国 GB/T 50378	德国 DGNB
发布更新	1990 年首发，1998、2008、2011 年三次大的更新	1998 年首发，2000、2009、2013 年三次大的更新	2003 年首发，2008、2010 年两次大的更新	2006 年首发，2013 年更新	2008 年首发，2010 年更新
评价方法	评分（得分率）	评分（百分制）	评分（比率值）	评分（得分率）	评分（得分率）
指标层级	二级	二级	三级	三级	二级
一级指标	管理、健康舒适、能源、交通、水、材料、废弃物、用地与生态、污染、创新	可持续场地、节水、能源与大气层、材料与资源、室内环境质量、区位与交通、创新性设计、地区优先级	室内环境、服务设置、室外环境；能源、资源与材料、场地外环境	节地与室内环境、节能与能源利用、节水与水资源利用、节材与材料资源利用、室内环境质量、施工管理、运行管理	环境质量、经济质量、社会与功能质量、技术质量、过程质量、场地质量
具体指标	49 个（NC）	69 个（BD&C）	52 个（NC）	138 个	61 个（部分下设子指标）

国家	英国 BREEAM	美国 LEED	日本 CASBEE	中国 GB/T 50378	德国 DGNB
评价种类	新建 NC、改造 Refurbishment、住宅 EcoHomes、社区 Communities、运营 In-Use	新建 BD&C、内装 ID&C 既有 EB O&M、住宅 Homes、社区开发 ND	新建 NC、既有 EB、改造 Renovation、城市区域 UD、热岛效应 HI、城市 Cities、单栋住宅 H（DH）、临时 TC	设计评价、运行评价	新建 New（含更新、租户内装）、既有 Existing
类型细分	办公、工业、商场、教育、医院、监狱、法院、酒店、多层住宅、机房、住宅	通用，但对住宅、学校、商场、饭店、医院、机房、物流等建筑单独评价	办公、学校、商场、餐饮、会所、工业、医院、宾馆、公寓、单栋住宅	另有工业、办公、商店、医院、旅馆、博览等	办公、教育、商场、酒店、工业、医院、实验、城市区域、集会
等级划分	杰出 Outstanding、优异 Excellent、优秀 Very Good、良好 Good、通过 Pass	铂金 Platinum、金 Gold、银 Silver、认证 Certified	五星或 S、四星或 A、三星或 B⁺、二星或 B⁻、一星或 C	三星、二星、一星	金 Gold、银 Silver、铜 Bronze

通过与国外主要标准的对比，可对标准 2014 年版初步评价如下：

（1）评价方法定量化，与国际主流评价体系同步

根据对于《标准》2006 年版的修订意见和建议，采用了评分制的量化评价方法，更加客观、更加精细、更加直观地反映建筑的"绿色度"；同时，也符合当今世界绿色建筑评价结果定量化的整体形势。但在评分结果的具体处理和表达上，并未照搬美国 LEED 等的各项得分相加得总分的百分制表达方式，而是通过一级指标得分率及其权重系数折算加权得分率，更能体现评价指标之间的相对重。

（2）评价指标体系较全面，充分考虑了我国国情

《标准》在遵守《工程建设标准编写规定》要求的基础上，分别以章、节下次分组单元、条体现了三个层级的评价指标；各章（即一级指标）分别为"四节一环保＋施工＋运营"，既体现了我国绿色建筑核心内容，又实现了对建筑全生命期的覆盖，还重点突出了我国重视"节约"的特色；评价条文数（即具体指标数量）不仅较《标准》2006 年版（115 条）有所增加，而且也明显多于其他国家的相关标准，指标体系更加全面。

（3）评价对象范围扩展，评价阶段进一步明确

《标准》修订后，适用范围由住宅建筑和公共建筑中的办公建筑、商场建筑

和旅馆建筑进一步扩展至民用建筑各主要类型，并兼具通用性和可操作性，更好地满足了各行业、各类别建筑践行绿色理念的需求，也进一步缩小了与国外相关标准在此方面的差距。此外，《标准》还对设计阶段和运行阶段评价作了明确区分。虽然《标准》评价种类仍不及国外相关标准（如美国 LEED 有新建、内装、既有运维、住宅、社区开发五类），但却符合我国当前绿色建筑评价工作的实际情况和需求。

《标准》审查委员会专家也对此一致认可，他们认为：《标准》修订稿的评价对象范围得到扩展，评价阶段更加明确；评价方法更加科学合理；评价指标体系完善，克服了编制中较大的难度，且充分考虑了我国国情，具有创新性。《标准》的实施将对促进我国绿色建筑发展发挥重要作用。《标准（送审稿）》架构合理、内容充实，技术指标科学合理，符合国情，可操作性和适用性强。

8.5　需要抓紧开展的主要工作

《标准》修订工作已经结束，新版的《绿色建筑评价标准》GB/T 50378—2014 也已正式颁布实施。由于修订前后的两版标准变化比较大，特别是引入了评分定级的方法，与标准 2006 年版相比不能仅定性地判定某条条文提出的要求是否得到满足，而是要定量地判定某条条文提出的要求得到满足的程度，从而给出分数。虽然新方法比老方法更加合理更加精细，但具体的评价过程也更加复杂。为了绿色建筑的评价工作能够快速平稳地过渡到依据新版标准来展开，还需要做大量的准备工作。首先，标准 2014 年版正式颁布后要做好宣贯工作，让广大技术人员尽快熟悉新的标准，特别是熟悉新的评分定级方法。其次，由于各类绿色建筑个体间的差异很大，仅凭《标准》文本很难开展准确的评价，标准修订组还应尽快编制与《标准》2014 年版配套使用的评价技术细则，并开发依托于新版《标准》和相关文件的评价工具软件。另外，要注意跟踪《标准》2014 年版的执行和实施效果，继续收集相关意见建议，不断完善绿色建筑评价体系。

作者：林海燕（中国建筑科学研究院学术委员会主任，研究员）

9 新型建筑工业化是实现绿色建造的必由之路

9 Industrialization of new-type buildings is the key to realize green construction

以节能环保为主要特征的新型建筑工业化是指运用最新生产技术及管理手段，通过模数化、标准化设计，工厂化生产，实现建筑构部件的通用化和现场施工的装配化、机械化，尽量减少施工现场工作量、湿作业和人力物料消耗，达到高效建造和节能环保的目的。发展新型建筑工业化是住房和城乡建设的传统模式和生产方式的深刻变革，是建筑生产方式从粗放型向集约型的根本转变，是建筑工业化与信息化的深度融合，是住房和城乡建设提升发展质量和效益的有效手段，对转变行业发展方式具有重要意义，是建筑业现代化的必然途径和发展方向。2013 年 1 月国家发展改革委和住房城乡建设部联合发布了《绿色建筑行动方案》（国办发〔2013〕1 号），明确将推动建筑工业化作为十大重点任务之一。2014 年 5 月，国务院印发了《2014－2015 年节能减排低碳发展行动方案》明确提出"以住宅为重点，以建筑工业化为核心，加大对建筑部品生产的扶持力度，推进建筑产业现代化"。

绿色建造作为建筑全寿命周期中的一个重要阶段，可以定义为在工程建设中，应用先进的科学技术和管理方式，通过业主、设计师、供应商和施工方等各环节的紧密协作，在满足建筑使用需求、保证质量、安全等基本要求的前提下，达到在建造过程中最大限度地节约资源并减少对环境负面影响，实现节能、节地、节水、节材和环境保护（"四节一环保"）。

新型建筑工业化和绿色建造两者的核心概念高度一致，都是以运用先进技术和管理手段，在建造过程中实现节能环保的目的。两者从不同的角度诠释着建造业的发展方向。在实现建造过程节能环保这一大主题下，新型建筑工业化的概念更加注重过程，注重机械设备的应用、生产效率的提高和施工现场劳动用工的减少。新型建筑工业化是实现绿色建造的必由之路。

9.1　绿色、节能、环保、高效是新型建筑工业化的主要特征

　　通过工厂化生产、装配化、机械化施工，预制装配建筑，可以实现施工现场节水60%、节材20%、节能20%、垃圾减少80%、脚手架、支撑架可达到减少70%的节材、节能效果，并且极大地减少了施工现场的扬尘、噪声和废水排放，大大提高生产效率，是实现绿色建造的最直接、最有效的措施。绿色建造是新型建筑工业化的自然属性和主要特征。中建在推进新型建筑工业化的进程中，将施工现场的装配化、机械化作为主要内容，对新型模块化、工具化模板脚手架加大推广；在施工现场临建、道路、围挡的标准化和预制化方面大范围应用；在超高层智能顶升模架的研发方面做了大量的工作；在一些示范项目中实现了建筑垃圾的回收利用和零排放，取得了很好的节能减排效果。

9.2　新型建筑工业化充分体现了绿色建造所要求的设计施工一体化的协同创效特征

　　从新型建筑工业化的定义我们可以清楚地了解到，新型建筑工业化要求从设计阶段就要考虑生产的工厂化和施工的机械化，从整个建造过程最优的角度来思考设计，策划整个建造过程。这是对我国目前设计与施工分离的传统承包模式的挑战。大力推进新型建筑工业化有利于我国建筑业生产承包模式向工程总承包这一国际通行的工程建设项目组织实施方式转变，提高了建造产业链整体效率。

　　国内目前采用的传统施工总承包模式下，勘察设计、施工采购各主要环节之间存在互相分离与脱节、建设周期长、履约风险高、建设效率低的弊端。而在工程总承包模式下，由于工程总承包单位有能力从事或统辖建设工程设计、施工、采购、招标、安装的所有工作，属于知识型大功能齐全的配套系统企业，可以调动各专业在很短时间内完成既定的需求。提升效率，减少浪费是绿色建造追求的主要目标。

　　目前政府推动的以装配式保障房建设为主要抓手的新型工业化大潮中，工程总承包模式渐成主流，如中建承担的合肥装配式保障房项目，企业结合自有技术和生产供应特点，从施工图设计到交钥匙，全部由工程总承包单位完成，进行了全产业链优化，极大地提高了建造效率。

9.3 新型建筑工业化推动了 BIM 等新技术在建筑行业应用速度,进一步推动了绿色建造

新型建筑工业化是以信息化带动的工业化。新型建筑工业化的"新型"主要内容之一是新在信息化,体现在信息化与建筑工业化的深度融合。以 BIM (Building Information Modeling 建筑信息模型) 技术快速发展为代表的建筑业信息化大潮席卷整个建筑行业。BIM 作为新型建筑工业化的数字化建设和运维的基础性技术工具,其强大的信息共享能力、协同工作能力、专业任务能力的作用正在日益显现。BIM 技术的广泛应用使我国工程建设逐步向工业化、标准化和集约化方向发展,促使工程建设各阶段、各专业主体之间在更高层面上充分共享资源,有效地避免各专业、各行业间不协调问题,有效地解决了设计与施工脱节、部品与建造技术脱节的问题,极大地提高了工程建设的精细化、生产效率和工程质量,充分体现和发挥了新型建筑工业化的特点及优势,实现了以"四节"为主要目标的绿色建造。

我国政府大力推动的以节能环保为主要特征的新型建筑工业化大潮,不仅是建筑业机械化、信息化、智能化的自然升级,其在管理上、技术上、生产方式和建筑业组织模式上对传统建筑方式带来了重大冲击,推动整个建筑产业向更完善的协同、更绿的产品和技术、更高的效率方向大步前进,是实现绿色建造的必由之路。

作者:毛志兵(中国建筑工程总公司总工程师,教授级高工)

10 产业创新语境下的绿色建筑价值体现

10 Value of green building in the context of industrial innovation

随着中国经济发展步入新常态，创新成为推动产业发展的主要驱动力，绿色低碳循环发展的新方式成为今后一个时期中国产业转型的主要目标。建筑业作为我国国民经济的支柱产业之一，具有关联度大、产业链长、集成度高、附加值高、社会贡献拉动效应显著的特点，必然面临经济新常态下的趋势性变化。新型城镇化为建筑业的整体提升和转型提供了契机。绿色建筑作为建筑业的发展方向和建筑节能的重要举措，已经被上升为国家战略。强大的政策支持推动了中国绿色建筑的快速发展，预计"十二五"期间中国新增绿色建筑面积将达到 10 亿 m^2；到 2015 年末，20％的城镇新建建筑达到绿色建筑标准要求；到 2020 年，绿色建筑占新建建筑比重超过 30％。绿色建筑的发展具有巨大的社会经济价值，预计到 2020 年，绿色建筑发展可实现每年节约 4200 亿度电和 2.6 亿吨标准煤，减少温室气体排放 8.46 亿 t。除此之外，绿色建筑发展还将带动设计、冶金、化工、机械、可再生能源、电子电器等 50 多个关联产业、近 2000 种产品技术创新，有望成为新的经济增长点。以深圳市为例，2012 年全市拥有绿色建筑相关企业千余家，年产值约 1200 亿元，接近当年深圳市生产总值的 10％。未来，随着绿色建筑的发展和产业链的延伸，其社会和经济价值必将愈加凸显。

《中美气候变化联合声明》提出中国 2030 年二氧化碳排放达到峰值的承诺，绿色建筑以其节地、节能、节水、节材、环保等特性成为中国优化能源消费格局、提升能源资源利用效率、削减碳排放的重要手段，而对科技创新和新兴产业孵化的带动作用则使其成为中国产业结构调整和升级的政策着力点。促进绿色建筑产业化和产业创新，提升产业链条的横纵向集成性与关联性，形成以市场为载体的绿色建筑科技成果孵化、转化和辐射机制，发挥绿色建筑产业对科技、咨询、设计、制造、服务等行业的地理空间集聚效应，对提升经济发展可持续性和提高社会和谐水平具有十分重要的意义和价值。

10.1 提升绿色建筑价值，吸引产业聚集

产业支撑是新型城镇化的内在动力，产业发展水平的高低决定城市发展的水

平和质量。十八届三中全会提出"产业和城镇融合发展"的目标，决定了用产业充实城镇化的未来中国城市发展方向。实际上，城镇化的过程即是产业聚集的过程，城市格局的优化和功能的提升实际上就是创造新的产业和利益格局，从而产生新的就业和生产结构，并最终实现城市生活模式的整体变革和人居环境的根本提升。因此，只有围绕产业问题进行规划投资、技术创新、管理创新才能实现可持续的、以人文本的城镇化。

绿色建筑业作为城市发展中有机含量最高的产业，涵盖包括勘察、规划、设计、检测、认证、监测、研发、材料、设备、施工、运营、管理等一系列生产和服务领域，具有强大的全生命周期区域产业汇集能力。其上游产业包括建筑新技术、节能新产品的研发，绿色建筑咨询、技术交流与推广服务，绿色建筑节能服务和教育培训等；中游产业包括绿色材料、绿色设备和绿色建造等；下游产业包括运行管理、能源服务、环境管理、智能化与信息化及其他商贸、会展服务业等。实际上，绿色建筑的建设过程就是其中上游产业的聚集过程，因为绿色建筑的全生命周期都伴随着技术产品和服务需求。中上游产业的技术和资金的汇集必然带来人才聚集效应，为产业大规模聚集提供初始动力。更重要的是，由于建筑业及其产品的特殊性，绿色建筑在其生命周期的中后期能够吸引下游产业及其他产业并形成联动效应。绿色建筑所提供资产管理和示范服务带来的附加值不逊于甚至可能高于其对研发服务和设计咨询等上游产业的带动作用（图 1-10-1）。

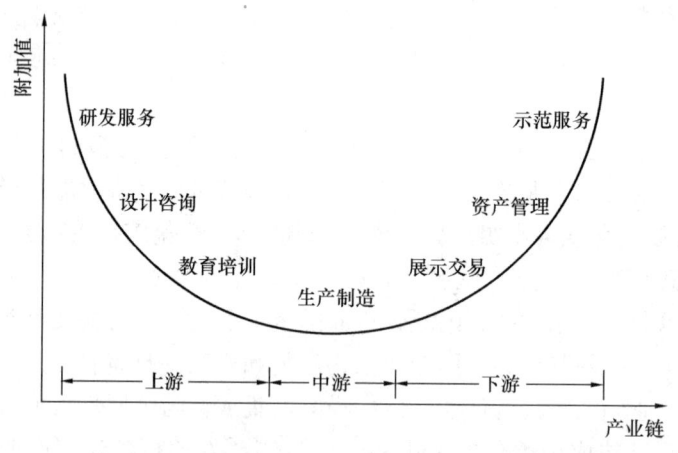

图 1-10-1 绿色建筑产业链微笑曲线

绿色建筑建设是其与产业聚集之间产生良性循环的有力切入点。第三次工业革命在网络化通讯方式和物联网时代带来分散化、扁平化的产业组织模式，多元化、包容性的社会关系逐渐形成，新的生产组织模式和社会关系要求产业聚集从追随资本向依托人才与技术转变。绿色建筑提供的低碳、便捷、舒适的生活工作模式对人才和技术的聚集具有强大的吸引力，为产业发展奠定了基础。同时，产业有效聚集为绿色建筑建设提供动力，不断促进绿色建筑规模的扩大。另外，绿色建筑建设将产生一整套的城市发展问题解决方案，为产业聚集提供绿色环境。例如，传统的城市能源消费结构调整主要集中于供应端技术的改进，一直在努力提升绿色可再生能源的比例、削减化石能源，却收效甚微。究其主要原因，可再生能源和化石能源的市场需求之间差别不大，城市能源供应端因此而缺少技术改进和提升的动力。绿色建筑则从需求端提出对能源消费结构提升的要求，通过信息化技术和新的市场机制将这种需求与能源供应链接起来，从根本上解决城市能源消费结构优化问题。

10.2　发展绿色建筑科技，引领产业转型

　　产业转型实际上就是技术能力以及在持续的技术变革中转化为产品及工艺创新的过程。产业的转型动力主要来自需求侧的反馈和带动，只有消费者、使用者和利益相关者的需求信息在市场得到体现，产业转型才能从技术突破走向市场突破。绿色建筑是在全生命周期内最大限度节约能源资源、保护环境和减少污染，为人们提供健康、适用和高效使用空间，与自然和谐共生的建筑。相比传统建筑而言，绿色建筑所需要的技术、产品、管理模式、服务方式都不一样。新兴产业的兴起和以内需为主的经济发展趋势，为绿色建筑产业的发展奠定基础；而绿色建筑不断增长的科技需求是发展新兴产业和拉动内需的重要动力。绿色建筑产业形成的技术需求是产业转型的内在动力，而其形成的市场需求则构成产业转型的外部环境。可以说，绿色建筑的发展是中国经济实现绿色转型的重要引擎。

　　绿色建筑对新材料、清洁能源、资源节约、智能化等方面技术的多样化、大规模需求将为城市产业转型升级提供契机。绿色建筑产业作为容纳多行业集合的有机平台，围绕着绿色建筑相关行业的创新更多地表现为基于需求侧反馈下的产品创新。绿色建筑对节能与可再生能源需求的不断提升，促使建筑热工设计、热量计量、节能电梯技术、太阳能利用技术、垃圾生物降解技术等的不断发展；对室内外环境舒适性的关注，使得室内环境监测技术、环境噪声模拟技术、生物技术、热岛分析技术、保温隔热技术、自然通风技术、透水地面技术等更注重不同研究尺度上的突破；对水资源节约和水循环利用的要求，不断推动新集中再生水利用技术、人工湿地技术、水系统节能规划技术等的涌现；对节材和材料环保性能的不断追求，使得新型环保材料、集约化生产技术、废弃物再循环利用、新型建筑结构体系等持续创新；对智能化运行管理的需求，促使物联网技术、智能化系统的不断发展。由此可见，绿色建筑与当前世界主流技术息息相关，是包括新能源产业、新材料产业、生物产业、信息化产业等在内的核心新兴产业的重要需求端，是实现国内需求扩大、升级经济发展动力的关键节点，因此具有引领产业

转型升级的潜在价值（图1-10-2）。

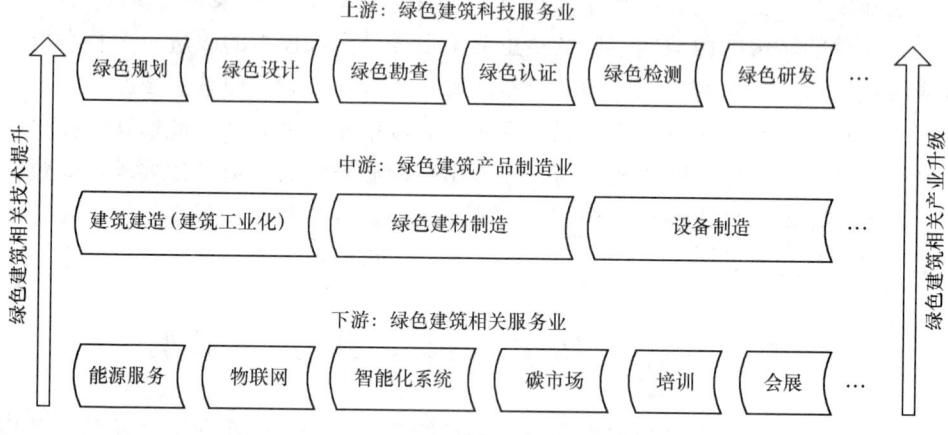

图1-10-2　绿色建筑科技创新涉及的产业领域

　　绿色建筑带来的技术与产品创新必然引发相关行业升级，实现由理念升级、技术创新、管理优化、产品改进向产业创新和市场创新过渡，并最终实现宏观经济结构优化和经济转型。以低碳建筑的下游产业——建筑碳交易市场为例，单体建筑的节能量不足限制了碳排放交易额度，使得建筑碳交易操作可行性差。绿色建筑的节能、低碳特点为单体建筑节能量的扩大提供了空间，直接扩大了市场上建筑碳交易的总量和单笔规模，为碳交易市场的建立提供最基础性的要素——交易产品。正是由于绿色建筑在技术方面的创新和突破，促成了建筑碳排放权产品的创新，并带动了建筑碳交易市场、金融市场的建立和一系列法律制度方面的创新。因此，绿色建筑产业不仅带动诸多相关行业的绿色转型和技术升级，而且能够在很大程度上促使新产品的出现和新市场的建立。

10.3　建立绿色建筑网络，促进产业融合

　　产业融合是经济全球化、高新技术迅速发展大背景下产业提高生产率和竞争力的一种新发展模式和产业组织方式。绿色建筑作为一个多产业网络的平台，具有巨大的产业融合效应。随着绿色建筑技术丰富和深入，绿色建筑涉及越来越广泛的产业领域，绿色建筑业也越来越表现出产业融合的特征。以信息产业与绿色建筑产业的融合为例，以物联网为代表的实体—网络信息传递机制建立的上层智能建筑综合管理系统、下层建筑设备管理系统、通信管理系统和办公自动化系统，形成了链接信息产业和绿色建筑产业的纽带，智能化节能节水管理、耗材管理、绿化管理、垃圾管理等资源管理系统成为绿色建筑不可缺少的组成部分；绿色建筑在加固改造、空间优化、管网设计、环境管理方面的需求也催生信息产业

向专门的建筑应用领域扩展，实现信息产业与绿色建筑产业的技术融合和业务融合。

　　绿色建筑带来的产业融合打破了过去百年产业划分格局，模糊了产业间的划分边界，形成了一种泛产业的现象。例如，绿色建筑与都市农业的结合实际上是都市农业技术和立体绿化技术的较好融合，这不但将农业融入城市生活当中，也模糊了城市与农村的概念，形成一种新的城镇化潮流。在18亿亩耕地红线约束下，这种产业融合实际为城镇化节约了大量的土地，并减少政府在食品安全方面的投入，经济效益是传统农业的2倍，碳排放较传统农业减少10%。未来，随着技术的不断交融，绿色建筑产业与都市农业、生物基因产业、信息产业、可再生能源产业、新材料产业、绿色咨询、碳交易、碳评估、绿色运维等产业将产生维度更高、更为集中的融合现象（图1-10-3）。

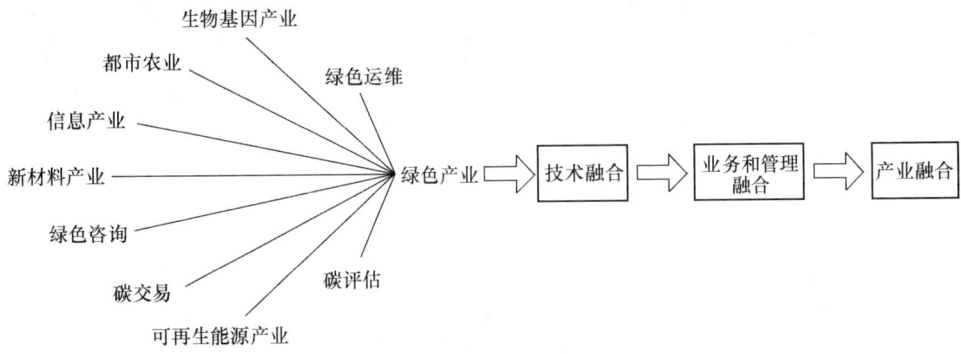

图 1-10-3　绿色产业与其他产业的融合过程

　　实际上，绿色建筑产业与其他产业的融合目前仍处于初级阶段，即依托技术的融合阶段。未来，这种融合将进一步向业务融合和管理融合提升，并最终实现市场融合。在后两个阶段，建筑产业与其他产业之间将体现出产品属性和功能上的直接关系，管理和生产过程将存在大量的协同演进，最终出现规模化的混血产业产品体系，实现产业高度融合。

10.4　绿色建筑引领产业创新，高端低碳的典型案例——深圳国际低碳城

　　深圳国际低碳城项目地处深圳市向东、向北拓展的战略要冲，肩负着为国家低碳发展探路、为国家应对气候变化国际谈判提供重要战略支点的使命，是实现由质量的稳定增长、可持续的全面发展、实践新常态下城市建设的典范工程。深圳国际低碳城的发展目标是通过体制机制创新和加强政府引导，逐步构建低碳能源系统、低碳产业结构、低碳技术和产品体系，逐步引导生产和消费向低碳化模式转

变，建设生态、生产、生活三位一体，环境、经济、社会效益并举，城市发展和产业发展双赢，面向未来的可持续发展城市。"100％新建绿色建筑"是深圳国际低碳城核心启动区的发展目标之一。由此可见，深圳国际低碳城是我国绿色建筑与低碳产业融合发展的先行区，能够为我国新型低碳城市发展提供示范和先进经验。

（1）"半步走"模式萌生"营城运动"

深圳国际低碳城选址属于深圳市经济落后地区，产业低端制造业为主，如果按照传统的造城方式进行开发，势必产生"空城效应"。因此，深圳国际低碳城探索出一套"半步走"发展模式，使用较少的资金和极短的建设周期，采用轻型结构、既有建筑改造加空地利用的方式，迅速使片区形成小而全的综合示范形象，形成对人才、技术和资金的城市磁体效应，为产业聚集奠定了基础（图1-10-4）。依托绿色建筑开发和周边工业厂房与村落建筑绿色低碳改造，建成满足前期形象展示、国际会议交流、创新低碳技术展览及启动工作办公室等配套，快速为首批有意向入驻的低碳企业、公共技术平台提供基本完善的工作和生活配套条件。随着低碳产业的逐渐聚集，片区建设也逐渐成熟完善，相关综合配套、办公、环境景观、市政设施、临时建筑等逐步更新升级，从而产生更强大的产业汇集能力。"半步走"模式的滚动式发展改变了传统的一次开发模式，体现出一种城市细胞自我繁殖的理念。

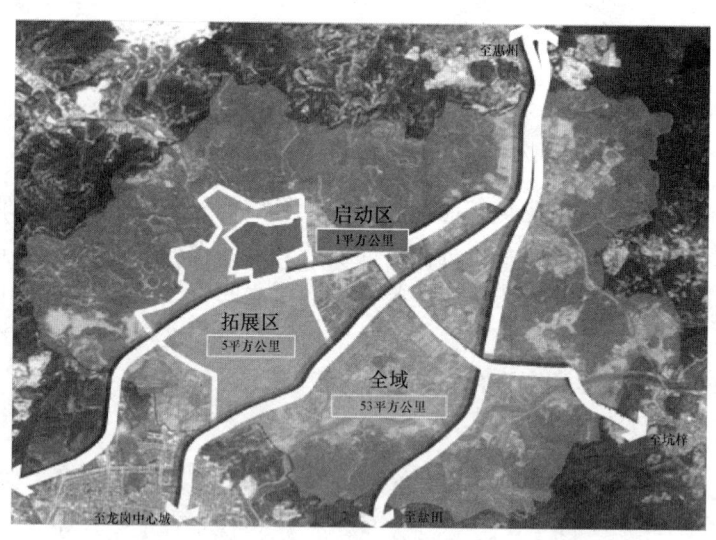

图 1-10-4 深圳国际低碳城"半步走"发展模式示意图

深圳国际低碳城绿色建筑示范工程建设和已有建筑绿色改造是"半步走"模式的实体形式，为产业聚集提供了不竭的动力。其中，作为低碳城象征的综合示范中心占地 3.5 万 m²、建筑面积 2.5 万 m²，由交易馆、会议馆、展示馆组成，应用适应当地气候的低碳运维系统、室内环境系统、绿色建材系统、结构形体系统等10大技术系统、97项技术策略，达到国家绿色建筑三星级标准，预期实现年均减碳1000t以上。在客家围屋绿色改造过程中，沿用中国传统建筑节能技术和设计方法，实现修旧如旧，完成保留历史记忆，同时将低碳绿色技术与传统空间格局相结合，使改造后的客家围屋成为示范低碳城市发展新模式的范本。在工业厂房绿色改造时，注重提升空间品质、优化建筑热环境、改善能源结构、提高能源使用效率，通过注入办公、研究、生活配套需要，体现居住、工作、生活、配套一体的混合用地建设模式，为后续的大规模建设提供示范。这种"以示范促需求、以需求带发展"的滚动式发展道路，是绿色建筑建设吸引产业聚集的典型案例。

（2）"微市政"策略催生"产业空降"

分散经营方式是第三次工业革命生产组织方式的主要特征，新一代互联网技术、新能源、新材料、生物技术等都具有分散经营的特征。催生深圳低碳城对新兴产业的吸引能力，实现产业升级优化的一步到位，将是新建城市低碳发展的一大创新。为实现上述目标，深圳国际低碳城遵循自主之理念，推行"微降解"、"微能源"、"微冲击"、"微更生"、"微交通"、"微绿地"、"微调控"等新的理念，重建城市微循环。这种"微市政"策略一方面实现了将对现有城市系统的改造和影响降到最低限度，另一方面也产生分布式能源、智能微网、雨水和中水收集利用、废弃物资源化、立体绿化、立体微路网、立体市政管线等需求。持续不断的新技术需求和高效的利益回报，促使新兴技术产业快速涌入，原有的落后产业被新能源研发、新材料研发、信息产业、技术研发、信息咨询等产业所代替，以"产业空降"的方式迅速实现"产业转型"，形成以"2.5产业园"为代表的产业新格局。

绿色建筑作为"微市政"的重要物质载体，是深圳国际低碳城产业转型的关键。绿色建筑与物联网的结合使得产业引入和淘汰有了客观评价标准（图1-10-5）。

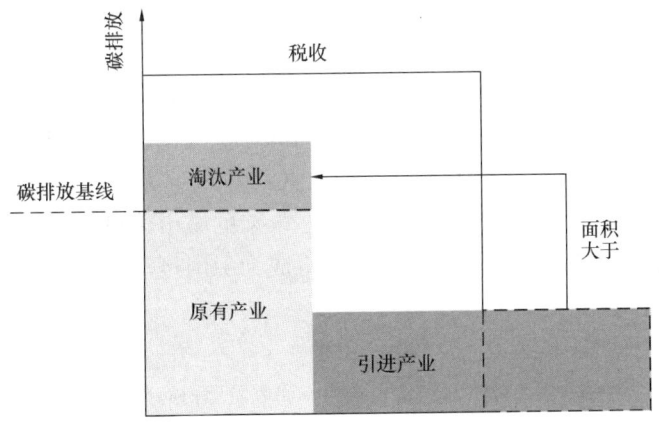

图1-10-5 深圳国际低碳城产业淘汰和引进标准示意图

以绿色建筑为依托，通过统一的信息化平台统筹管理各项低碳指标，能够有效实现对产业关键指标的实时监控、分析，以大数据为基础对产业碳排放状况进行评估和考核，真正实现产业的低碳转型。

（3）"社区模式"诞生"产城融合"

绿色建筑的低碳搭配方式决定深圳国际低碳城的紧凑集约型空间布局，碳汇网络、生态基础设施和人性化的街坊形成低碳城市特有的"社区模式"。这种社区模式实现了生产、生活、生态三合一，通过用地功能的复合布局和土地兼容性控制，积极引导土地复合开发和产业融合发展。提倡短途径的土地混合利用，强调不同产业功能与生活、服务的复合集聚，形成纷繁交错、充满活力的产业发展空间。通过建立低碳建筑网络、优化低碳建筑格局，深圳国际低碳城形成灵活多变的圈层式布局，一方面强调同类产业聚集发展，发挥产业聚集引发的规模效益；另一方面注重由中心向外的产业层级渐变，实现产业之间的无缝衔接。通过这种主导功能与复合功能并重的发展形式，实现了生产、服务、研发三位一体，形成有利于创新和交融的产业社区氛围。

深圳国际低碳城创新性地采用智慧运营管理模式，通过以绿色建筑为依托建议统一的信息化平台，实现对产业、环境和生活的实时监控、管理，形成基于大数据的城市运转评估体系，促进公众、企业、政府对低碳城市建设发展的深度参与。例如，通过物联网链接低碳产品、低碳服务和低碳生活，让个人、企业、政府都成为碳交易市场的主体，使深圳国际低碳城呈现出产业交融、产城融合的新局面。

10.5　结　语

绿色建筑对科技创新和拉动内需的巨大作用决定其在未来中国步入经济发展新常态阶段的重要历史地位。绿色建筑对产业聚集、产业转型和产业融合的激发和驱动作用毋庸置疑，更好地发挥产业创新价值是未来绿色建筑产业发展的目标。深圳国际低碳城项目为绿色建筑驱动产业聚集、转型和融合提供了丰富经验借鉴和重要示范意义。值得一提的是，深圳国际低碳城的绿色建筑和产业发展模式的可仿照、可复制特征，使得这一探索更具实践意义。绿色建筑本质是价值观，是对人生、对自然、对世界的态度，在未来的城市建设中交出优秀的答卷是绿色建筑践行者的使命。未来，绿色建筑将成为中国经济新常态的重要物质载体发挥其产业创新价值。

作者：叶青　李芬　李小芬（深圳市建筑科学研究院股份有限公司）

11　从绿色建筑走向绿色城市

11　From green building to green city

11.1　绿色发展宏观背景

（1）全球视野：世界绿色转型发展背景

城镇化是伴随工业化发展，非农产业在城镇集聚、农村人口向城镇集中的自然历史过程，是人类社会发展的客观趋势，是国家现代化的重要标志。世界的城市化在2007年已经超过50%（图1-11-1），而中国达到这一水平是在2011年，这标志着世界已经进入到城市时代这一重要发展规律。城市化一方面是现代化的必由之路，是保持经济持续健康发展的强大引擎，是加快产业结构转型升级的重要抓手，同时也是解决农业农村农民问题的重要途径，是推动区域协调发展的有力支撑，是促进社会全面进步的必然要求。另一方面，全球在工业化、城镇化的过程中也面临不少问题，城市以占全球2%的表面积容纳了全球约50%的人口，在创造全球80%以上GDP的同时，也同时消耗着全球85%的资源与能源消耗总量，排放着同等规模的温室气体。随着工业文明时代的经济高速增长带来了环境成本问题的日益凸显，依靠资源消耗、以环境破坏为代价的传统经济增长模式受到越来越多的诟病。改变传统发展模式，减少对不可再生的自然资源依赖，实现经济、社会与自然的协调发展成为国际社会普遍共识。

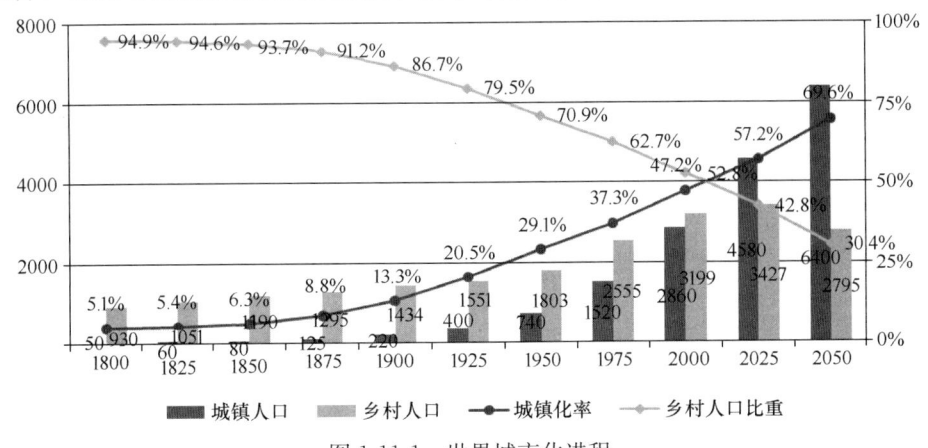

图 1-11-1　世界城市化进程

中国的城市发展也必然进行绿色生态转型。一方面是对全球生态城市发展的积极响应，另一方面也是国内资源禀赋条件限制下的必然选择。高速的经济发展和快速的城市化进程已经迅速地改变了中国的产业结构、城乡格局、资源利用和能源消耗结构，对世界能源、资源、生态环境格局产生了巨大的影响。综合考虑中国城市化发展面临的巨大压力和矛盾，遵循现阶段中国城市化的发展趋势，对于中国城市化的战略目标基本设计为：到 2050 年，中国的城市化水平达到 70%～75%，全国经济中城市经济的贡献率达到 90%。中国城市的单位能量消耗和资源消耗所创造的价值在 2000 年基础上提高 15～20 倍，争取到 2040 年实现能源消耗的"零增长"，到 2035 年实现温室排放的"零增长"，提早实现联合国提出的"四倍跃进"的目标。

（2）国家层面：新型城镇化目标引导

我国将绿色生态发展作为推动转型发展的重要举措，相继提出一系列发展战略。从 2007 年党的十七大报告首次提出"生态文明"开始，生态文明已成为我国的基本国策，在国家战略和政策方面开始全面推进。2012 年党的十八大报告提出"大力推进生态文明建设"，要求"把生态文明建设放在突出地位，融入经济建设、政治建设、文化建设、社会建设各方面和全过程，努力建设美丽中国，实现中华民族永续发展。"报告将生态文明放在与政治、经济、社会和文化发展平等的地位，把生态文明建设摆在五位一体的高度来论述。

在 2013 年 12 月召开的中央城镇化工作会议中，提出要着力推进绿色发展、循环发展、低碳发展，为我国绿色生态事业的发展指引了明确方向，绿色生态发展也成为我国新型城镇化战略的核心举措。

2014 年 3 月，《国家新型城镇化规划（2014—2020 年）》正式公布[1]，要求走中国特色新型城镇化道路，全面提高城镇化质量，将"生态文明、绿色低碳"作为规划要坚持的重要原则之一，创新规划理念，"把以人为本、尊重自然、传承历史、绿色低碳理念融入城市规划全过程"，要求全面推进绿色城市建设，大幅提高绿色建筑比例，并详细阐述了绿色城市和绿色建筑的建设重点（表 1-11-1）。

绿色城市建设重点　　　　　　　　　　　　表 1-11-1

分 类	内　　容
绿色能源	推进新能源示范城市建设和智能微电网示范工程建设，依托新能源示范城市建设分布式光伏发电示范区，在北方地区城镇开展风电清洁供暖示范工程。选择部分现场开展可再生能源利用示范工程，加强绿色能源县建设
绿色建筑	推进既有建筑供热计量和节能改造，基本完成北方采暖地区居住建筑供热计量和节能改造，积极推进夏热冬冷地区建筑节能改造和公共建筑节能改造。逐步提高新建建筑能效水平，严格执行节能标准。积极推进建筑工业化标准，提高住宅工业化比例。政府投资的公益性建筑、保障性住房和大型公共建筑全面执行绿色建筑标准和认证

分 类	内 容
绿色交通	加快发展新能源、小排量等环保型汽车，加快充电站、充电桩、加气站等配套设施建设，加强步行和自行车等慢行交通系统建设，积极推进混合动力、纯电动、天然气等新能源和清洁燃料车辆在公共交通行业的示范应用。推进基层、车站、码头节能节水改造，推广使用太阳能等可再生能源。继续严格实行运营车辆燃料消耗量准入制度，到2020年淘汰全部黄标车
产业园区循环化改造	以国家级和省级产业园区为重点，推进循环化改造，实现土地集约利用、废物交换利用、能量梯级利用、废水循环利用和污染物集中处理
城市环境综合整治	实施清洁空气工程，强化大气污染综合防治，明显改善城市空气质量；实施安全饮用水工程，治理地表水、地下水，实现水质、水量双保障；开展存量生活垃圾治理工作；实施重金属污染防治工程，推进重点地区污染场地和土壤修复治理。实施森林、湿地保护与修复
绿色新生活行动	在衣食住行游等方面，加快向简约适度、绿色低碳、文明节约方式转变。培育生态文化，引导绿色消费，推广节能环保型汽车、节能省地型住宅。健全城市废旧商品回收体系和餐厨废弃物资源化利用体系，减少使用一次性产品，抑制商品过度包装

（3）相关部委：绿色发展政策要求

随着国家对绿色发展的不断重视，国家发改委、住建部、财政部和环保部等相关部委相继出台了一系列政策积极推动绿色生态建设（表1-11-2），包括规划意见、试点示范、技术规范、组织保障等不同类型，以期通过政策引导促进生态城区发展、绿色建筑推广和其他生态技术的应用。特别是《绿色建筑行动方案》提出"十二五"期间完成新建绿色建筑10亿 m^2，到2015年末20%的城镇新建建筑达到绿色建筑标准要求；《"十二五"绿色建筑和绿色生态城区发展规划》提出"十二五"时期将选择100个城市新建区域按照绿色生态城区标准规划、建设和运行，为生态城区及绿色建筑的发展提出了量化目标和指标。

国家部委近年出台绿色相关政策一览表　　　　表1-11-2

类型	具体政策措施	时间	主导部门
规划意见	《关于进一步推进公共建筑节能工作的通知》提出到2015年，重点城市公共建筑单位面积能耗下降20%以上。中央财政支持建设公共建筑能耗监测平台，并对改造重点城市给予财政资金补助	2011.5	财政部、住建部
	《关于加快推动我国绿色建筑发展的实施意见》提出为推进绿色建筑的规模化发展，鼓励城市新区按照绿色、生态、低碳理念进行规划，发展绿色生态城区，中央财政对经审核满足条件的绿色生态城区给予基准为5000万元的资金补助	2012.4	财政部、住建部

类型	具体政策措施	时间	主导部门
规划意见	《"十二五"建筑节能专项规划》提出到"十二五"末达到建筑节能形成 1.16 亿吨标准煤节能能力的总体目标	2012.5	住建部
	《绿色建筑行动方案》提出"十二五"期间完成新建绿色建筑 10 亿 m^2，到 2015 年末 20%的城镇新建建筑达到绿色建筑标准要求	2013.1	发改委、住建部
	《"十二五"绿色建筑和绿色生态城区发展规划》提出"十二五"时期将选择 100 个城市新建区域按照绿色生态城区标准规划、建设和运行	2013.4	住建部
试点示范	与深圳、无锡市政府分别签署共建"国家低碳生态示范市（示范区）"的合作框架协议	2010	住建部
	启动国家低碳省区和低碳城市第一批试点工作，选择广东、湖北、辽宁、陕西、云南 5 个省和天津、重庆、杭州、厦门、深圳、贵阳、南昌、保定 8 个城市进行首批试点	2010.8	发改委
	启动可再生能源建筑应用城市示范和农村地区县级示范项目评选，并给予中央财政的支持	2010.8	财政部、住建部
	与河北省共同签署《关于推进河北省生态示范城市建设促进城镇化健康发展合作备忘录》，共同推进 4 个生态示范区建设	2010.10	住建部
	《住建部低碳生态试点城（镇）申报管理暂行办法》启动新建低碳生态城镇示范工作	2011.6	住建部
	《关于绿色重点小城镇试点示范的实施意见》推进绿色小城镇工作的组织实施和监督考核工作，随后公布了第一批试点示范名单	2011.6	财政部、住建部、发改委
	组织推荐 2012 年园区循环化改造示范试点备选园，中央财政补助资金专项用于园区循环化改造	2012.2	财政部、发改委
	启动国家低碳省区和低碳城市第二批试点工作，确立了包括北京、上海、海南和石家庄等 29 个城市和省区作为试点	2012.11	发改委
	评选出 8 个首批绿色生态示范城区，并给予每个项目 5000 万至 8000 万元的补贴资金	2012.11	财政部、住建部
	《国家发展改革委关于组织开展循环经济示范城市（县）创建工作的通知》提出到 2015 年选择 100 个左右城市（区、县）开展国家循环经济示范城市（县）创建工作	2013.9	发改委

类型	具体政策措施	时间	主导部门
技术规范	发布《绿色工业建筑评价导则》规范绿色工业建筑评价标识，指导绿色工业建筑的规划设计、施工验收和运行管理	2010.8	住建部
	发布《国家生态建设示范区管理规程》进一步规范国家生态建设示范区创建工作	2012.4	环保部
	发布《绿色保障性住房技术导则》提高保障性住房的建设质量和居住品质，规范绿色保障性住房的建设	2013.12	住建部
组织保障	成立低碳生态城市建设领导小组，组织研究低碳生态城市的发展规划、政策建议、指标体系、示范技术等工作，引导国内低碳生态城市的健康发展	2011.1	住建部
	住建部、工业和信息化部共同成立绿色建材推广和应用协调组，以期通过研究解决绿色建材生产和应用中面临的问题，加快绿色建材产业发展，带动建材工业转型升级	2013.9	住建部、工信部

11.2 绿色建筑实践探索

在我国的能源消耗结构中，建筑总能耗约占社会终端能耗的30%，并有增长趋势，减排潜力很大。2008年以来，随着世界范围内能体现节能环保理念的绿色建筑的兴起，中国绿色建筑也经历了从起步到蓬勃发展的成长历程。绿色建筑对于应对气候变化、节能减排、改善民生、发展新兴产业、建立新型城镇化模式、促进我国可持续发展具有重要意义和深远影响。绿色建筑要求在建筑的全寿命周期内，最大限度地节约资源（节能、节地、节水、节材）、保护环境和减少污染，为人们提供健康、适用和高效的使用空间，与自然和谐共生的建筑。随着绿色建筑已经成为国家的行动计划，针对绿色建筑的系统设计也已初步建立，主要包括目标、示范、技术、政策体系等四大体系。

（1）目标体系：从国家到地方细化行动纲领

2013年1月，《绿色建筑行动方案》提出"十二五"期间完成新建绿色建筑10亿㎡，到2015年末20%的城镇新建建筑达到绿色建筑标准。完成北方采暖地区既有居住建筑供热计量和节能改造4亿㎡以上，夏热冬冷地区既有居住建筑节能改造5000万㎡，公共建筑和公共机构办公建筑节能改造1.2亿㎡，实施农村危房改造节能示范40万套。随后，全国各省市相继出台细化的实施方案（表1-11-3），积极推进绿色建筑的目标要求。

地方绿色建筑十二五行动目标 表 1-11-3

省份	发布日期	"十二五"期间行动目标		
		绿色建筑新建面积（万 m²）	绿色建筑比重（至 2015）	既有居住建筑供热计量及节能改造（万 m²）
湖南	2013.3.31		20%	
吉林	2013.4.1	1000	20%	13000
山东	2013.4.27	5000 以上	20%	
河北	2013.5.6		25%	9600
浙江	2013.5.9	5000（可再生能源建筑一体化应用）		50%
江苏	2013.6.3	累计超 1 亿		
青海	2013.6.3		20%	1000
上海	2013.6.21		50%	700
北京	2013.6.24	3500		15000
四川	2013.6.26			200
河南	2013.7.4	400		1500
海南	2013.7.19	550		30
陕西	2013.7.24		20%	800
湖北	2013.8.29	1000 以上		600
山西	2013.9.9		20%	
安徽	2013.9.24	1000 以上	20%	
江西	2013.9.29		20%	
福建	2013.10.27	1000		65
广东	2013.11.11	4000 以上	30%（2020 年）	
广西	2013.11.12	1000	20%	200
贵州	2013.11.13	1000		200
新疆	2013.11.26	1000		4600
宁夏	2013.12.12	600		600 以上
重庆	2013.12.23			520
黑龙江	2013.12.31	800		5000
天津	2014.6.17	600		400

（2）示范体系：以点带面推广绿色建筑

中国绿色建筑采用三级分类标准，按绿色评价标准要求由低到高分别为一、二、三星级。自 2008 年成立中国绿色建筑委员会以来，作为推动绿色建筑发展的专业组织，连续主办十届国际绿色建筑与建筑节能大会，积极宣传和推广绿色建筑的示范引领作用。近年来，我国的绿色建筑快速发展，绿色建筑评价标识项目数量始终保持强劲的增长态势（图 1-11-2）。截至 2014 年 12 月 31 日，全国共评出 2538 项绿色建筑评价标识项目，总建筑面积达到 29066.5 万 m^2。其中，设计标识项目 2379 项，占总数的 93.7％，建筑面积为 27111.8 万 m^2；运行标识项目 159 项，占总数的 6.3％，建筑面积为 1954.7 万 m^2。平均每个绿色建筑的建筑面积为 11.5 万 m^2。

2014 年各地标识项目数量普遍加快，江苏、广东、天津、河北、浙江、河南、山西、安徽等地增速明显。其中，拥有绿色建筑标识最多的前几名申报单位分别是万达、万科、绿地等开发商，前三名占了总数的 1/5。其中住宅类绿色建筑由万科、万达、绿地、保利等集团申报项目最多，公建类绿色建筑则由万达、绿地、招商、天津生态城投等集团申报项目最多。如北京市、深圳市、江苏省、重庆市宣布新建建筑要 100％为绿色建筑，万达集团要求万达广场 100％为绿色建筑。一些积极推动绿色建筑的省市及开发企业为其他地区及企业提供了先进的经验借鉴，中国绿色建筑发展以点带面的示范体系初步建立（图 1-11-3～图 1-11-5）。

（3）技术体系：从技术应用到实施效果评估

中国城市科学研究会绿色建筑研究中心通过对已经获得绿色建筑标识的项目进行实施效果的评估，对绿色建筑技术体系的应用及技术方案经济合理进行了分析统计。从绿色建筑专项技术采用率来看，由图 1-11-6 可知，绿色公共建筑设计阶段最常采用的绿色建筑技术前五位分别是采用预拌混凝土、节水器具、完善的无障碍设计、能耗分项计量和便捷的公共交通条件。前六项最不常用的技术分别是冷热电三联供、旧建筑利用、废弃场地利用、废热利用、蓄冷蓄热技术。我国绿色住宅建筑设计阶段有六项最常采用的绿色建筑技术，分别是采用预拌混凝土、采用乡土植物、给水系统设计防超压措施、采用节水器具、用水分户分质计量和用能分户计量。绿色住宅建筑中最不常用的前五项技术分别是太阳能光伏发电、旧建筑利用、垂直绿化、室内空气质量监控、集中空调设置及节能。

绿色建筑运营后各项绿色建筑技术的落实情况和使用效果总体较好，绿色建筑技术应用落实情况与设计情况基本相符。在技术落实率方面，节地与土地资源利用、节能与能源利用、节材与材料资源利用、室内环境质量控制部分所采用技术的落实情况比较理想，而节水与水资源利用方面技术在落实过程中出现的问题

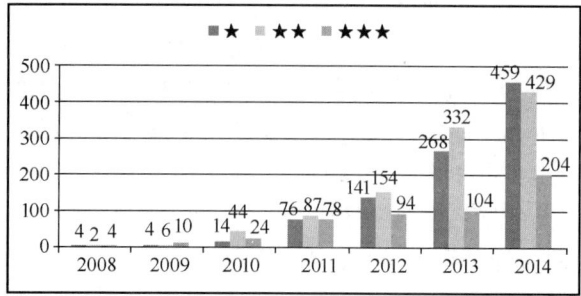

2008~2014绿色建筑评价标识项目数量逐年发展状况

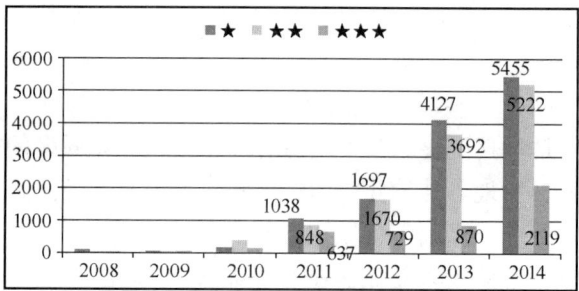

绿色建筑评价标识项目面积逐年发展状况

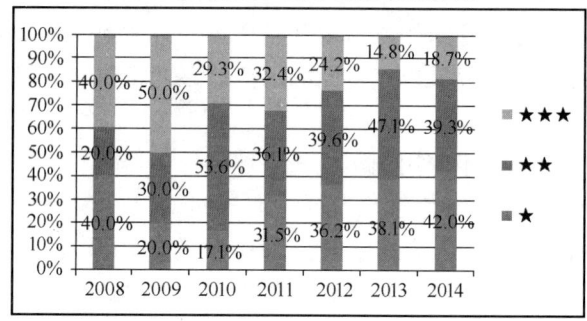

2008~2014年绿色建筑评价标识项目各星级比例图

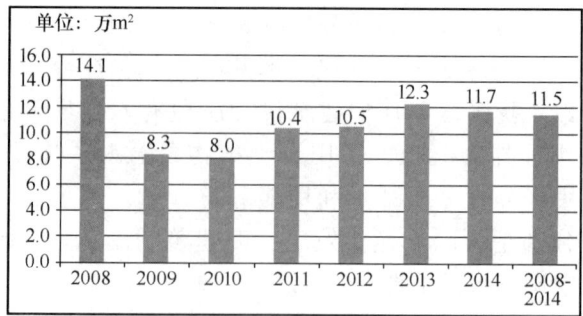

2008~2014各绿色建筑申报项目的平均面积

图 1-11-2 绿色建筑评价标识发展情况

（数据来源：中国城市科学研究会绿色建筑研究中心，下同）

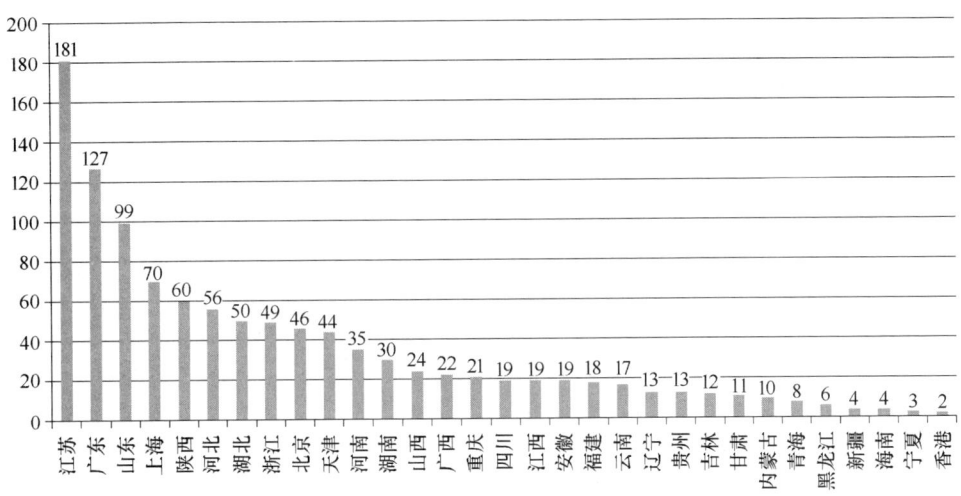

图 1-11-3 2014 各省市绿色建筑评价标识数量

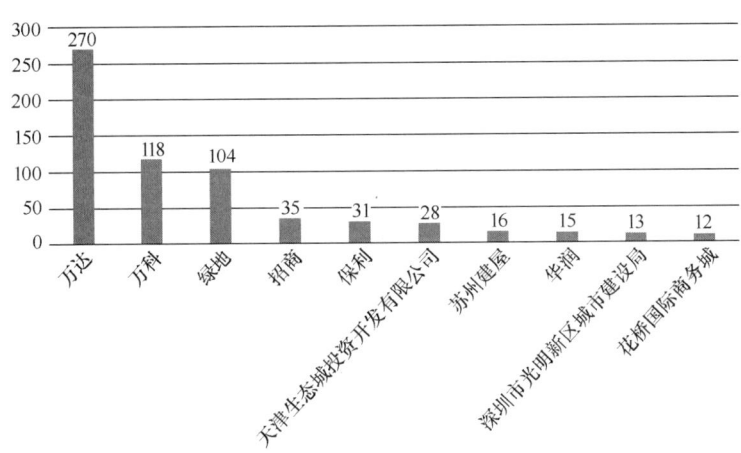

图 1-11-4 2008~2014 绿色建筑评价标识数量前十位申报单位

相对较多，运行管理部分的问题主要出现在垃圾分类收集处理方面，反映出运营水平有待提高。

对国家明文要求的技术和政策积极支持的技术都在绿色建筑中率先得到了很好的采用和落实，如预拌混凝土、节水卫具、节能灯具、智能化系统、土建与装修一体化等。而另外一些实际应用中落实情况需要提高的绿色建筑技术主要包括：透水地面、公共交通配套、用电分项计量系统、雨水收集系统、中水系统、绿化灌溉、垃圾分类收集系统和物业管理。

从绿色建筑技术体系应用的评价及与其他各国技术评价体系的对比中可以看出，我国以绿色建筑评价标准为基础的绿色建筑技术体系已初步建立，但仍需进

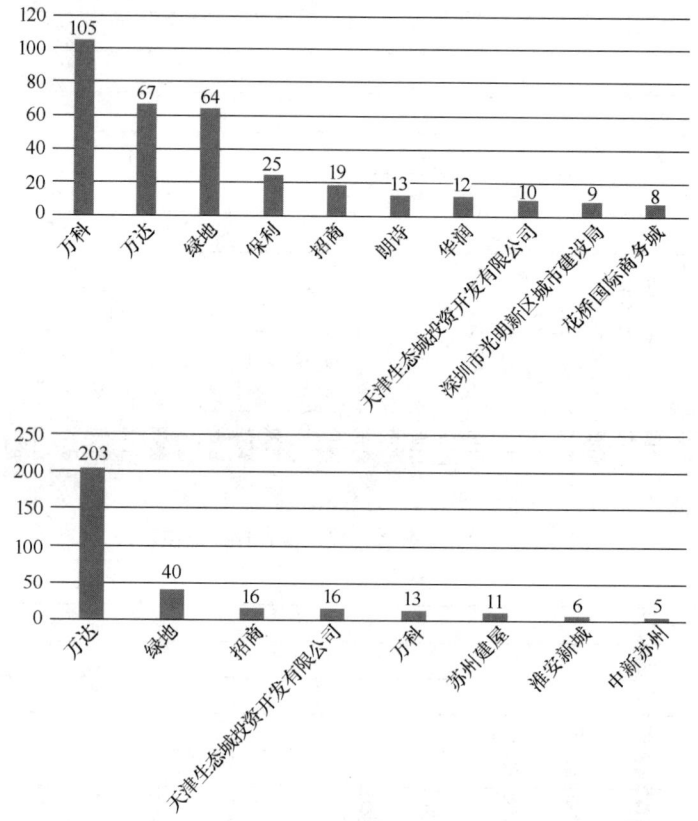

图 1-11-5 2008～2014 绿色建筑评价标识数量前十位申报单位

（上图：住宅类；下图：公建类）

一步提高被动式绿色建筑技术的应用，考虑全寿命周期的成本效益，采用市场机制发展绿色建筑，使绿色建筑切实落实到房地产开发中。同时，需吸取传统民居当中蕴含的低能耗绿色的理念，关注既有建筑的改造，并与国家战略新兴产业、节能环保、新材料发展相结合。

（4）政策体系：强制政策激励措施积极引导

在科学发展观、生态文明和新型城镇化等国家宏观战略的引导下，为积极响应国家及各部委的要求，省市各级地方政府相继出台了一系列政策措施，积极推动城市规划与建设向绿色、生态、低碳、集约的方向发展。其中，绿色建筑作为重要的切入点，具有广泛的实施操作性，成为相关政策和激励措施引导的重点。这些政策主要通过直接财政资金补贴、容积率奖励、减免税费、贷款利率优惠、资质评选和示范评优活动中优先或加分等措施来实现（表 1-11-4）。激励政策及措施的引导切实地推动了绿色建筑及相关产业的快速发展。

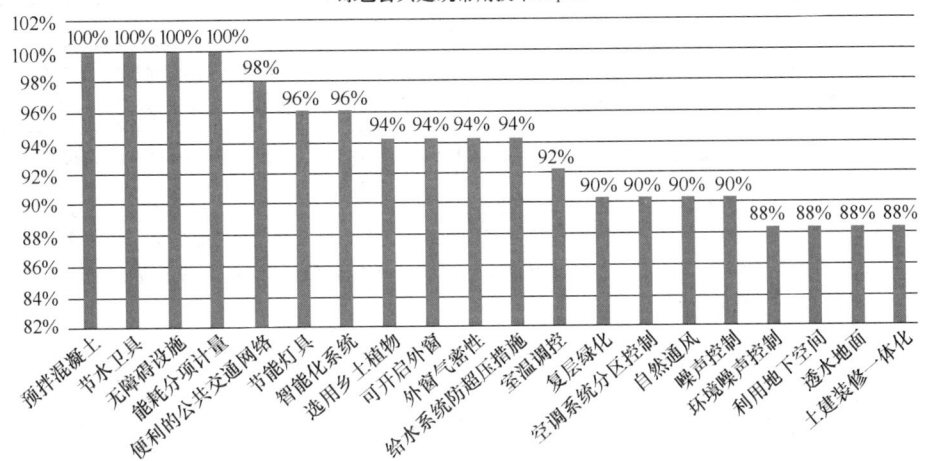

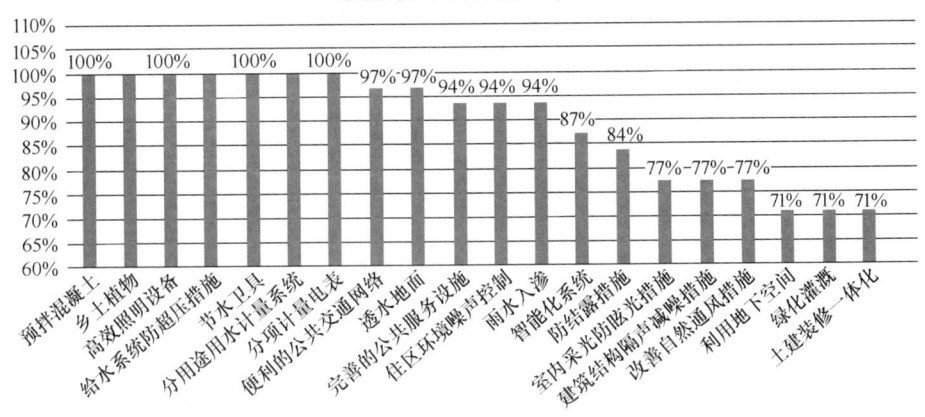

图 1-11-6　绿色建筑技术体系分析（数据来源：中国城市科学
研究会绿色建筑研究中心，下同）

部分地区绿色生态建设补贴奖励政策一览表　　　　　表 1-11-4

地　　区	补贴及奖励政策内容
北京市	从 2013 年 6 月 1 日起，所有新建建筑采取绿色建筑标准。北京市政府对绿色建筑标识项目给予财政奖励。在中央奖励资金基础上，对绿色建筑标识项目按建筑面积给予奖励资金。奖励标准为二星级标识项目 22.5 元/m²，三星级标识项目 40 元/m²。要求项目获得绿色建筑运营标识认证
上海市	对二星级以上绿色建筑每 1m² 最高补贴 60 元，单个项目最高补贴 600 万元，保障性住房项目最高可补贴 1000 万元。同时依托虹桥商务区等 8 个低碳实践区和 7 个低碳新城建设推进绿色建筑

地 区	补贴及奖励政策内容
天津市	天津市滨海新区对建筑综合节能改造、采暖热计量改造、LEED认证、绿色建筑认证、蓄冰空调、装饰性景观照明改造、新型建材应用等方面的项目将给予最高50万元的财政补助
重庆市	取得重庆市绿色建筑竣工标识的工程项目，可向相关部门申请享受国家及有关税收优惠政策
山东省	对一星级绿色建筑按15元/m²（建筑面积）、二星级30元/m²、三星级50元/m²的标准予以奖励。制定绿色生态示范城区财政奖励政策，对符合条件的绿色生态示范城区给予奖励，2014年的奖励标准为2000万元
黑龙江省	支持金融机构对购买绿色住宅的消费者在购房贷款利率上给予适当优惠。在土地招拍挂出让规划条件中明确绿色建筑的建设用地比例。对取得绿色建筑标识项目的相关企业，在资质升级、优惠贷款等方面予以优先考虑或加分。在各类评优活动中，绿色建筑项目优先推荐、优先入选或适当加分
陕西省	按照绿色建筑标准进行建设的项目达到二、三星级绿色建筑标准的，推荐申报中央财政奖励资金。除享受国家奖励资金补助外，陕西省财政还将给予配套奖励。建设规模介于100万m²～200万m²之间的绿色生态城区，除享受国家、陕西省单体建筑奖励政策外，陕西省财政给予每个绿色生态城区100万元资金奖励
湖南省	对取得绿色建筑评价标识的项目，在征收城市基础设施配套费中安排一部分奖励开发商或消费者；对其中的房地产开发项目另给予容积率奖励。对采用地源热泵系统的项目在水资源费征收时给予政策优惠。对因绿色建筑技术而增加的建筑面积，不纳入建筑容积率核算。对实施绿色建筑的相关企业，在企业资质年检、企业资质升级中给予优先考虑或加分
江西省	设立节能减排（建筑节能）专项引导资金（每个区域补贴1500万元），对一、二、三星级绿色建筑分别补贴15、25、35元/m²
内蒙古自治区	对于一、二、三星级的绿色建筑，分别减免城市市政配套（150元/m²）的30%、70%、100%
广东省	对绿色建筑、可再生能源建筑应用示范项目等予以专项资金补助，单个项目补助额最高200万元。对有重大示范意义的项目给予补助，其中二、三星级绿色建筑分别补贴25、45元/m²
福建省	绿色建筑的消费贷款利率可下浮0.5%，开发贷款利率可下浮1%；绿色建筑项目的设计费可上浮10%左右收费额；房地产开发企业开发星级绿色建筑住宅小区，按照一、二和三星级绿色建筑分别奖励容积率1%、2%和3%；对获得绿色建筑星级的项目，省级财政按建筑面积奖励10元/m²
青海省	对一、二、三星级绿色建筑项目分别返还30%、50%、70%的城市配套费
苏州工业园区	对一、二、三星级绿色建筑分别奖励5万、20万、100万元；对LEED认证的项目，银奖、金奖、铂金奖分别奖励5万、10万、20万元；可再生能源技术应用给予最高不超过30万奖励
南京市	2013年1月起，单体1万m²以上的建筑，符合国家节能标准的，审批规划时可给予0.1～0.2的容积率奖励

地　区	补贴及奖励政策内容
西安市	政府对一、二、三星级绿色建筑分别补贴5、10、20元/m²。对商品房住宅绿色建筑项目，补助奖励资金的30%兑付给建设单位或投资方，70%兑付给购房者
深圳市	市财政部门每年从市建筑节能发展资金中安排不少于3000万用于支持绿色建筑相关项目或活动。用太阳能等可再生能源占建筑能耗50%以上的绿色建筑项目，纳入深圳市战略性新兴产业发展专项资金扶持范围，并享受相应的税收优惠
青岛市	青岛专项资金奖励标准为国家三星级绿色建筑评价标识项目80万元、二星级项目60万元、一星级项目40万元
淄博市	政府对达到绿色建筑星级标识的项目，给予一星级15元/m²、二星级30元/m²、三星级50元/m²的补助资金
枣庄市	政府对达到绿色建筑星级标识的项目，给予一星级15元/m²、二星级30元/m²、三星级50元/m²的补助资金
襄阳市	对经财政部、住建部审核验收的二星级绿色建筑将按照45元/m²、三星级绿色建筑80元/m²的标准给予奖励
长沙市	对可再生能源建筑应用城市示范项目进行补贴：太阳能光热建筑一体化应用项目按集热器面积补助400元/m²；土壤源、污水源、水源热泵项目按建筑应用面积分别补助40、35、30元/m²；太阳能与地源热泵结合项目按应用建筑面积补助53元/m²；对采用合同能源管理模式的，在原补助标准基础上额外奖励5%
南京市	对于建筑面积超过1万m²的二星级以上绿色建筑，给予一定容积率奖励。对于符合绿色建筑工程，享受新型墙体材料专项基金全额返退政策。对一般、重点可再生能源应用示范项目进行奖励：太阳能光热项目分别奖励15元/m²、20元/m²；土壤源热泵项目分别奖励50元/m²、70元/m²；地表源热泵项目分别奖励35元/m²、50元/m²

11.3　走　向　绿　色　城　市

（1）绿色城市是绿色建筑规模化发展的必然结果

2012年4月，《关于加快推动我国绿色建筑发展的实施意见》提出为推进绿色建筑的规模化发展，鼓励城市新区按照绿色、生态、低碳理念进行规划，发展绿色生态城区，中央财政对经审核满足条件的绿色生态城区给予基准为5000万元的资金补助。2012年底，财政部、住建部批复中新天津生态城、唐山市唐山湾生态城、无锡市太湖新城、长沙市梅溪湖新城、深圳市光明新区、重庆市悦来绿色生态城区、贵阳市中天未来方舟生态新区、昆明市呈贡新区8个项目成为全

国首批绿色生态示范地区，授予每个项目 5000 万的补贴资金。至今，各地积极
展开绿色生态城区及绿色建筑规模化建设实践。其中住建部作为推动生态城市及
绿色建筑发展的核心主管部门，通过和地方签订合作协议（表 1-11-5），出台低
碳生态试点城市、绿色生态示范城区等一系列示范试点工作（表 1-11-6）推动绿
色生态城区规模化推进绿色建筑的实践探索。

住建部与地方合作协议确定的低碳生态城试点名单　　　　　　表 1-11-5

合作方式	时间	试点名称
住建部与天津市共建	2007.11	天津中新生态城*
住建部批准设立	2009.11	合肥滨湖新区
住建部与深圳市共建	2010.1	深圳光明新区*
	2010.1	深圳坪山新区
住建部与无锡市共建	2010.7	无锡太湖新城*
住建部与河北省共建	2010.10	曹妃甸唐山湾新城*
	2010.10	石家庄正定新区
	2010.10	秦皇岛北戴河新区
	2010.10	沧州黄骅新城
	2011.2	涿州生态宜居示范基地
住建部与上海市共建	2011.4	上海虹桥商务区
	2011.4	上海南桥新城

住建部审批的绿色生态示范城区名单　　　　　　表 1-11-6

审批情况	年份	绿色生态示范城区项目名称	
已批准	2012	重庆悦来生态城*	长沙梅溪湖新城*
		昆明市呈贡新区*	贵州中天未来方舟生态城*
		池州天堂湖新区	
	2013 第一批	涿州生态宜居示范基地	株洲云龙新城
		南京河西新城	西安浐灞生态园
		肇庆中央生态轴新城	
	2013 第二批	北京市长辛店生态区	天津市滨海新区南部新城
		上海市虹桥商务区核心区	青岛德国生态园
		南宁五象新区核心区生态城	上海市南桥新城
		廊坊大厂潮白新城核心区	嘉兴市海盐滨海新城

审批情况	年份	绿色生态示范城区项目名称	
待审批	2014 第一批	廊坊市万庄新城	南浔城市新区
		济源济东新区	乐清经济开发区
		珠海市横琴新区	荆门市漳河新区
		云浮西江新城	孝感市临空经济区
		新余市袁河生态新城	钟祥市莫愁湖新区
		昆山市花桥经济开发区	武汉四新新城
		宁波市杭州湾新区中心湖地区	长沙大河西先导区洋湖生态新城
		台州市仙居新区生态城	
	2014 第二批	北京未来科技城	江苏省常州市武进区
		北京雁栖湖生态发展示范区	浙江省杭州市钱江经济开发区
		北京中关村软件园	浙江省湖州市安吉科教文新区
		吉林省白城市生态新区	安徽省铜陵市西湖新区
		黑龙江省齐齐哈尔市南苑新城	四川省雅安市大兴绿色生态区
		上海国际旅游度假区	湖北省宜昌市点军生态城

注：标注 * 的为 2012 年获得财政部、住建部中央财政资金支持的绿色生态示范城区。

（2）绿色建筑是绿色城市发展的有力抓手

随着绿色生态发展理念的不断深入和相关政策的相继出台，已经有越来越多的城市开展了绿色生态城市推进的建设实践，其中绿色建筑作为绿色生态建设的重要载体得到进一步强化。一方面，绿色建筑规模化已经成为绿色生态城市及城区发展的重要抓手和基础性工作。结合绿色建筑单体的评价标准及相关技术导则，绿建规模化推进的绿色生态示范区相应的评价标准及技术导则也陆续出台。新版《绿色建筑评价标准》于 2015 年 1 月 1 日起正式实施，各地的评价标准及设计导则也在同步推进中。中国绿色建筑委员会编制了学会标准《绿色生态城区评价标准》，住建部委托编制《绿色生态城区指标体系编制导则》及《绿色生态城区规划编制导则》，北京市也相继出台《北京市绿色生态示范区评价标准》及《北京市绿色生态示范区技术导则》，并已于 2014 年启动首批绿色生态示范区评选。

另一方面，绿色生态城区各领域的发展为绿色建筑的规模化、区域化发展奠定了基础；从区域和城区尺度的调控出发，使单体建筑与城区、区域的可持续发展紧密匹配，可扩大单体建筑的规模化效益，也可更大幅度、多重效应地降低城市对生态环境的影响和自然资源的索取[2]。绿色生态城区从规划引领，技术集成及管理落实等方面进一步强化落实绿色建筑的目标要求，使具体的技术措施及管理手段具备实施操作性。

绿色生态示范区中绿色建筑星级目标要求需由规划引领实施并分解落实，统筹协调各项资源，确保成本效益的可持续性。首先确定绿色生态城区的规划目标，通过对场地现状的综合评估，结合地块的自身资源禀赋和外部环境条件，提出差异化控制要求，完成绿色生态城区中的绿色建筑的规划引领。

以绿色生态示范区要求 30％以上绿色建筑二星级为例，在规划设计之初，即明确各地块星级潜力（图 1-11-7），形成绿色建筑星级潜力分布图（图 1-11-8），以此为依据指导绿色建筑的建设。通过绿色建筑的星级要求与规划中的控制地块结合，并进一步落实到控制性详细规划的控制要求中，也是绿色生态要求与法定规划管理相结合的重要途径[3]。

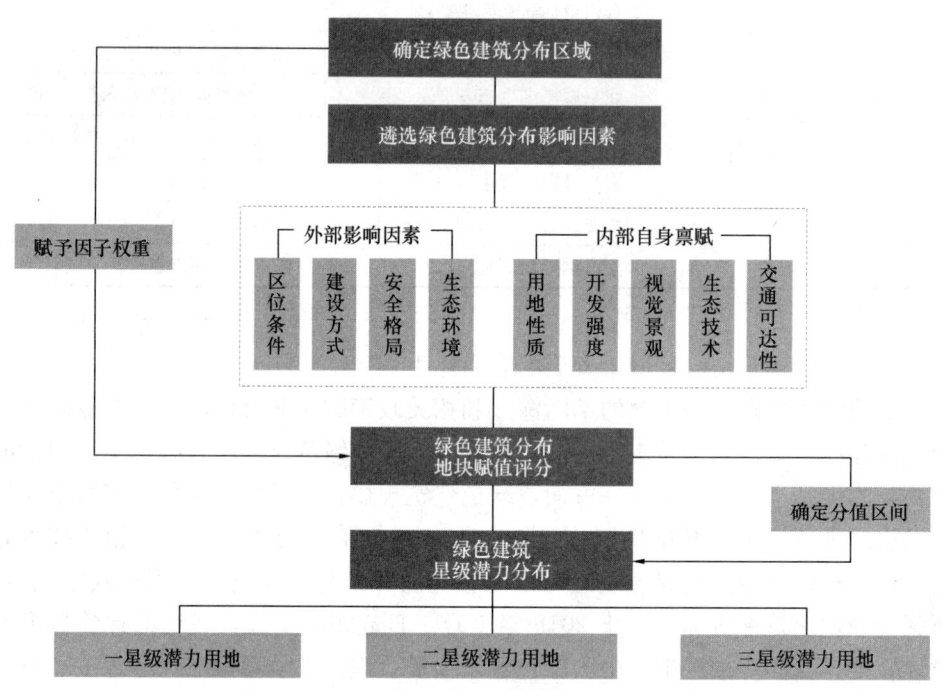

图 1-11-7　绿色生态城区中绿色建筑目标确立示意

（3）绿色城市发展尚处于起步阶段

中国的生态城市建设始自江西宜春于 1986 年提出的生态城市目标，已经有越来越多城市开始尝试这方面的规划建设实践。截至 2012 年 7 月，97.6％地级以上城市和 80％的县级城市提出以"生态城市"或"低碳城市"等生态型的发展模式为城市发展目标。另据不完全统计，目前全国正在积极开展建设实践的低碳生态城也已超过百个。随着绿色生态发展理念的深入人心和相关政策市场的利好，绿色生态城市的发展将从最初的探索阶段进入快速发展时期。生态城市示范项目、可再生能源建设应用项目、绿色建筑大范围推广政策等将起到明

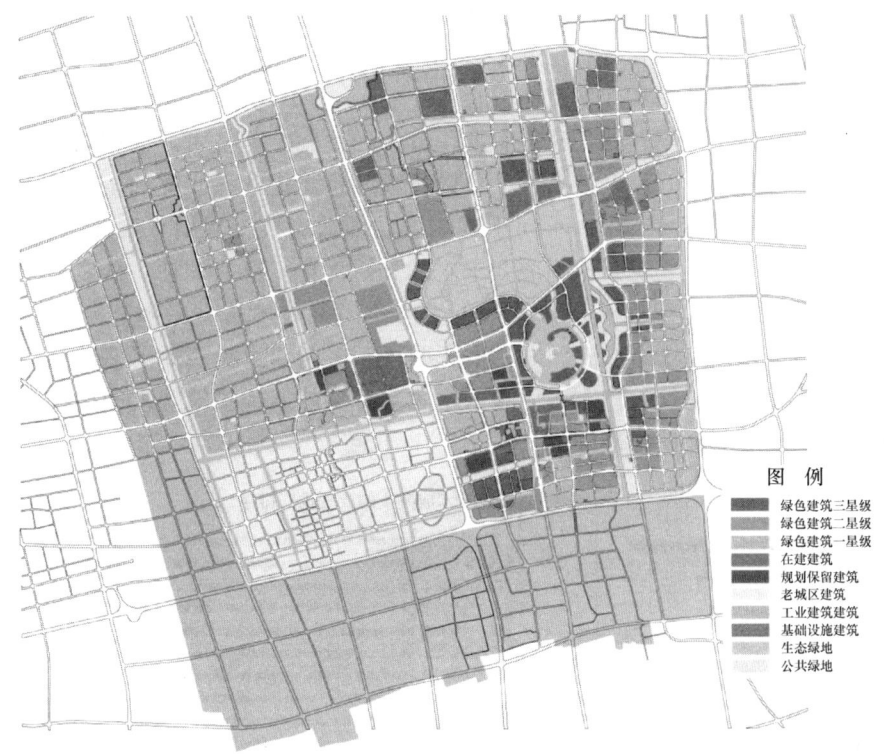

图例
绿色建筑三星级
绿色建筑二星级
绿色建筑一星级
在建建筑
规划保留建筑
老城区建筑
工业建筑建筑
基础设施建筑
生态绿地
公共绿地

图 1-11-8　上海南桥新城绿色建筑星级潜力分布图

显的推动作用，在此背景下，绿色生态城市将成为中国城市未来的发展方向，将带领我国的城镇化走上环境友好、资源节约、经济持续、社会和谐的可持续发展道路。

　　另一方面，我国的绿色生态城市实践探索尚处于初级阶段，在政府主导的因素下存在发展动力不明晰、急于求成、开发规模过大、建设时序不当等问题，甚至出现"运动式"的开发建设。但随着这些问题的显现，城市政府开始意识到城市发展自身的规律性，同时受国家土地供应政策收紧的影响，近年的开发建设规模逐渐缩减，与发展需求、阶段更匹配，在发展定位和技术应用上更加注重成本效益的核算，未来的低碳生态城市发展将逐步进入理性发展阶段。

　　在单体绿色建筑技术实践逐步扩展到生态城区综合技术集成的趋势下，越来越多的绿色生态城区通过横向发展专项技术，纵向过程深入集成对现有绿色建筑单体技术体系进行完善。在绿色城市生态发展的起步阶段，对规模化落实绿色建筑技术的遴选中特别要强调适宜技术应用，提倡被动优先，因地制宜。城市及区域是复杂巨系统，包含产业、空间、土地、能源、建筑、交通、生态环境等各个方面，如何保证各子系统之间的统筹协调与可持续发展尚在探索过程中。在部分先行先试的试点区域，也暴露出一些规划建设上的问题，如专项系统之间缺乏生态循环和协同，单项工程存在绿色技术堆砌、建设无序化，追求技术的新、特、奇，忽视适宜技术应用和建设成本的控制[4]。

为了更好地统筹配置绿色建筑系统工程中的不同专项技术，在相对功能复合的生态城区针对不同气候区域条件、不同类型绿色建筑选择匹配的生态技术使其达到国家绿色建筑标准要求。不同于以往被动地适应传统规划方案和指标要求，绿色生态城区中绿色建筑技术集成要求主动分析优化，反向评估，推广适宜的低投高效技术。对各专项技术领域的低碳生态贡献及技术成熟效益进行优化反馈（图 1-11-9），使单项之间形成良好的生态循环，提高建设投资的可持续性。如鼓励采用立体绿化、建筑外遮阳、屋顶雨水收集、自然通风系统等被动措施以使绿色建筑达到节能与环保标准。

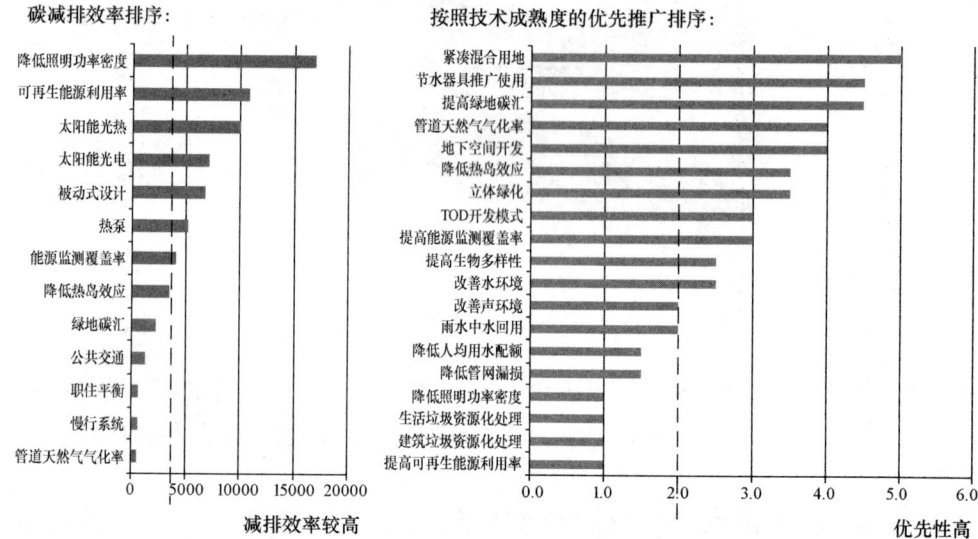

图 1-11-9　无锡中瑞生态城专项技术优化建议图

（4）绿色城市发展需要系统设计

绿色生态城市的发展还需要一套系统的顶层设计，包括对绿色生态城市理念的解析，对城市生态发展目标体系和技术体系的构建，还需要政策体系的保障及示范体系的推广，来确保目标和技术的顺利落实和规模化复制（图 1-11-10）。

生态城市发展的新理念和技术从传统规划的各个阶段进行有机嵌入，主要包括提倡被动式技术，通过公交优先的 TOD 模式引导土地利用。应用低冲击开发模式创建"海绵城市"。还包括微降解与源分离等城市微循环体系的重要技术，结合可计量的生态模拟技术，碳审计，形成集成化生态城市解决方案（图 1-11-11）。

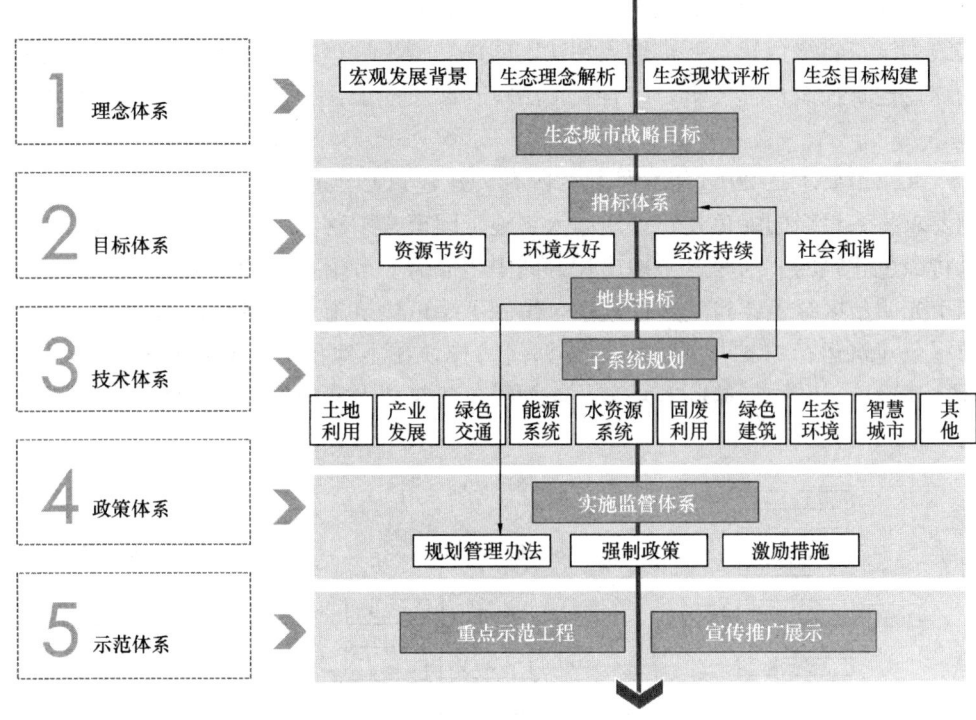

图 1-11-10　绿色城市建设技术路线

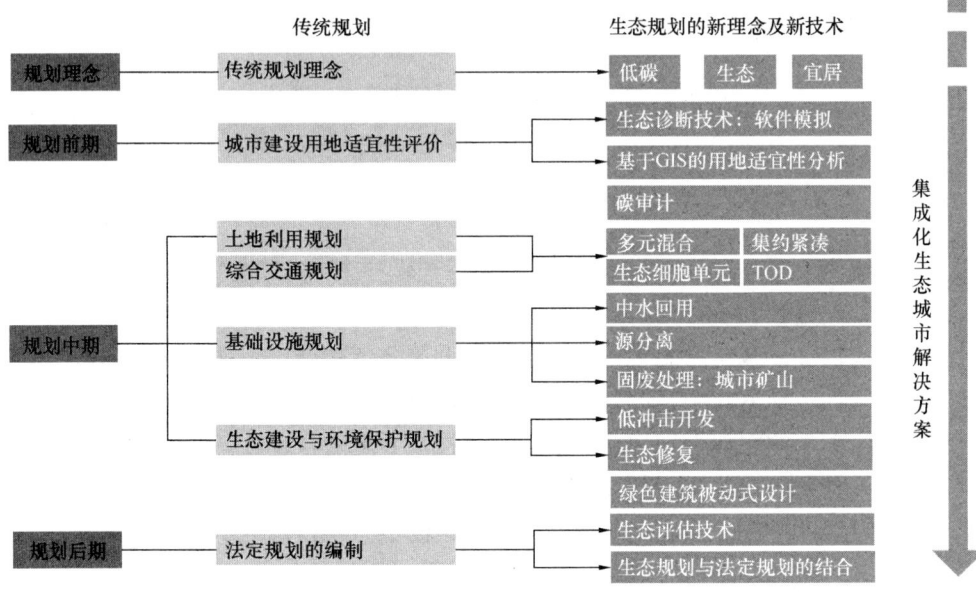

图 1-11-11　绿色城市新理念及新技术应用

105

越来越多的城市和绿色生态示范区在生态城市的政策保障机制上做出有益的实践尝试，将绿色建筑要求纳入到法定的规划管理过程中。具体体现在融入控规的绿色建筑控制指标要求，结合施工图审查或土地出让合同，出台配套的政策措施等。

北京市要求从 2013 年 6 月起，所有新建建筑必须达到一星级标准，成为强制要求将一星级的绿色建筑评定纳入到施工图审查中落实。深圳市前海深港合作区将绿色建筑的要求写进土地出让合同中，成为上市招拍挂的依据和前提。在深圳市光明新区绿色建筑实施探索中，编制了绿色建筑施工方案和监理方案，制定了绿色建筑运行维护规定。如加强部门协作，在土地出让、立项审批、工程设计、建设施工和竣工验收等环节，增加绿色建筑技术审查验收方面的要求（图 1-11-12）。

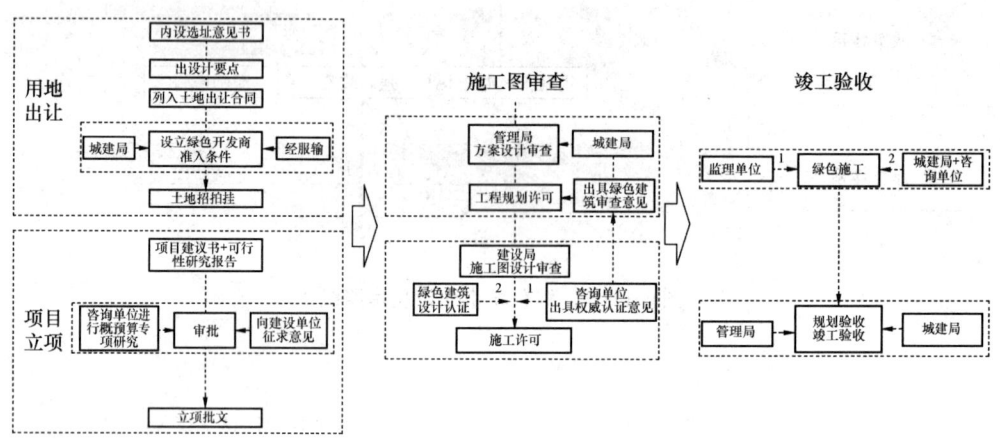

图 1-11-12　深圳光明新区绿色建筑实施建议

11.4 未来展望

（1）观念入手，倡导绿色生态理念

公众参与是社会支持生态建设的具体体现，公众观念的转变是实现绿色发展目标的重要保证。绿色生态城市理念除了贯彻于各项建设中，还应将其逐步引导到居民日常的生活方式中，以此来逐步调整城市的生产结构和消费结构，从根本上改变城市旧有的粗放发展模式。还应重视投资分配的合理性，调整过度装饰的投资成本转移到提高性能品质和节约资源的技术上，实现低成本的绿色生态概念。最后要转变生产生活方式，树立简约健康的生活观，确定适宜的建设开发定位。倡导绿色生态理念需要政府、企业、公众的共同参与，也是全面推行绿色建筑的基础[5]。

（2）立足本土，发展定位因地制宜

伴随绿色生态理念的更新和技术的精细化，绿色生态城市应结合城市实际制定本地化的规划与建设方案，分步骤地实现规划目标；并应结合本地气候条件、资源禀赋及地域文化特色进行创新，在理念和技术选择上充分考虑自身需求[6]。在发展定位上遵循更新规划理念，建立完善的绿色生态规划体系，以本地化、超前性、可操作为前提，将绿色生态城市的发展理念和目标与现有规划体系充分衔接，以保证其在规划中的真正体现。分类建立绿色生态城区及绿色建筑的目标要求和技术导则，切实有效地引导和促进绿色生态城市的发展。

（3）系统推行，完善管理保障机制

绿色生态发展既是一个目标，也是一项系统工程，除了建立规划体系和技术体系之外，还需要核心的保障体系进行系统推进。设置专门的组织机构、完善的管理和保障机制是保证绿色生态城区及绿色建筑长效、有序发展的重要因素之一。通过产业政策、公共财税政策、环保政策、交通政策、住房政策、资源与能源使用政策、公众参与政策等一系列政策构建完善的政策体系，引导绿色生态城区及绿色建筑在规划、建设、管理的各个环节实现发展目标的统一和相关配套措施的协同推进；同时建立信息公开制度，逐步完善公众参与绿色生活的民主法制和舆论监督机制[7]。最后，绿色生态城市发展需要适时评估，以免得不偿失，事与愿违。

（4）模式突破，充分发挥市场作用

绿色生态城区及绿色建筑的推广还有赖于一套基于政策、技术、市场的综合体系，目前的绿色生态城区及绿色建筑实践多由政府主导自上而下地建设，企业和社会等主体的参与度不高，导致市场的资源配置作用得不到充分发挥。绿色生态发展不应是政府纯粹的单向、公益性投入，仅靠激励和强制政策的推动力也无法获得长效可持续的发展。因此应通过模式突破、体制创新来调动市场的积极性，充分发挥市场在节约资源与成本、发展新兴环保科技产业、引导社会新兴消费需求、引领新的生活理念与方式等方面的积极作用，形成政府引导、市场主导、全社会参与的良性发展态势。

作者：李迅[1,2]　李冰[2]（1. 中国城市科学研究会；2. 中国城市规划设计研究院）

参考文献

[1]《国家新型城镇化规划（2014—2020 年）》，中央政府门户网站　www.gov.cn
[2] 叶青. 生态城市语境下的绿色建筑设计策略. 第八届城市规划与发展大会，珠海，2013.
[3] 杜海龙，徐小伟，李冰. 低碳生态城市中绿色建筑规划方法研究[J]. 生态城市与绿色建筑，2013(13)
[4] 仇保兴. 我国低碳生态城市建设的形势与任务[J]. 城市规划，2012(12)

［5］ 中国城市科学研究会. 中国低碳生态城市发展报告 2014［M］. 北京：中国建筑工业出版社，2014.

［6］ 李迅，刘琰. 中国低碳生态城市发展的现状、问题与对策［J］. 城市规划学刊，2011(07)

［7］ 陈志端，李冰. 中国城市规划发展报告 2013－2014［M］. 北京：中国建筑工业出版社，2014

12　BIM 与绿色建筑评价

12　BIM and green building evaluation

在寻求更好的绿色建筑设计、咨询、评价方法的过程中，绿色建筑从业人员将目光聚集在了 BIM 技术上，期望 BIM 技术能提高建筑性能。然而，BIM 技术与绿色建筑设计、评价的共同点仅在于两者都关注建筑的全生命期：绿色建筑关注其从规划设计到运营管理全过程的"四节一环保"；BIM 则是关注工程建设项目从规划设计到运营管理全过程的信息共享、协同工作，为项目全生命期的各种决策（也包括绿色建筑设计、咨询、评价）形成一个可靠的基础。两者交集点在于 BIM 技术仅为绿色建筑设计、咨询、评价提供可靠信息，而不是提供绿色建筑设计、咨询、评价的方法。简单地说，BIM 技术仅仅为绿色建筑设计、咨询、评价软件提供基础数据（信息共享知识资源）。

2014 年 8 月在北京召开了亚太经合组织（APEC）年度第四次高官会议，BIM 技术研讨会是此次系列会议之一。关于研讨会议题，美国的项目承担方提出的是 "Utilizing Building Information Modeling to Increase Building Performance（利用 BIM 技术提升建筑性能）"，但我们则认为 "Building Information Modeling and Green Building（BIM 与绿色建筑）"更合适。通过本文对此作具体阐释。

新版《绿色建筑评价标准》GB/T 50378—2014 "提高与创新"一章第 11.2.10 条加分项条文规定：应用建筑信息模型（BIM）技术，评价总分值为 2 分。在建筑的规划设计、施工建造和运行维护阶段中的一个阶段应用，得 1 分；在两个或两个以上阶段应用，得 2 分。在绿色建筑理念已得到全社会普遍认同的当下，这条规定无疑是对推广应用建筑信息模型技术的积极推动，同时也促进我们共同探讨、认识什么是"BIM"。

12.1　BIM

2007 年 12 月，美国建筑科学研究院（National Institute of Building Sciences，NIBS）发布了美国国家建筑信息模型标准（United States National Building Information Modeling Standard，NBIMS）的第 1 版第 1 部分，其内容是概述、原则和方法（Version 1 -Part 1：Overview，Principles，and Methodologies）。该标准虽不是美国国家标准学会（American National Standards Institute，AN-

SI）等核准的标准，但较系统地总结了在北美地区常见的 BIM 应用方式方法，其中对于 BIM 的定义和观点或可供我们参考。

该标准第 1 版第 1 部分"综述、原则与方法"是一个总纲性的部分，更类似于我国的标准编制大纲。其中，第 1 章简介本部分内容，并为读者提供阅读指南；第 2 章展开该标准的讨论和推荐意见，包括 BIM 总体范围、标准编制委员会简介、后期编制内容等内容；第 3 章介绍信息交换的概念，包括数据模型与互操作性的作用、信息存储与共享、信息安全保障等内容；第 4 章介绍信息交换的内容，包括最小 BIM、能力成熟度模型等内容；第 5 章介绍 NBIMS 的编制工作，包括交换标准的编制与使用流程总述、工作组构成与要求定义（标准要求）、面向用户的交换模型（标准编制）、面向设备厂商的模型视图实现与认证测试（软件实现）、行业应用、基于投票的审批方法等内容。另有 IFC、OmniClass、IFD 等 3 个附录。

其前言中指出：提高建设过程的效率是当务之急。当前的低效率主要源自不产生价值的无谓工作，例如在工程全生命期中的各个阶段或各个参与方的重复输入信息（往往每次输入都会产生新的错误），或设计方未能给施工方提供完整准确的信息。有了本标准的实施，信息的互操作性和可靠性将大大改善。该标准（NBIMS）是建筑行业转型的关键要素。它为建筑信息交换制定了标准定义，以支持严苛的商务环境使用标准的语义和本体。标准如在软件中得以贯彻，将成为准确高效的沟通交互的基础，这正是建筑行业现在所需要的，也是行业转型必不可少的。标准还将帮助建设相关过程的所有参与方从商务协议中达成更加可靠的产出。

其中还进一步指出：编制者对该标准的愿景是"通过以全生命期中所有参与方均可读取的格式、含有每一新/老工程的所有正确信息的标准化机读信息模型的应用，来改进规划、设计、施工、运行和维护全过程"。该标准将 BIM 定义为：BIM 是一项工程的物理和功能特性的数字化表达，其作为该工程有关信息的共享知识资源，为该工程全生命期（自前期概念起）内的各种决策形成一个可靠的基础。BIM 的一个基本前提是该工程全生命期内不同阶段不同利益相关方的协作，通过在 BIM 中插入、获取、更新和修改信息以支持和反映该利益相关方的职责。BIM 是建立在开放的互操作标准之上的共享数字表达。

此外，智慧建造国际组织（Building SMART International）定义 BIM 为：BIM 是首字母缩略词，以下三者之间既互相独立又彼此关联：

首先且最被认可的是作为一个产品（Building Information Model）：建筑信息模型是一个设施物理特征和功能特性的数字化表达，是该项目相关方的共享知识资源，为项目全生命期内的所有决策提供可靠的信息支持。工程建设项目有关数据的智能化数字表达。BIM 创作工具用来创建和聚合信息，这些工具在有

BIM之前是作为单独任务分别开发的，得到的信息是以纸质为中心的工作流程中的非机器可解读的信息。

其次是作为一个协作过程（Building Information Modeling）：建筑信息建模是为建筑全生命期内设计、施工和运营创建和利用项目数据（BIM）的业务过程，允许所有项目相关方通过不同技术平台之间的数据互用在同一时间利用相同的信息。包括了业务驱动因素、自动化过程的能力以及开放性信息标准使用，保持信息的可持续性和准确性。

最后是作为工程全生命期的管理工具（Building Information Management）：建筑信息管理是指利用数字原型信息支持项目全生命期信息共享的业务流程组织和控制过程。建筑信息管理的效益包括集中和可视化沟通、更早进行多方案比较、可持续分析、高效设计、多专业集成、施工现场控制、竣工资料记录等。最后一类是将BIM视为设施整个生命周期的管理工具，具有理解透彻的信息交换工作流程和团队BIM创作工具；产生原始信息和数字表示或智能化虚拟模型的工具在整个建筑生命周期采用基于可重复、可验证、透明可持续信息的程序。

由上述可见，BIM的重点是为不同利益相关方提供决策的可靠信息，模型是存储和交换信息的载体和手段。将BIM简单理解为"建筑信息建模"（Building Information Modeling）可能导致对BIM技术的不正确理解。

12.2　绿色建筑软件

21世纪人类共同的主题是可持续发展，对于城市建筑来说亦必须由传统高消耗型发展模式转向高效绿色型发展模式，绿色建筑正是实施这一转变的必由之路，是当今世界建筑发展的必然趋势。绿色建筑的设计是当下绿色浪潮的一部分，而绿色设计与评价的实现需要相应的技术手段。依据绿色建筑相关规范要求，利用计算机技术对建筑空间几何、建筑空间功能、建筑材料以及设备等各专业相关数据信息进行数据集成与一体化管理，为绿色建筑设计计算与评价提供必要的分析计算软件统称为绿色建筑软件。目前国内外绿色节能建筑软件主要有：

（1）IES〈VE〉

IES是总部在英国的Integrated Environmental Solutions公司的缩写，IES〈VE〉是公司旗下的集成化建筑模拟软件，其核心思想是通过建立一个三维模型整合一系列模块化的组件用以进行各种建筑功能计算分析，减少了重复建模的工作，保证了数据的准确和工作的快捷。IES〈VE〉已经成为英国以至于欧洲市场占有量最大的生态建筑模拟分析软件，在美国也取得了骄人的业绩。

（2）Ecotect Analysis

Ecotect Analysis 软件是 Autodesk 公司开发的一款功能全面，适用于从概念设计到详细设计环节的可持续设计及分析工具，其中包含应用广泛的仿真和分析功能，能够提高现有建筑和新建筑设计的性能。该软件将在线能效、水耗及碳排放分析功能与桌面工具相集成，能够可视化及仿真真实环境中的建筑性能。用户可以利用强大的三维表现功能进行交互式分析，模拟日照、阴影、发射和采光等因素对环境的影响。客户如果购买了面向其 Autodesk Ecotect Analysis 许可的 Autodesk® Subscriptio 维护合约，便可通过 Autodesk® Green Building Studio® 能效分析服务使用基于 web* 的技术，更快地评估多个设计替代方案的能效和碳排放。

（3）EnergyPlus

EnergyPlus 是由美国能源部（Department of Energy，DOE）和劳伦斯伯克利国家实验室（Lawrence Berkeley National Laboratory，LBNL）共同开发的一款建筑能耗模拟引擎，是较为流行的一款免费软件，可以用来对建筑的采暖、制冷、照明、通风以及其他能源消耗进行全面能耗模拟分析和经济分析。Energy-Plus 是在软件 BLAST 和 DOE-2 基础上进行开发的，具有 BLAST 和 DOE-2 的优点。需要强调一下的是：EnergyPlus 是采用 ASCII 文本格式的输入输出方式，对模拟人员的专业要求极高。许多开发团队在 EnergyPlus 的基础上进行了二次开发，提高 EnergyPlus 的易用性和可视化能力。

（4）DeST

DeST 是 Designer's Simulation Toolkit 的缩写，意为设计师的模拟工具箱。DeST 是建筑环境及 HVAC 系统模拟的软件平台，该平台以我国清华大学建筑技术科学系环境与设备研究所十余年的科研成果为理论基础，将现代模拟技术和独特的模拟思想运用到建筑环境的模拟和 HVAC 系统的模拟中去，为建筑环境的相关研究和建筑环境的模拟预测、性能评估提供了方便实用可靠的软件工具，为建筑设计及 HVAC 系统的相关研究和系统的模拟预测、性能优化提供了一流的软件工具。

（5）PKPM 绿色建筑设计软件

PKPM 绿色建筑设计软件是中国建筑科学研究院建研科技股份有限公司自主研发的软件产品，为设计院进行绿色建筑设计工作建立标准流程体系。PKPM 绿色建筑设计软件支持绿色建筑新国标和各省市地标，结合 200 余个成功案例指导，有效帮助设计师进行项目认证、模拟计算、产品选型、设计指导、增量成本分析和项目申报等工作，为设计师提供直观的量化数据与依据，对项目的设计和运行效果进行全方位评价与优化。

在 BIM 大行其道的今天，这些软件都自冠为"基于 BIM"的软件。由我们提出的基于任务的 BIM 模型体系（图 1-12-1）可见，绿色建筑的设计、咨询也可归为优化或管理类任务（图中最右侧一列）。图中之所以未出现特定的软件，是因为我们认为任何软件，只要能够建立、协调、优化基于任务的各个模型，且能与其他任务所用软件实现信息交换、与任务实现协同工作，就能够被纳入 BIM 软件大家族。绿色建筑软件也不例外。

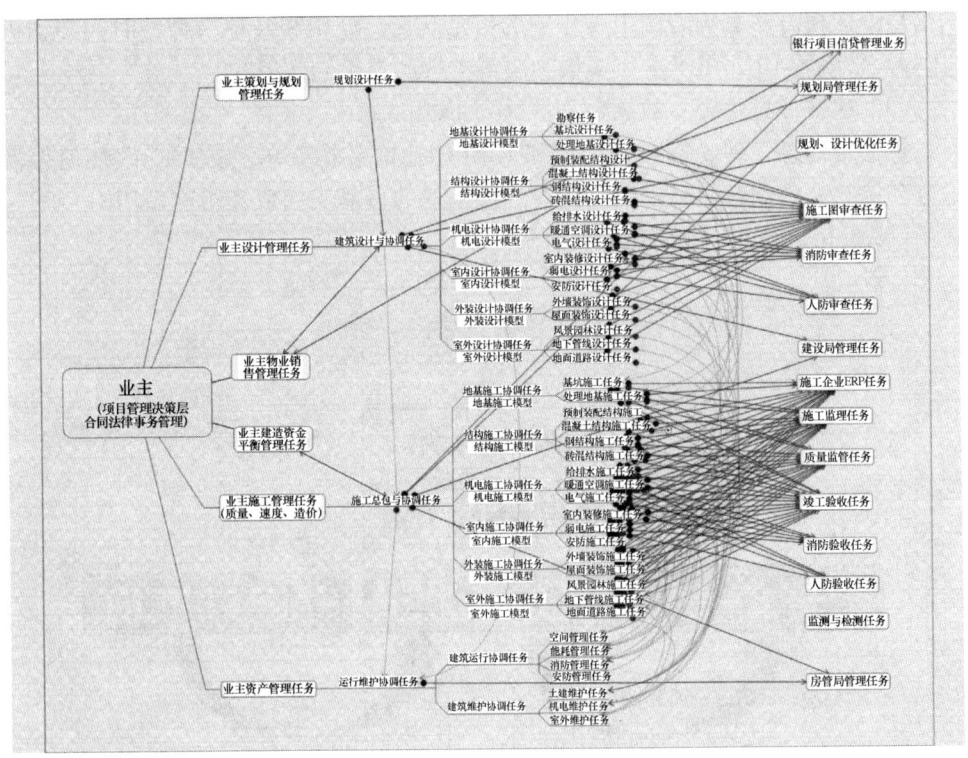

图 1-12-1　基于任务的 BIM 模型体系

从图 1-12-1 可见，碰撞检查是机电工程设计的"协调任务"，在给定条件下通过不同方案对比设计"好建筑"是"建筑设计"的任务，BIM 技术是如何为这些任务提供数据及完成任务后如何将这些数据传给其他相关任务应用。

12.3　BIM 与绿色建筑软件

在美国退伍军人事务部（United States Department of Veterans Affairs，VA）建造与设施管理办公室（Office of Construction and Facilities Management，CFM）于 2010 年发布的该部 BIM 指南《The VA BIM Guide》中将 Building Information 描述为：

（1）建筑信息模型-产品（Product）

一个设施物理和功能特性的基于对象的数字化表达。建筑信息模型作为一个设施有关信息的共享知识资源，是设施全生命期（从最早期开始）内决策的可靠基础。

（2）建筑信息建模－过程（Process）

模型使用、流程及建模方法的集合，由模型来实现特定的、可复用的、可靠的信息。建模方法影响着由模型生成的信息质量。使用和共享模型的时间和动机（流程）影响着 BIM 用于项目成果和决策支持的效果和效率。

（3）建筑信息管理－数据定义（Data Definition）

是建筑信息管理支持数据标准和 BIM 用途的数据要求。数据连续性使得发送方和接收方均理解信息的同一内容，使信息的可靠交换成为可能。BIM 创建与应用（Applications）如图 1-12-2 所示。

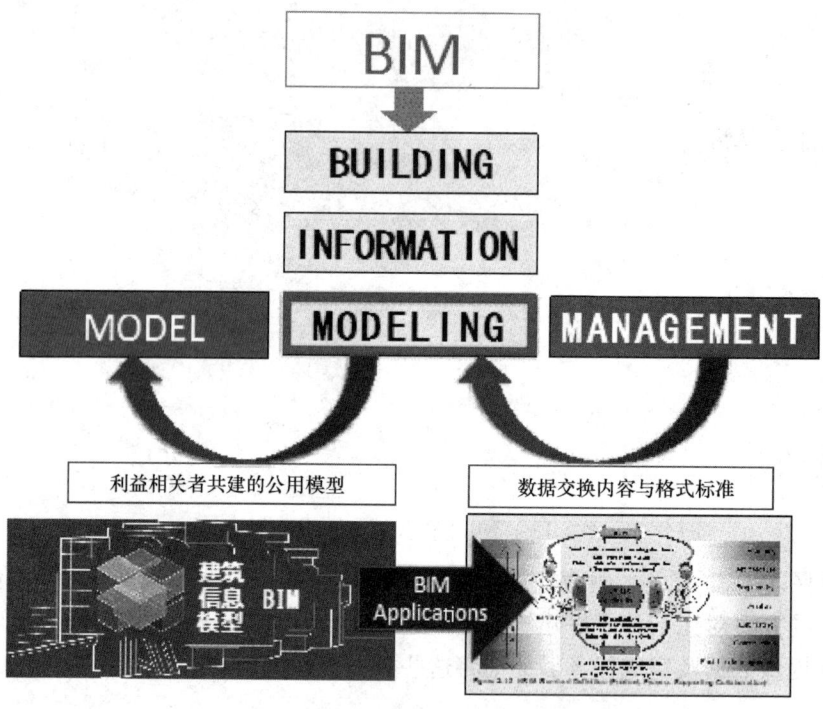

图 1-12-2　BIM 创建与应用

美国国家建筑信息模型标准（NBIMS）描述的 BIM 关系如图 1-12-3 所示。

其中右侧方框部分是有关建筑性能分析，也是绿色建筑从业人员应用绿色建筑软件开展绿色设计或评价任务。我们可以选择不同的绿色建筑设计或评价软件来开展和完成任务，但这不是 BIM 的事。任何设计所需要的基础数据和计算公式都已经就绪，只要输入原始数据或由绘图工具图形化输入，就可以得到分析结果。可以说，结构设计应该是第一个彻底"BIM"化的专业，然

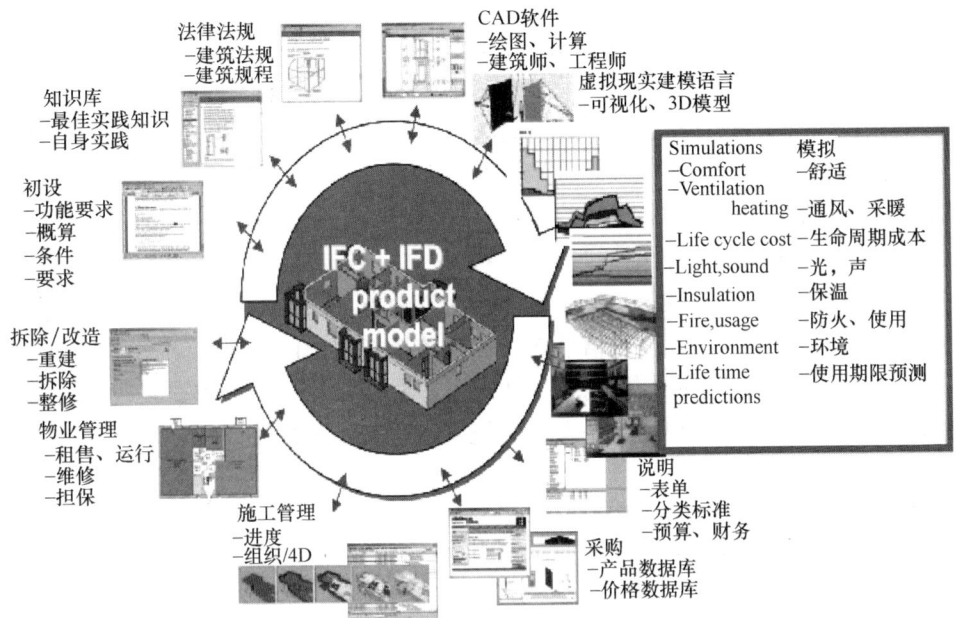

图 1-12-3　BIM 关系图

后是机电（MEP）、光学、声学等。因为这些专业的分析方法（算法）是很早就有了，结构专业更是在 20 世纪 50 年代就有了（有限元方法），但是计算工具一直都不行。现在的软件和硬件进步很大，力学分析软件的能力大大提高，这些其实还不是 BIM 建模而是专业建模，但现在很多人却把它"误"归为BIM 的功劳。

BIM 与绿色建筑软件关系如图 1-12-4 所示。

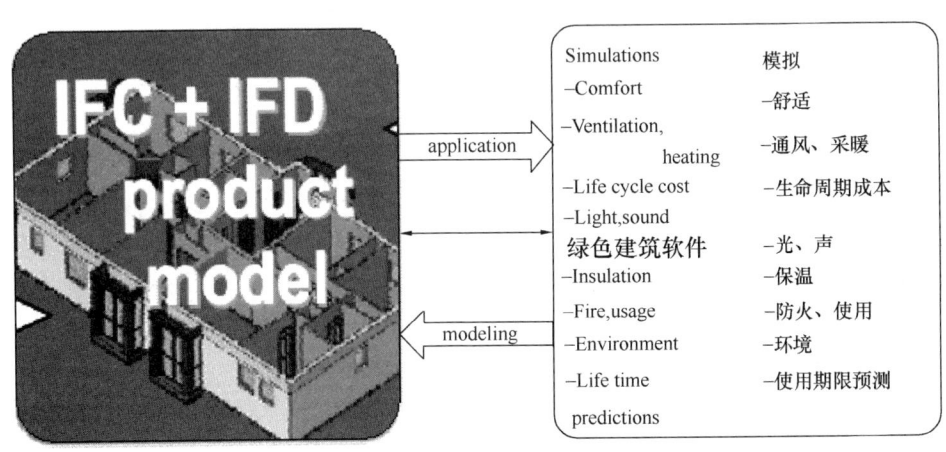

图 1-12-4　BIM 与绿色建筑软件

115

12.4 结 束 语

新版《绿色建筑评价标准》GB/T 50378—2014 第 11.2.10 条对于 BIM 技术应用的评价强调的是评价应用软件所实现的信息共享、协同工作，而不是评价是否应用了所谓的 BIM 软件。为了实现 BIM 信息应用的共享、协同、集成的宗旨，要求在 BIM 应用报告中说明项目中某一方（或专业）建立和使用的 BIM 信息，如何向其他方（或专业）交付，如何为其他方（或专业）所用，如何与其他方（或专业）协同工作，以及信息在传递和共享过程中的正确性、完整性、协调一致性，及应用所产生的效果、效率和效益。对于设计评价，主要是设计各方各专业；对于运行评价，则主要是设计、施工、运维各阶段各方。

作者：黄强　叶凌（中国建筑科学研究院）
（文中部分内容来源自互联网，谨向这些文字和图片的作者致谢。）

第二篇 | 标 准 篇

本篇介绍了近一年里绿色建筑标准工作的新动向，从覆盖建筑全寿命期的考虑出发，涉及绿色建筑的评价、设计及施工图审查、施工、运行维护以及建材生产环节，主要内容有：

1. 国家标准《绿色建筑评价标准》GB/T 50378—2014 介绍（该标准于 2014 年 4 月 15 日发布，2015 年 1 月 1 日起实施），详见本书综合篇。

2. 行业标准《民用建筑绿色设计规范》JGJ/T 229—2010 简介及 2014 年完成的住房城乡建设部专题项目成果《绿色建筑施工图设计文件技术审查要点》介绍。

3. 国家标准《建筑工程绿色施工规范》GB/T 50905—2014 介绍（该标准于 2014 年 1 月 29 日发布，2014 年 10 月 1 日起实施）。

4. 行业标准《绿色建筑运行维护技术规范》（征求意见稿）介绍（该标准于 2014 年 3 月 26 日正式启动编制，2014 年 12 月 24 日公开征求意见）。

5. 行业标准《预拌混凝土绿色生产及管理技术规程》JGJ/T 328—2014 介绍（该标准于 2014 年 4 月 16 日发布，2014 年 10 月 1 日起实施）。

6. 《绿色建材评价导则》编制工作介绍。

此外，还安排了 1 篇介绍亚太经合组织（APEC）绿色建筑标准项目的文章。

　　2014 年 9 月，住房城乡建设部提出关于落实国家新型城镇化规划完善工程建设标准体系的意见（建标［2014］139 号文），将"加强绿色低碳、资源节约标准，推进生态文明建设"作为重点任务之一，要求"继续推进绿色建筑标准体系建设"，并将采取优化标准体系架构（包括"丰富支撑形势任务的主题体系"）、强化重点标准编制、推进地方标准编制、积极发展社团标准、完善标准管理机制。可以预见，绿色建筑作为一项国家行动，绿色建筑标准必将获得更大的支持和更好的发展。

Part Ⅱ | Standards

This part introduces new achievements of green building standards during the past year, covering the whole building life cycle of evaluation, design, construction drawing examination, construction, operation and maintenance, and building material production. The main contents are as follows:

1. Introduction to the new edition of *Evaluation Standard for Green Building* GB/T 50378—2014, issued on Apr. 15th, 2014 and implemented from Jan. 1st, 2015. Details are shown in the part of general overview.

2. Introduction to *Code for Green Design of Civil Buildings* JGJ/T 229—2010 and *Key Points of Technical Review of Green Building Construction Design Documents* (accomplished in 2014 as an achievement of a MOHURD project)

3. Introduction to *Code for Green Construction of Building* GB/T 50905—2014, *issued on Jan.* 29th, 2014 and implemented from Oct. 1st, 2014.

4. Introduction to *Technical Code for Green Building Operation and Maintenance*(draft), compiled since Mar. 26th, 2014 and released for comments on Dec. 24st, 2014.

5. Introduction to *Technical Specification for Green Production and Management of Ready-mixed Concrete* JGJ/T 328—2014, issued on Apr. 16th, 2014and implemented from Oct. 1st, 2014.

6. Introduction to the compilation of *Evaluation Guideline for Green Building Materials*.

Furthermore, an article is presented to introduce the green building standard projects of Asia Pacific Economic Cooperation(APEC).

In September 2014, Ministry of Housing and Urban-Rural Development (MOHURD) issued the *Opinions on the implementation of new urbanization planning and perfection of construction standard system* (JianBiao[2014]139HaoWen), regarding the construction of ecological civilization through the promotion of green low-carbon and resource-saving standards one of its priorities. It is also required to further develop green building standard system, optimize standard system structure, emphasize the compilation of key standards, develop local standards and association standards, and improve standard management mechanism. It can be anticipated that, as a national initiative, green building standards will obtain more support and have a bright future.

1 《绿色建筑施工图设计文件 技术审查要点》简介

1 Introduction to *Key Points of Technical Review of Green Building Construction Design Documents*

1.1 编 制 背 景

行业标准《民用建筑绿色设计规范》JGJ/T 229—2010 以绿色建筑设计关键因素为主要对象，以场地、建筑、材料、给排水、暖通、电气等专业作为章节主体框架，并因地制宜地根据我国气候分区、水资源分布、太阳能资源分布等，针对性地提出了绿色建筑设计的控制参数、定量指标。自 2011 年 10 月 1 日正式实施以来，不仅为各专业设计人员、相关专业人员迅速了解绿色建筑设计方法提供了很大便利，而且通过对绿色建筑设计策划环节的规范指导，促进了绿色建筑设计初期的调研分析和技术集成优化。

随着绿色建筑在我国的大力推广，越来越多的地方提出了某区域内全部新建建筑按照绿色建筑标准执行的要求。为达到此目标，各地纷纷将绿色建筑评审工作纳入施工图审查环节。新版《房屋建筑和市政基础设施工程施工图设计文件审查管理办法》（住房和城乡建设部令第 13 号）也要求施工图审查机构对执行绿色建筑标准的项目进行绿色建筑标准审查。但由于常规设计和施工图审查并没有绿色建筑的专项要求，各地施工图审查人员对绿色建筑普遍缺乏了解，技术水平参差不齐，审查尺度不一，错判漏判难以避免，很容易造成施工图审查环节的偏差和失控，与绿色建筑的目标背道而驰。因此，有必要编制绿色建筑设计审查的指导性文件，清晰梳理对设计文件的审查内容和审查要点，通过施工图审查环节规范、督促并正确引导在建筑设计中实施《绿色建筑评价标准》、《民用建筑绿色设计规范》等相关标准。

现有几个地区的绿色建筑施工图审查要点文件，均是基于 2006 版的《绿色建筑评价标准》编制。新版《绿色建筑评价标准》GB/T 50378—2014 于 2015 年 1 月 1 日起正式实施，有必要根据新版标准编制施工图审查要点。研究和编制全国的绿色建筑施工图审查要点，可作为指导各地进行施工图审查的基础依据，指导各地审查要点文件的编制，统一审查要求和尺度，有力促进绿色建筑的规模化发展。2014年，住房城乡建设部工程质量安全监管司将"绿色建筑施工图设计文件技术审查要点编制"列为当年的专题项目计划，研究单位为中国建筑科学研究院，起止时间为2014年2月至2014年12月。

1.2 编制原则和特点

《要点》的使用者为施工图审查人员和设计人员，但从业人员普遍对绿色建筑了解较少，《要点》编制时十分注意可操作性，审查要求尽量明确，具体落实到在什么图纸上需表达什么内容，实现什么技术要求，达到什么数量，审查内容简明易懂，以便直接指导项目图纸的设计和审查。

《要点》的审查内容不过多增加设计人员和审图人员的负担，尽量在常规设计图纸中体现绿色建筑的要求，尽量避免增加过多额外的文件，在一星级建议得分中基本不选择需要进行计算机模拟的条文；审查内容中直接针对评价标准的条文进行审查，避免大量引用别的标准。

《绿色建筑评价标准》所涉及的内容，有些是在常规施工图审查中也要严格审查的，对此类内容，绿色建筑审查没必要再重复工作，《要点》只进行简单提醒，比如控制项5.1.1条："建筑设计应符合国家现行相关建筑节能设计标准中强制性条文的规定。"审查内容即为"同常规施工图审查中建筑节能的相关内容"。

对于规划审批阶段审核过的内容，施工图审查阶段一般不再审查，比如规划管理部门已批准的选址、日照、建筑间距等，在《要点》中不进行审核，减少审图工作量，取得了当地的建设工程规划许可证即认为满足要求。

因为施工图审查阶段只审核施工图设计文件，有些在景观设计、精装修设计、外线设计和后期专项设计中才能落实的绿色建筑要求，很难在此阶段进行审核，因此，《要点》中对于这类绿色建筑要求，通常在施工图的设计说明中提出要求或说明落实方式即可。比如，4.2.15条中关于乡土植物、复层绿化的要求，施工图建筑设计说明中对景观设计提出相关要求即为满足要求。强制执行绿色建筑的项目，管理部门会在后期的竣工验收和运营标识的评审中进行监管和核查。

新评价标准按照得分累计来评价，每个项目都可以根据其相关条件选择不同的得分组合方式。为适应各地强制执行绿色建筑的需求，《要点》设置一星级的目标建议，在条文中选择比较容易实现的内容，提出"建议最低分"，项目按照"建议最低分"实施，即可达到绿色建筑一星级的目标，从而简化设计和审图的工作过程。

1.3 主 要 内 容

《要点》的总则中明确了适用范围、依据、得分计算方式、等级划分方式等内容。适用范围为绿色民用建筑施工图设计文件的审查，依据是国家标准《绿色建筑评价标准》GB/T 50378—2014。得分方式同评价标准，即用得分率乘以100为各类指标得分，各类指标得分乘以权重再累计即为总得分，为方便计算，本《要点》设计了"评分计算表"，分为居住建筑和公共建筑两个类型。对多功能的综合体单体建筑，应按照本审查要点逐条对适用的区域进行评价，确定各评价条文的得分。

施工图审查工作一般是分专业进行核查，因而《要点》的主体框架按照建筑专业、结构专业、给排水专业、暖通专业、电气专业设置。评价标准的每一条，都放入对应的相关专业章节中。每个专业的章内，按照涉及的指标类型进行分节，比如建筑专业分为节地与室外环境、节能与能源利用、节材与材料资源利用和室内环境质量四个小节，结构专业只包括节材与材料资源利用一节。每节中按评价标准的次序放入与本专业相关的条文，便于审图人员按照项目选择的条文，逐一对应进行审核。

每一条的具体要求都包括"审查范围"、"审查文件"和"审查内容"的栏目，评分项里还有一栏"建议最低分"。"审查范围"中标明适用的建筑类型，并写明不参评的情况。"审查文件"是施工图设计文件中的与本条相关的需审核图纸或计算书，如建筑设计说明、建筑总平面图等。"审查内容"是本条具体的审查要求，有些相关的解释或说明，也用小字体放置在"审查内容"中，便于审图和设计人员了解标准要求。部分条文涉及两个及以上的专业，在"审查内容"里进行了标注提醒，此类条文应在相关专业分别审查后再确定该条得分多少或是否满足要求。"建议最低分"是达到绿色建筑一星级目标的得分建议，项目可根据实际情况，因地制宜地选择适宜的得分项。

《要点》的附录包括施工图审查集成表、施工图审查对照表和一些相关的提纲模板。附录A的施工图审查集成表是根据新标准的自评估表，由设计单位填写，由审图机构根据其集成表中选择的条文和得分进行逐条复核，并给出判定的得分，据此表计算总得分，判断等级目标是否实现。附录B的施工图审查对照表与《要点》的各专业章节内容完全一致，只是排布方式改为按照评价标准的构架，按指标次序列出每一条涉及的专业和审查要求等，便于快速查询各条涉及的全部审查要求。附录C为水资源利用方案的提纲，制定水资源利用方案，是评价标准的一项控制项要求，为此本要点编制统一规范的模板，为设计和审查提供参考和依据。《要点》还将进一步根据需要，提供更多的相关提纲、模板和范例。

《要点》的内容框架如图 2-1-1 所示。

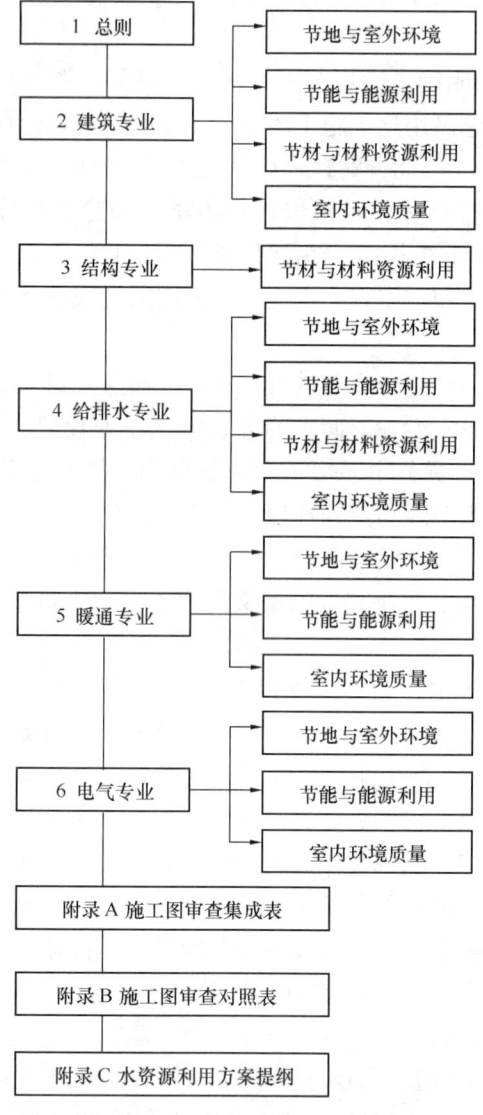

图 2-1-1 内容框架

1.4 常 见 疑 问 解 析

在各地绿色建筑施工图审查的实践过程中,设计人员和审图人员反馈的一些疑问,在《要点》编制过程中进行了研究,常见的疑问和解决建议如下:

(1)适用建筑规模与类型。一些城市或区域要求所有民用建筑进行绿色建筑施工图审查，并全部达到一星级的标准，但在审图中发现，经常会有一些规模很小的附属建筑，比如门卫、垃圾房、锅炉房等，与绿色建筑评价的条文很难逐一对应，进行一星级审查的必要性不大，因此建议各地执行绿色建筑审查时，允许规模较小的建筑不进行审查，北京市即明确要求 300m² 以下附属建筑不进行绿色建筑施工图审查。城市建设中往往还有些特殊功能建筑，如寺庙、监狱等，因其特殊性，也可以不进行绿色建筑审查。而一些在工业厂区里的办公楼、宿舍等类似民用建筑的项目，则应该适用于本审图要点的相关要求。

（2）不参评条件。施工图审查过程中发现，设计人员经常会自己设定不参评，与标准要求不符。不参评情况在《要点》中基本已明确指出，比如有些条款无集中空调、无内区或无水景可以不参评。一般情况下项目不得自行定义不参评。比如有些项目设计人员认为本项目不适宜做屋顶绿化，即判定屋顶绿化的分数不参评，这是错误的评估。

（3）整体性指标。项目一般按照规划许可证的划分来进行施工图审查，比如一个居住小区，可能地下车库申请一个规划许可证，几栋楼分别申请一个规划许可证，施工图审查只能审到小区的局部，这时那些整体性指标，如绿地率、人均居住用地、公共服务设施等，则应该按照整个地块或整个项目的指标进行评价。另外，有些项目的变配电所、锅炉房不在地块内或项目范围内，在审图中无法审核，相关要求并不难实现，则可视为满足。

（4）可开启外窗。在地区的全部新建民用建筑执行绿色建筑标准，个别指标对有些建筑来说有一定难度。例如，有些造型特别的建筑，和一些超高层建筑，建筑师和业主不愿意设置可开启外窗，对此不应轻易放松要求。对功能就是普通的办公、居住等建筑，应严格要求外窗可开启；对没有采光通风必要的商场、影剧院等建筑，有恒温恒湿要求的房间，以及可能因风压影响室内环境的超过 300m 的超高层，可以允许不开启外窗。

1.5 后 续 工 作

2014 版的《绿色建筑评价标准》刚刚实施，评价细则和评价指南正在编制过程中，根据新标准进行评价的项目有限，很多细节问题尚待明确。《要点》将根据新评价标准细则和实施指南的内容，以及新标准执行情况，对施工图技术审查要点进行调整完善，并正式出版。

对全面执行绿色建筑的城区，《要点》可以直接用于指导绿色建筑施工图工作，或作为参考依据之一，指导地方编制当地的绿色建筑施工图审查要点。结合要点的实施，编制组将对执行《要点》的审图人员和设计人员进行培训，指导设计人员、审图人员清晰把握绿色建筑评价标准的要求，准确判断达标与否。在要点执行过程中，还将收集设计和审查过程中遇到的问题，跟踪绿色建筑政策与评价情况，为审查要点的修编积累经验。

作者：曾宇（中国建筑科学研究院建筑设计院）

2 国家标准《建筑工程绿色施工规范》GB/T 50905—2014 简介

2 Introduction to the national standard *Code for Green Construction of Building* GB/T 50905—2014

2.1 编 制 背 景

我国处在城镇化快速发展时期，且随着经济的快速发展，城市更新速度加快，建筑行业得到快速发展，据中国统计年鉴相关数据表明，我国每年建成的房屋面积高达 10 亿 m²～15 亿 m²，而建造每 1 万 m² 建筑，则会产生 500t 以上的建筑垃圾。目前，我国对建筑设计及使用过程的节能与环保关注较多，对施工生产阶段较少，建筑施工周期虽然相对较短，但其具有资源能源消耗大、废弃物产生多等特点，而且其对自然形态的影响却往往是突发性的，建筑施工过程中产生的粉尘、微粒和空气污染物等会造成健康以及环境问题。因此，推行以节约资源、保护环境以及保障作业人员的职业健康安全为基本宗旨的"绿色施工"具有重要的意义。

从相关标准制定和实施情况来看，现行的《绿色建筑评价标准》GB/T 50378 对于建筑施工过程中的内容提及较少且针对性不强；《建筑工程绿色施工评价标准》GB/T 50640 主要是从"四节一环保"的角度对建筑的绿色施工进行评定的，而不是以施工过程中的各模块为重点。

2010 年 3 月，住房和城乡建设部《关于印发〈2010 年工程建设标准规范制订、修订计划（第一批）〉的通知》（建标【2010】43 号）的要求中，《建筑工程绿色施工规范》（以下简称《规范》）列为该计划的国家标准制订项目。《规范》主编单位为中国建筑股份有限公司、中国建筑技术集团有限公司，参编单位有中国建筑第八工程局有限公司等 20 家国内知名施工、监理企业。参编单位涵盖各主要地区，均具有丰富施工管理经验，并且在绿色施工领域有所尝试和创新。

2.2 编 制 原 则

◆ 研究与编制适合建筑施工的绿色施工规范，以建筑工程先进施工技术、工艺和管理方法为对象，与相关标准合理衔接，系统、科学，前瞻性与可操作性及经济性相结合，把握好施工管理与施工技术的关系。

◆ 结合国内不同地区情况，推荐采用先进施工技术，淘汰落后建筑技术和产品。

◆ 全面总结，重点阐述。以节能、节地、节水、节材和环境保护为主要目标，贯彻执行国家技术经济政策，总结我国建筑工程施工技术、方法及经验，推广应用建筑业新技术、新工艺、新材料、新机具，实现绿色施工。

◆ 强化施工管理和施工技术应用过程控制，保障工程施工质量。

◆ 遵循先进性、便于操作的原则，指导建筑工程施工现场实施绿色施工技术，实现"四节一环保"的目标（图 2-2-1）。

图 2-2-1 编制原则

2.3 特 色

2.3.1 章节划分有利于过程控制

与《绿色施工导则》和《建筑工程绿色施工评价标准》按"四节一环保"划分章节不同，本《规范》按建筑工程十大分部进行章节划分。在十大分部的划分基础上，结合绿色施工特点，进行合并、扩展和补充（表 2-2-1）。

表 2-2-1

本《规范》主要章节	对应建筑工程十大分部	备注
4 施工准备	无	补充
5 施工场地	无	补充
6 地基与基础	1 地基与基础	一致
7 主体结构工程	2 主体结构	一致
8 装饰装修工程	3 装饰装修	一致
9 保温和防水工程	4 建筑屋面 10 建筑节能工程	合并和扩展

本《规范》主要章节	对应建筑工程十大分部	备注
10 机电安装工程	5 建筑给排水及采暖 6 建筑电气 7 智能建筑 8 通风与空调 9 电梯	合并
11 拆除工程	无	补充

按上述划分更利于施工过程控制，符合本《规范》"强化施工技术应用过程控制"的原则。

2.3.2 管理主体更丰富

除了强调施工单位的职责外，对建设单位、设计单位、监理单位等相关单位均制订了相应的职责要求，使各主体单位在建筑施工过程中分工明确，避免由于职责不清造成执行中的障碍。绿色施工是绿色建筑全寿命周期的一个重要环节，是对绿色建筑设计的具体落实和延续，是绿色运营的前提和基础（图 2-2-2）。

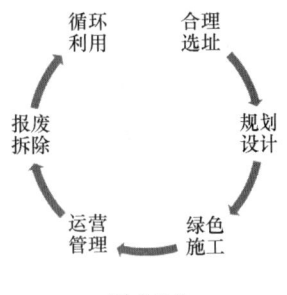

图 2-2-2

2.3.3 施工阶段更具体

现阶段实施的绿色施工，往往在主体结构施工阶段控制得较好，而进入装饰装修和设备安装阶段，由于多专业、工种的交叉作业增加，管理难度增大，很多绿色施工措施得不到充分落实，能源、材料的消耗、计量、定额管理工作也往往难以充分落实。《规范》针对建筑工程各分部的特点，将装饰装修工程、保温和防水工程以及机电安装工程单独成章，对各分部、分项工程均提出符合专业特点的绿色施工要求，对绿色施工的要求更加细化，使绿色施工的具体措施落实到每一个施工环节，贯穿整个施工阶段始终。

2.3.4 覆盖范围更全面

本《规范》第 11 部分为拆除工程，建筑工程的拆除过程也是绿色建筑全寿命周期中重要的一环，而且在建筑工程施工尤其是改造工程施工过程中，往往会包含部分拆除工程。同时，拆除工程的实施主体也是施工单位，因此将拆除工程纳入绿色施工范畴，使得绿色施工的范畴更全面、更系统。

2.4 编制情况及内容

2.4.1 前期文献调研

《规范》编制组查阅大量国内相关标准规范，如国家标准《建筑工程绿色施工评价标准》GB/T 50640—2010、《建筑施工场界环境噪声排放标准》GB 12523—2011、《民用建筑工程室内环境污染控制规范》GB 50325—2010、《绿色建筑评价标准》GB/T 50378—2014、《污水综合排放标准》GB 8978—2002 等，行业标准《混凝土用水标准》JGJ 63—2006、《建筑防水涂料中有害物质限量》JC 1066—2008、《建筑施工安全检查标准》JGJ 59—2011、《施工现场临时建筑物技术规范》JGJ/T 188—2009 等。

2.4.2 基本内容及框架

本《规范》共分为 11 章，主要技术内容包括：前 3 章分别为总则、术语、基本规定；第 4 至 11 章即是整个施工过程中的各模块，分别为施工准备、施工场地、地基与基础工程、主体结构工程、装饰装修工程、保温及防水工程、机电安装工程、拆除工程。《规范》中对以上各方面内容均有对应的模块进行规定，所对应框架如图 2-2-3 所示。

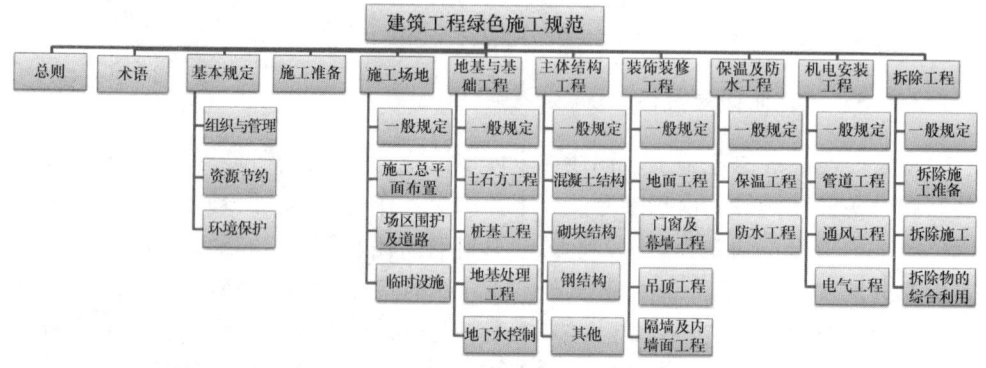

图 2-2-3 《建筑工程绿色施工规范》框架图

（1）施工场地：施工总平面布置、场区围护及道路、临时设施；

（2）地基与基础工程：土石方工程、桩基工程、地基处理工程、地下水控制；

（3）主体结构工程：混凝土结构、砌块结构、钢结构等；

（4）装饰装修工程：地面工程、门窗及幕墙工程、吊顶工程、隔墙及内墙面工程；

（5）保温及防水工程：保温工程、防水工程；

（6）机电安装工程：管道工程、通风工程、电气工程；

（7）拆除工程：拆除施工准备、拆除施工、拆除物的综合利用。

各分部强调内容分别是：

（1）总则部分强调本《规范》适用于新建、改建、扩建及拆除等建筑工程的绿色施工，即其他市政、路桥、铁路、水利等工程只有参考作用；此外，本《规范》应配合《绿色施工导则》及《建筑工程绿色施工评价标准》使用。

（2）术语部分则强调建筑垃圾、建筑废弃物、可再利用材料之间的关系，即建筑垃圾＝可再利用材料＋建筑废弃物；

$$回收利用率＝（可再利用材料/建筑垃圾）×100\%$$

建筑工业化要求：建筑设计标准化、构配件生产工厂化、现场施工机械化、组织管理科学化。

（3）基本规定部分则明确了建设、设计、监理及施工四方为责任主体，需协同履责（表2-2-2）。

表 2-2-2

责任主体	基本职责
建设单位	在编制工程概算和招标文件时，应明确绿色施工的要求，并提供包括场地、环境、工期、资金等方面的条件保障
	应向施工单位提供建设工程绿色施工的设计文件、产品要求等相关资料，保证资料的真实性和完整性
	应组织设计、监理、施工等单位建立工程项目绿色施工的管理机制
	应组织协调工程参建各方的绿色施工管理工作
设计单位	应按国家有关标准和建设单位的要求进行工程的绿色设计
	应协助、支持、配合施工单位做好建筑工程绿色施工的有关设计工作
监理单位	应对建筑工程绿色施工承担监理责任
	应审查专项绿色施工方案和技术措施，并在实施过程中做好监督检查工作
施工单位	施工单位是建筑工程绿色施工的实施主体，应组织绿色施工的全面实施
	实行总承包管理制的建设工程，总承包单位应对绿色施工负总责
	总承包单位应对专业承包单位的绿色施工实施管理，专业承包单位应对工程承包范围的绿色施工负责
	施工项目部应建立以项目经理为第一责任人的绿色施工管理体系，制定绿色施工管理制度，负责绿色施工的组织实施，进行绿色施工教育培训，定期开展自检、联检和评价工作

（4）施工准备部分强调了绿色施工整体策划工作的重要性，在开工前应对施工各类条件和基本情况进行彻底摸底，根据摸底情况选择绿色施工技术，并有针对性地制定拟采取的措施和防范；编制的绿色施工专项方案中应明确绿色施工的内容、指标、方法和措施等内容；同时施工单位还宜建立建筑材料数据库和施工机械与机具数据库。

（5）施工场地部分强调施工总平面布置应充分利用场地及周边现有和拟建建

筑物、构筑物等、道路和设施；采用可重复利用、可周转使用的材料和构件搭设临时设施，注重动态管理和相对隔离（图2-2-4、图2-2-5）。

图 2-2-4 工人宿舍

图 2-2-5 活动围挡

（6）地基与基础工程部分强调优化基坑开挖方案，采取措施重点控制施工过程扬尘及保护地下水，如抽水量大于50万 m^3 时应进行地下水回灌、采用地下水回灌措施时应配套采取地下水防污染措施等（图2-2-6～图2-2-8）。

图 2-2-6 洗车槽

图 2-2-7 定期洒水

图 2-2-8 吸湿垫

（7）主体结构工程部分强调以下绿色施工技术：工厂化加工、预拌砂浆技术、建筑垃圾的减量控制、再生混凝土材料使用、装配式混凝土结构使用等，举例如表2-2-3所示。

表 2-2-3

分类	主要绿色施工技术	主要绿色效果	
模板工程	新型材料模板	采用可回收材料制作，节材	 塑料模板
	工业化模板体系	提高模板周转率；减少现场模板占用，节材	
	工厂化加工模板	节材	
	材料回收利用	废弃模板加工，短小木枋接长等，节材和减排	
脚手架工程	管件合一	无需扣件，节约钢材，减小管理难度	 承插式脚手架
	工具式脚手架	减少现场占用量，节材	
	悬挑式脚手架	减少现场占用量，节材	

（8）装饰装修工程部分强调前期策划的重要性，同时应尽量选用绿色建材，并做好施工保障（图 2-2-9）。

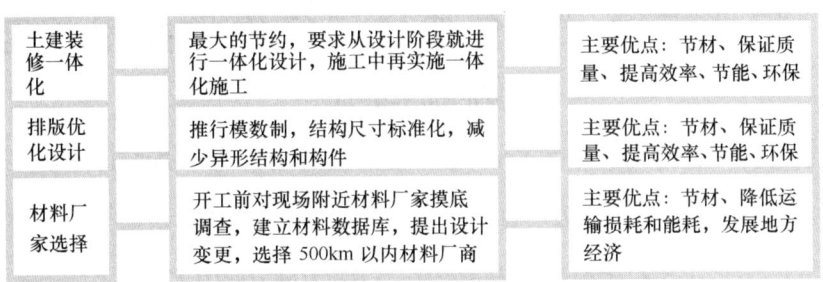

土建装修一体化	最大的节约，要求从设计阶段就进行一体化设计，施工中再实施一体化施工	主要优点：节材、保证质量、提高效率、节能、环保
排版优化设计	推行模数制，结构尺寸标准化，减少异形结构和构件	主要优点：节材、保证质量、提高效率、节能、环保
材料厂家选择	开工前对现场附近材料厂家摸底调查，建立材料数据库，提出设计变更，选择 500km 以内材料厂商	主要优点：节材、降低运输损耗和能耗，发展地方经济

图 2-2-9　《规范》装饰装修工程部分内容

（9）保温和防水工程部分强调宜采用结构自保温、保温与装饰一体化、保温板兼作模板、全现浇混凝土外墙与保温一体化和管道保温一体化等新材料、新技术和新工艺，对保温和防水材料及辅料应进行有害物质限量现场复检。

（10）机电安装工程部分强调采用工厂化制作、整体化安装，施工前进行管线图的二次设计以及管线、埋件的预留预埋的重要性，禁止现场进行剔凿。

（11）拆除工程部分强调对拟拆除工程进行全面和彻底的调查，针对拟拆除对象的具体情况制定安全拆除方案。拆除过程控制废水、废气物、粉尘的产生和排放；根据拆除物的性质进行分类，并充分利用、就近消纳；对剩余的废弃物做无害化处理。

2.5　结　　语

《建筑工程绿色施工规范》可以应用到新建、改建、扩建及拆除等建筑工程中，《规范》与《绿色施工导则》、《建筑工程绿色施工评价标准》共同形成绿色施工标准的完整体系。《规范》的出台能够更好地引导各类建筑工程绿色施工，指导和规范绿色施工工作，促进绿色建筑的发展，对实现建筑领域资源节约起到重要作用。

作者：赵伟　狄彦强　张宇霞　董美智（中国建筑技术集团有限公司）

3 行业标准《绿色建筑运行维护技术规范》编制简介

3 Introduction to the compilation of the industrial standard *Technical Code for Green Building Operation and Maintenance*

3.1 编 制 背 景

"十二五"期间，我国将完成新建绿色建筑 10 亿 m²；到 2015 年末，20％的城镇新建建筑达到绿色建筑标准要求。在这一宏伟的战略目标及难得的发展机遇面前，绿色建筑的发展面临着巨大的挑战。一是快速发展与健康发展的问题，目前绿色建筑设计评价标识项目的数量急剧攀升，绿色建筑评价标识也逐渐得到了一定的落实。但是绿色建筑技术在运行和维护当中的情况却无法把控，先进的理念及设计难以贯彻到实际应用；二是如何实现以实际应用效果为导向的绿色建筑发展形态，现在世界范围内存在大量高能耗、高运行费用的绿色建筑为社会所诟病；三是纯粹的技术堆砌无法支撑绿色建筑的长期发展，大量的增量成本无法在运行阶段为业主或社会带来可持续的收益。

绿色建筑运行维护技术体系存在巨大的社会需求，2013 年第九届国际绿色建筑和建筑节能大会上，指出"中国的绿色建筑虽然起步晚，但是发展速度很快，数量每年翻一番，高于世界水平。但是另一方面，绿色建筑当前存在三大问题，一是高成本绿色建筑技术实施不理想，二是绿色物业脱节，三是 20％常用绿色建筑技术有缺陷，未合理运行。"另外，国家层面也通过发文的方式高度重视绿色建筑的高效运行问题。国务院发布的《国务院办公厅关于转发发展改革委住房城乡建设部绿色建筑行动方案的通知》中指出："尽快制（修）订绿色建筑相关工程建设、运营管理、能源管理体系等标准"。财政部和住建部联合发布的《关于加快推动我国绿色建筑发展的实施意见》中指出："尽快完善绿色建筑标准体系，制（修）订绿色建筑规划、设计、施工、验收、运行管理及相关产品标准、规程"。住建部发布的《"十二五"绿色建筑和绿色生态城区发展规划》中指出："注重运行管理，确保绿色建筑综合效益"。在此背景下，住房和城乡建设部发布标准制订计划，由中国建筑科学研究院、中国物业管理协会会同有关单位研究编制行业标准《绿色建筑运行维护技术规范》（以下简称《规范》）。

3.2 工作开展情况

3.2.1 前期标准调研

通过国内外文献调研，在整个建筑全周期过程中，发现建筑的设计、施工、验收、评价等各个方面体系较为完善，但是建筑的运行维护技术标准体系缺失，仅有具体设施设备或系统的运行维护标准。对国内外相关标准进行总结梳理过程中，形成两个版本的标准框架：标准大纲一是分专业进行划分，如建筑环境运行与维护、景观环境运行与维护，给排水系统运行与维护，采暖通风与空气调节系统运行与维护，建筑电气系统运行与维护。标准大纲二是根据建筑运行维护的过程进行划分，如综合效能调试—运行技术—维护技术—规章制度管理。

（1）专业标准

《空调通风系统运行管理规范》	GB 50365—2005
《空气调节系统经济运行》	GB/T 17981—2007
《供热系统经济运行》	Q/CNPC 43—2001
《城镇燃气设施运行、维护和检修及安全技术规程》	CJJ 51—2006
《城镇供水厂运行、维护及安全技术规程》	CJJ 58—2007
《洁净室及相关受控环境（运行环境）》	GB/T 25915.5—2010
《生活垃圾卫生填埋气体收集处理及利用工程运行维护技术规范》	
	CJJ 175—2012

（2）国外标准

《Code for operation and maintenance of nuclear power plants》ASME-1992

《Guide for Commissioning，operation and maintenance of hydraulic turbines》

（3）相关其他运行标准

《燃煤电厂环保设施运行状况评价技术规范》

《电力调度自动化运行管理规程》

《水轮机调节系统及装置运行与维护规程》

《核电厂运行绩效评价准则》

3.2.2 已经开展的编制情况

通过前期调研分析，成立了《规范》编制组，并已经召开三次工作会议，形成了《规范》征求意见稿。

（1）2014 年 1 月，召开《规范》编制专家研讨会，以"编制背景—编制基础—难点—标准结构—编制讨论"为主线进行汇报，最后专家对规范定位及形成的标准框架进行讨论，最终形成"按照运行维护过程框架进行标准内容编制，指标体系中的二级指标按专业进行划分"新版大纲。

（2）《规范》编制组成立暨第一次工作会议于 2014 年 3 月 26 日在北京召开。会议讨论并确定了《规范》的定位、适用范围、编制重点和难点、编制框架、任务分工、进度计划等，重点根据《规范》初稿讨论编制章节应考虑的因素。

（3）《规范》编制组第二次工作会议于 2014 年 7 月 8 日在湖州召开。会议讨论了各章节的总体情况，进一步讨论了《规范》的使用对象、适用范围、技术重点和逐条技术内容等方面内容。会议还特别邀请了日本 UR 都市机构细谷清先生与编制组交流了 UR 都市机构运行维护经验、生态城指标体系、建筑物环境计划书和节能性能评价等方面内容。

（4）《规范》编制组第三次工作会议于 2014 年 10 月 16 日在长沙召开。会议对《规范》初稿条文进行逐条交流与讨论，明确标准涵盖的过程为竣工验收后的系统综合效能调适及运行维护，形成了《规范》征求意见稿初稿。

3.3 内容框架和重点技术问题

3.3.1 内容框架

《规范》征求意见稿共包括 8 章，包括总则、术语、基本规定、系统调适与交付、运行技术、维护技术、规章管理制度和附录。

3.3.2 重点技术问题

（1）技术体系定位

从绿色建筑的全周期过程定位，绿色建筑应分为绿色建筑设计标识、评价标识和运行维护评价三个阶段。绿色建筑的运行维护技术评价与现行的《绿色建筑评价标准》共同构成绿色建筑三角支撑评价体系，《绿色建筑评价标准》中的设计标识为绿色技术的选择评价，评价标识为绿色技术的落实评价，而本《规范》为绿色技术如何合理优化运行维护评价。明确了《规范》编写原则为相关技术措施如何在实际中进行合理优化运行维护，而不是针对如何进行指标规定和技术的落实（图 2-3-1）。

（2）技术指标构建

技术指标构建基于过程的运行维护管理体系，同时在二级指标设置过程中按照专业进行分类，这样设置的好处有：一是按照过程体系构建，使整个建筑形成一个闭环系统，从设计一直到后期运行维护，过程明晰。二是物业管理单位人员按专业配置，便于相关人员参考本标准的技术方法，促进落地实施；三是目前的工程建设标准主要按专业设置，便于本标准与相关专业标准的统筹协调。

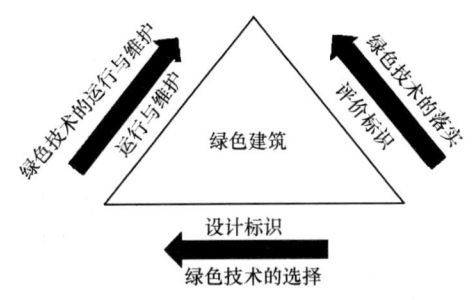

（3）适用建筑类型

民用绿色建筑和工业绿色建筑因使用功能和工艺特点的不同，其运行维护技术和管理制度也会存在一定的

图 2-3-1　绿色建筑三角支撑评价体系构建

差异。本标准主要以民用绿色建筑的运行维护技术和管理制度进行编制，但工业绿色建筑可参照执行共性要求的相关条款执行。

（4）综合效能调适

首次在绿色建筑调适过程中引入国外 Commissioning 的概念，重点解决在建筑动态负荷变化和实际使用功能要求复杂的情况下，使建筑各个系统满足设计和用户的使用要求。综合效能调适与"传统调试"之间的区别为：一是阶段不同："传统调试"是在竣工阶段进行；综合效能调适是在竣工阶段后交付交工前进行。二是侧重点不同："调试"是保证工程施工质量为主的静态设计状态调试过程；综合效能调适是确保系统实现不同负荷运行和用户实际使用功能的动态使用状态调适过程。三是内容不同："传统调试"主要是系统施工过程的检测、调整和平衡；综合效能调适是系统的调试性能验证，联合系统工况调试验收，还应包括交付交工过程中的物业移交培训以及季节性验证过程调适。通过综合效能调适的过程引入，并结合现行国家施工质量验收规范的规定，形成了传统调试→竣工验收→综合效能调适→交付培训→运行和维护的闭环流程。

（5）低成本无成本技术

根据标准编写的定位，对绿色建筑的技术体系进行全面梳理，形成百项低成本和无成本运行维护技术。基于不同绿色建筑技术体系，分别提出针对性的建筑环境、景观环境、空调系统、给排水系统、电气自控系统等实现低成本和无成本的运行优化方法和条文规定。

（6）绿色规章管理制度

通过三个方面的规章管理制度体现绿色运行特点：一是突出物业管理单位接管验收程序，促进提高施工单位建设质量，加强物业建设和管理的衔接，确保物业管理的安全和使用功能；二是加强绿化、环保，节能运行、设备监测等管理制度，体现出绿色建筑的节能效益、环境效益；三是管理信息化要求，包括物业办公管理及文档管理信息化，采用信息化系统进行工作计划的分配和管理，档案文件实现电子化存储。

3.4 后续工作安排

目前，《规范》正在广泛征求意见，欢迎社会各界人士对征求意见稿提出修改意见和建议，标准编制组将根据意见对《规范》进行修改完善。同时，选择部分物业管理单位对标准的可操作性、代表性、有效性进行征求意见，并根据反馈结果进一步修改完善标准条文，形成《规范》送审稿。计划于 2015 年 4 月份完成《规范》报批。

另外，将根据目前的研究成果，编制《绿色建筑运行维护技术指南》，现已经确定书稿的大纲目录并启动编写工作，预计在 2015 年 6 月出版书稿。

作者：路宾　曹勇　阳春（中国建筑科学研究院）

4 行业标准《预拌混凝土绿色生产及管理技术规程》JGJ/T 328—2014 简介

4 Introduction to the industrial standard *Technical Specification for Green Production and Management of Ready-mixed Concrete* JGJ/T 328—2014

4.1 背　景

　　近20年来，预拌混凝土为我国的现代化和城市化建设做出了巨大贡献，并在节约减排、保护环境、提高资源综合利用效率方面发挥了重要作用。然而，与欧美发达国家相比，我国预拌混凝土目前仍然存在如下问题：区域发展不平衡，中西部地区的生产技术水平偏低；生产企业众多，产能利用率不高；多数生产企业的环境保护和社会责任意识不强，存在噪声扰民、粉尘污染和污水乱排等现象；部分省市或先进生产企业推行预拌混凝土绿色生产及管理技术，并积累了成功应用经验，但是标准要求不同，应用水平差异较大；推动绿色生产评价缺乏标准技术依据等。推广预拌混凝土绿色生产及管理技术对于解决上述问题将起到根本性作用。

　　预拌混凝土绿色生产是指以节能、降耗、减排为目标，以技术和管理为手段，实现混凝土生产全过程的"四节一环保"基本要求的综合活动。与传统预拌混凝土生产方式相比，预拌混凝土绿色生产更满足环保、低碳和可持续发展要求，生产废水和废弃混凝土可得到循环利用，生产过程采用防尘和降噪等措施，搅拌站能够接近零排放要求，显著降低生产对环境的负面影响。因此，随着我国绿色建筑行动方案和高性能混凝土推广应用工作的深入实施，以及混凝土行业可持续发展要求的不断提高，归纳我国现有的预拌混凝土绿色生产及管理的成功应用经验，制订预拌混凝土绿色生产及管理技术规程，完善标准体系，推动预拌混凝土绿色生产技术水平的不断提升，改变传统预拌混凝土粗放型生产模式，以满足环境友好型和可持续发展的时代要求、技术需求和市场需求，已成为行业共识和未来重要工作内容。

　　预拌混凝土绿色生产需要更加先进的环保设备、管理技术、监测手段和生产技术。为了规范我国预拌混凝土绿色生产及管理技术，保证混凝土质量，满足节地、节能、节材、节水和环境保护要求，根据住房和城乡建设部《关于印发2012年工程建设标准规范制订修订计划的通知》（建标［2012］5号）的要求，中国建筑科学研究院会同有关单位经广泛调查研究，认真总结实践经验，参考有关国际标准和国内外先进标准，并在广泛征求意见的基础上，制订了《预拌混凝土绿色生产及管理技术规程》JGJ/T 328—2014（以下简称《规程》），《规程》自2014年10月1日起实施。

4.2 主要调研工作

主编单位在标准制订计划下达后，组织编制组对国内外与预拌混凝土绿色生产相关的标准规范、研究报告和标准使用效果等进行了全面调研。生产性粉尘排放方面调研了加拿大混凝土协会《加拿大预拌混凝土环境保护管理指南》、欧洲预拌混凝土协会《预拌混凝土绿色之星认证项目》、加拿大环境保护部《大气污染物排放指南》和美国空气质量标准以及我国《环境空气质量标准》GB 3095、《水泥工业大气污染物排放标准》GB 4915、环境保护部《关于实施〈环境空气质量标准〉GB 3095—2012的通知》（环发［2012］11号）等。厂界噪声方面调研了《工业企业厂界环境噪声排放标准》GB 12348和《声环境质量标准》GB 3096等。控制技术方面调研了日本JIS TRA 006《再生骨料和再生混凝土使用规范》美国ASTMC—33《混凝土骨料标准》、欧洲标准BS EN 1008—2002《混凝土拌合用水》以及我国《预拌混凝土》GB/T 14902、《混凝土用水标准》JGJ 63、《混凝土用再生粗骨料》GB 25177、《混凝土和砂浆用再生细骨料》GB/T 25176、《混凝土质量控制标准》GB 50164和《混凝土配合比设计规程》JGJ 55等。生产管理方面调研了《职业健康安全管理体系 规范》GB/T 28001等。

主编单位还组织编制组对国内几十家预拌混凝土生产企业进行生产调研，重点调研厂区分布、绿色生产设备设施配置、控制技术和监测控制技术应用情况等。调研城市覆盖北京、上海、山东、天津、山西、广东、辽宁、湖北和重庆等省市。在实际调研过程中，还对不同预拌混凝土绿色生产过程中的粉尘、噪声排放进行了监测，获得近百组粉尘、噪声排放监测数据。通过对近二十家搅拌站（楼）进行绿色生产试评价，比较全面了解了我国绿色生产和管理技术水平，为绿色生产星级评价指标体系设计、指标技术要求和星级评价要求提供了重要依据。

4.3 主 要 内 容

《规程》共分7章和3个附录，主要内容如下：（1）总则；（2）术语；（3）

厂址选择和厂区要求；(4) 设备设施；(5) 控制要求；(6) 监测控制；(7) 绿色生产评价；(附录 A) 绿色生产评价通用要求；(附录 B) 二星级及以上绿色生产评价专项要求；(附录 C) 三星级绿色生产评价专项要求。其中，重点规定了生产废水、废浆、噪声和生产性粉尘的控制技术、设备设施和监测控制技术要求，详细规定了其在预拌混凝土生产过程的控制指标和监测点设置等技术要求。

4.4 主 要 特 点

(1) 参照国内外相关先进技术标准和生产经验，基于国情和实际调研情况，规定了预拌混凝土绿色生产涉及的厂址选择和厂区要求、设备设施，生产废水、废浆、噪声、生产性粉尘、废弃混凝土等控制技术，以及绿色生产监测和评价的技术指标；

(2) 提出了厂界生产性粉尘排放控制基于"增量控制"的大气总悬浮颗粒物、可吸入颗粒物和细颗粒物的浓度差值技术指标，提出了厂区内生产性粉尘排放控制基于"总量控制"的大气总悬浮颗粒物的浓度值技术指标，具有较好的可操作性，控制指标偏于严格；

(3) 规定了生产废水（包括废浆静置后的澄清水）用于混凝土生产时的技术指标，以保证混凝土质量，并节约用水；

(4) 规定了厂界和厂区噪声控制技术指标，有利于企业明确自身责任；

(5) 规定了预拌混凝土绿色生产评价指标体系，并对不同等级绿色生产评价提出评价要求；

(6) 完善了我国建筑工程领域的绿色设计、绿色施工、绿色生产和绿色建筑评价的绿色标准体系。

4.5 下 一 步 工 作

随着我国环境保护工作的逐步深入以及混凝土可持续发展要求的不断提高，噪声、生产性粉尘、生产废水和废浆的排放技术指标会越来越严格。当前，由于部分地区缺乏空气质量数据资料，从而会增加生产性粉尘监测和控制难度。此外，全面评价绿色生产技术水平，还应当包括单位混凝土产品单位能耗、用水量和用电量等指标。在目前缺乏上述指标的情况下，显然需要主编单位、相关监管部门和预拌混凝土生产企业通过不断积累来获取更多的技术资料，以便于标准修订时能够对相关内容补充完善。

本《规程》为首次制定，并涉及设备设施、混凝土生产、大气污染物控制和环境噪声控制等内容。因此，本规程规定的各技术指标尚需要在工程实践中进行检验。随着我国预拌混凝土绿色生产及管理水平的不断提高，新设备、新工艺、新技术的不断应用，必然会对绿色生产及管理提出新的要求。编制组将继续关注国内外绿色生产及管理技术的发展与进步，及时掌握最新研究成果，不断总结应用经验，并全面收集本《规程》实施过程中各相关单位提出的宝贵意见和建议，为本《规程》的修订完善奠定基础。此外，本规程主编单位将充分利用标准培训宣贯作用，积极开展各类培训，推动我国预拌混凝土绿色生产及管理技术的全面提升。

作者：韦庆东（中国建筑科学研究院）

5 绿色建材评价导则编制简介

5 Introduction to the compilation of *Assessment Guidelines for Green Building Materials*

为落实《国务院关于化解产能严重过剩矛盾的指导意见》（国发〔2013〕41号）、《国务院关于印发大气污染防治行动计划的通知》（国发〔2013〕37号）和《国务院办公厅关于转发发展改革委 住房城乡建设部绿色建筑行动方案的通知》（国办发〔2013〕1号）要求，大力发展绿色建材，支撑建筑节能、绿色建筑和新型城镇化建设需求，落实节约资源、保护环境的基本国策，加快转变城乡建设模式和建筑业发展方式，改善需求结构，培育新兴产业，促进建材工业转型升级，推动工业化和城镇化良性互动，2014年5月21日，住房和城乡建设部、工业和信息化部联合发布了《绿色建材评价标识管理办法》。

5.1 绿色建材评价标识课题研究

绿色建材评价标识，是依据绿色建材评价技术要求，按照公示确定的程序和要求，对申请开展评价的建材产品进行评价，确认其等级并进行信息性标识而开展的活动。开展并实施绿色建材评价标识活动是推行绿色建材的重要手段。

2012年，住建部启动了绿色建材评价体系的预研课题。课题对与建筑节能、绿色建筑关系较为密切的新型墙材（块材类）、常用保温材料、预拌混凝土、预拌砂浆等四个大类建材进行了绿色建材评价研究。研究工作主要围绕给定建材的全生命周期涵盖内容、阶段分级指标、绿色属性类别、权重分配、评价内容所占分值等方面展开。课题组编制了相关评价文件，并对典型材料产品进行了试评。2014年初，课题完成了成果鉴定，提交了4个成果，即《绿色建筑材料评价通则》、《绿色建材评价技术导则（保温材料）》、《绿色建材评价技术导则墙体材料（砌块类）》、《绿色建材评价技术导则（预拌混凝土）》。

由工信部部署的研究课题则提交了3个成果文件，即《绿色建材评价技术导则（玻璃）》、《绿色建材评价技术导则（陶瓷砖）》、《绿色建材评价技术导则（卫生陶瓷）》。

2014年8月，住建部科技与产业化中心受住房城乡建设部节能科技司和联合绿色建材推广应用协调组的委托，将两部部署完成的课题所提交的成果，共7

个绿色建材评价文件的初稿，分别组织专家论证，安排有关机构进行修改，目前已经进入编制正式的绿色建材评价规范性文件程序。根据安排，这些评价文件会在适当时机面向社会征求意见。

5.2　绿色建材评价文件主要内容简介

（1）给出绿色建材评价中指标与权重设置的基本原则；

（2）绿色建材定义

全生命周期内可减少对天然资源消耗和减轻对生态环境影响，本质更安全、使用更便利，具有"节能、减排、安全、便利和可循环"特征的建材产品。

（3）生命周期定义

建筑材料从原材料的采集到建筑材料的自身报废回收所包含的 4 个阶段：生产制造、施工安装、使用应用、回收再利用。

（4）评价指标体系

评价指标体系分为控制项、评分项和加分项。控制项为进行绿色建材评价必须满足的指标，参评产品或企业必须全部满足控制项要求。

①控制项

控制项应在产品的基本性能、环境影响和安全健康方面，依据现行国家或行业标准提出的下限要求，并禁止使用对产品品质或环境有较大不利影响的落后原材料或生产工艺。

②评分项

评分项指标应基于控制项要求和国内外行业技术水平设置，并体现区分度，宜逐级给分。

③加分项

加分项主要针对具有突出的创新性且性能明显优于行业平均水平的建材产品，或生产过程中采用了先进的节能减排技术且环境影响明显低于行业平均水平，可酌情给予加分。

（5）评分

评分项总分为 100 分，加分项总分为 5 分。评分项各指标根据产品与行业特点设置权重，其中生产阶段和施工使用及报废阶段的权重各占 50%。评分项各指标均为 10 分。

（6）评级

在符合所有控制项要求的前提下，按评分项与加分项得分之和确定绿色建材等级。绿色建材的绿色度由低到高分为一星级、二星级和三星级三个等级。

5.3　其他相关工作

在发布《绿色建材评价标识管理办法》之后，2014 年，住房城乡建设部、工业和信息化部联合成立了"全国绿色建材评价标识管理办公室"，组织开展绿色建材评价工作，办公地点设在住建部科技与产业化中心。

根据《绿色建材评价标识管理办法》，办公室正在组织编制《绿色建材评价标识管理实施细则》以及《绿色建材、设备评价标识目录》，并正在起草相关工作文件。

作者：赵霄龙（中国建筑科学研究院）

6 标准与合格评定对于提升商业
建筑性能和能效的作用

6 The role of standard and conformity assessment in increasing performance and energy efficiency of commercial building

6.1 概　况

2014 年，我国第二次作为东道主举行亚太经合组织（Asia-Pacific Economic Cooperation，APEC）领导人非正式会议。本次盛会也引起了我国包括绿色建筑行业在内的各界人士对 APEC 及相关的绿色增长、"APEC 蓝"等事物的关注和热议。事实上，APEC 很早就已关注建筑可持续及绿色，例如：2011 年，"绿色建筑"一词首次出现在当年的 APEC 领导人宣言即《檀香山宣言》中，原文是"追求共同目标，防止对智能电网协同标准、绿色建筑、太阳能技术等新兴绿色技术有关的贸易形成技术性壁垒"；2014 年，APEC 领导人宣言即《北京纲领》提出"深入探讨建设绿色、高效能源、低碳、以人为本的新型城镇化和可持续城市发展路径"，并在《亚太经合组织经济创新发展、改革与增长共识》中进一步明确"将致力于开展可再生能源、节能、绿色建筑标准、矿业可持续发展、循环经济等领域合作"。可见，绿色建筑标准对于经济创新发展、可持续城市以及贸易投资自由化的重要作用。

"标准与合格评定对于提升商业建筑性能和能效的作用"由 APEC 于 2012 年立项启动，编号 MYP CTI 02 2012A，将于 2015 年底完成。项目归口贸易投资委员会，由其下的标准与一致化分委员会提出，并与 APEC 能源工作组、东盟标准与质量咨询委员会、新加坡建设局可持续建筑中心共同合作开展。项目旨在通过研究标准和合格评定在提升建筑性能上发挥的基础性作用，寻求绿色建筑产品在亚太地区的自由流通，具体聚焦于绿色建筑标准化的以下 4 点内容：1）建筑法规❶以及使用绿色法规实现资源节约；2）建筑信息模型（BIM）促进绿色建筑

---

❶ 原词为 "code"，但并非我国通常所指的规范（工程建设通用性标准），而是由政府采用的技术性法规。

实践；3）建筑围护结构产品检测评级的实践；4）可识别和清除贸易壁垒的建筑产品检测要求路线图。项目鼓励一致的、透明的、适宜的绿色建筑标准及相关工作，避免对贸易产生不必要障碍；识别标准及法规研制和建筑产品检测评级的最佳实践，有助于 APEC 经济体酝酿、出台绿色建筑发展政策和补贴；建立亚太地区绿色商业建筑领域相关方之间的联系，以便加强合作，改善建筑标准及法规的执行效力。

希望通过对"标准与合格评定对于提升商业建筑性能和能效的作用"的介绍，有助于国内从业人士进一步了解国外同行所做工作及其对我国市场的兴趣点，以及我国绿色建筑行业在复杂多变的国际环境中所面临的机遇和挑战，从而增强紧迫感，在区域乃至全球的绿色发展大潮中找准定位，共同为我国绿色建筑的健康有序发展做出贡献。

6.2 主 要 内 容

按照原定计划，项目产出将包括 4 次不同主题的研讨会。4 次研讨会的主题，基本是与项目的 4 个聚焦点一一对应的，分别是：建筑法规和绿色法规的设计和实施经验交流、建筑信息模型（BIM）促进绿色建筑实践、建筑围护结构产品检测评级的实践、实验室检测要求在对产品限定中的非关税壁垒作用。可见，组织召开研讨会、交流各经济体情况是该项目工作的一个重要方面。此外，由于项目由美方负责等原因，历次研讨会上美方单位数量较多（表 2-6-1）；但中方在历次研讨会上也均有报告，并发挥了积极作用。

多次参与项目研讨的美方单位名称　　　　　　　　　　表 2-6-1

英文原名（按此排序）	中文译名	简称
American Association for Laboratory Accreditation	美国实验室认可协会	A2LA
American Society for Testing and Materials	美国材料与试验学会	ASTM
American Society of Heating, Refrigerating and Air-Conditioning Engineers	美国供热制冷与空调工程师学会	ASHRAE
Autodesk Inc.	欧特克公司	—
bimSCORE		
BuildingSMART International	智慧建造国际组织	—
International Association of Plumbing and Mechanical Officials	国际管道暖通器械协会	IAPMO
International Code Council	国际法规委员会	ICC
McGraw-Hill Construction	麦格劳-希尔建筑信息公司	—
National Institute of Standards and Technology	国家标准技术研究院	NIST
Underwriter Laboratories Inc.	保险商实验室公司	UL
U. S. Green Building Council	美国绿色建筑委员会	USGBC

6.2.1 第 1 次研讨会

2013 年 3 月 5～7 日，项目在秘鲁利马召开了主题为"绿色建筑法规的设计和实施经验分享"的第 1 次研讨会。主要内容包括：美国的建筑法规尤其是《绿色建筑法规》的研制、采用、培训等工作，标准编制如何支撑建筑法规要求，建筑法规和标准的用水可持续、防火和抗震、室内空气和环境品质等内容，绿色建筑投资的融资模型和机遇，洛杉矶市绿色建筑法规实施情况；对各经济体绿色建筑政策法规的专项调查工作，及基于此调查所做的进一步分析和案例研究；秘鲁城市规划的社会经济因素；我国建筑法规及绿色建筑法规；日本建筑节能情况，及绿色建筑评估（CASBEE）、能效标识、节能改造、温室气体减排、零能耗建筑等工作；中国台湾地区绿色建筑标识制度《绿建筑标章》；印尼绿色建筑标识Greenship。中国绿色建筑委员会委员及绿色公共建筑组组长、中国建筑科学研究院环能院徐伟院长代表中方做"中国建筑节能与绿色建筑标准概况"报告。

研讨会最后的圆桌讨论环节认为，在常规建筑法规之外的单独的绿色建筑法规，将比在常规建筑法规中加入绿色要求更加有效。此外，还向与会代表推荐了国际法规委员会（ICC）下设的多个技术委员会及在线的培训和研讨会、美国ASHRAE 189.1 标准的研发编制、美国材料与试验学会（ASTM）可持续技术委员会、国际标准化组织建筑与土木工程技术委员会（ISO/TC 59）在建筑用能方面的标准立项等合作机会。

6.2.2 第 2 次研讨会

2013 年 6 月 24、25 日，项目在印尼棉兰召开了主题为"建筑信息模型如何可助于提升建筑性能"的第 2 次研讨会。主要内容包括：全球及各地区绿色建筑发展和建筑信息模型（BIM）应用方面的调研数据，以及 BIM 在建筑设计、施工、调试与运维等阶段的应用；智慧建造国际组织在大洋洲的工作及 BIM 在建筑可持续和社区开发中的应用案例；我国 BIM 应用现状及实例；美国国家 BIM标准，联邦总务署的 BIM 应用及具体案例；国际标准化组织社区可持续发展技术委员会智能社区基础设施分委员会（ISO/TC268/SC1）工作；马来西亚的BIM 相关政策及后续发展问题；标准如何支持 BIM 项目，以及为各经济体 BIM应用所设计的 5 个阶段（分别是维持原状、项目试行、出台政策、行业普及、进一步探索创新）；新加坡报 BIM 路线图；韩国量化评估 BIM 减少设计错误后的经济效益的案例；印尼在设计中建筑用能模拟的作用及案例；菲律宾的 BIM 和绿色建筑现状，以及向绿色建筑相关方宣传培训 BIM 的效益。我国国家质检总局派遣中方代表参会，并由中国建筑科学研究院环能院李正高工做"中国 BIM及其在绿色建筑中的应用介绍"报告。

6.2.3 第3次研讨会

2014年8月7、8日，项目在我国北京召开了主题为"利用BIM提升建筑性能"的第3次研讨会。根据第2次研讨会上的意见，研讨会主题由原定的建筑围护结构调整为BIM。主要内容包括：中国内地及香港地区、美国、俄罗斯、澳大利亚等经济体在此方面的情况；中国、新加坡、美国等使用BIM进行建筑用能模拟来实现节能；美国利用BIM进行建筑用能模拟来实现基于云端的绿色建筑设计；BIM和绿色建筑的量度基准（metrics）。中国BIM发展联盟理事长、中国建筑科学研究院副院长黄强研究员代表中方做"中国BIM标准和合规性"报告，中国建研科技股份有限公司王梦林副经理做"如何使用BIM分析建筑性能"报告，中国科学院科技政策与管理研究所陈瑞研究员做"中国新型城镇化进程中的居民供热计量"报告。

会上，项目还报告了项目聚焦点将是建筑与绿色法规、BIM等提升建筑性能的工具，并通报了第4次研讨会的主题调整。

6.2.4 第4次研讨会

2014年10月20、21日，项目在美国新奥尔良召开了主题为"利用绿色建筑法规提升建筑性能"的第4次研讨会。研讨会与美国绿色建筑委员会（USGBC）一年一度的绿色建筑国际大会和博览会同地同期召开。研讨会主要内容包括：美国供热、制冷与空调工程师学会（ASHRAE）的《高性能绿色建筑设计标准》，美国绿色建筑委员会（USGBC）的评估体系LEED，美国国际法规委员会（ICC）的《绿色建筑法规》，美国实验室认可协会（A2LA）的认可和调试工作；需要重视既有建筑持续使用，能带来更广层面的节省；智利的节能规范；中国台湾地区的绿色建筑评估体系《绿建筑标章》及相关法规；中国的绿色建筑标准及相关政策、标识；墨西哥的建筑和节能相关法规标准，及当地的LEED情况；美国国际管道暖通器械协会（IAPMO）和印尼在印尼给排水系统国家标准上的合作；《绿色建筑法规基础工作指南》初稿；建筑运行性能与设计的差异和投资回报潜力。中国绿色建筑委员会委员、中国建筑科学研究院叶凌副研究员代表中方做"中国以绿色建筑标准提升建筑性能"报告。

6.2.5 相关重点资讯

（1）世界各国绿色建筑发展态势

根据美国麦格劳-希尔建筑信息公司于2013年完成的市场调研（图2-6-1、表2-6-2），新加坡的绿色建筑发展最为普及，不仅在工程项目中的比例高，而且当地所有公司都在使用Green Mark评估体系。而我国目前了解相对较少的是，阿拉伯联合酋长国也有自己的评估体系"珍珠"，当地的工程项目也有半数以上是绿色建筑。

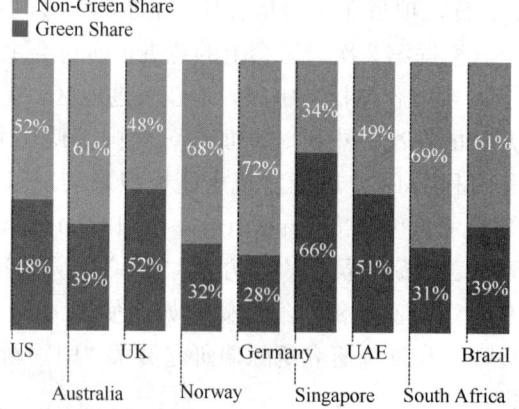

图 2-6-1 2012 年部分国家绿色建筑项目比例

部分国家受访公司中已使用绿色建筑评估体系的比率　　表 2-6-2

国家	绿色建筑评估体系（按其英文排序）	受访公司比率
英国	BREEAM	82%
挪威		90%
德国	DGNB	87%
阿联酋	Estidama Pearl Rating System（PRS）	86%
新加坡	Green Mark	100%
澳大利亚	Green Star	93%
南非		74%
美国	LEED	91%
巴西		83%

（2）美国的绿色建筑法规标准体系

其中，法规即《国际绿色建筑法规（International Green Construction Code，IgCC)》，由美国国际法规委员会（ICC）联合美国建筑师学会（American Institute of Architects，AIA）、美国材料与试验学会（ASTM）、美国供热制冷与空调工程师学会（ASHRAE）、美国绿色建筑委员会（USGBC）、北美照明工程学会（Illuminating Engineering Society，IES）于 2012 年正式推出。这是一部给出绿色最低要求的法规模板，技术要求覆盖了场地开发和土地利用、材料资源节约、节能减排、水资源节约和品质、室内环境品质及舒适性、调试和运维等方面。据报告介绍，法规在美国已被佛罗里达、马里兰、北卡罗来纳（雨水方面）、俄勒冈、罗德岛等州、华盛顿特区及部分城市采用。

标准之一或达到法规要求的遵循方式之一，是美国供热制冷与空调工程师学会标准 ASHRAE 189.1《高性能绿色建筑设计标准（Standard for the Design of High-Performance Green Buildings)》。标准由美国供热制冷与空调工程师学会（ASHRAE）联合美国绿色建筑委员会（USGBC）、北美照明工程学会（IES）推出，并获美国国家标准学会（American National Standards Institute，ANSI）核准。自 2009 年推出后，历经 2011 年和 2014 年两次修订。标准条文分为场地可持续性、节水、节能、室内环境品质、大气和材料资源影响、建造及运行方案等章，基本与法规要求一一对应。各章均包括必须满足的强制性要求，以及二中选一的规定性要求和性能化要求，前者简单便于操作，后者灵活但工作量更大（图 2-6-2、图 2-6-3）。

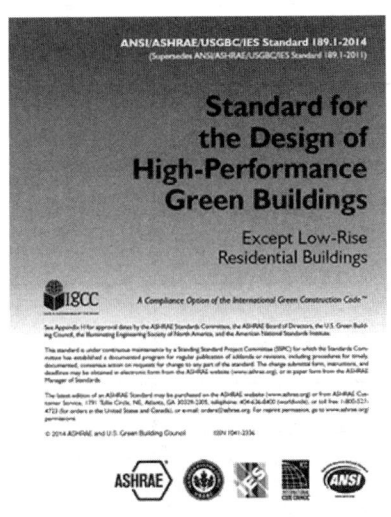

图 2-6-2 《国际绿色建筑法规》　　图 2-6-3 《高性能绿色建筑设计标准》

还需补充的是在《国际绿色建筑法规》发布之前，美国加利福尼亚州就已开发了本州的绿色建筑法规《加利福尼亚绿色建筑标准法规》，即俗称的"加州绿（CAL Green)"。该法规由加利福尼亚建筑标准委员会推出，是加利福尼亚建筑标准法规的一部分（California Code of Regulations-Title 24，Part 11）。该法规早在 2008 年就已推出（但尚属推荐性），历经 2010 年和 2013 年两次修订，现已成为强制性。此外，在州的下一层级，洛杉矶市还在采用该法规的基础上专有本市的绿色建筑法规。

政府通过法规提出强制性的最低性能要求，行业社团则以标准给出推荐性的符合性技术措施，再加上对于更高性能的政府激励和行业引领（例如 LEED 等评估体系），共同构成了美国"推、拉结合（Push ＋ Pull)"的绿色建筑发展模式。LEED 在年度报告 2013、2014 中均有介绍，不再赘述。

（3）日本的绿色建筑评估体系 CASBEE

日本的 CASBEE 也是由政府主导。据报告介绍，已有 24 个地区和城市要求建筑业主在开工建设前提交 CASBEE 自评报告，截至 2011 年底，报告总数已达6600 多份。其版本、评价指标等也在年度报告 2014 中有介绍。

（4）中国台湾地区《绿建筑标章》

中国台湾地区的绿色建筑也是由政府部门（"内政部"）评估认定的，目前，有效期为 3 年。其绿色建筑评估体系于 1998 年首次推出；并于 2007 年开始分级评估，从高到低设有钻石、金、银、铜、合格等 5 级。除 5 级的"绿建筑标章"之外，另外还有一些建筑项目也可获参评认证。截至 2014 年 9 月，共有 4695 项获评绿色建筑；其中，大部分都获得了"绿建筑标章"（具体数量见表 2-6-3）。

中国台湾地区"绿建筑标章"项目数量　　　　　表 2-6-3

年度	钻石级	黄金级	银级	铜级	合格级	合计
2007	1	3	9	21	283	317
2008	2	4	15	54	225	300
2009	10	19	30	78	301	438
2010	7	12	27	72	184	302
2011	16	27	40	80	272	435
2012	17	43	58	75	272	465
2013	40	49	122	82	320	613
2014	16	34	97	53	193	393

在技术体系上，分为四大范畴：生态、节能、减废、健康；九大指标：生物多样性、绿化量、基地保水、日常节能、二氧化碳减量、废弃物减量、室内环境、水环境、污水垃圾改善。目前，已发展为分别针对绿建筑基本型、住宅类、绿厂房、绿建筑更新、生态社区等 5 种类型的评估体系。

据报告介绍，中国台湾地区还有《绿建材》、《智慧建筑标章》等相关认证评估体系。接下来，《绿建筑标章》将会与《智慧建筑标章》整合为智慧绿建筑（Intelligent Green Building）。

6.3　相 关 出 版 物

APEC 资助的项目包括研习或学术会议、出版物、研究工作等类型。该项目立项启动后的报告或出版物（由 APEC 官方发布）如下。

6.3.1 《APEC 各经济体的建筑法规标准中的最低、强制和绿色要求 (APEC Building Codes, Regulations, and Standards: Minimum, Mandatory and Green)》❶

从编制、采纳、管理和执行建筑法规的态度和方法，既有法规中如何确立关键要素的最低要求，是否存在绿色建筑法规，以及对法规的监督、审查和评估协议和机制等 4 个角度，汇总了除巴布亚新几内亚和俄罗斯以外的 19 个 APEC 经济体相关标准化文件的起草、管理、参考标准、"绿色"特征、强制性要求、建筑分类、采用与修改、实施执行等情况。

由报告也可看出，我国是为数不多的在常规建筑法规之外具有专门的绿色建筑法规（或国家标准）的少数几个经济体，大部分经济体目前均只是在既有的建筑法规中加入了一些节能、节水等技术要求。这样的制度体系，也将更好地支撑我国绿色建筑的规模化健康发展。

6.3.2 《BIM 启动工作指南 (Start-Up Guide, Building Information Modeling)》❷

指南不仅为各经济体的 BIM 应用设计了维持原状、项目试行、出台政策、行业普及、进一步探索创新等 5 个阶段，还从策划与规划、采用与实施、技术与工具、性能与效果等 4 个维度给出了支持 BIM 推广应用的具体行动。

6.3.3 在编报告

《BIM 量度基准工作指南 (BIM Metrics Guide)》：在《BIM 启动工作指南 (Start-Up Guide, Building Information Modeling)》基础上进一步给出了如何确定经济体层面的 BIM 应用量度基准。

《绿色建筑法规基础工作指南 (Green Building Code Infrastructure Guide)》：初稿从法规的开发研制、推行贯穿、实施执行、修订完善等 4 个方面总结了若干工作要点。

6.4 结 束 语

建筑行业历史久远，相对传统；尤其是与各地气候地理、自然资源、文化风俗等密不可分，各具特点；同时，发展绿色建筑也强调了因地制宜。因此，建筑

---

❶ http://publications.apec.org/publication-detail.php? pub _ id=1442

❷ http://publications.apec.org/publication-detail.php? pub _ id=1510

行业更容易设置和遭遇标准、合格评定等国际贸易的技术性壁垒（technical barriers for trade，TBT）。在 APEC 贸易投资自由化、便利化的长远目标下，此项目通过交流研讨和出版物，促进各国之间的了解，利于消除壁垒。此外，也有通过与当地标准化机构合作开发当地标准的做法，例如有《绿色水暖法规（IAPMO Green Plumbing and Mechanical Code Supplement）》成功经验的美国国际管道暖通器械协会与印尼国家标准局合作开发了当地的给排水系统国家标准，从前期就争取消除壁垒隐患。以上，或可作为我国绿色建筑行业发展的思考和借鉴。

作者：叶凌　程志军　王清勤（中国建筑科学研究院）

第三篇 | 科研篇

我国政府高度重视绿色建筑领域科技工作，在《国家中长期科学和技术发展规划纲要（2006—2020 年)》中明确设置了"城镇化与城市发展"领域的"建筑节能与绿色建筑"优先主题，要求从"绿色建筑设计技术、建筑节能技术与设备、可再生能源装置与建筑一体化应用技术、精致建造和绿色建筑施工技术与装备、节能建材与绿色建材和建筑节能技术标准"等方面开展科技攻关工作。

"十五"和"十一五"期间，国家通过国家科技攻关计划和国家科技支撑计划部署了多项绿色建筑相关项目。"十二五"以来，国家将绿色建筑科技工作当作城镇化与城市发展领域工作的重中之重进行安排部署，发布了《"十二五"绿色建筑科技发展专项规划》（国科发计〔2012〕692 号)，重点围绕标准与规划设计技术、关键技术产品、集成与示范三个方面部署重点科技工作。截至 2014 年年底，科技部先后启动国家科技支撑计划项目 27 项，课题数超过 100 项，总投入经费 22.2 亿元，其中国拨经费约 7.9 亿元，研究成果有效解决了我国城镇新建建筑和既有建筑改造所需要的新型绿色建材与产品、新型设备和部品、绿色施工平台与技术、建筑节能与环境等相配套的材料、产品、设备、工艺、工法等科技诉求。

本篇选择了"性能目标导向的绿色建筑设计优化技术研究"、"干旱区城镇绿色建筑技术集成研究与示范"和"实现更高建筑节能目标的可再生能源高效应用关键技术研究"等 8 个国家科技支撑计划课题，以及能源基金会能源项目部资助的 3 个课题进行简要介绍，分别从课题研究背景、研究目标、主要任务、预期成果、阶段成果和研究展望等方面进行介绍，以期读者对上述课题有一概括性了解。

Part Ⅲ | Scientific Research

The Chinese government attaches great importance to the scientific research of green building. In the *National Outline for Medium and Long Term S&T Development* (2006—2020), building energy efficiency and green building is addressed as a priority of urbanization and city development. It is required that scientific research should be carried out in the aspects of green building design, building energy-saving technology and equipment, renewable energy devices and building integrated application technologies, fine construction and green building construction technologies and equipment, energy-saving materials, green building materials, and energy-saving standards.

During the 10th and 11th five-year plan periods, a number of green building research projects have been implemented under the support of National Key Technologies R&D Programs. Since the 12th five-year plan period, research on green building as been regarded as the priority of urbanization and city development. In the *Special Plan on Scientific and Technological Development of Green Building of the 12th Five-year Plan* (GuoKeFaJi [2012] 692Hao), three research tasks are stressed, which are standards and planning design technology, key technology and products, integration and demonstration. By the end of 2014, Ministry of Science and Technology has launched 27 National Key Technologies R&D Programs, with over 100 research projects and a total funding of 2. 22 billion yuan, of which the state allocation is 790

million yuan. The research achievements effectively fulfill the require-
ments of new building construction and existing building retrofitting for
new green building materials and products, new equipment and compo-
nents, green construction platform and technology, energy-saving and
environment related technologies.

This part introduces 8 projects of National Key Technologies R&D
Program, including "Research on performance-oriented green building
design optimization technology", "Integration research and demonstra-
tion of green building technology in cities and towns of arid regions",
"Research on key technology of efficient application of renewable ener-
gy to achieve higher energy saving goals in buildings" and so on. It al-
so presents 3 projects funded by Energy Foundation from the aspects of
research background, goals, main tasks, expected results, periodic
progress and research prospect, which will provide a general picture for
the readers.

1 夏热冬冷地区建筑节能共性关键技术体系研究与综合示范❶

1 Research and comprehensive demonstration of common key technology system of building energy efficiency in hot summer and cold winter area

1.1 研　究　背　景

我国已进入快速城镇化时期，城市建筑规模持续以 5%～8% 的速度增长，目前，中国每年新增建筑面积 16～20 亿 m²，预计到 2020 年底全国房屋建筑面积将新增 300 亿 m²，其中城市新增 130 亿 m²；另一方面，随着经济增长和生活水平的提高，单位面积能耗大幅度增加，目前我国建筑运行能耗已约占全社会总能耗的 30%。能耗高、效率低、能源缺的严峻现实，迫切需要通过科技创新，突破建筑节能技术瓶颈，以保障城镇的可持续发展。因此，随着社会的发展，建筑节能将成为缓解我国能源短缺的主要手段与方法。

夏热冬冷地区的主要区域——长江中下游流域历来是我国的富饶之地，是目前我国经济最发达也是经济和社会发展最活跃的地区之一，人口密集，城市化进程快速，建筑总量和每年新增的建筑面积都非常巨大，对建筑的要求也比较高。另外，长江中下游流域属于最典型的夏热冬冷气候特征，而且空气的含湿量大，夏季空调和冬季采暖要求都比较高，其气候特征可以说是全世界独一无二的，因此针对包括长江中下游流域的夏热冬冷地区的夏天热、冬天冷、高温高湿气候特征开展建筑节能关键技术的研究和攻关，具有重要的理论意义和巨大的节能潜力。

建筑节能是我国可持续发展战略的重要组成部分。改革开放以来，各级政府都十分重视建筑节能，并颁布了一系列标准、政策和法规。虽然各类建筑节能设计标准在很大程度上推动了建筑节能工作的开展，但是由于缺乏建筑节能共性技术体系的支撑，使得对于建筑物尤其是区域尺度的建筑能源统一规划无标准可以执行，对于建筑节能关键技术的适宜性缺乏较好的评价，对于不同的建筑节能技术在施工实现时，缺少统一的图集、标准以及规范，由于缺少完善的建筑能耗公

---

❶ 本课题受"十二五"国家科技支撑计划支持，课题编号：2011BAJ03B14。

共监测平台，使得类似的建筑在能耗设计、监测和评价时无参考，而已有的标准与设计工程不能较好地统一、节能指标的可操作性较低及节能标准的灵活性难以实现，在一定程度上影响了建筑节能工作的开展。针对夏热冬冷地区的具体情况，建筑节能共性技术及体系的构建对节能工作的实施和推广起到了至关重要的作用，正确的节能技术评价体系有利于合理、适用的节能技术及措施的推广，是促进建筑节能发展的关键。

1.2 课 题 概 况

1.2.1 研究目标

本课题旨在深入分析和研究夏热冬冷地区城市及城镇建筑节能所涉及的共性关键技术，重点针对夏热冬冷地区城镇区域建筑能源规划方法、建筑节能关键集成技术适宜性评价方法、各种建筑节能技术的实施标准、规范、导则、图集以及建立建筑能耗监测与控制一体化平台等方面开展研究，通过技术创新与集成，形成一套较完整的自主知识产权体系，主要产品通过技术成果鉴定和投入批量生产，并结合国家可持续发展实验区的重点工程建设，开展规模化工程示范。

1.2.2 研究内容

本课题主要根据夏热冬冷地区的夏天热、冬天冷、高温高湿气候特征开展建筑节能关键技术的集成研究和攻关，针对夏热冬冷地区不同省份气候特征，不同的建筑特点，以及居住者不同的生活习惯，重点对城镇区域建筑能源规划方法、建筑节能关键集成技术适宜性评价，建筑节能技术实施过程的标准、规范、导则、图集以及建筑能耗监测与控制一体化平台等方面进行研究和攻关。研究内容主要包括以下五个方面：

（1）夏热冬冷地区城镇区域建筑能源规划方法

研究一套夏热冬冷地区城镇区域建筑能源规划方法，对指导夏热冬冷地区的建筑节能发展具有至关重要的作用。课题将针对夏热冬冷地区不同省份气候特征，不同的建筑特点，以及居住者不同的生活习惯，提出适合不同建筑规模的城镇区域建筑能源规划方法，建立城镇区域可再生能源的利用方法以及技术经济评价方法，并进行工程示范。

（2）夏热冬冷地区建筑节能关键集成技术适宜性评价方法

提出一套夏热冬冷地区建筑节能关键集成技术适宜性评价方法，针对夏热冬冷地区的建筑用能特点，建立建筑围护结构、建筑遮阳节能技术、建筑通风系统节能技术、空调系统节能技术、建筑一体化的可再生能源利用技术等各种建筑节能技术在同一建筑上应用后的节能效果的评价方法,确定相应评价指标与体系;研究建筑节能技术在住宅建筑、大型公共建筑、工业建筑以及多功能建筑体上进行集成应用的规划与设计原则。

(3)建筑节能技术实施规范性文件

针对围护结构中墙体变成了保温墙体,屋面变成了保温隔热屋面,门窗和幕墙不仅有保温隔热要求而且部分还增加了遮阳系统,楼地面增加了保温或采暖制冷系统,地源热泵、空气源热泵、热泵辅助的太阳热水系统、热湿独立处理空调系统、区域集中供暖系统等不同系统的应用以及建筑节能工程施工中的大量新技术、新材料、新工艺,研究相关的施工新技术,制定建筑节能技术实施规范性文件,建立建筑节能技术如建筑围护结构保温系统、建筑遮阳系统、地源热泵、空气源热泵、热泵辅助的太阳热水系统、热湿独立处理空调系统等的综合利用的设计导则,施工导则以及相应的施工图集、标准等,使得在建筑节能的技术实施过程中有据可依,规范统一,协调发展。

(4)夏热冬冷地区的建筑能耗监测与控制一体化平台

研究不同类型的空调系统冷热源及其末端性能的现场简易测试方法,深入分析测试方法,建立相关数学修正模型,优化简易测试结果。研制出各种低成本的检测仪表,开发相关的现场测试装备,从而实现空调系统性能的实时现场监测。建立空调系统性能评估与优化模型,在线分析建筑空调系统运行状况,指导建筑空调系统的节能优化运行,最终开发出实现建筑空调系统能耗监测与控制一体化平台。

(5)进行较大规模的建筑节能关键技术集成示范

与相关企业进行产学研结合,不断完善夏热冬冷地区建筑节能共性技术体系,结合青奥会等国家可持续发展示范区的重点工程建设,开展规模化的建筑节能技术集成示范,总示范面积30万 m² 以上,通过示范工程验证研究成果,实现建筑节能降耗的目标。

1.2.3 研究路线

(1)研究区域建筑能源规划的全过程管理,设定节能目标、估计区域建筑可利用资源量、预测区域建筑负荷,优化配置能源供应系统、实行比国家标准更高的区域建筑节能标准、准确评价区域建筑对环境的影响。

(2)研究各种建筑节能技术在建筑上应用后的节能效果的评价方法,确定相应评价指标与体系;研究建筑节能技术在住宅建筑、大型公共建筑、工业建筑以及多功能建筑体上进行集成应用的规划与设计原则。

(3)建立各种建筑节能技术综合利用的设计导则,施工导则以及相应的施工图集、标准,并应用相应的设计导则、施工导则、图集、标准应用于相应的建筑节能示范项目,指导建筑节能技术的实施,并通过实际的应用,进一步优化、完善各种标准、导则等。

（4）研究建筑空调系统及末端的性能现场简易测试方法，开发相关的测试仪表，研制现场测试装备，建立简易测试方法修正模型，保证现场测试精度。

（5）建立空调系统性能预测模型，在线分析建筑空调系统运行状况，实现性能诊断，指导建筑空调系统的节能优化运行，并最终开发出建筑空调系统能耗监测与控制一体化平台。

（6）结合国家可持续发展示范区的重点工程建设，开展规模化的建筑节能技术示范，总示范面积 30 万 m^2 以上。

1.3　阶段性研究成果

1.3.1　区域建筑能源规划方法研究

课题组开展区域建筑能源规划研究，结合城镇区域规划中能源规划的现状，根据供需方各自的需要，利用综合能源规划的方法，设定节能目标、评估区域建筑可利用资源量、预测区域建筑负荷，优化配置能源供应系统、实行比国家标准更高的区域建筑节能标准、准确评价区域建筑对环境的影响，实现夏热冬冷地区城镇区域建筑能源的全过程管理。从而规避以专项规划为基点的诸多弊病，最大限度地节约资源、减少有害物排放、获得最佳经济效益与社会效益，促进经济和社会的可持续发展。区域建筑能源规划的指导思想是"供应满足消费需求"，因此进行区域建筑能源规划的前提是对区域的能源需求进行预测并对具体的情景进行设定。

课题组首先对影响建筑能源需求相关因素进行了深入分析，研究了国内外几种预测模型之后，最终采用情景分析法的预测模型对区域建筑负荷进行预测；在此基础上，通过对区域建筑能源系统的碳排放指标、热力学评价、环境评价、区域 3E 系统协调度综合评价的指标体系的研究，最终得出区域建筑能源优化配置方法。该区域建筑能源规划方法，结合 2014 年青奥会的重点工程——青奥城青奥板块的建设，对南京河西南部新城开展区域建筑能源规划应用，总占地面积达 706 万 m^2，建筑面积 1405 万 m^2。取得了显著的节能效果和经济效益。

1.3.2　建筑节能关键集成技术适宜性评价与规范性文件编制

本课题针对夏热冬冷地区的建筑用能特点，建立建筑围护结构、建筑遮阳节能技术、建筑通风系统节能技术、空调系统节能技术等各种建筑节能技术在同一建筑上应用后的节能效果评价方法，确定相应评价指标与体系。重点针对冷却塔免费供冷技术、夜间通风技术及相变蓄能玻璃窗等节能关键技术在夏热冬冷地区的应用进行了实验研究与评价。

同时，建筑节能技术的快速推广和大量应用需要国家、行业等各级标准、导则等规范性文件进行保障，本课题组利用自身的优势，针对夏热冬冷地区建筑节能共性关键技术开展规范性文件的编制。完成了《夏热冬冷地区建筑能效标识技术细则》、《夏热冬冷地区可再生能源建筑应用工程评价技术细则》等国家、行业和地方各类标准、规范和导则21项，从而形成了一系列较为完整的规范性文件，为相关技术在夏热冬冷地区的推广应用提供了保障。

1.3.3 建筑能耗监测与控制一体平台的构建

针对现有建筑只关注其能耗监测，较少涉及对建筑各系统尤其是空调系统的优化控制，导致建筑能耗难以进一步降低的现状，本课题组探索建立建筑空调系统优化运行与优化管理技术体系，通过整合建筑能耗监测系统，融合建筑空调系统优化运行控制，构建出建筑能耗监测与控制一体化技术，通过确立了建筑节能监控平台网络架构、建筑节能监控、建筑节能监控平台软件功能方案的确定，开发出区域建筑能耗监控软件，并将建筑空调节能技术与能耗监测一体化来探索建立建筑空调系统优化运行与优化管理技术体系，在既有建筑实现冷热负荷模拟与已有空调系统的一体化实时仿真，诊断既有建筑节能薄弱环节，提出节能优化与改造方案，并实现节能潜力评估。基于对拟建建筑的负荷预测，进行各种空调系统方案评估，确定建筑空调系统最优方案，及其运行能耗预测。

建筑能耗监测与控制一体化平台定位于一个集能耗监测、数据分析挖掘、能耗设备控制优化、系统集成以及具有高扩展性的集成性"大平台"。平台的主要功能可分为能耗数据计量与监测、用能诊断、节能控制、能耗审计与公示、能源使用管理与系统集成五个方面。经过本项目组的不懈努力，目前已初步构建出建筑能耗监测与控制一体化平台，并将其示范应用与东南大学节能校园平台建设，实现对校园内重点用能设备尤其是中央空调系统的监测与控制优化一体化。产生了显著的节能效益。

1.3.4 重点工程示范——青奥会重点工程青奥城青奥板块建设

2014年第二届国际青年奥林匹克运动会在南京举办。为迎接这次盛会，结合青奥会配套项目的建设，在会展中心南侧形成举办青奥会需求的相关功能综合功能区——青奥城，形成连接中部和南部地区的新的城市综合体和核心区。在赛后将成为公寓、酒店、商业、展览、表演、会议、娱乐、亲水公园等功能复合、多样的城市综合发展区。

本课题以南京青奥会重点工程——青奥城青奥板块建设为示范工程，包括青奥中心、青奥村—国际风情街、青奥村能源站（图3-1-1、图3-1-2），将本课题的研究成果包括区域能源规划技术、低能耗建筑围护结构体系、大温差技术、排风能量回收技术、综合通风技术、太阳能技术、区域空调系统优化运行等绿色建筑节能技术综合运用于示范工程，示范面积达 52 万 m^2，实现整体建筑节能率达到 65％，部分建筑节能率达到 75％。该项目实现了在城市区域尺度，从区域到建筑群到单体建筑的建筑能源规划与建筑节能技术应用的统一以及建筑节能适宜技术的综合集成，为我国夏热冬冷地区区域尺度的建筑能源供应与建筑节能适宜技术应用的综合设计提供参考。

图 3-1-1 青奥中心

图 3-1-2 青奥村

1.4 研 究 展 望

随着"夏热冬冷地区建筑节能共性关键技术体系研究与综合示范"研究工作不断深入，课题研究的各项工作均取得了较大的进展，并实现了部分技术的突破。在课题的执行过程中，课题组非常注重技术成果的转化与应用，在青奥会重点工程青奥城青奥板块建设进行了示范性应用，并在较大范围内进行了推广，产生了显著的经济和社会效益。随着本课题工作的进一步推进，到本课题结束，坚信将有更多的研究成果产生并将进行工程示范和推广应用，从而推动夏热冬冷地区的建筑节能工作，为我国的节能减排实现作出较为重大的贡献。

作者： 张小松　梁彩华（东南大学常州研究院）

2 绿色建筑规划预评估与
诊断技术研究❶

2 Research on pre-evaluation and diagnostic technologies of green building planning

2.1 研 究 背 景

2012 年 4 月，中国科学技术部发布了《"十二五"绿色建筑科技发展专项规划》，其中在绿色建筑规划与设计技术研究中，提到了"绿色建筑规划与设计模拟技术及软件研发。研究建立区域及建筑群能源资源消耗、物理与生态环境的预测和诊断技术；研究基于地理信息系统和建筑信息模型的综合规划技术和绿色建筑集成设计方法"。2013 年 4 月，住房和城乡建设部印发《"十二五"绿色建筑和绿色生态城区发展规划》（建科〔2013〕53 号），明确了绿色建筑和绿色生态城区在"十二五"期间的发展目标、指导思想、发展战略、实施路径、重点任务和一系列保障措施，其中推动绿色建筑规范化发展的重点任务中要求抓好绿色建筑规划建设环节，确保将绿色建筑指标和标准纳入总体规划、控制性规划、土地出让等环节中。2014 年 3 月，国务院发布《国家新型城镇化规划（2014—2020年)》，明确提出顺应现代城市发展新理念新趋势，推动城市绿色发展，实施绿色建筑行动计划，积极推进建筑规模化、区域化绿色建筑建设和生态城市规划建设发展。

面对中国新型城镇化的需求，城市片区规划设计急需绿色规划理论的支持和绿色规划内涵的融入，同时也亟待绿色建筑规划预评估与诊断方法、标准与工具等技术体系支持。基于此，课题组对于绿色建筑规划预评估与诊断技术研究开展系统性的研究工作。

---

❶ 本课题受"十二五"国家科技支撑计划支持，课题编号：2012BAJ09B01。

2.2 课 题 概 况

2.2.1 研究目标

基于城市片区绿色建筑规划所涉及的能源、生态、热环境、社会人文四个重点影响因素的研究分析，探索建立适用城市片区绿色建筑规划预评估与诊断技术体系框架，建立绿色建筑规划预评估与诊断关键技术方法、标准及工具，为绿色建筑相关指标纳入城市片区控制性详细规划的控制性指标范畴和将绿色建筑内涵融入规划设计中提供技术支持。从规划源头起始提升城市片区绿色建筑建设水平，推动中国绿色建筑的规模化发展。

2.2.2 研究内容

绿色建筑规模化发展应该界定在什么范围内？在城市规划的哪个阶段开展工作？为了实现绿色建筑的适宜性、本土化、低耗性以及精细化的内在要求，绿色建筑规模化发展需要进行预评估和诊断工作主要涉及哪些核心的内容？为此，课题组开展以下五个方面的研究：

（1）城市片区绿色建筑规划预评估与诊断技术体系框架研究；

（2）城市片区绿色建筑规划能源高效利用预评估与诊断技术研究；

（3）城市片区绿色建筑规划生态系统预评估与诊断技术研究；

（4）城市片区绿色建筑规划热环境预评估与诊断技术研究；

（5）城市社区绿色建筑规划建设与社会人文需求关系的评估系统研究。

2.2.3 技术路线

（1）通过文献综述、实地调研、基础调查、专家咨询等综合方法，界定研究范围，构建预评估与诊断技术体系框架。

（2）结合基础调查数据库和现状特性资料库，确定预评估与诊断要点及指标体系，研究提出预评估与诊断技术矩阵，通过情景分析和模型模拟等确定最终包含能源高效利用、生态系统、热环境和社会人文需求四大技术体系在内的预评估与诊断方法体系。

（3）以建筑负荷与人工排热动态模拟、建筑能耗动态分析、GIS、生态敏感性分析、热岛强度模拟等技术方法为基础，形成一套绿色建筑规划预评估与诊断技术指引、软件、数据库等技术体系，应用绿色建筑预评估与诊断技术研究成果，进行城市片区绿色建筑规划预评价与诊断集成应用示范。

具体技术路线如图 3-2-1 所示。

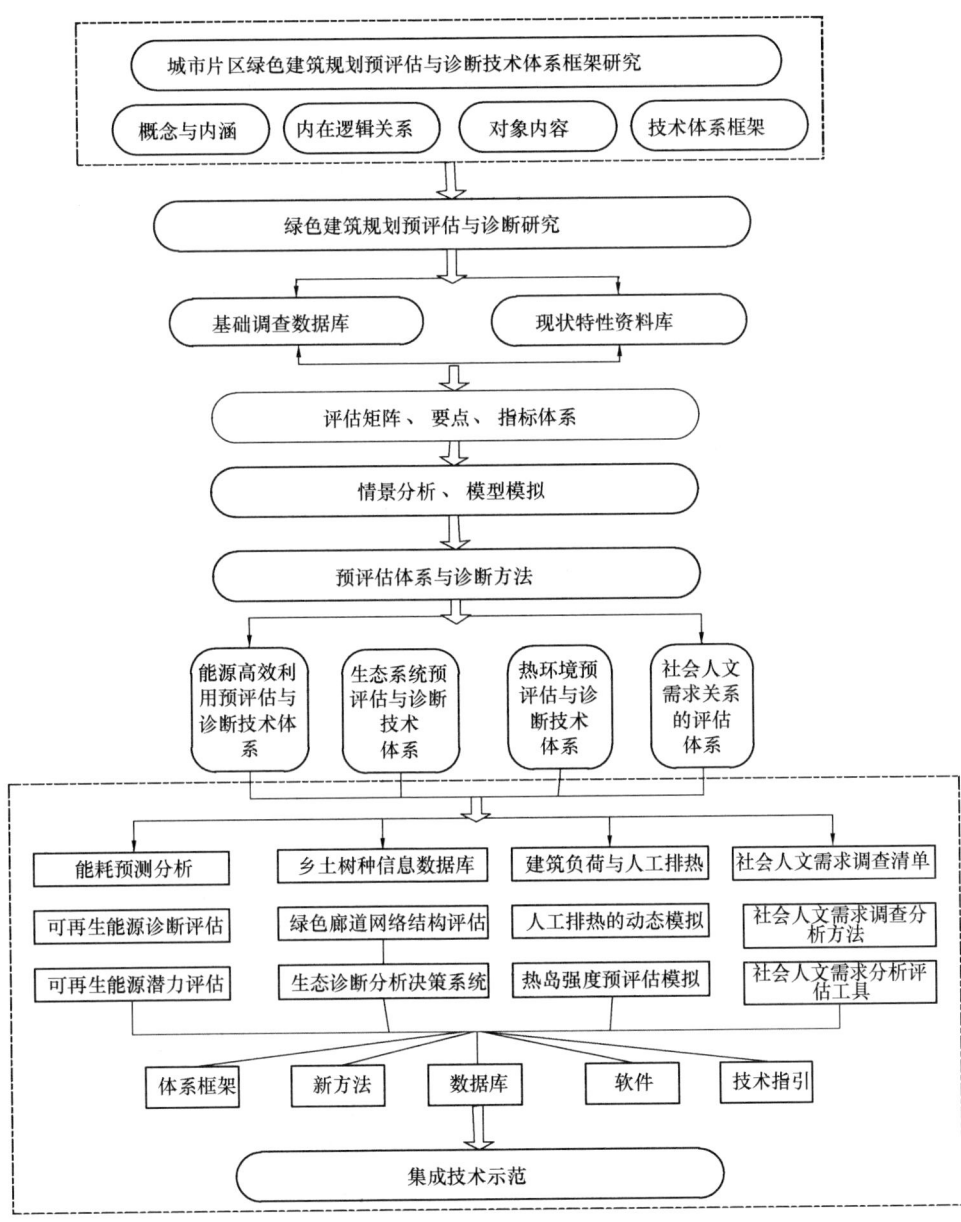

图 3-2-1 绿色建筑规划预评估与诊断技术路线图

2.3 阶段性研究成果

2.3.1 城市片区绿色建筑规划预评估与诊断的概念和内涵

通过国内外相似城市发展理论、城市尺度调研，结合我国经济社会发展水平和技术发展水平分析，明确城市片区绿色建筑规划预评估与诊断的概念与内涵。

城市片区绿色建筑规划预评估与诊断，指在城区级的绿色建筑规划建设前期阶段，以绿色建筑为核心，既考虑单体建筑特征，又对规划区内的自然环境、用地布局、交通环境、能源资源、生态环境、社会人文等要素情况进行评估和诊断，着眼于绿色建筑与绿色市政设施及绿色交通连成互动的系统，组成与自然人文和谐共生的城市环境城市片区绿色建筑规划预评估与诊断的内涵，预评估是指对于规划前期的评价和估量，客观、准确地将与项目执行相关的经济、社会、资源、技术等方面的数据资料真实、完整地汇集，对方案进行评估和论证，为规划设计的执行奠定基础。诊断，是指诊视和判断现状及其发展情况。其步骤包括，收集资料，在评价资料的基础上，进行诊断的思维过程，包括综合、分析、联想、推理、实践验证等。内涵反映出了绿色建筑规划预评估与诊断的 4 个核心要素：定位、基本性质、外延、评估标准和诊断内容。城市片区的绿色建筑规划预评估与诊断的结果着重于建筑与资源、生态环境及社会人文的依存与适宜关系，应对新型城镇化的发展模式，是城乡建设领域贯彻落实科学发展观，建设资源节约型、环境友好型社会的具体体现。

2.3.2 城市片区绿色建筑规划预评估与诊断技术体系框架

通过对英国 BREEAM 社区生态评估体系、美国 LEED -ND 评估体系、日本 CASBEE 城市发展综合性能评价体系、中国绿色生态城区评估体系等国内外具有一定权威性的 6 大评估体系中涉及城市片区和场地环境部分的指标（397 个指标）进行对比和分析，提炼出符合中国绿色建筑规划特征的城市片区绿色建筑规划预评估与诊断技术体系框架。该技术体系框架包括用地规划、交通、能源、资源、生态、建筑、人文、物理环境八大项共 47 个指标项，适用于现状分析、概念性规划、城市设计、控制性详细规划等不同阶段。在此基础上，建立以城市片区绿色建筑规划预评估与诊断技术体系框架为基础的专家决策知识库，作为指标判定与评估的数据理论基础。各评估模块下的评价指标基于专家指标决策库进行评价支持，对空间形态与布局、非空间指标分别依据专家指标决策库进行评估，在权衡社会、经济、生态等多要素综合平衡下进行优化确定。软件通过规划情景的实时比较，对规划项目进行客观的、量化的分析，通过分析方案的低碳性、连通性、节能性与节水性等选择对方案进行实时的动态调整，最终选择具有可持续发展的规划方案（图 3-2-2）。

2.3.3 城市片区绿色建筑规划能源高效利用预评估与诊断技术

课题组基于典型片区建筑能耗与负荷特性的调研，搜集了包括北京、天津、上海、重庆在内的 20 余个城市民用建筑能耗数据，得到不同地域、不同城市规

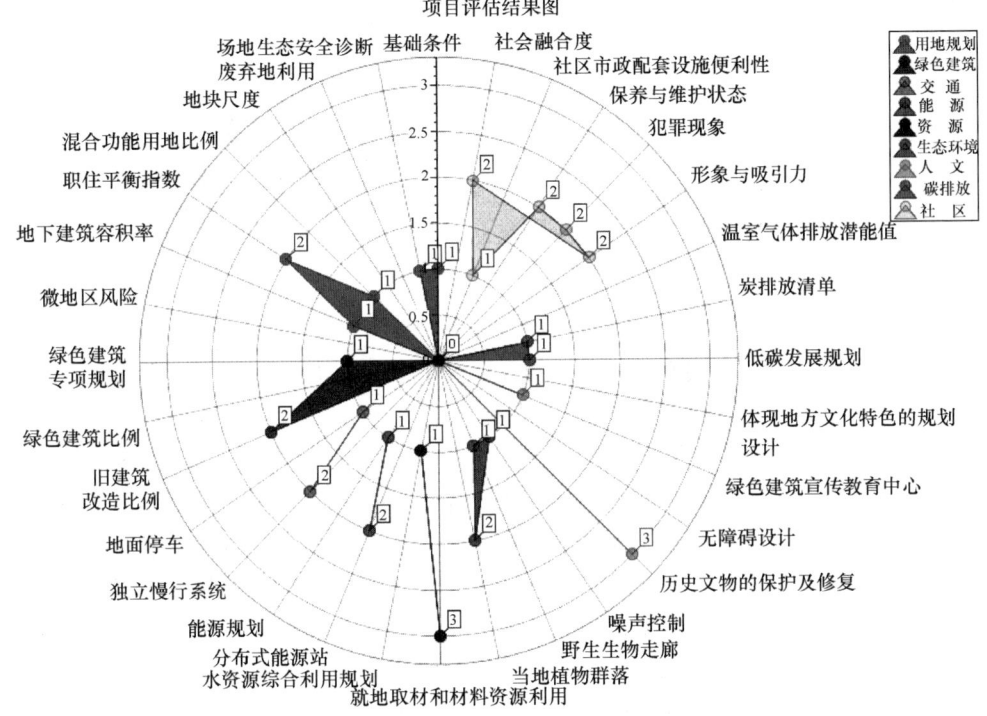

图 3-2-2　绿色建筑规划预评估与诊断的动态规划

模、不同气候区、不同类型民用和公共建筑的能源结构与消耗情况，研究分析其中的规律、趋势、能耗影响因素等，结合区域能源在城市规划中的作用，针对不同规划阶段建立了不同的能源预测方法。从负荷预测和规划参数两个方面分别考虑了区域能源系统的技术适宜性，进而实现能效、经济与环境效益的综合优化，便于城市片区规划的编制与调整。

在区域能源系统综合评价体系的基础上，基于GIS与计算机辅助设计，开发出城市片区（园区）建筑能源规划软件（图 3-2-3），实现了对城市片区建筑层面多种能源系统的综合优化配置，确定区域能源系统的应用形式、容量、空间布局、运行模式；实现对城市片区（园区）基本信息、宏观经济、气候资源（太阳能、地质条件、地表水/地下水/污水资源）、能源技术、能源价格及碳排放因子的管理；并从宏观层面（城市）和中观层面（园区），实现预测城市片区、园区的建筑能源需求，为能源系统优化配置提供基础数据。

2.3.4　城市片区绿色建筑规划生态系统预评估与诊断技术

课题组从城市生态系统服务功能评价、城市生态系统安全格局诊断、城市生

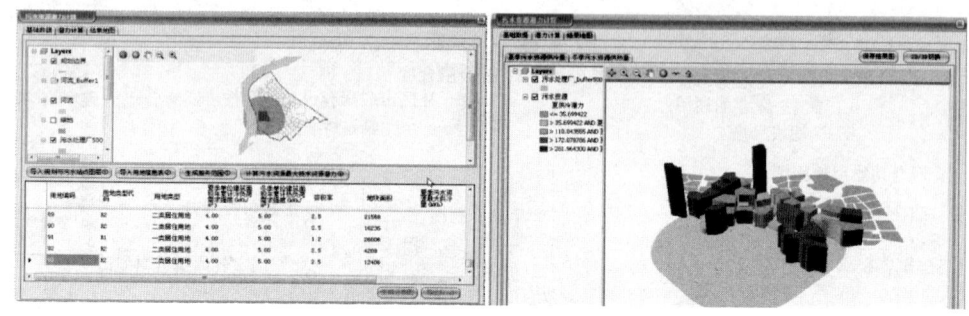

图 3-2-3 区域建筑能源规划软件示意图

态系统现状评价等多个层面切入，通过文献资料调研、城市基础数据调研等，搜集 5 个气候区的 10 个典型城市的 570 余种乡土植物信息，积累 22000 多条数据，首次探索性地构建了中国乡土植物信息数据库系统（图 3-2-4）。同时，对 7 类城市廊道进行调研，设置 23 个观察点，调研面积约 4 平方公里，建立绿色廊道网络评估与诊断技术体系。基于大量的调研数据进一步开发数据库功能模块，包括专题设计、群落设计、生态效益评估和成本价格计算、生态廊道网络结构评估与诊断等功能。借助软件工具实现对与城市人居生活关系紧密的公园绿地、附属绿地、其他城市绿地的生态效益的评价，确切地评估绿地对环境改善的作用和程度，并建立绿色廊道网络结构优化方法，结合游憩功能与居民满意度，促进城市绿地系统规划，优化植物群落与生态廊道结构，构建城市片区绿色建筑规划生态诊断分析决策工具。

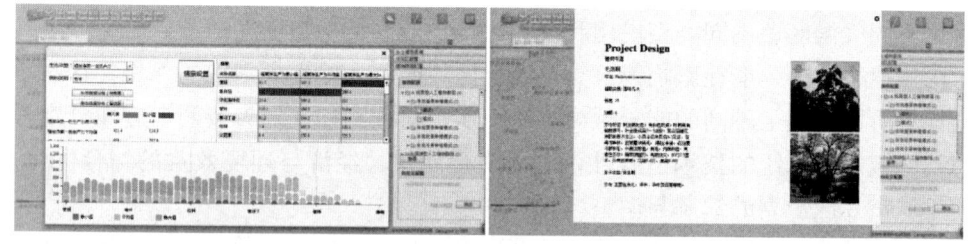

图 3-2-4 乡土植物数据库示意图

2.3.5 城市片区绿色建筑规划热环境预收评估与诊断技术

分析现有城市区域热气候预测模型，建立城市区域微气候与热平衡动态预测评估方法，开展了城市区域微气候与热平衡动态预测模型的开发与验证。通过以上的研究过程，课题组到目前阶段已基本完成城市区域微气候与热平衡动态预测评价软件的开发，所开发的模型由局地气候模块、城市布局模块、建筑内外热湿负荷计算模块、太阳辐射计算模块和热舒适性模块等组成，能够针对多种建筑类型及用能形式并存的城市区域热环境与热岛强度评估，真正实现了城市冠层模型研究中的精细化模拟（图 3-2-5）。可供城市规划专业在进行总体规划和详细规划等不同阶段规划任务时，对气候影响给出辅助性定量评价。

图 3-2-5　城市区域微气候与热平衡动态预测评价软件界面

课题组对华南、华东、华北不同气候区典型城市小区夏季典型时段的热环境、舒适度等进行现场调研，建立了针对中国国情的较为详尽的不同建筑类型负荷和人工排热算法与数据库，可实现对象区域［主要针对城市区域的中尺度-γ（水平距离 1～25km）和中小城区的中尺度-β（水平距离 25～250km）的范围］建筑负荷与人工排热的全年动态模拟。

2.3.6　城市社区绿色建筑规划建设与社会人文需求关系的评估系统

课题组基于绿色建筑预评估与诊断技术体系的相关标准与技术导则的对比分析研究，借鉴国内外以绿色建筑为研究对象的生态环境、资源能源评价评估体系，对绿色建筑规划建设和社会人文需求的构成要素进行了提炼，建立了适用于中国城市社区尺度的绿色建筑规划建设与社会人文需求关系分析的技术体系框架（图 3-2-6）。

同时对绿色建筑的特征与社会人文需求开展了大规模调研，重点对城市社区公共开放空间设置、绿色居住空间、公共设施配套、建筑功能与样式多样化和社区居民的年龄结构、所从事行业、受教育情况、婚姻状况等进行了数据资料集成，形成了包含 150 余万条调研记录的数据集。在此基础上，课题组构建了绿色建筑规划建设及其社会人文需求的表征指标体系，揭示了绿色建筑规划建设与社会人文需求关键指标之间的定量关系，形成了城市社区尺度绿色建筑规划建设与社会人文需求关系的综合评估方法。

2.3.7　绿色建筑规划预评估与诊断技术示范

基于绿色建筑预评估与诊断技术体系各项研究内容的成果，选定深圳湾科技生态园进行绿色建筑、碳汇景观、生态诊断、能源预评估与诊断等集成技术示范

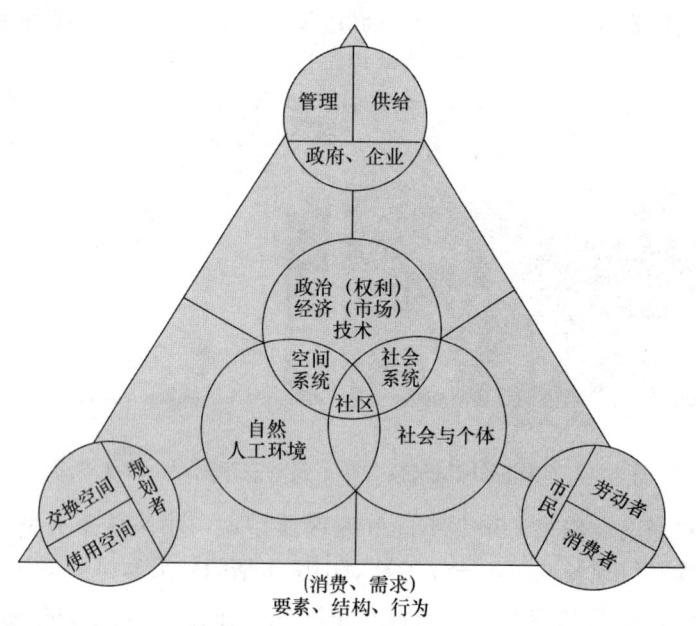

图 3-2-6　社区尺度的绿色建筑规划建设与社会人文需求关系分析的动力学框架

（图 3-2-7）。采用用地规划、交通、能源、资源、生态环境、建筑、人文等方面的诊断和评估方法，进行用地适宜性诊断，考虑生态安全格局，合理布局土地功能，确定商业用地、居住用地、集约用地和混合开发用地的布局形式；结合交通、能源、资源进行潜力分析，进行交通流量、建筑能耗和负荷、场地通风量等预测，合理规划道路交通，高效利用能源，提高资源利用率；同时进行生态环境诊断，对生态廊道、绿地结构、热岛强度等进行现状评估，优化景观绿地功能；再辅以人文需求调查分析，了解示范区居住人群需求以及配套设施现状，打造宜人空间。制定绿色建筑体系方案效果可到达在容积率 6.09 时对生态环境的影响仅为容积率 3.5 时的影响水平。

图 3-2-7　深圳湾科技生态园主体工程实景图

2.4 研 究 展 望

《"十二五"绿色建筑和绿色生态城区发展规划》提出到"十二五"期末，绿色发展的理念为社会普遍接受，技术标准体系逐步完善，创新研发能力不断提高……；新建绿色建筑 10 亿 m^2，建设一批绿色生态城区、绿色农房，大规模推进绿色建筑发展。但是目前在中观尺度的城市片区绿色建筑规划缺乏生态观导引，理论体系缺失，起核心先导作用的规划诊断工作基本缺位，未能全面考虑城市片区绿色建筑与场地、资源环境、生态以及社会人文的适宜性和协调性。

绿色建筑规划预评估与诊断技术的研究主要是为了建立适用不同气候，面向城市片区尺度，兼顾能源资源、生态、环境、社会人文的绿色建筑规划预评估与诊断方法体系，并建立一套完整的预评估与诊断标准。课题组自主开发的乡土植物树种数据库可以提供树种配置、群落设计等功能，能够提升规划人员景观设计的工作效率，提升规划质量。自主研发的生态城市评估软件能在规划阶段提升绿色整体性能，为绿色建筑规划提供科学合理的定位，通过对场地环境、资源、生态等提供定量分析，为绿色建筑规划提供科学合理、详细的基础信息和依据，以及规范的技术指引。

课题技术成果为绿色建筑规划提供了科学、直观、拓展性强的技术支持，可带动绿色建筑领域的技术创新及大规模的产业化发展，与国内外同类产品相比具有强的竞争力和竞争优势。随着技术的成果的进一步完善，其应用前景广阔。

作者：刘俊跃　鄢涛　李芬　史敬华　陆元元（深圳市建筑科学研究院股份有限公司）

3 绿色建筑群规划设计应用技术集成研究[1]

3 Integration research on planning and design application technology of green building complex

3.1 研 究 背 景

"十二五"期间，我国迎来规模化和区域化的绿色建筑集中建设热潮，各地显现出建筑群成为重要载体或单元的开发建设模式。这类建筑群一般位于大型的城市片区或大型的综合开发区之中，由同一个或几个业主开发建设，建筑面积在几十万平方米到百万平方米之间，经常对应以各类特定功能的园区（包括其间的某个街区）、城市综合体、大型居住区等。这类建筑群的开发建设受到城市片区或综合开发区的关键指标约束，但相对单体建筑，其规划设计-存在较大的变化空间，对应着不同的能源资源利用效率和建筑综合性能。

然而，在绿色建筑支撑技术方面，现阶段我国的研究关注点主要在两个层面上开展：一是宏观的生态城市规划；二是单体绿色建筑技术研究。介于城市和单体之间的建筑群较少给予关注。相对于建筑群的建设体量和变化空间，其规划设计理念、设计方法、技术体系等方面的储备严重滞后，难以满足未来若干年城市大规模快速化建设的需要。存在问题如下：总规、详规、城市设计到建筑单体设计各阶段之间，对绿色理念和技术的衔接性不足；组团开发的建筑群规划设计方法和理论的研究较少，缺乏对不同功能、规模尺度绿色建筑群规划设计共性方法的系统化研究；对当前城市综合体、商务园区等建设热点，缺乏针对性调研数据，对能源环境系统的规划设计思路有待具体化。

为此，上海市建筑科学研究院联合相关的规划、设计单位，先期开展此方面的探索研究。

3.2 课 题 概 况

3.2.1 研究目标

针对建筑群开发建设中迫切需要解决的能源高效供应、资源综合循环、环境性

---

[1] 本课题受"十二五"国家科技支撑计划支持，课题编号：2012BAJ09B02。

能提升等关键问题，通过对能源、资源、环境等共性关键因素的分析，初步建立普适性绿色建筑群设计优化方法，并针对城市综合体、商务园区、综合性住区等典型建筑群，推动建立与功能属性和排放特性相匹配的成套规划设计优化技术体系，从而在城区尺度的生态低碳规划和单体尺度的绿色建筑之间形成良好的技术衔接。

3.2.2　研究内容

开展绿色建筑群环境性能提升共性设计方法研究：确定建筑群环境性能的影响因子及其权重，建立基于地理信息系统（GIS）的多因素集成预测平台，实现建筑群规划设计阶段的外环境数字化预评估，用以在规划阶段进行方案必选和优化。

开展绿色建筑群能源资源高效利用应用技术研究：通过调研和数据筛选，初步建立面向建筑群尺度的能源系统参数库，开发基于情景分析法的建筑群负荷动态预测方法，并建立多目标建筑群能源系统评价指标及判定阈值。

开展绿色城市综合体、绿色商务区、绿色居住规划区规划设计关键技术研究：在能源和环境共性技术研究的基础上，建立典型业态对比分析模型，构建适用的绿色规划设计与实施技术体系，选取示范项目进行优化设计和性能评价。

3.2.3　技术路线

本课题技术路线如图 3-3-1 所示。

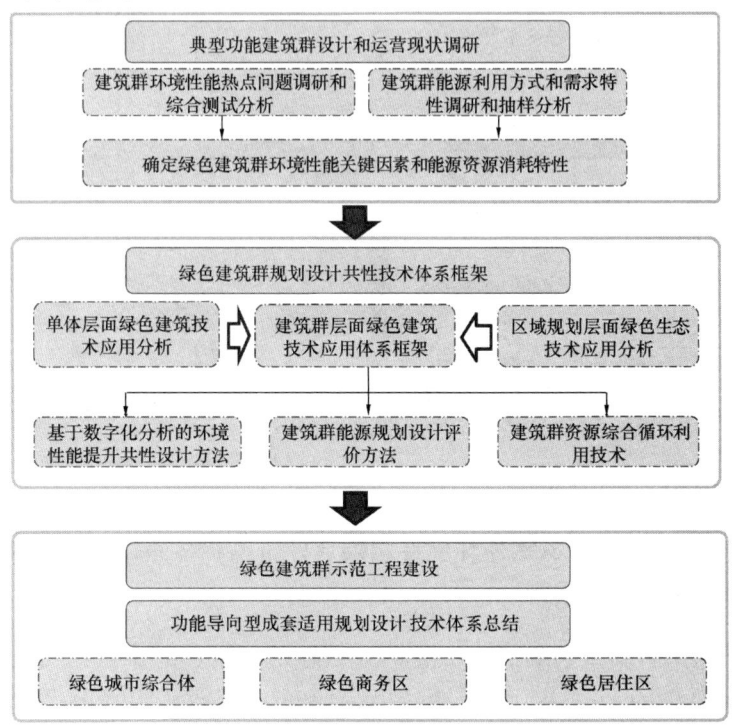

图 3-3-1　绿色建筑群规划设计应用技术集成技术路线

3.3 阶段性研究成果

3.3.1 大规模的建筑群用能调研，建立了能源系统参数库

对 135 个绿色建筑标识项目、20 个区域集中冷热供应项目进行调研，调研对象覆盖我国主要气候分区、建筑业态和绿色建筑星级定位。通过调研，可看出区域供冷项目能源中心主要依托于所处的生态园区规划配建，少量为开发商自建；在能源形式方面，由于综合类建筑群的负荷需求丰富，全年有热负荷需求，因此多采用燃气热电冷三联供系统，商务区建筑负荷种类及需求时间较统一，因此多采用集中式供冷供热系统。基于上面的调研建立了涵盖用地属性、建筑功能、系统形式和政策支撑四个方面的建筑群能源系统参数库（图 3-3-2）。

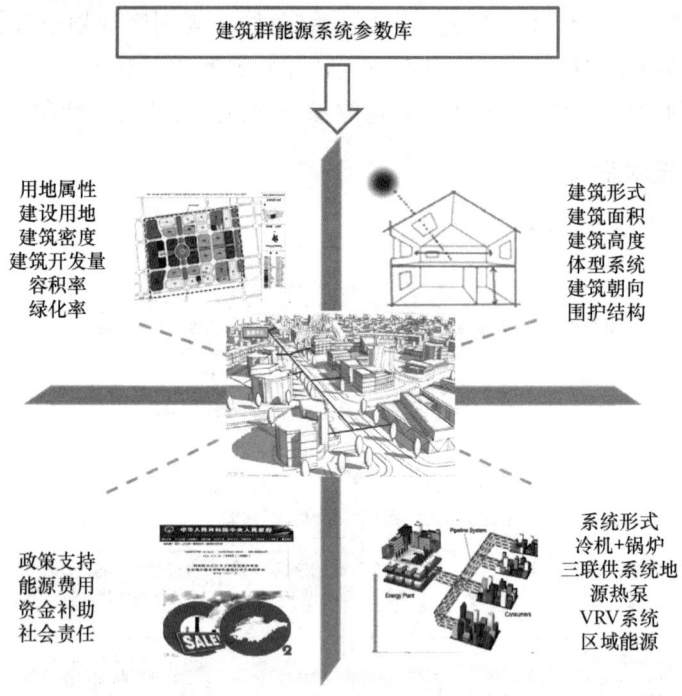

图 3-3-2 建筑群能源系统参数库架构

3.3.2 建立了建筑群室外环境性能综合评价指标体系，开发了基于地理信息系统的环境性能分析平台

开展问卷调研和现场测试，获得建筑环境物理参数和行人热舒适度的敏感性结论；对国外 LEED-ND、BREEAM-Community、CASBEE-UD 等建筑群（区域）评价标准进行了对比研究。在这两项工作的基础上，建立了建筑群环境性能

综合评价指标体系，涵盖风、光、热、声、尘等方面，并进行权重的初步赋值。

建立了基于地理信息系统的多环境因素通用模拟流程，完成了部分建筑环境参数模拟插件编程和平台界面开发。该平台可实现各大商用模拟软件和 GIS 平台的整合，通过统一建模平台和建模方法，达到一模多算的效果；嵌入环境性能评分系统进行快速打分，实现对规划方案的综合评估（图 3-3-3）。

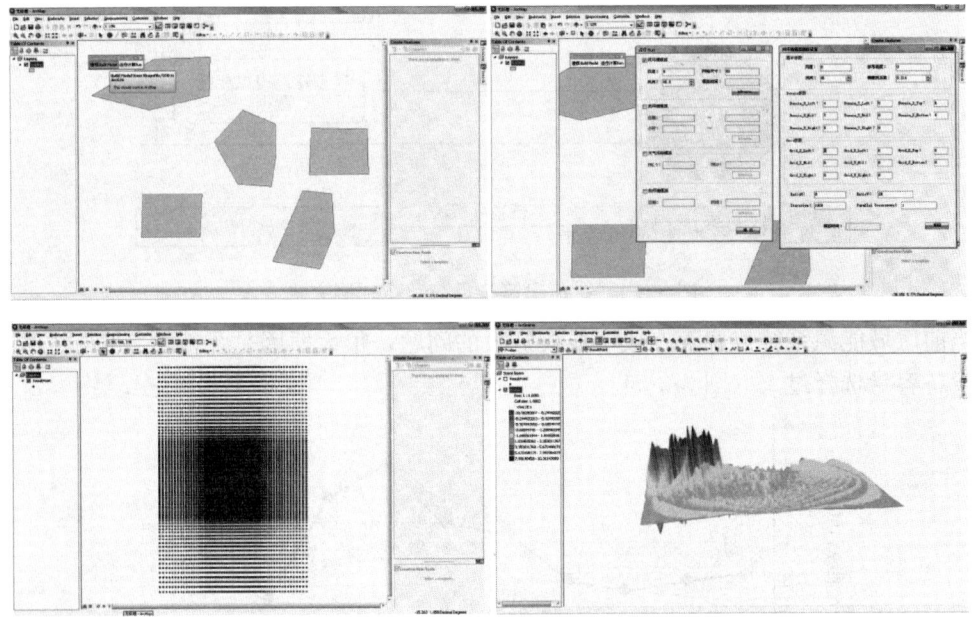

图 3-3-3　基于 GIS 的建筑群综合环境分析平台算例

3.3.3　建立了基于情景分析的建筑群负荷动态预测方法，提出多目标的建筑群能源系统评价指标体系

负荷预测是项目能源规划的起点，传统建筑群负荷预测方式一般采用负荷指标法，即不同类型建筑面积乘以对应的负荷指标，较少同时考虑建筑单体的同时使用系数和建筑与建筑之间的同时使用系数，从而导致高估建筑群的负荷，不利于建筑群能源系统的选择与设备配备。通过研究提出了一种基于情景分析法的建筑群负荷动态预测模型，可以有效避免传统建筑群负荷预测方法的不足，提高建筑群负荷预测的准确性（图 3-3-4）。

针对当前区域能源系统评价偏重于能效或经济性能某一方面，对能源供应结构优化、区域热岛效应控制等关注较少的问题，提出了建筑群能源系统利用综合评价指标，并借助于文献及实地调研，提出评价指标的赋值和赋值原则。利用本评价指标体系对实地调研的区域能源系统进行自评估，发现所有调研样本仅有30％项目综合一次能源利用效率达到阈值，20％项目的综合能源成本达到阈值，

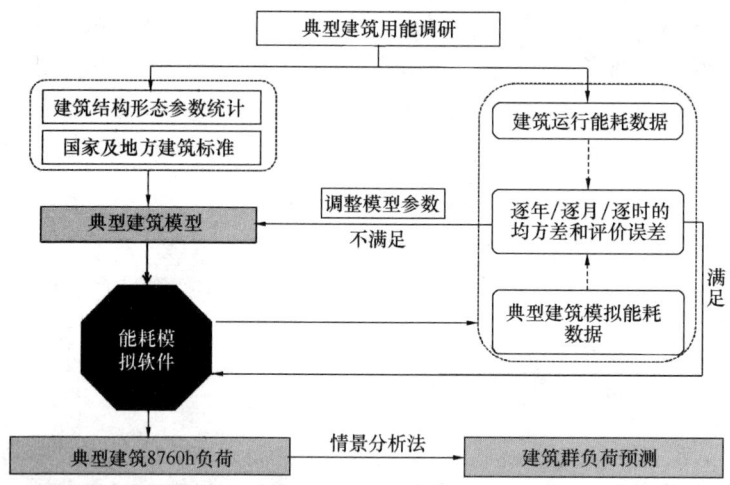

图 3-3-4 绿色建筑群负荷动态预测方法

当前区域能源系统普遍存在效率低投资大的问题，很大原因是负荷增长率慢，但设备容量选择过大（图 3-3-5）。

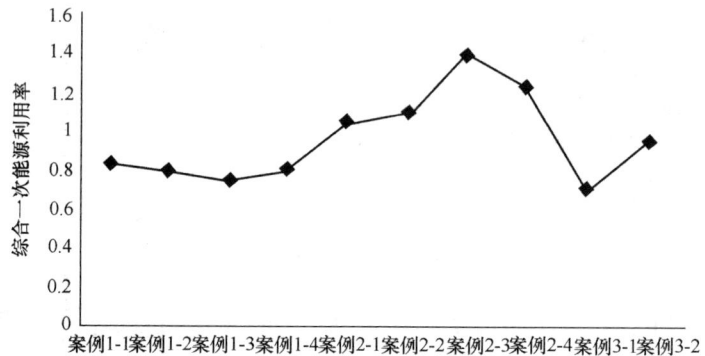

(a)

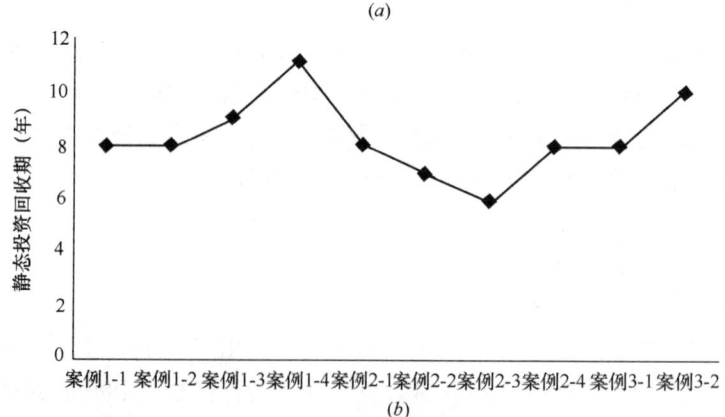

(b)

图 3-3-5 调研得到的区域能源中心项目实际运行指标

（*a*）一次能源利用率；（*b*）静态投资回收期

178

3.3.4 掌握典型建筑群工程的分布特征，提出了相应的能源和环境规划设计优化流程

对分布于北京、上海、深圳等经济发达城市的综合体、商务区和典型居住区进行调研，研究指标包括区位特征、建筑形态、功能需求、运营模式以及存在的问题等方面，并结合实际运行对能耗、水耗和业态进行了案例研究。

对综合体项目，根据模糊聚类方法并借助 SPSS 统计分析，提出商业主导型、办公主导型和酒店主导型三类城市综合体内部的功能面积配比。对这三类典型综合体建立理论模型，进行全年 8760 小时的建筑物负荷计算，分析了典型能源供应形式的投资会后性能。

对商务区建设项目，研究发现生态指标无法落实到最终的城市规划中，为此研究提出绿色商务区关键规划方法和技术体系框架，包括用地布局、交通规划、能源规划、水资源规划、区域环境和绿色建筑 6 个部分和至少 14 项关键技术，进而提出不同于传统规划的生态规划的工作流程（图 3-3-6）。

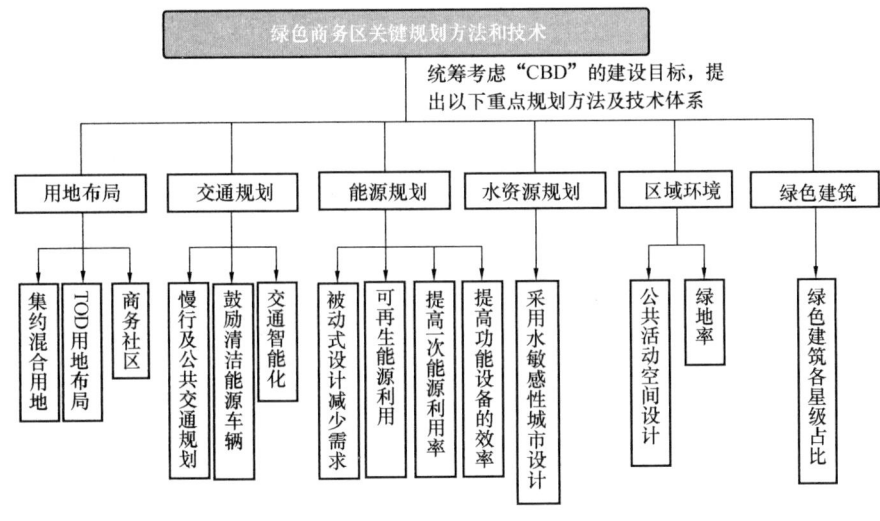

图 3-3-6 绿色商务区关键规划方法和技术体系框架

针对居住区项目，对现行设计规范中的居住区控制指标和评价指标进行了系统调研，总结了其关于居住区范围、规模、功能配比等社会性能方面的指标，提出了绿色居住区概念，建立了围绕环境、能源、人三个层面的理论框架，通过构建舒适的环境系统、合理的能源系统、低碳的行为模式打造绿色居住区。

3.4 研 究 展 望

2015 年将继续完善基于地理信息系统的建筑群综合环境性能分析平台、充

实建筑群能源系统参数库的数据内容、优化多目标的能源系统评价指标体系，在共性技术层面上为建筑群绿色规划技术提供支撑；针对综合体、商务区和居住区这三类典型建筑群类别，也将陆续形成功能导向的规划设计技术导则。

本课题研究内容与示范工程紧密结合，2015 年内也将对课题示范工程开展竣工阶段的绿色性能测评，根据测评结果对最终成果进行修正和完善，以期能够在未来的同类型项目中得到有效的推广应用。

作者：杨建荣　张颖　张改景　王利珍（上海市建筑科学研究院（集团）有限公司）

4 性能目标导向的绿色建筑设计优化技术研究[❶]

4 Research on performance-oriented green building design optimization technology

4.1 背　　景

根据 IEA ANNEX-30 的"模拟走向应用"研究，绿色建筑性能的优化途径很大一部分决定于规划设计阶段，40％以上的节能潜力来自于建筑方案初期的规划设计阶段。Pieter de Wilde HongTianzhen 和 GodfriedAugenbroe G 等学者就曾在相关研究中讨论了方案设计对建筑节能等的重要影响和解决途径。而比利时的代尔夫特大学 Pieter de Wilde 博士通过对欧洲的 67 座绿色建筑（共应用 303 项绿色建筑技术）进行调研发现，其中 57％的技术措施在方案阶段考虑。

另一方面，尽管目前我国建筑设计行业计算机辅助设计软件的应用已经普及，但建筑、结构、空调、采暖、通风、照明电器等专业彼此间脱节，分析计算和优化手段落后的现象还是比较普遍，很难全面贯彻绿色建筑全过程设计、集成化和精细化设计的理念。因此近年来重要的大型项目、标志性建筑等高端项目的规划和方案设计大多数为国外建筑设计企业包揽。设计建造中往往盲目照搬国外的理念、技术和方法，造成不必要的资金、资源和能源浪费。

因此，本课题在"十二五"期间通过科技攻关，从设计源头抓起，研究绿色建筑的设计新理论与方法、开发绿色建筑设计优化新技术、开发绿色建筑模拟辅助设计软件标准集成化平台，开发面向方案阶段的绿色建筑性能参数化设计新方法及交互式软件平台，实现对绿色建筑性能模拟软件的标准化比较、验证和规模化推广应用工作，为绿色建筑的规模化、高品质发展提供从设计源头开始的全面技术支撑和保证。

---

❶ 本课题受"十二五"国家科技支撑计划支持，课题编号 2012BAJ09B03。

4.2 主要研究成果

课题研究内容包括 5 方面：基于能耗和环境性能的绿色建筑参数化反向设计方法研究；建筑性能模拟软件标准化数据交换平台研究；绿色建筑常用模拟软件的准确性和标准化应用方法研究；方案设计阶段绘图软件的快速模拟插件开发研究；绿色建筑设计优化技术推广性和效果后评估。研究主要进展如下。

4.2.1 构建建筑参数化反向设计优化方法

建立了建筑参数化反向设计优化方法，开发了整体能量需求预测模型，引入多岛遗传算法，引入交互式遗传算法理论，对建筑图形和性能相关参数进行优化，并实现建筑形态和性能参数的优化、生成和图形化显示。

研究开发了建筑能耗快速预测模型，包括空调、采暖、照明能耗，以及自然采光照明系统、建筑中庭设计等被动式设计方法。其中建筑能耗模型由空调供暖能耗和照明能耗两个模块组成。其中空调供暖负荷的计算通过对非透光和透光围护结构得热量计算，夜间传热和周末蓄热修正的研究得到的简化的准稳态计算公式。空调供暖能耗的计算是在围护结构负荷计算模块的基础上，考虑空调系统设备效率计算得到的。照明能耗模块则包括结合天然采光的照明能耗模型和中庭采光模型。天然采光满足率 Daylight Autonomy（以下简称 DA 值）是计算照明能耗最为关键的参数，本研究通过设定窗墙比、玻璃透过率和外区进深为影响 DA 值的三个自变量，利用天然采光动态模拟软件 Daysim 计算 DA 值。通过改变设计参数，对得到的不同案例进行模拟，将结果回归拟合得到 DA 值与设计参数（层高进深比和玻璃透过率）的关系。通过拟合得到代数关系式的常数项，即可通过 DA 值快速计算建筑照明能耗。

以建筑总能耗为适应度目标函数，本研究引入了自动反向寻优的遗传算法对建筑方案进行反向优化，生成满足能耗最低的各种建筑空间几何参数、围护结构热工性能以及空调供暖照明系统参数的最优组合。

为了解决收敛到局部最优解而非全局最优解的问题，本研究引入了多岛遗传算法。多岛遗传算法先设立一个初始值，达到初步优化解，然后通过变异、迁徙，在一个新的初始点开始遗传操作。通过这种反复操作，避免了早熟现象的产生，保证了优化解的多样性，能够更大可能地获得全局最优解。与传统遗传算法相比，多岛遗传算法可以大大缩短搜索时间。

以建筑总体能耗为适应度函数，本优化算法设定了 35 个设计目标参数，每一个参数占据遗传个体序列上的一个基因位，对应不同类型参数的特点，共采取 A、B、C 三种编码方式：编码方式 A 利用比例因子进行编码；编码方式 B 利用对应某种指定形式的整数进行编码；编码方式 C 利用"0""1"开关进行编码。在最低能耗约束目标下，一个完整的建筑方案就可以由所有设计目标参数组合成的基因序列（含数值大小），并通过部分用户指定参数来最终确定。该模型具有以下功能：第一，建筑形体的信息可以通过参数输入，而不需要详细建模；第二，建筑能耗的计算过程快速，而且能够正确反映参数优化的趋势。建筑相关参数的优化算法采用了遗传算法，可获得多变量函数的最优解。遗传算法采用 MATLAB 软件中的 GA Tool 工具包，在此基础上，将多岛遗传算法引入到优化模块中，快速搜索全局最优解。针对多方案输出功能，采用交互式遗传算法，解决了用户疲劳问题。

4.2.2 建筑方案多目标优化软件开发

开发了建筑方案多目标优化软件 MOOSAS（Multi-Objective Optimization Software for Architecture Scheme，已获计算机软件著作权），主要应用于建筑方案设计初期，其使用方式是嵌入 Sketchup 三维草图建模软件，用于已有方案性能评价或以性能为目标的建筑方案生成。其中用户可能选择的单一性能目标包括：建筑整体能耗最低、自然通风降温小时数最大、自然采光满足区域最大、眩光控制等。

建筑方案多目标优化软件 MOOSAS 主要特点如下：

（1）以参数优化为基础，联系能耗计算模型和方案阶段参数化设计

参数化设计用函数变量来表征设计参数，不同的函数输入可以获得多种设计方案。设计参数的改变规则以及变化方向是参数化设计方案形成的关键。软件从设计参数出发，建立建筑整体能耗与设计参数的能耗计算模型，经过优化分析，提出设计参数优化方向，生成或者完善设计方案。

（2）应对不同设计阶段

方案设计过程中，随着节能优化工具介入时间的不同，项目输入输出信息量也不同。为了应对不同设计阶段的任务，软件为用户提供选择优化设计参数或者指定设计参数接口。这样，如果在此阶段已经确定的设计参数就不会进入优化计算过程，而是由用户直接指定。

（3）多方位分析

方案阶段，因为很多设计信息的未知性，如果能够提供多方位的分析结果，可以给设计者更多的启发。软件可以输出能耗较低的多个方案，并计算得到能耗水平。分析结果包括设计参数优化报表、方案特点总结、方案三维图像显示以及设计参数敏感性分析。

（4）界面图形化

为了对生成方案进行可视化表达，利用 Ruby 语言在 Sketchup 中嵌入插件。

程序可以在 windows 操作系统下运行。计算结果可输出为设计参数对建筑能耗影响力曲线图以及节能方案的设计报表,方便用户对建筑能耗与设计参数关系的理解。

软件可解决"方案参数优化"和"设计方案计算"两方面需求。用户只要输入项目所在城市即可自动获取气象参数信息。同时软件可自动设置包括室内环境控制温度、室内灯光设备能耗密度、人员密度、新风量、采暖空调作息等。以上默认设置,用户也可以根据实际情况修改。完成输入编辑后,程序将输入信息以约定方式写入文件。调用计算程序编译的计算核心 DLL 进行处理,并生成结果文件。完成计算和优化后,软件可分组进行生成结果的参数显示和 3D 图像显示,并支持 3D 视角变化操作。方案输出包括报表、图像、参数敏感性曲线。其中报表和曲线用表格、图像的方式对设计方案做了进一步分析。报表显示了计算得到的节能方案能耗水平、参数最佳取值以及对方案特点的总结。而参数敏感性是在全局最优化方案基础上,研究设计参数变化带来的建筑能耗变化关系,为建筑设计自主优化提供更多参考。

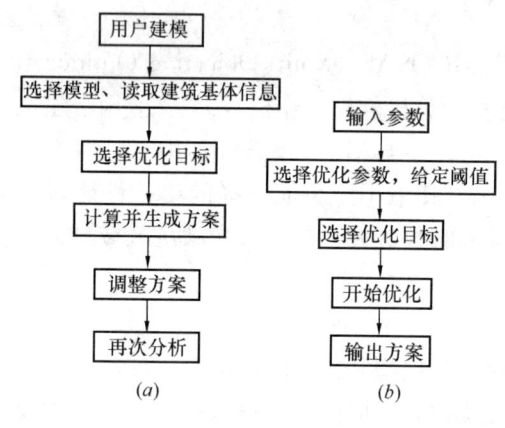

图 3-4-1 软件工作流程

(a) 正向优化流程;(b) 反向优化流程

具体使用过程中可以通过正向计算或反向优化两种策略来应用。其中反向优化指的是在给定设计任务书,即部分参数已知的情况下对建筑基本参数进行反向优化,满足单一目标性能最优或者组合性能目标最优。而正向计算指的是建筑师自己提出一套基本的建筑方案前提下,通过软件优化,对某单一性能指标或组合性能指标进行优化(图 3-4-1)。图 3-4-2 是软件应用截图。

4.2.3 面向设计院的 2D 模拟技术辅助建筑全过程设计应用导则开发

由于存在着较多不合理性和不确定性,模拟技术在建筑全过程设计中的应用受到了制约。为提高建筑设计水平,促进模拟技术在建筑性能设计方面的发展,特制定《模拟技术辅助建筑全过程设计应用导则(2D)》(以下简称导则)。导则编制主要针对目前二维建筑设计软件的图纸、模型和其他设计文件,通过规范辅助设计流程中各个环节,达到整体上控制模拟技术辅助建筑设计的各个过程的目的。导则的总体框架以设计阶段进行划分,各设计阶段又根据目的进行细分(图 3-4-3)。

运用模拟技术辅助建筑全过程设计时,应做好建筑设计与模拟两个过程的协

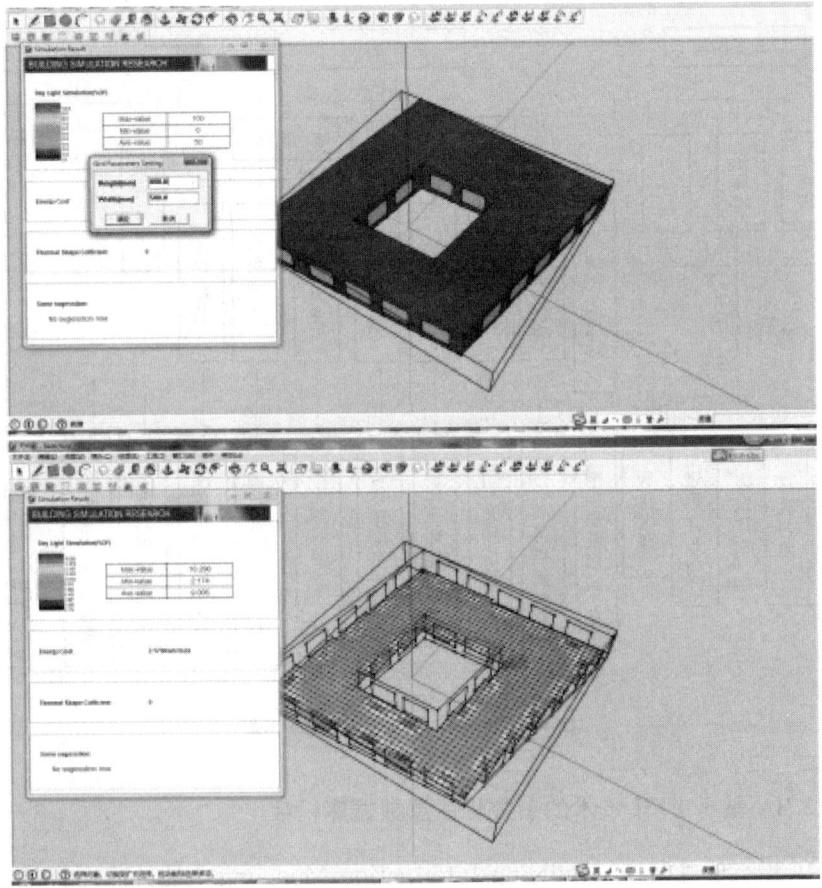

图 3-4-2　MOSASS 软件使用界面

同工作策划，宜先根据建筑项目的建设特点、目标等，合理判断模拟技术的应用条件；对具体的模拟工作，应将建筑设计与模拟工作共同编制在设计计划书中，并根据各阶段模拟工作的要求合理安排各模拟数据与建筑条件间的衔接等。

其中，模拟技术具体参与设计过程，应从方案设计阶段开始，到施工图设计阶段结束。方案阶段的模拟技术主要是确定建筑方案的可行性，同时尽可能在前期考虑节能、环保、绿色以及生态等概念在建筑中的体现；在初步设计阶段，各专业确定基本方案后，通过模拟可以获得建筑能耗、室内气流组织、室内采光等多方面初步设计效果的信息；在施工图阶段，模拟主要解决一些施工图细化后的细节问题，确定室内风、光、热和声环境符合设计要求。

课题组总结归纳了目前常用的二维建筑设计主流软件以及与这些设计软件对应的建筑性能设计软件，规范化了软件之间的接口，通过通用的接口转换列表，实现设计流程中这些主流软件和其相关操作的标准化，并以此为基础确定通用并适宜的标准化的格式和流程，在一批大型甲级建筑设计院进行了试应用。

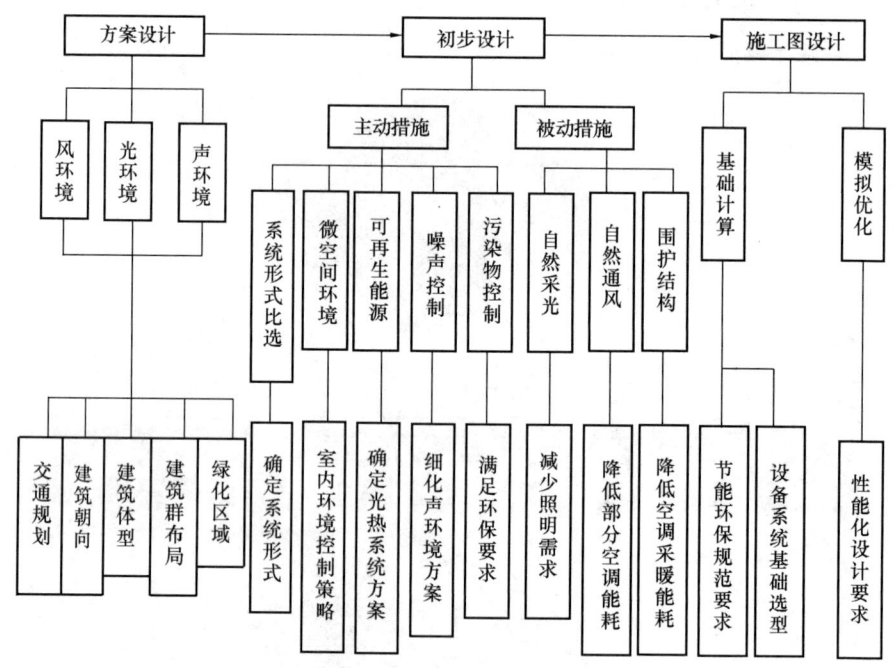

图 3-4-3　模拟辅助设计导则框架

4.2.4　基于 BIM 技术的参数化信息数据库框架

BIM 建筑信息模型（Building Information Modeling）是目前而言最为先进的建筑设计技术和理念。当前针对以机电设计为主的 BIM 研究还相对较少，主流 BIM 软件提供的构件在应用于设计工程中会遇到种类缺失、图例不符合设计习惯、相关参数与所需不一致等问题，在绘图使用过程中需要进行大量的筛选、整理和重建工作，使设计人员负担较重；由于未对构件参数格式进行统一规范，中间的大量图形数据信息的转换传递过程也容易造成差错；同时，目前应用的构件也存在侧重尺寸参数，缺乏性能参数等问题。

本研究旨在建立标准化设备参数化信息文件格式，方便设计人员提取信息，提高工作效率。目前工程设计人员获得 BIM 参数化构件的主要途径有三个：BIM 建模软件自带、网上下载和项目团队内人员制作。其中软件自带的构件常出现种类少、类型不符合设计需要等问题，而网上下载的构件也普遍质量不高。在工程设计项目中，项目团队人员都会不可避免地修改已有构件或制作新构件以满足设计需要（如某工程设计案例，自制 Revit 构件占全部使用构件数的 50%）。无论是为满足设计需要，还是为建立本专业参数化构件数据库，在制作构件过程中都会遇到"应按照什么标准原则制作"的问题。

根据大型甲级建筑工程设计院的设计习惯和经验，结合各方 BIM 应用惯例，在此提出适合工程设计要求的参数化设备构件特征：

（1）确定模型深度等级应以适合设计应用为基本原则（参照 LOD200～300）；

（2）编制合理的数据库目录结构，利于构件开发维护、分类与查询；

（3）创建设备构件应参考国标院标图例、标准图集，若参考厂家样本则应选择具有推广应用经验并被业界、工程实践认可的产品；

（4）构件图形方面，在反映设备外形特征的前提下应尽量简洁，以保证 BIM 软件流畅运行，并满足常用出图比例下出二维图的显示要求（简略体量模型＋管线接口）；

（5）构件性能参数方面，包含设备表出图、模拟计算及向其他专业提条件的详细性能参数，并进行合理参数分类。

在此基础上，以简洁适用的原则，采用线分类法，将设备专业模型构件的数据库目录逐次地分为若干层级，组织为一个树状结构，通常情况下，两级目录即可能够满足设备专业绝大多数构件的查询要求。按此种分类方式，个别构件会归入多个一级目录，如信号阀可归入"给排水及空调水系统"或"消防设备"。因此，数据库应支持构件直接查询构件功能。数据库整体架构的设计如图 3-4-4 所示。

4.2.5　绿色建筑模拟软件应用调研、光环境模拟软件对标研究

课题组完成了 130 个（49 个住宅建筑，81 个公共建筑）已获绿色建筑评价标识项目的模拟计算应用情况的统计分析，总结归纳了现阶段模拟工具在绿色建筑性能优化和评价标识中存在的具体问题；同时，通过发放网络问卷给涉及建筑性能模拟的从业人员，对模拟工具使用者在软件选择、模拟指标以及模拟计算边界条件设定以及操作习惯等进行了广泛调研。

课题组完成了常用绿色建筑模拟软件应用调研，结合测试数据，对常用模拟软件（光环境：IES-VE，EcoTect，Radiance；CFD 模拟：Pheonics，Fluent，Airpak，WindPerfect 等）的功能、精度、适用性、建模效率进行了对比分析，归纳总结了各种模拟工具的标准化使用方法，包括模型选择、工作界面选择，边界条件设定，气象参数标准化，网格/作息设定，结果后处理等等。

相关研究成果以及在国家标准《民用建筑绿色性能计算规程》（已立项、清华大学为主编单位）、北京市《绿色建筑设计标准》（清华大学主编，已颁布）、上海市《建筑环境模拟计算规范》（完成征求意见稿）、浙江省、天津市等标准规范编制中得到了应用，有力地推动了整个行业绿色建筑性能模拟优化和模拟评价工作的标准化和规范化。

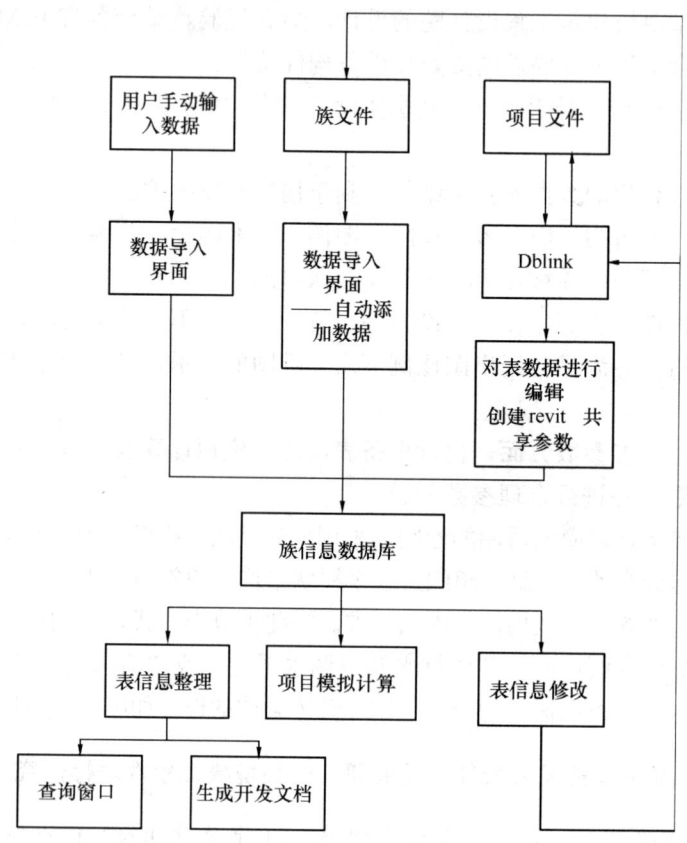

图 3-4-4 绿色建筑性能模拟标准数据库整体概念设计

4.3 工 程 应 用

　　课题成果在珠海歌剧院（总建筑面积约 5.9 万 m²，利用模拟技术优化设计，为剧场空间提供舒适室内环境）、国电新能源技术研究院（总建筑面积 24.3 万 m²。优先考虑被动式生态设计，考虑建筑体型、朝向、自然通风、内外遮阳等与当地气候相适应，并与建筑形式有机结合。综合采用冰蓄冷空调系统，低温送风系统、太阳能光伏系统、空调热回收系统、高效能的节能照明系统、高效的能耗计量及控制系统等）、东莞生态园办公楼（总建筑面积 3.76 万 m²。通过合理的建筑方案，强化自然通风降温功能，提高围护结构隔热性能和采用先进的空调方案及高效的空调设备，在保证相同的室内热环境前提下，与基准建筑相比，全年建筑能耗相应减少 65%）、中国博览会会展综合体（总建筑面积约 147 万 m²，应用了"方案阶段建筑性能模拟优化技术"对建筑方案的采光、通风、围护结构和空调系统等进行了优化设计，并在方案、扩初和施工图阶段全面介入）等项目中得到了应用，并在北京市建筑设计院、清华大学建筑设计院、北京清华同衡规划设计院、上海市建科设计院等甲级设计单位进行了推广和试应用。

4.4　展　　望

　　绿色建筑的大规模发展意味着建筑设计理论和方法也需创新。以性能目标导向的绿色建筑优化设计方法将是未来设计理论和方法创新的一个方面。课题组未来将继续完善模拟软件和数据交互流程、规范建筑绿色性能标准化模拟方法，提升建筑模拟软件的标准集成化平台的鲁棒性和易用性，在 Sketchup 软件完成设计建模与多种性能模拟工具的集成，提升软件易用性和准确性，结合更为广泛的实际工程应用情况和设计院反馈意见，启动模拟后评估工作，召开示范工程研讨会，广泛开展软件性能测评；不断完善成果。同时，继续开展模拟技术培训，加入示范工程和设计规程新内容，推动非参与单位在工程实践中运用绿色建筑模拟技术改善设计。

作者：林波荣　李紫微（清华大学）

5 低碳宜居型建筑室外绿地建设技术研究[1]

5 Research on outdoor green-field construction technology of low-carbon and livable building

5.1 研 究 背 景

我国正处于工业化、城镇化、信息化和农业现代化的快速发展时期，人口、资源、环境的压力日益凸显。落实加强生态文明建设的要求，紧紧抓住城镇化、工业化、信息化和农业现代化的战略机遇，牢固树立尊重自然、顺应自然、保护自然的生态文明理念，加快园林绿化发展，持续挖潜，不断完善室外绿地功能布局、改善环境质量，促进城镇人居室外环境品质全面提升，是我国城市生态文明建设的重要举措。在我国城乡建设不断向与环境、资源相协的调模式与发展方式转变的背景下，低碳宜居型室外绿地建设技术研究将有效提升我国建筑室外环境及城市绿色开放空间的生态建设的技术和系统效能，为我国室外环境绿地建设领域形成系统技术支撑，为促进城镇化进程的低碳、生态、绿色转型发挥积极作用。

5.2 课 题 概 况

5.2.1 课题目标

本课题的研究目标是突破绿地改善建筑室外微气候、削减空气污染物的布局、构建、评价关键技术，建立准确、快速的建筑外环境绿化碳汇计量评价体系，在此基础上开展建筑室外绿地低碳宜居构建设计技术体系研究，为低碳宜居型建筑室外绿地建设和建筑室外环境的改善提供有力的技术支持。主要包括：

（1）探索适应不同气候区域建筑室外绿地调节舒适度的绿地配置技术，为宜

❶ 本课题受"十二五"国家科技支撑计划支持，课题编号：2013BAJ02B01。

居性绿地规划建设提供技术支撑；

（2）筛选研发改善建筑室外环境空气质量的园林植物种类、植物群落配置及绿地布局关键技术，为消减污染，改善室外空间大气环境提供技术支撑；

（3）研发建筑室外环境绿地碳增汇综合提升技术，为促进我国建筑室外环境改善和发展低碳经济战略需求提供技术支撑；

（4）集成低碳宜居室外绿地构建技术，探索建筑室外绿地低碳宜居构建设计技术体系，为建筑室外环境改善提供技术支撑。

5.2.2 研究内容

以室外绿地调节微气候、消减空气污染物和碳汇效益等方面为切入点，针对室外绿地环境改善功能发挥，进行宜居低碳导向建筑室外环境绿地建设关键技术研究，主要研究内容分为以下四部分。

（1）绿地改善微气候格局构建和模拟技术研究

主要包括室外绿地规模与结构对环境微气候的影响研究，城市下垫面覆土厚度对环境微气候的影响分析，水景格局对环境微气候的影响研究三个重点方面。

（2）绿地削减空气污染配置技术和定量评价研究

主要包括城市吸污园林植物种类评价与筛选，削减空气污染物的绿地配置结构指标研究，室外绿地消减空气污染贡献率的定量评价三个重点方面。

（3）绿地低碳效益综合提升和评价技术研究

主要包括低维护高固碳植物筛选和群落的构建技术研究、城镇绿地碳汇动态测评技术、低碳绿地提升技术研究三方面内容。

（4）低碳宜居室外绿地构建技术研究

集成室外绿地改善环境微气候技术、绿地消减空气污染物技术、绿地低碳效益评估技术的研究成果，运用吸污园林植物、高碳汇园林植物，提炼绿地改善环境微气候、高固碳植物群落模式配置技术，构建室外绿地低碳宜居建设技术体系。

5.3 技 术 路 线

从绿地改善微气候格局构建与模拟，绿地削减空气污染物配置和定量评价，以及绿地低碳效益综合提升和评价等方面开展关键基础技术研究；在集成基础研究成果的基础上，开展低碳宜居室外绿地构建技术研究，进而提炼形成相应的标准导则，构建指导低碳宜居室外绿地建设的技术体系（图3-5-1）。

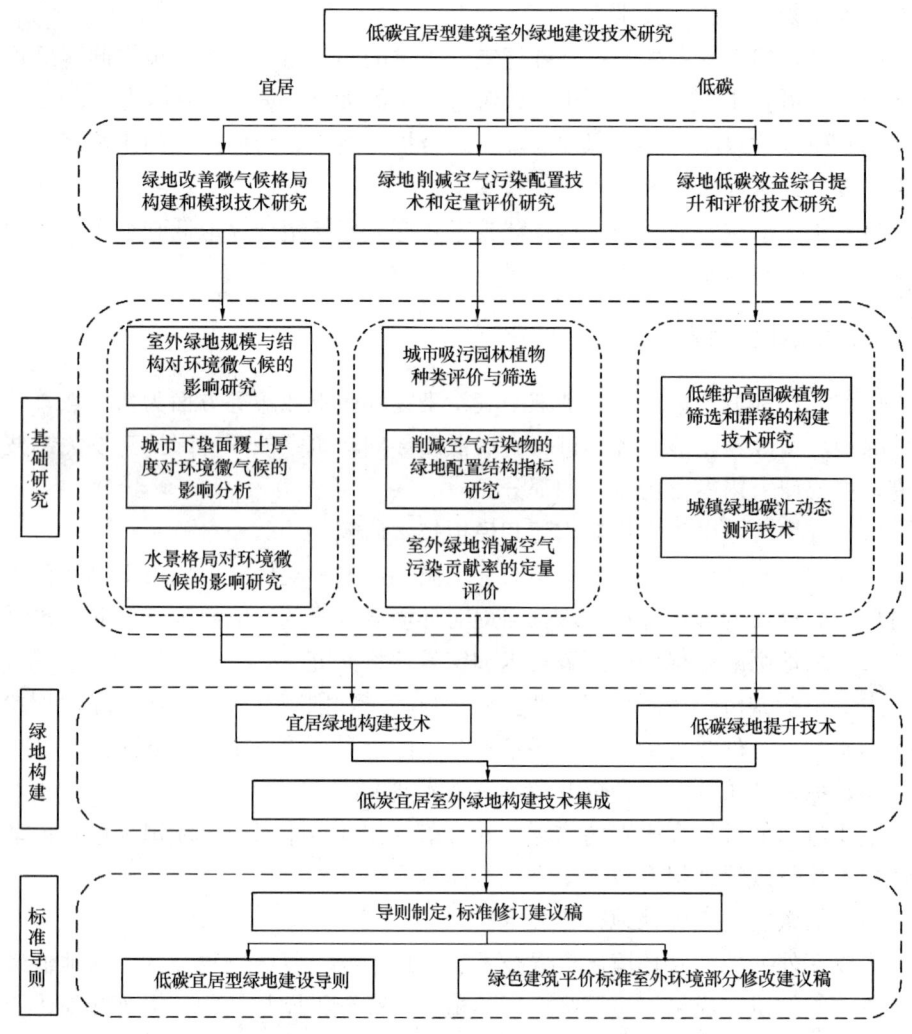

图 3-5-1　课题研究技术路线图

5.4　阶段性研究成果

5.4.1　已开展研究

开展绿地改善微气候格局构建和模拟技术研究，初步建立建筑室外绿地环境微气候预测模型，北京建筑覆土绿化试验站建设完成并开展观测分析，开展武汉市不同覆土厚度植物根系生长动态的定期观测。开展绿地削减空气污染配置技术和定量评价研究，开展哈尔滨、北京、柳州等不同气候区城市高吸污园林植物测定与筛选，筛选出 23 种降低空气污染物贡献较高的园林植物，开展绿地结构类型对 PM2.5 空气污染物的消减效率影响分析，完成基于 MODIS-AOD 数据的武汉市绿地景观格局与大气 PM10 浓度分布的关系研究。绿地低碳效益综合提升和评价技术研究方面，筛选 100 余种高碳汇植物，初步构建资源数据库，进行高固碳群落模式筛选。开展城市树种自动识别的遥感监测的研究，构架城镇绿地碳汇能力的遥感测算系统。低碳宜居室外绿地构建技术研究方面，开展绿地调研，提炼转化室外绿地消减空气污染物、改善环境微气候等方面的规划设计技术，完成低碳宜居型室外绿地建设导则技术框架。

5.4.2 典型阶段性成果

（1）建立北京建筑覆土绿化试验站，初步探讨下垫面覆土厚度对环境微气候的影响

依托课题建立的北京建筑覆土绿化试验站（图 3-5-2、图 3-5-3），设置覆土厚度分别为 0.2m、0.5 m、1.0m、1.5m 的立体模拟种植箱，结合不覆土对照，在设定相同园林植物配置与养护管理条件下，进行覆土厚度植物根系动态变化监测，初步探讨覆土绿化的土层厚度对植物生态效益发挥的影响，同时该试验站的建成也成为风景园林科研开展与基础数据积累搭建良好平台。

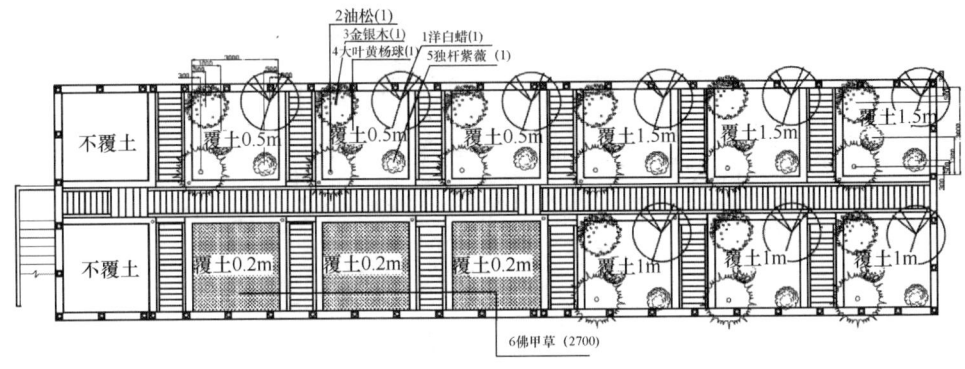

图 3-5-2 覆土试验站屋顶种植平面图

初步监测分析结果表明：①覆土厚度对土壤水分规律、土壤温度、屋顶热通量及房间内温度均有显著影响；屋顶覆土厚度会显著影响屋顶上热通量和室内温度，尤以 0.5m 以上厚度效果显著，在夏季有良好的降温作用，而在冬季则有显著的保温效果，而 0.2m 厚度则效果不明显。②屋顶覆土与自然状态下的土壤水分、温度状况相比，浅层土壤水

图 3-5-3 覆土试验站实景照片

分变化规律基本一致，而深层土壤含水量差异较大，75cm 以上的覆土模拟箱底部一直处于水分饱和状态，对深层土壤温度有显著影响。

（2）初步构建应用于绿地微气候评价的小尺度气象数值模式

运用 Fortran 编程语言，初步建立了城市小尺度气象数值模式（也常称为城市建筑物与街谷气象数值模式）。该模式采用三维准静力方程组及湍流闭合方案，引入有效空气体积比和形式阻力描述建筑群对气流的作用，考虑植被冠层内的能量平衡运动，通过城市小区尺度的能量平衡模式与动力学框架的耦合，并结合气象参数和遥感技术所提取的下垫面信息，可对城市绿地的风场和温度场进行数值模拟（图 3-5-4、图 3-5-5），模拟结果与实际的观测特征基本一致。在此基础上，该模式还可以人为调整地表植被分布，进行温度场的再次模拟。为下一步编制园林生态功能评价软件，优化园林绿化的生态功能设计，从而最大限度地发挥室外绿地生态调节作用，改善城市建筑室外环境奠定了技术基础。

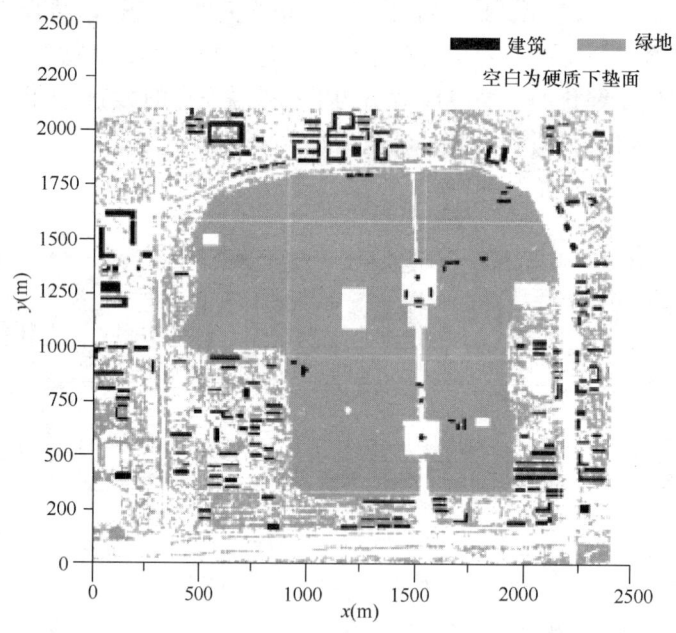

图 3-5-4 模拟区域的土地利用类型

（3）初步筛选一批削减大气污染物能力较强植物和固碳释氧能力较强树种

①城市吸污园林植物种类初步筛选

选择哈尔滨、北京、武汉、冷水江和柳州五个不同气候区城市，分别测定各城市污染区和清洁区常见园林植物光谱反射值，基于已建叶片污染物含量与光谱参数的反演模型反演各城市污染区和清洁区植物叶片的含 S、N 和滞尘量，评价各城市园林植物吸收 SO_2、NO_2 和滞尘的能力，以筛选出各城

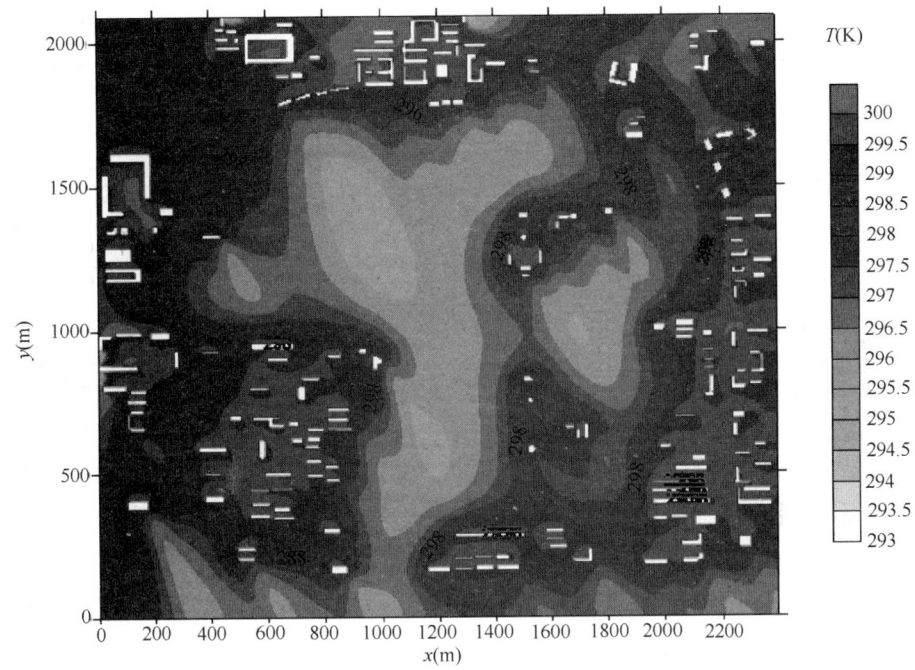

图 3-5-5　小尺度气象数值模式输出的离地面5m高处温度场分布图

市吸收净化能力强的植物种类。初步筛选出武汉吸污能力较强的园林植物 23 种(表 3-5-1)。

武汉市吸污园林植物初选结果　　　　　　　　　　　　　　　　表 3-5-1

序号	植 物 名		吸污种类
1	悬铃木	*Platanus×acerifolia*	NO_2、粉尘
2	樟树	*Cinnamomum camphora*	SO_2、NO_2、粉尘
3	银杏	*Ginkgo biloba*	SO_2、粉尘
4	广玉兰	*Magnolia grandiflora*	SO_2、NO_2、粉尘
5	桂花	*Osmanthus fragrans*	SO_2、NO_2、粉尘
6	山杜英	*Elaeocarpus sylvestris*	SO_2、粉尘
7	栾树	*Koelreuteria paniculata*	SO_2、NO_2
8	青桐	*Firmiana platanifolia*	SO_2、粉尘
9	女贞	*Ligustrum lucidum*	SO_2、NO_2、粉尘
10	紫薇	*Lagerstroemia indica*	SO_2、NO_2、粉尘
11	紫叶李	*Prunus ceraifera*	SO_2、粉尘
12	海桐	*Pittosporum tobira*	NO_2、粉尘
13	桑树	*Morus alba*	SO_2、NO_2、粉尘

序号	植 物 名		吸污种类
14	构树	*Broussonetia papyrifera*	SO$_2$、NO$_2$、粉尘
15	枇杷	*Eriobotrya japonica*	SO$_2$、粉尘
16	竹子	*Phyllostachys pubescens*	SO$_2$、NO$_2$
17	刺槐	*Robinia pseudoacacia*	SO$_2$、NO$_2$
18	石楠	*Photinia serndata*	SO$_2$、NO$_2$
19	夹竹桃	*Nerium indicum*	SO$_2$、NO$_2$
20	法国冬青	*Viburnum odoratissimum. var. Awabuki*	SO$_2$、NO$_2$、粉尘
21	红檵木	*Lorpetalum chinense var. rubrum*	SO$_2$、NO$_2$、粉尘
22	云南黄馨	*Jasminum mesnyi*	SO$_2$、NO$_2$、粉尘
23	吉祥草	*Reineckia carnea*	SO$_2$、NO$_2$

②高固碳园林植物筛选与数据库初步构建

初步测定评价了华东地区 196 种植物的固碳能力，其中乔木 107 种，灌木 68 种，藤本植物 9 种，草本地被植物 7 种，水生植物 4 种，竹类 3 种，根据树种固碳能力强弱划分 5 个等级（表 3-5-2）。

华东地区植物日固碳能力分级及名录　　　　　　　　表 3-5-2

植物类型	树种固碳能力分级（按单位叶面积日固碳量，g/m^2）				
	>12	10～12	6～10	4～6	4～1.7
乔木	乌冈栎、垂柳、糙叶树、乌桕	喜树、盘槐、黄连木、紫薇、垂丝海棠、臭椿、泡桐、国槐	木瓜、樱花、女贞、鸡爪槭、枫杨、杨梅、浙江柿、老鸦柿、胡桃、刺槐、栾树、丁香、金银木、三角槭、枇杷、紫椴、紫叶桃、桃、山麻杆、牛筋条、豆梨、青桐、厚皮香、油柿、红茴香、无患子、山楂、七叶树、重阳木、野鸭椿、广玉兰、银杏、石榴、香樟、白玉兰、梅、柿、通脱木、胡桃楸、杜仲、山玉兰、枣、李、山茱萸、悬铃木、麻栎	榉树、梓树、铜钱树、樱桃、红楠、朴树、椤木石楠、大叶冬青、杂种鹅掌楸、樟叶槭、缺萼枫香、日本晚樱、红豆树、山桐子、石楠、棕榈、赤桉、苦栎木	元宝槭、中华槭、罗浮槭、光皮树
灌木	紫荆、醉鱼草、木芙蓉	八仙花、慈孝竹、海滨木槿、贴梗海棠、伞房决明、马银花、红千层	箬竹、八角金盘、风箱果、狭叶山胡椒、凤尾兰、阔叶十大功劳、大叶黄杨、冬青、溲疏、郁李、牡丹、金钟花、青灰叶下珠、猕猴桃、云南黄馨、金丝桃、结香、黄檀、小檗、美国凌霄、夹竹桃、胡颓子、卫矛、化香、扁担杆、瓜子黄杨、瓶兰、木槿、构骨、日本绣线菊、云锦杜鹃、蜡梅、蚊母、盐肤木、算盘子、含笑、福建紫薇	火棘、木绣球、海仙花、十大功劳、山茶、桂花、珍珠梅、栀子、葡萄、洒金东瀛珊瑚、杜鹃、日本女贞	火焰柳、马甲子
草本	荷花、鸢尾	—	大吴风草、大花萱草、玉簪、赤胫散、美人蕉、络石	蔓长春花、中华常春藤	—

在园林植物固碳能力评价筛选的基础上，初步构建了城镇居住区景观绿化植物资源信息数据库（图3-5-6），将单株植物的基本特性与其各项生态功能的指标数据录入，形成室外绿地建设树种选择的良好选择平台和途径。

图3-5-6　城镇绿地植物资源数据库可视化窗口

（4）初步形成削减空气污染物植物配置定量指标

城市道路绿带削减空气污染物的对比观测表明，主干路绿带净化空气污染物的最佳结构是乔灌结构，次干路绿带净化空气污染物的最佳结构是乔灌草结构，支路道路绿带净化空气污染物的最佳结构是乔灌草结构，但是乔灌草、乔灌、灌木结构的净化效应差异很小，建议种植双排小冠幅的小乔木，既有美化城市、遮阳、降温增湿的功能，还具有一定的消减空气污染物功能。主干道、次干道和支路的不同宽度绿带中 SO_2 和 NO_2 的质量浓度在距路边 5m 处明显降低，PM10 和 TSP 在距路边 5m、10m 处的削减效率显著增大，而对小粒径颗粒物（PM5、PM2.5）削减效率影响不显著。可见，为了显著提高大气颗粒污染物的削减效率，城市道路绿带宽度应不小于 10m（图 3-5-7）。

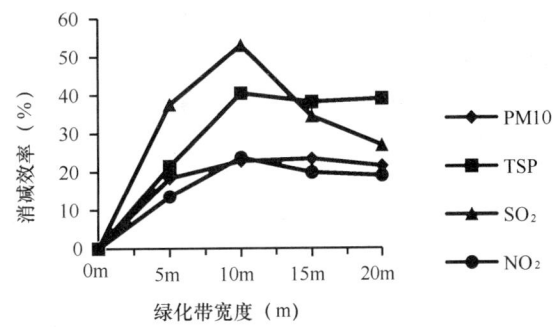

图 3-5-7　不同宽度的道路绿化带对空气污染物的消减效率

针对北京 PM2.5 污染严峻的状况，根据绿地消减 PM2.5 监测数据分析，综合筛选有效应对 PM2.5 污染绿地植物群落，初步提炼区域应对 PM2.5 污染典型植物群落配置模式，形成北京地区应对空气污染绿地建设的技术支撑（图 3-5-8）。初步研究发现，应对 PM2.5 污染的道路绿带配置宽度应不低于 30m，大于 50hm² 整块绿地是绿地应对 PM2.5 污染规模效应发挥的保障；道路绿带中"（乔＋灌＋草）—乔"配置结构对 PM2.5 污染的消减效果明显优于为追求美观的"乔-灌-草"的渐次配置类型。

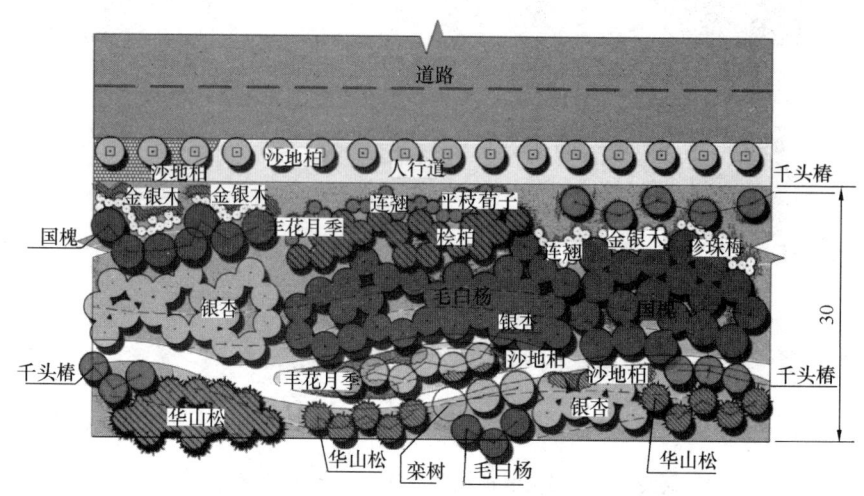

图 3-5-8　道路绿地消减 PM2.5 植物配置优化模式示意

（5）基于遥感的植物群类型自动识别与典型单株植物碳汇模型构建

通过不同时相、不同季节、不同传感器获得图像波谱特征的差异，进行树种识别，建立分类模型和辅助特征专家库，实现基于遥感的城镇绿地植物群类型识别成熟算法（在上海实现可识别树种为 18 种）以及基于分层分类和多描述符空间的城镇植物群分类识别（可实现草地、密栽灌木、针叶落叶、针叶常绿、阔叶落叶、阔叶常绿 6 类的识别），形成基于遥感技术的建筑外环境绿化碳汇计量关键技术突破。以香樟为典型单株植物，建立冠幅与胸径、树高、绿量和树龄之间的回归方程。通过建立主要优势树种的单株固碳模型，结合植物绿量模型，突破应用图像特征值的遥感驱动获取城市绿地的碳汇储量和能力的关键技术。

5.5　研　究　展　望

低碳宜居型建筑室外绿地建设技术研究课题的执行周期为 2013 年 1 月至 2016 年 12 月，自 2013 年启动以来，课题各项研究均按照任务书计划要求有序推进，已取得了一定阶段性成果。接下来课题在完成相关研究任务的基础上，进一步提炼适应不同区域室外环境特点的绿地改善微气候格局构建技术、绿地削减空气污染配置技术、室外绿地低碳效益综合提升技术。此外，课题应进一步重视研究成果的技术集成和转化。通过技术集成，形成体系网络完善、结构优化合理，生态效益显著发挥，使用管理便捷的宜居绿地建设技术体系，加快实现关键技术成果由理论研究向规划建设技术的转化，增加技术成果在室外绿地规划、设计、建设和运营的全过程的应用，进一步发挥室外绿地的生态效益，为环境改善、绿色生态城区建设提供技术支撑。

作者：王磐岩[1]　白伟岚[1]　李延明[2]　秦俊[3]　周志翔[4]　王国玉[1]（1 中国城市建设研究院有限公司；2 北京市园林科学研究院；3 上海植物园；4 华中农业大学）

6 干旱区城镇绿色建筑技术集成研究与示范[❶]

6 Integration research and demonstration of green building technology in cities and towns of arid regions

6.1 研 究 背 景

我国现有的城镇规划和绿色建筑技术研究，基本上集中在城市和经济发达地区。西北干旱区是生态脆弱、经济落后的典型区域，城镇建设的现代化进程相对滞后，生态环境恶化是干旱区人居环境面临的主要问题。随着西部大开发的力度逐年增强以及区域内社会经济的快速发展，干旱区城镇化步伐加快，而具有示范推广价值的干旱区城镇绿色建筑理论及技术比较匮乏。

本课题以干旱区城镇为重点研究对象，结合当地工业化、城镇化建设的需要和当地气候、生态环境以及特色人文条件和经济技术水平，开展西北干旱区城镇绿色建筑技术集成研究与示范。通过本课题的实施，不仅可以为干旱地区绿色城镇建设提供重要的科技支撑，而且可以通过示范将绿色建筑提升为西部经济发展的一个新的增长点，为建筑行业技术进步、促进经济社会的可持续发展发挥积极的作用。

6.2 课 题 概 况

6.2.1 研究目标

针对干旱区城镇绿色建筑特点和要求，重点开展干旱区绿色建筑设计优化与标准、低能耗建筑一体化集成技术、绿色建筑室内环境控制和改善关键技术、城镇绿色建筑技术集成示范科技攻关，建立干旱区绿色建筑集成技术工程示范区，制定干旱区绿色建筑集成技术地方标准，为西部生态城镇与绿色建筑技术集成提供技术支撑。

---

❶ 本课题受"十二五"国家科技支撑计划支持，课题编号：2013BAJ03B01。

6.2.2 研究内容

任务一：干旱区绿色建筑设计优化与标准研究

（1）干旱区绿色建筑形态设计优化研究；

（2）干旱区绿色建筑节水系统一体化研究；

（3）干旱区绿色建筑技术标准研究。

任务二：干旱区低能耗建筑围护结构集成技术研究

（1）干旱区绿色建筑节能门窗防风沙设计研究；

（2）干旱区绿色建筑节能墙体本土化材料和构造一体化技术研究；

（3）干旱区绿色建筑节能型地面、屋顶构造技术优化研究。

任务三：干旱区绿色建筑室内环境控制和改善关键技术研究

（1）干旱区绿色建筑防沙全热交换新风系统和室内绿化功能一体化技术研究；

（2）干旱区绿色建筑室内环境智能监控系统研发；

（3）干旱区绿色建筑室内热环境综合评估体系。

任务四：干旱区城镇绿色建筑技术集成示范

（1）干旱区城镇绿色建筑技术集成设计；

（2）干旱地区城镇绿色建筑技术施工工艺优化；

（3）干旱地区城镇绿色建筑技术集成工程示范。

选择宁夏银川市兴庆区掌政镇绿色城镇工程示范区，在满足绿色城镇规划的前提下，建造绿色建筑技术集成工程面积约 8000m²，达到绿色建筑标准认证。

6.2.3 技术路线

本课题通过对既有绿色建筑技术进行重新审视，采用可持续发展理念和绿色建筑技术手段，结合干旱地区气候和人文特点，建立干旱地区绿色建筑技术集成模式与示范样板。其技术路线是：

（1）分析国内外已有的绿色建筑技术研究现状和工程实例；

（2）调查干旱地区城镇绿色建筑工程现状与存在问题；

（3）结合干旱地区气候等条件进一步凝练确定绿色建筑技术集成研究和示范内容；

（4）通过与开发商沟通制定干旱地区绿色建筑技术集成研究与示范实施方案；

（5）开展干旱地区绿色建筑技术集成研究与示范；

（6）开展干旱地区绿色建筑技术集成工程设计与绿色认证；

（7）开展干旱地区绿色建筑技术集成工程建造；

（8）制定干旱地区绿色建筑技术集成地方标准，并进行评价。

其技术路线框图见图 3-6-1。

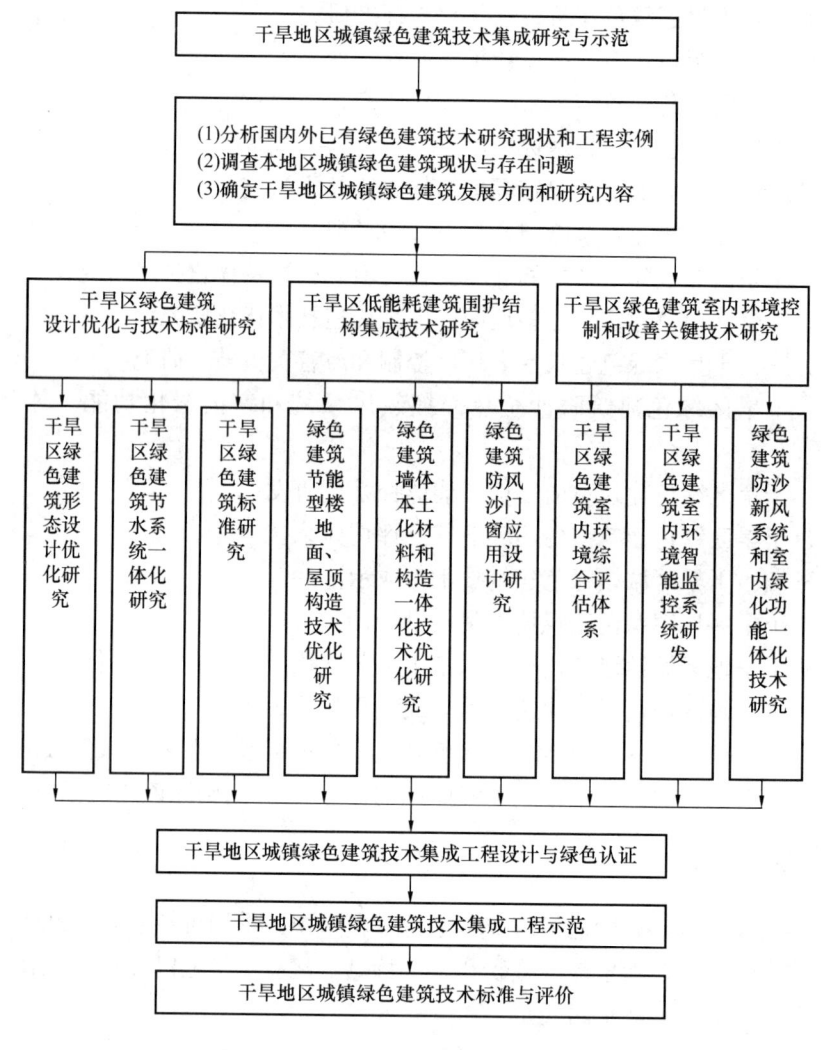

图 3-6-1 技术路线框图

6.3 阶段性研究成果

6.3.1 干旱区城镇绿色建筑设计优化与技术标准研究

（1）设计优化了干旱区城镇绿色建筑形态及其模式

在干旱区城镇低层农宅和中高层住宅形态设计优化研究中，结合干旱区地理、气候、地域文化、农民及城镇化居民生活模式等特征，将体型、空间、环境、绿色技术进行综合统筹、一体化设计，从经济、适用的角度进行优化筛选设计，基本建成并形成了以月牙湖农宅为代表的干旱区低层农宅示范产品模式和以掌政镇小高层住宅为代表的干旱区中高层住宅示范产品模式。

（2）确定了干旱区绿色建筑节水系统一体化模式

针对干旱地区缺水的特点，对月牙湖乡海陶南村和红寺堡鲁家窑弘德村的建筑给排水系统进行节水优化设计，通过节水器具、分质排水、分质给水、雨水利用、污水处理、中水庭院绿化等措施，对节水系统进行一体化研究，建立适合干旱地区绿色建筑的节水系统。并进一步研究了月牙湖乡分散式污水处理系统和鲁家窑集中式污水处理系统。

（3）初步提出干旱区村镇绿色建筑评价标准

通过对甘肃、内蒙古、新疆、青海、宁夏等干旱地区绿色建筑进行调研和评价，初步提出了宁夏回族自治区《干旱区村镇绿色建筑评价标准》。

对掌政镇中高层模式室内自然采光效果、环境噪声、建筑能耗进行了模拟。对本项目示范的村镇绿色建筑工程（宁夏月牙湖低层农宅模式和掌政镇中高层模式）进行了星级评价（表 3-6-1）。掌政镇：加权平均后总分为 64.93 分。大于 60 分小于 80 分，评定为 2 星。

绿色建筑评价　　　　　　　　　　　　　　　　表 3-6-1

评价项目	得　分	
	国家绿色建筑评价标准 2013 年（送审稿）	宁夏回族自治区地方标准 DB64/T 954—2014
4　节地与室外环境	88	80
5　节能与能源利用	51	26（折合 65 分）
6　节水与水资源利用	48	49（折合 70 分）
7　节材与材料资源利用	26	31（折合 37 分）
8　室内环境质量	70	68
9　施工管理（设计阶段不参评）	—	—
10　运行管理（设计阶段不参评）	—	—
11　提升与创新	2	2

6.3.2　干旱区节能建筑一体化技术集成研究

（1）提出了干旱区绿色建筑节能门窗防风沙设计方案

通过对市面现有的节能型门窗等性能分类进行比对，优先采用本地生产的节能门窗产品选用密闭型门窗，对风沙具有防控作用，同时在进户门处设阳光间并兼作门斗，门斗上部加设智能喷雾设施，加大阳光间湿度，使沙尘阻止在第一道

203

防线内从而降低室内浮沉浓度，提高室内温度。

（2）遴选了干旱区绿色建筑节能墙体本土化材料和构造一体化技术

对宁夏地区已有节能环保性材料性能比对分析，并对煤矸石页岩节能砖、蒸压加气混凝土砌块、陶粒砌块、发泡板等材料进行了调研，选用宁夏中节能建筑材料厂生产的"煤矸石页岩节能砖"为月牙湖乡墙体承重材料，选用蒸压加气混凝土砌块作为掌政镇鸣翠湖城填充墙墙体材料。

（3）提出了干旱区绿色建筑节能型地面、屋顶构造技术

提出建造干旱地区女儿墙、屋顶及地下能隔热的绿色建筑靴帽，从楼基到楼顶，形成严密的"闭合式"隔热保温体系。设计出一种节能型蓄热地面和节能型木屋顶和轻钢屋顶，并在月牙湖乡海陶南村进行了示范。

6.3.3 干旱区绿色建筑室内环境控制和改善关键技术研究

（1）提出了干旱地区绿色建筑防沙新风系统和室内绿化功能一体化技术

针对宁夏干旱区风沙大的气候特点，把排出室外的空气和送进室内的新风在全热交换模块里进行换热，分级过滤风沙、粉尘，达到有效回收余热，防沙除尘，并且便于维护的目的。新风全热交换系统在掌政镇鸣翠半岛进行示范。

（2）研发了干旱地区绿色建筑室内环境智能监控系统

结合《绿色建筑评价标准》GB/T 50378—2006 及《绿色建筑评价技术细则（试行）》，研发出室内温度、室内湿度、空气质量、室内照明、室内安防、水电用量等环境智能监控系统，并在掌政镇鸣翠半岛进行示范。

（3）初步建立了干旱地区村镇绿色建筑室内热环境综合评估体系

整理总结了国内外在不同气候区域人体热舒适研究动态；在此基础上，结合干旱地区相对湿度低、昼夜温差大等气候特点，通过现场调研测试和问卷调查，对现有热舒适评价模型进行了修正。

6.3.4 干旱区城镇绿色建筑技术集成示范

（1）进行了干旱地区村镇绿色建筑技术集成设计

总结出月牙湖乡低层农宅绿色建筑集成技术模式（表3-6-2、表3-6-3）和掌政镇中高层住宅绿色建筑集成技术模式。

月牙湖乡绿色建筑示范农宅集成技术模式　　　　表 3-6-2

序号	集成技术	技术模式	优点
1	节能外墙本土化材料集成技术	墙体采用宁夏中节能公司生产的 360×240×190 的煤矸石页岩多孔砖	采用宁夏本地丰富的煤矸石和页岩等纯天然材料烧制而成，具有强度高、保温、隔热、防潮、隔音、抗腐蚀等特点

序号	集成技术	技术模式	优点
2	全封闭生态舱技术	木屋面结构：采用传统木屋面＋100mm厚聚苯板保温；外墙＋50mm厚聚苯板内保温；蓄热地面＋100mm厚聚苯板保温 轻钢屋面结构：采用轻钢屋面＋100mm厚水泥夹心复合保温板；外墙＋50mm厚聚苯板内保温；蓄热地面＋100mm厚聚苯板保温	从屋面、墙体、地面均做了保温处理，使得整个建筑从头到脚形成严密的"闭合式"隔热保温体系，减少能量的流失
3	节能防风沙门窗及降尘加湿技术	①房间及阳光间走廊外窗选用单框断桥铝中空玻璃窗（6+12+6），在阳光间设置加湿降尘装置。②房间及阳光间走廊外窗选用单框塑钢单玻璃双层窗，在双层窗间设置加湿降尘装置，增加湿度降低砂尘侵入。	断桥铝合金外窗可提高房间密闭性和保温性，降低室外冷风和沙尘的进入。加湿降尘设备可有效降低室内沙尘含量。
4	地面蓄热技术	地面采用地下蓄热仓技术，即在地面保温的基础上铺设30cm的卵石或沙漠砂，在卵石或沙漠砂中间铺设Φ50的地下盘管与太阳能集热器链接，形成卵石＋地下盘管水箱的地下蓄热仓	将白天多余的热量储存在地下，以减小白天与夜间的室内温度波动，提高房间热舒适性
5	可再生能源利用技术	采用附加阳光间式与集热蓄热墙式相结合的被动太阳房，加上平板式（或热管式）太阳能热水采暖系统＋生物质炉及节能炕辅助采暖	系统最大限度的利用太阳能进行采暖，并配以生物质炉和节能炕进行辅助采暖，即节约了能源，又结合了当地农民的生活习惯，提高了室内热舒适性
6	分散式污水处理技术	分别采用PVC板、PE塑料、玻璃钢三种材料示范三种不同材质的分散式污水处理系统	在农村示范分散式污水处理系统是较为合理的，运行费用低、适应性强

掌政镇鸣翠半岛绿色建筑示范农宅集成技术模式　　　　表 3-6-3

序号	集成技术	技术模式	优点
1	节能外墙本土化材料集成技术	采用陶粒混凝土砌块作为填充墙	具有强度高、保温、隔热、防潮、隔音、抗腐蚀等特点
2	全封闭生态舱技术	屋面保温材料为 120 厚阻燃型模塑聚苯板，外墙保温采用 80 厚阻燃型模塑聚苯板，地下停车场四周外墙均做 80 厚阻燃型模塑聚苯板	从屋面、墙体、地面均做了保温处理，使得整个建筑从头到脚形成严密的"闭合式"隔热保温体系，减少能量的流失
3	塑钢节能防风沙型门窗	外窗选用单框塑钢中空玻璃窗（6+12+6）	塑钢外窗可提高房间密闭性和保温性，降低室外冷风和沙尘的进入。
4	全热交换新风换气技术	采用双向流全热交换新风系统（有管道型）	进行通风换气的同时，减少热量的损失，并有效预防沙尘
5	可再生能源利用技术	采用太阳能热水集热系统	满足用户每天的生活热水
6	智能监控技术	对室内采光、照明、温度、湿度、空气质量等进行监测及控制	提高室内空气质量，并可降低能耗

（2）对干旱地区村镇绿色建筑施工工艺进行了优化

由于绿色建筑所选建筑材料与常规建筑不同，因此对施工工艺的要求较高，施工难度增加，需要优化施工工艺（表 3-6-4）。

绿色建筑施工工艺优化　　　　表 3-6-4

月牙湖乡农宅绿色建筑示范区施工工艺优化				
施工部位	传统施工		示范建筑	
	存在的问题	缺点	施工工艺优化	优点
基础	传统农宅不做基础或施工不规范		毛石基础	
梁、柱	传统农宅只做地圈梁，不做上圈梁，且混凝土强度较低	抗震性能差	地圈梁、上圈梁及立柱形成框架结构	抗震性能好
墙	传统农宅采用240×115×53 的空心砖	施工速度慢，且砂浆用量多	墙体采用 360×240×190 的煤矸石页岩多孔砖，由于砖较重，1.5m 以下人工搬砖，1.5m 以上采用吊装机	施工速度快，砂浆用量少
施工组织	农户自己施工	无组织、质量差	施工单位有组织施工	效率高，质量好
掌政镇绿色建筑示范区施工工艺优化				
掌政镇绿色建筑示范区施工工艺较为常规，但其泵送混凝土技术使得施工速度大大提高				

（3）进行了干旱地区村镇绿色建筑工程示范

最终确定在月牙湖乡海淘南村、掌政镇鸣翠湖城和鲁家窑乡弘德村三个项目区进行工程示范。

掌政镇鸣翠湖城 19 号地块 13 号、14 号楼小高层，选择 88 户住户示范高层住宅绿色建筑集成技术，示范建筑面积共计为 9763.2m²。

月牙湖乡海淘南村共 150 户农宅，每户建筑面积为 121.22m²，选择 4 户示范低层农宅绿色建筑集成技术，示范面积为 484.88m²。

鲁家窑弘德村共 2860 户农宅，每户建筑面积为 54m²，选择 160 户示范节水系统一体化技术，示范面积为 8640m²。

三个示范区总的示范面积为 18888m²。

6.4 研 究 展 望

截至 2014 年 12 月底"干旱区城镇绿色建筑技术集成示范"课题已完成表 3-6-2、表 3-6-3 中 12 项技术的研究，分别位于三个不同地点城镇示范点，示范建筑面积约 18888m²，建筑类型有城镇低层和中高层住宅，结构形式有砖混和框剪两种形式，培养研究生 8 名，本科生 20 名，规划、设计、施工、监理、管理等各岗位绿色建筑人才 150 多名，发表学术论文 4 篇，申请专利 1 个，预计在 2015 年内按预定计划完成以下任务：

（1）新型节能建筑材料"加强型发泡混凝土板"的改进研究，与宁夏博大建材有限公司合作建立生产中试线，开发产品用于示范项目。

（2）完成掌政镇绿色建筑示范区 19 号地块 13 号、14 号楼绿色建筑二星级认证。

（3）完成《干旱区城镇绿色建筑评价标准》、《干旱区城镇绿色住宅参考图集》和《干旱区城镇绿色建筑室内环境评价标准》的编制工作。

（4）完善示范区的建设、实测各类实验数据，完成示范工程验收工作。

（5）进一步完成撰写相关论文和培养各类人才。

作者： 田军仓 贺生云 刘娟 王润山（宁夏大学）

7 实现更高建筑节能目标的可再生能源高效应用关键技术研究❶

7 Research on key technology of efficient application of renewable energy to achieve higher energy saving goals in buildings

7.1 研 究 背 景

可再生能源在建筑领域中的应用主要表现为改善建筑的用能结构，调整用能增长方式，使之不完全依赖于煤炭、石油、天然气等一次性化石能源，以缓解生活用能紧张的局面，同时减少对环境的污染，使建筑可以达到更高的节能目标。

但是，目前可再生建筑应用的发展已进入瓶颈阶段，可再生能源在建筑中的实际应用效果并不显著，甚至出现负效果。主要表现在用能效率较低，技术堆砌现象严重、集成水平低，技术应用配套水平低，可再生能源前沿技术应用水平低等几个方面。造成这些问题的原因可以归结为：缺乏不同地区不同建筑类型可再生能源应用的技术体系；基于耦合评价的复合与集成优化技术发展缓慢；可再生能源建筑应用产品及系统水平需要进一步提高；标准体系不够健全，缺乏完善的评价体系；缺乏前沿技术的研发。

因此，为了解决"十一五"期间可再生能源建筑应用发展的瓶颈问题，针对我国可再生能源应用的现状，开展实现更高节能目标的可再生能源高效应用关键技术研究。

7.2 课 题 概 况

7.2.1 研究目标

课题重点研究可再生能源在实现更高节能目标的建筑中的高效应用技术，包括可再生能源对实现更高节能目标的低能耗建筑的作用和影响分析，太阳能中高

---

❶ 本课题受"十二五"国家科技支撑计划支持，课题编号：2014BAJ01B03。

208

温集热系统关键技术，土壤源热泵系统能效提升关键技术，可再生能源建筑应用全生命周期评价指标体系，并对单项或多种可再生能源在建筑中进行集成应用与示范研究。

通过以上研究和示范，研发可再生能源在低能耗建筑中高效应用相关关键技术、产品和装备，研究分析高效可再生能源技术在实现建筑低能耗的目标中发挥的作用，建立高效可再生能源技术在低能耗建筑中应用和检测评价体系，为可再生能源在低能耗建筑中高效应用提供技术支撑。

7.2.2 研究内容

本课题针对我国可再生能源在实现更高节能目标建筑中应用存在的实际问题，从以下五方面开展研究：

（1）研究土壤源热泵在节能75％的居住建筑和节能65％的公共建筑中的贡献率，确定其在低能耗居住建筑中最佳贡献率的优化方法。研究太阳能热水供应、太阳能采暖应用在节能75％的居住建筑和节能65％的公共建筑中的贡献率，确定太阳能光热系统在低能耗居住建筑中最佳贡献率的优化方法，并对不同太阳能光热应用技术的成本进行对比分析，研究不同太阳能热利用技术在不同太阳能资源区、不同建筑类型的最佳贡献率。

（2）研制开发与建筑结合度好、安全可靠，热性能符合太阳能供热、空调需求的中、高温太阳能集热器，基于"十一五"期间的研究成果，将全玻璃中温太阳能真空集热管的工作温度由150℃提高至160～170℃。研制工作温度在200℃以上的玻璃-金属结构太阳能真空集热管。在上述两种中高温太阳能集热管的基础上，研制相应工作温度的中高温太阳能集热器并进行示范性应用。

（3）针对土壤源热泵应用现状，从系统学的角度出发，全面分析影响系统能效的各个因素，开发地埋管换热器的回填工艺及新型高效换热器，研究土壤源热泵系统水力输配特性以及土壤源侧换热器、热泵机组、与末端系统优化匹配策略及控制方法，开发新一代岩土热物性测试仪，建立区域级土壤源热泵系统适宜性评价方法，开发土壤源热泵系统工程应用计算分析软件等五个方面展开相应研究。

（4）从低成本、低能耗、低排放且便于进行节能量评价的角度出发，建立建筑设计、施工建造、设备运行和建筑拆除等生命周期的可再生能源建筑的评价指标体系。进行基于负荷预测可再生能源建筑能量系统分析及能源高效利用技术研究、蓄能式太阳能集热系统评价指标体系与评价方法研究及典型气候区可再生能源建筑应用全生命周期综合评价与应用。

（5）在前四项研究内容的基础上，将成果应用于实际工程，实施完成一项太阳能中高温热利用系统与高效土壤源热泵系统应用示范工程。

7.2.3　技术路线

　　课题拟采用调研统计、理论研究、关键技术开发、现场测试诊断相结合的技术路线。课题具体研究路线如图 3-7-1。

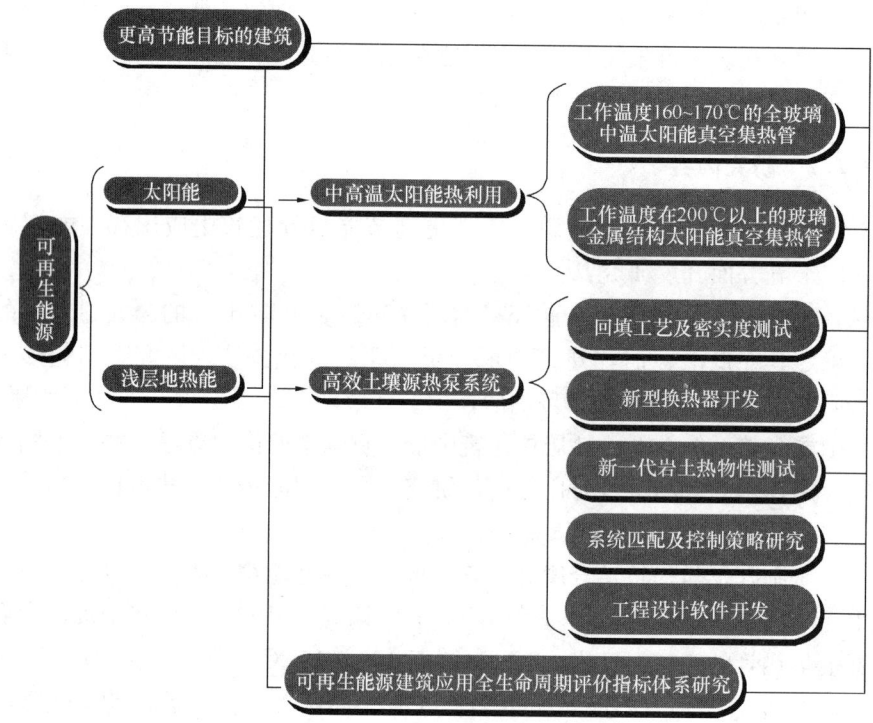

图 3-7-1　课题技术路线

7.3　预　期　成　果

　　课题通过研究最终将解决可再生能源在更高节能目标建筑中应用的关键技术难题，预期形成的成果如下：

　　（1）研究建立适合我国能源分布的可再生能源建筑全生命期的评价指标体系，该评价体系共分为严寒寒冷、夏热冬冷、夏热冬暖等气候区。实现对不同气候区域中的可再生能源建筑的全生命期体系评价。

　　（2）制定土壤源热泵技术区域级适宜性评估指标体系，主要针对大中型建筑采用土壤源热泵系统适宜条件的要求。

　　（3）开发新产品、新装备 3 项。包括：开发出工作温度在 160～170℃之间的由全玻璃中温太阳能真空集热管为集热器件的低成本中温太阳能集热器；新一代的岩土热物性测试仪；新型土壤源热泵地源侧换热器。

（4）修订国家标准《公共建筑节能设计标准》1项，标准增设可再生能源利用章节，对可再生能源相关设备及系统在公共建筑节能设计中的适用条件、效率要求等参数进行规范。

（5）获得软件著作权2项，包括：开发土壤源热泵系统工程应用计算分析软件和可再生能源建筑应用全生命周期评价软件。

（6）完成低能耗建筑中高效可再生能源应用示范工程1项，示范面积不低于3000m²，节能性能比国内现行建筑节能标准提升30%。

7.4　研　究　展　望

为了实现更高的建筑节能目标，需要积极的探索可再生能源在建筑节能中的高效利用方式，使可再生能源在实现低能耗建筑过程中发挥更大的作用，具有更高的贡献率。土壤源热泵系统和太阳能中、高温热利用系统，是利用可再生能源降低建筑供热空调能耗的有效方式，在我国的长江黄河流域、西北、华北、东北等广大对冷热都有需求的地区，以其节能性特点，具有广泛的推广前景。对于那些由于条件限制而不能用煤、电、燃气进行供热的地区更可以说是最佳选择。

随着常规化石能源的逐渐开采，能源危机及可持续发展战略已成为全球性的重要问题。而土壤源热泵技术和太阳能中高温供热空调技术利用的是洁净的可再生能源，是以节能和环保为特征的技术，是实现建筑更高节能目标的有效途径。因此开发可再生能源在低能耗建筑中高效应用关键技术，并对其进行工程示范，大力推广和促进高效的可再生能源利用技术在我国的低能耗建筑中的应用和发展。

作者： 徐伟　孙峙峰　杨灵艳（中国建筑科学研究院）

8 基于热泵的建筑复合能源
系统研究与示范[❶]

8 Research and demonstration of building composite energy system based on heat pump

8.1 研 究 背 景

我国各类建筑的总能耗占社会总能耗的比例已高达 28%，同时随着新建筑的不断增加，该比例还会继续提高。为保证我国经济与建筑业不断发展的同时，降低建筑的能源消耗，实现建筑的可持续发展，应不断加大可再生能源在建筑中的应用比例。国家《"十二五"科学和技术发展规划》将新能源列为大力培育和发展战略性新兴产业。《国家中长期科学和技术发展规划纲要（2006～2020 年)》将可再生能源低成本规模化开发利用列为 62 项重点领域及其优先主题之一。

我国政府近些年来加大了对各地的公共建筑能源消耗的监测与管理力度，从政策方面约束各建筑用能单位的常规能源消耗量，也促使各相关单位不断加强对建筑节能的重视与投入；2005 年 2 月 28 日在第十届全国人民代表大会常务委员会第十四次会议上通过的《中华人民共和国可再生能源法》的颁布，更是从法律法规方面提出了不断增加可再生能源在包括建筑等各领域中的应用力度，减少传统能源的消耗。另外，2009 年 12 月在丹麦的哥本哈根举行的全球气候变化大会上，温家宝总理代表中国政府做出了到 2020 年单位国内生产总值二氧化碳排放比 2005 年下降 40%～45%的郑重承诺。

目前随着我国城市化的进程的加快，以及农村人口不断向城市转移，现有城市的规模也在不断增大，导致采暖城市中许多新建建筑（特别是城市周边的新建建筑）难以与现有的集中热源相连接，这些地区受到环保和经济等因素的制约，往往又不允许新建锅炉房。因此，传统集中供暖以外新的高效节能的冷热源模式在这些地区具有迫切的现实需求。同时，在我国长江以南的传统的不采暖地区，冬季建筑室内仍然有采暖需求，并且随着生活水平的不断提高，这种需求越来越强烈，在 2012 年的"两会"上已有人大代表提出此议案。由于这些地区没有区

❶ 本课题受"十二五"国家科技支撑计划支持，课题编号：2014BAJ01B04。

域供暖锅炉、市政管网等基础设施，同时该地区的夏季通常十分炎热，同样有着强烈的空调供冷需求，而本项目中所研究的各种热泵技术则恰好能够很好地满足建筑的冬季供暖、夏季供冷需求。另外，这些地区也通常具有非常丰富的太阳能资源，因此，高效节能的热泵与太阳能复合建筑能源系统在这些地区不仅具有巨大的市场需求，而且也具有非常好的应用前景。

8.2 课 题 概 况

8.2.1 研究目标

本课题重点研究利用基于热泵的复合供能系统来提高可再生能源在建筑中的利用总量与利用效率。以土壤作为太阳能的蓄热介质，研究得到土壤蓄放热的特性及其影响因素，从而得到利用土壤高效转存太阳能的技术措施，并与土壤源热泵耦合后得到该复合供能系统的高效构建方式与运行策略。研制廉价、高效相变材料，获得其太阳能的存储特性，进一步得到其与水源热泵系统的合理高效匹配策略，以保证该复合供能系统在北方地区能够长期稳定运行。总结我国北方地区水源热泵系统的能效提升策略，研究提高水源热泵复合供能系统综合能效的关键技术。

8.2.2 研究内容

本课题从以下四个方面开展相关研究并进行相应的工程示范：

（1）太阳能蓄热土壤源热泵供能系统研究

以我国北方地区为重点，研究与总结全国不同太阳辐射区与各建筑气候区内办公和居住建筑热、冷负荷的特点；分析各典型地区全年太阳辐射量的变化与建筑冷热需求之间的时间差异性，进而探索利用土壤蓄存太阳能的高效系统形式和优化的运行策略；研究在不同的太阳能辐射量变化和相应的建筑热/冷负荷条件下，土壤源热泵系统的运行状态与土壤蓄放热模式之间的优化匹配关系；建立利用土壤转存太阳能的土壤源热泵耦合系统设计运行模式。

（2）基于相变储能的太阳能与热泵耦合供能系统匹配模式研究

研制高效储热的相变水箱，通过优选、测试合适的相变储能材料，探寻模块化相变材料封装技术，运用CFD技术优化设计储能模块在水箱中的配置；研究不同太阳能利用模式与热泵构成系统的运行方案，总结并探索水源热泵系统与多种太阳能利用技术联合为建筑供热供冷的集成系统形式和优化运行策略；获取并分析建筑一体化光伏余热利用、太阳能低温利用、热泵与蓄热系统不同模式下的长期运行基础数据，以此来指导工程实践；研究集成系统在北方地区长期稳定运行的可靠性、经济性，给出不同系统的合理设计与运行策略优化方法。

（3）北方水源热泵系统能效提升的关键技术研究

调查"十一五"期间建设并运行的水源热泵系统工程，通过测试了解系统的实际能源效率，总结系统在工程实际中出现的问题；对于规模较大的水源热泵系统工程，研究其热泵机组的数量、规格搭配与系统动态负荷等因素之间的制约关系，研究以热泵系统高能效为目标的热泵机组的优选模型或方法；研究系统采用辅助热源时，其系统形式、容量大小、联合运行方式的特点；结合当前技术发展，研究用户末端采用辐射供热供冷设备时，系统能效的提升效果；总结水源热泵系统综合能效提升的关键技术。

（4）建筑一体化的太阳能—空气源混合工质热泵复合能源系统研究

研究该建筑一体化的太阳能—空气源混合工质热泵复合能源系统的热力循环及数学模型；研究太阳能空气集热器在变工况下的传热机制和运行效率；研究太阳能水集热器的传热机制和运行效率，同时研发高效新型混合工质特性及应用技术，达到比常规热泵系统拥有更高的效率；研发太阳能空气源热泵复合系统及集成技术，使之能够高效稳定地为建筑供暖。

8.2.3 技术路线

本课题采取产学研用相结合的模式，充分发挥高等院校的理论研究优势和高新技术企业的设备与产品技术优势，为合理利用太阳能、土壤等低品位热能，并构建基于热泵的建筑能源系统，主要从太阳能蓄热土壤源热泵供能系统，基于相变储能的太阳能与热泵耦合供能系统匹配模式，北方水源热泵系统能效提升的关键技术，建筑一体化的太阳能—空气源混合工质热泵复合能源系统四个方面开展研究，课题的具体研究路线如图 3-8-1。

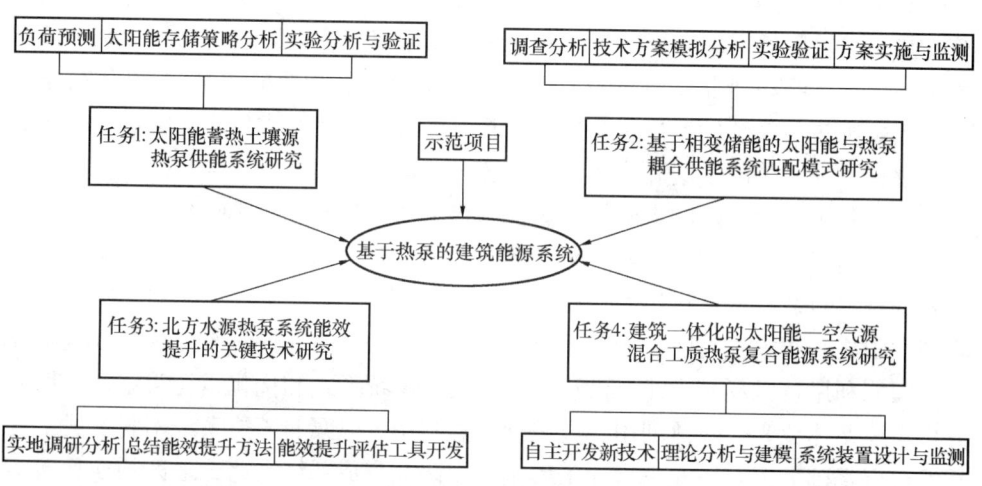

图 3-8-1 课题设置思路及技术路线

8.3 预 期 成 果

课题最终将形成基于热泵的建筑复合能源系统方面的研究成果与示范工程建设，并拥有其中绝大多数成果的知识产权，预期形成的成果如下：

（1）突破土壤源热泵与太阳能蓄热复合供能系统控制技术、基于相变储能的热泵与太阳能耦合供能技术，以及建筑一体化的太阳能-空气源热泵供能技术。

（2）研究建筑一体化的太阳能空气源热泵复合装置 1 套，装置供热量约 22kW，冬季气温−5℃时，COP 达到 2.0 及以上。

（3）建设基于热泵的复合能源系统综合利用平台 2 项，即集太阳能、水源热泵和相变蓄能技术为一体的复合能源系统平台，相变储能单元材料潜热 150kJ/kg 以上；太阳能光伏/光热、双源热泵和相变储能的复合能源系统平台。

（4）编制《太阳能—土壤源热泵复合供热系统设计技术导则》的企业技术标准 1 项，力争为行业标准。

（5）完成《基于热泵的建筑复合供能系统能耗分析软件》1 项，该软件能够实现根据系统负荷及其他系统设计信息，经全年的模拟运行，计算出区域能源系统年总能耗，作为区域能源系统规划设计方案的比选工具。

（6）完成太阳能蓄热—热泵供热建筑复合能源系统示范工程 1 项。示范工程为公共建筑，对其进行热、冷和热水联供，系统包括太阳能集热器、土壤蓄热器、蓄热水箱、热泵等，根据建筑的特点和地质条件，进行长期蓄热或短期蓄热，充分体现太阳能与热泵的综合利用。

8.4 研 究 展 望

国家《"十二五"科学和技术发展规划》将新能源列为大力培育和发展战略性新兴产业，《国家中长期科学和技术发展规划纲要（2006～2020 年）》将可再生能源低成本规模化开发利用列为 62 项重点领域及优先主题之一。国外在太阳能和土壤等低品位热能利用方面的研究起步较早，取得了很多标志性的成果，并有许多成功的应用实例，我国虽在太阳能蓄热与热泵复合建筑能源系统的研究及应用方面取得了一定的进展，但仍存在不足，如理论研究或模拟计算较多，工程实践很少；一些试验的效果并不突出，但尚没有找到系统的解决方案，对如何有效地提高太阳能在土壤中的蓄存率的关键技术研究明显不足；缺乏系统地对该建筑复合能源系统的综合能效的提高效果进行全面评估的有效方法；在太阳能的短期与长期综合存储与系统长期稳定运行的综合技术措施方面也存在欠缺；在该复合系统的优化研究方面缺乏系统性。本课题将针对这些方面存在的不足，围绕提高基于热泵的复合能源系统供能的高效性与可靠性开展较为深入的理论研究与技术开发。

通过本课题的实施，将获得基于热泵的复合供能系统的高效构建方式与运行策略，得到太阳能或其他常规能源与水源热泵系统的合理高效匹配策略，以保证该复合供能系统在北方地区能够长期稳定运行。通过构建基于热泵的复合供能系统，并利用该复合供能系统来提高可再生能源在建筑中的利用总量与利用效率。课题的预期成果及其在建筑能源领域的应用将有助于推动我国建筑业的良性发展。为实现"十二五"乃至更长时期建筑供能系统的可持续发展目标奠定坚实的技术基础。

作者： 端木琳　冯国会　舒水明　舒海文　李祥立（大连理工大学）

9 建筑拆除管理政策研究[❶]

9 Research on policy of building demolition

9.1 研 究 背 景

中国正处于城镇化快速发展阶段，伴随多年的经济高速发展，城市更新速度惊人，大拆大建现象严重。我国《民用建筑设计通则》规定，纪念性建筑和特别重要的建筑设计使用年限为100年，普通建筑为50年。但每年由于政绩工程、规划滞后，以及法律法规体系不健全等因素，导致大量建筑非正常拆除。清华大学建筑节能研究中心研究发现，"十一五"期间，全国共有46亿 m^2 建筑被拆除，其中城镇建筑拆除量约为30亿 m^2，城镇建筑拆建比高达23%。不合理的建筑拆除既损失了建筑价值，也导致了巨大的资源浪费，并且加重环境污染，割裂了历史文化。假设"十二五"期间，中国平均每年增长建设面积为15~20亿 m^2，则每年过早拆除的建筑面积将达到3.45~4.6亿 m^2。在资源紧张和环境污染的双重约束下，积极探索我国建筑拆除管理策略，严格建筑拆除管理，减少建筑拆除总量，是契合我国社会发展需求，缓解社会问题的重要内容之一。

9.2 目标和主要内容

为贯彻《国务院办公厅关于转发发展改革委住房城乡建设部绿色建筑行动方案的通知》（国办发〔2013〕1号）的要求，基于节约能源、改善气候环境的社会需求，本研究通过调研分析我国建筑拆除管理存在问题，在系统分析国外其他国家和地区在建筑拆除管理方面先进经验基础上，对我国既有建筑拆除审批程序进行优化设计，完善和规范建筑审批程序，以此来加强城市规划管理，维护规划严肃性和稳定性，鼓励政府以及建筑物所有者和使用者加强建筑维护管理，在建筑设计使用年限内，保证建筑使用安全，并在结构性能完好的情况下延长建筑寿命，充分体现建筑使用价值；对于要拆除的建筑，制定建筑报废拆除审批程序，规范建筑拆除过程管理，减少随意性拆除造成社会资源的不合理浪费。

❶ 本研究由能源基金会中国资助，资助项目号：G-1305-18219.

主要研究内容如下：

（1）建立既有建筑拆除分类管理机制

根据建筑功能类型、建筑规模、建筑所有者的不同，对既有建筑进行分类，并明确各类建筑的拆除条件。通过建立建筑分类管理机制，从源头上减少建筑拆除需求。

（2）建立完善的建筑拆除审批程序

针对我国建筑拆除的两种类型：自主产权建筑因功能或其他原因由建筑主体所有者申请的拆除，和基于城市发展需求由政府相关部门发起的建筑拆除，分析目前拆除审批程序中存在的问题，并充分借鉴国外建筑拆除管理上的先进经验，对现有审批程序进行优化设计，进一步完善拆除审批程序。

（3）建立完善的建筑拆除过程监管制度

对于明确需拆除的建筑，通过招标委托拆迁单位和评估单位，并在招标文件中明确绿色拆除内容，在拆除过程中进行现场管理与监控，并展开绿色拆除验收工作，确保绿色拆除的实施，在建筑全生命期的最后一个关口严格控制资源浪费和环境污染。

（4）建立完善的建筑拆除保障管理体系

针对当前建筑拆除存在的问题，分析问题源头和可能的解决方法，分别从政策法规、技术标准、考核评价和宣传推广四个方面提出完善建筑拆除保障体系措施建议。

9.3　成　果

（1）建立建筑拆除分类管理机制

现行建筑拆除管理规定并未针对不同类型建筑物做出严格划分和制定相应的限定条件，因而造成各类建筑混杂在一起，不利于建筑拆除法规的制定和规范建筑拆除管理。本研究将建筑物分为鼓励拆除、限制拆除和禁止拆除三类，实行建筑拆除分类管理，促进鼓励类建筑物迅速拆除，引导限制类建筑物升级改造和有序改建，严格控制禁止类建筑物拆除（表3-9-1）。

各类建筑拆除原因及其管理分类　　　　　表3-9-1

拆除利益		公共利益	非公共利益			
拆除原因		国防外交，基础设施，公共事业，安居工程，旧城改造，其他公共利益	功能滞后	效益不佳	建筑质量	土地升值
建筑类型	政府办公建筑	限制	禁止	—	鼓励	禁止
	政府投资公益性建筑	限制	禁止	—	鼓励	禁止
	古建筑、文物建筑	限制	禁止	—	鼓励	禁止
	大型公共建筑	限制	限制	限制	鼓励	禁止
	普通公共建筑	鼓励	限制	限制	鼓励	限制
	居住建筑	鼓励	限制	限制	鼓励	限制

一类：鼓励类，为确实有必要拆除建筑，应该鼓励尽快拆除。（确定为鼓励类，以加快落实为主，其中危房、旧城改造等项目需争得 2/3 的居民同意方可进行。）

二类：限制类，以保护既有建筑，能修则不拆为原则。尽可能通过加强维护和改造、维修来避免建筑拆除，如不具备改造、维修价值，经论证、公示予以拆除。（此类是否需要拆除确定起来最为复杂，也是后续拆除审批程序制定的重点。）

三类：禁止类，此类严格禁止拆除；（确定为禁止类，要加强监管，制定严格的惩罚措施，避免利益驱动下无视法纪。）

（2）优化自主产权建筑拆除审批程序

针对自主产权建筑拆除的京津模式和广深模式，重点对程序中是否增加专家论证环境进行细分。首先明确建筑拆除的界限，通过建立建筑拆除等级评定，将建筑按建筑功能类型、在某种范围内是否具有代表性和重要性、建成年限和规定使用年限、材料结构、使用功能和使用频率等方面进行分档打分，由一级审核单位汇总拆除等级评定表，必要时由申请单位提供证明材料。如果达到一定的建筑拆除等级，即认为该建筑具备拆除重建的必要性，直接由二级审核部门受理申请。如未达到一定的建筑拆除等级而提出重建，必须组织专家论证会，评价可利用性情况，通过论证方可按上述程序进行拆除重建申请。未通过论证则以综合整治、功能改变等方式完善建筑性能，保证正常使用，延续建筑使用寿命。其次，主管部门受理建筑拆除重建申请，应进行公示，需通过专家论证会的建筑应将专家论证结果与拆除公告同时进行公示，公示期满可批准进入下一阶段工作。

优化自主产权建筑审批流程，在不增加行政许可的前提下，通过增加建筑拆除等级评价，对重要且评估结果处于摇摆状态的建筑引入专家论证程序，以此来减少自主产权建筑的不合理拆除现象。

（3）优化因公共利益征收引起的建筑拆除审批程序

对于公共利益征收引起的建筑拆除，将其征收审批程序划分为项目立项、征收决定、征收实施反馈等三个阶段。为有效遏制国有土地上房屋征收引起的建筑合法但不合理拆除，且增强建筑拆除审批程序可操作性，应加强拆除项目立项审批管理，并将多项审批提前到项目立项阶段进行审查。主要优化内容如表 3-9-2 所示。

（4）严格建筑拆除过程监管的建议

完善招投标管理，在招标文件增加绿色拆除内容，如：施工过程中噪音和粉尘控制，可再利用建筑材料回收率，建筑材料分类等内容。将绿色拆除内容作为项目评标的重要依据。

国有土地上房屋征收审批程序主要优化内容　　　　　　　　表 3-9-2

阶段	主要优化内容
立项阶段	制定建筑拆除专篇。从规划的源头入手，在城市规划制定和修改过程中强化科学论证，在科学论证里面加入建筑拆除专篇，对原有规划中土地利用现状进行论述，增加建筑拆除损失的分析。 引入社会影响评估。社会影响评估报告应该与可行性研究报告、环评报告、勘察设计报告一起，成为重大项目投资建设决策的重要组成部分。 增加重要建筑保护专项调查。立项阶段，要增加重要建筑保护专项调查，涉及历史文物建筑、政府投资建筑和大型公共建筑等重要建筑的要进行单独的审查，重要建筑征收拆除要进行建筑可靠性鉴定。
征收决定阶段	重视旧城区改造项目。危房、旧房区分开来，不能混淆在一起叫旧城改造。通过建筑可靠性鉴定，确定为危房建筑的鼓励拆除，确定为具有维修改造价值的旧建筑，应该谨慎拆除。 旧城区改建实行征询制度。通过建立征询制度，避免旧城区居民"被拆迁"，也可以尽最大限度制止部分人打着旧改的旗号实施商业开发之实。 征收房屋的第二次核实。进入房屋征收决定阶段后期，房屋征收管理委员会再进行一次征收房屋的详细调查，确认是否有项目立项阶段遗漏的重要建筑，如果存在要再进行评估。
征收实施反馈阶段	房屋征收管理委员会拟定征收方案后，应尽快公布并建立民众意见征询制度，大量被征收者有异议，应组织听证会。 征收实施阶段需要增加绿色拆除相关内容。确定要进行拆除的建筑，应启动阶段建筑拆除工程招标过程，由具有资质的专业机构制定绿色拆除实施方案，进行绿色拆除。

对绿色施工内容进行补充，同时规定绿色拆除项目验收内容，在市容卫生部门审核环节加入对绿色拆除达标情况的说明：包括拆除实施部门的环保文件记录，拆除施工过程中环保部门的检查情况，建筑垃圾的分类记录和处理情况，可循环利用建筑垃圾的回收率用率。

（5）完善建筑拆除政策体系的建议

制定建筑拆除项目分类管理办法。将既有建筑依据建筑类型和使用功能划分为鼓励拆除、限制拆除和禁止拆除三类，实行对建筑物的拆除分类管理，促进鼓励类建筑物迅速拆除，引导限制类建筑物升级改造和有序改建，严格控制禁止类建筑物拆除。

前移拆除项目审批及评估。引入拆除项目社会影响评估和建筑功能评估等内容，并与社会稳定风险评估一起前移至拆除项目立项审批阶段，作为决策项目立项与否的重要内容，保证建筑拆除的合理性。

完善拆除项目评估内容。针对因公共利益需求而拆除的项目，引入社会影响评估，充分考虑建筑拆除行为对经济、社会、环境的综合效益和长远效益。针对自主产权建筑拆除，引入综合考虑建筑功能、类型、年限、现状条件等内容的建筑拆除等级评定，严格资助产权建筑拆除管理。

强化建筑拆除过程管理。对需要拆除的建筑，应加强建筑拆除过程管理，最大限度减少对资源环境影响，加强可利用材料设备回收利用。在拆除项目招投标文件中引入绿色拆除要求，作为选择拆除单位的重要依据，并加强建筑拆除过程管理，以及拆除项目验收工作。

9.4 研 究 展 望

（1）既有建筑使用性能评估体系研究

以建筑形式、结构性能、使用功能等参数为一级指标，系统分析影响建筑使用性能的各级性能参数，建立既有建筑使用性能综合性评估体系，确定各级指标及参数的评分原则及权重，建立既有建筑使用性能评估机制，实现对既有建筑性能的定量化评估，进而为各类既有建筑的使用及处置提供依据。

（2）既有建筑使用寿命拓展研究

以建筑本体为着眼点，对我国建筑拆除原因的进行深层次分析，明确建筑拆除的主要原因，从建筑外立面维护、结构加固、内部空间优化等方面入手，建立既有建筑维护管理机制、维护管理关键技术体系，以及维护效果评估体系，加强既有建筑维护管理，提升既有建筑的使用性能，延长既有建筑使用寿命。

作者：尹波　狄彦强　周海珠　杨彩霞　李晓萍（中国建筑科学研究院）

10 建筑垃圾回收回用政策研究[1]

10 Research on recycling policy of construction waste

10.1 研 究 背 景

目前，欧盟、美国、日本、韩国等国建筑垃圾回收回用率已达到了90%以上，而中国在《"十二五"资源综合利用指导意见》（发改环资［2011］2919号）也仅提出了到2015年"全国大中城市建筑废物利用率达到30%的目标"。中国建筑垃圾回收回用的技术已不存在障碍，缺乏有效的激励政策和监管措施成为阻碍建筑垃圾回收回用的主要瓶颈。为落实国务院的《绿色建筑行动方案》（国办发［2013］1号）的十大任务之一"推进建筑废弃物资源化利用"，"推行建筑废弃物集中处理和分级利用，加快建筑废弃物资源化利用技术、装备研发推广，编制建筑废弃物综合利用技术标准，开展建筑废弃物资源化利用示范，研究建立建筑废弃物再生产品标识制度"。在建筑垃圾回收回用中推广前期需要政府的规划指导和监督管理，但目前中国在中央层面尚缺少对建筑垃圾回收回用的目标规划、监督管理政策和经济激励政策，亟须开展此方面的研究。

10.2 目标和主要任务

本项目通过分析国内外建筑垃圾回收回用领域的法律法规、优惠政策、监管机制、技术体系等现状，明确中国建筑垃圾回收回用领域与国外的差距及存在的问题。通过建立中国建筑垃圾产生量估算模型，实现对建筑垃圾每年产量和存量的估算，以及到2020年的产量预测；结合建筑垃圾产生、运输、资源化、产品使用的不同阶段，分析建筑垃圾回收回用产业链中各主体的作用机制。在此基础上，明确建筑垃圾回收回用的总体发展目标和阶段性目标，并结合建筑垃圾产生的不同领域，对总体目标进行分解落实，制定了到2020年的政策发展路线。为保障以上目标的实现，最后为中国政府提出了推动中国建筑垃圾回收回用的管理

---

[1] 本研究由能源基金会中国资助，资助项目号：G-1305-18127。

政策、经济支持政策以及政策实施规划建议。

10.3　成　　果

10.3.1　国外建筑垃圾回收回用政策调研

面对城镇化的快速进程，国外发达国家很早就开始探索将垃圾变为资源的途径和技术。德国是首个大规模利用建筑垃圾的国家，根据德国国家统计局统计数据，2006 年建筑垃圾回收利用率达到 87%，再生利用率达到 70%，这得益于政府对建筑垃圾回收回用的高度重视，目前德国已制定了与建筑垃圾有关的法律法规政策达 180 多个，并且还利用价格杠杆对建筑垃圾回收回用进行调解，规定了较高的建筑垃圾堆积收费（最高达到 86 欧元/m^3，最低为 5 欧元/m^3）和再生材料的低价格。荷兰建筑垃圾回收利用率达到 70%，政府通过制定限制废物的倾卸处理、强制再循环运行的质量控制制度，希望到 2015 年能提高回收利用率到 90%。丹麦通过征收废弃物税，在 1999 年建筑垃圾的回收回用比例达到 90%。美国每年产生的建筑垃圾经过分拣、加工，再生利用率约 70%，美国对建筑垃圾的管理政策经历了"基于政府主导的命令与控制方法→基于市场的经济刺激手段→政府倡导和企业自律的结合"三个阶段，并在《超级基金法》中规定建筑垃圾源头排放的控制。日本将建筑垃圾作为"建筑副产物"，通过制定《建筑再利用法》等一系列法律法规、建立建筑垃圾资源化回收体系、实行建筑垃圾回收回用的激励政策，使建筑垃圾回收比例从 1995 年的 42% 提高到 2011 年的 97%。新加坡推行"绿色宏图 2012 废物减量行动计划"，将垃圾减量作为重要发展目标，对建筑垃圾收取 77 新加坡元/t 的堆填处置费增加建筑垃圾排放成本，并建立了建筑垃圾特许经营制度，建筑垃圾回收回用比例达到 98%，60% 的建筑垃圾实现了循环利用。

10.3.2　国内建筑垃圾回收回用现状调研

目前中国尚无针对建筑垃圾资源化利用管理方面的专门法律法规，部分法律条文中提及与建筑垃圾回收回用相关的包括：1995 年 11 月全国人大通过的《城市固体垃圾处理法》，要求产生垃圾的部门必须交纳垃圾处理费，但没有涉及建筑垃圾的循环利用问题。1995 年颁布并于 2004 年修订的《中华人民共和国固体废物污染环境防治法》把建筑垃圾处理纳入到法制化管理的轨道，但只侧重在生活垃圾处理方面。住建部 2005 年 3 月发布了《城市建筑垃圾管理规定》，明确了建设主管部门负责全国城市建筑垃圾的管理工作，实行建筑垃圾收费制度，尚无建筑垃圾回收回用的具体措施。2007 年 9 月住建部印发的《绿色施工导则》中提到，发展绿色施工的新技术、新设备、新材料与新工艺，大力发展建筑固体废弃物再生产品在墙体材料中的应用技术。为解决建筑垃圾回收回用政策管理体系不健全的局面，2013年初《绿色建筑行动方案》（国办发［2013］1号）里将"推进建筑废弃物资源化利用"作为十大重点任务之一，提出了"住房城乡建设、发展改革、财政、工业和信息化部门要制定实施方案，推行建筑废弃物集中处理和分级利用，加快建筑废弃物资源化利用技术、装备研发推广，编制建筑废弃物综合利用技术标准，开展建筑废弃物资源化利用示范，研究建立建筑废弃物再生产品标识制度。地方各级人民政府对本行政区域内的废弃物资源化利用负总责，地级以上城市要因地制宜设立专门的建筑废弃物集中处理基地。"

与之相应，中国部分城市针对建筑垃圾的回收回用，在政策体系上已经做出了很多尝试。据不完全统计，中国已有80多个城市编制了与建筑垃圾管理相关的地方条例或管理办法，深圳市制订了中国首部建筑垃圾回收回用的地方性法规《深圳市建筑废弃物减排与利用条例》（2009年10月1日实施）对建筑废弃物综合利用项目给予经济激励，从2012年起，深圳所有政府投资工程、新建保障性住房全面使用绿色再生建材产品，预计到2015年建筑废弃物资源化率达60%，综合处理利用率98%；青岛市制订了地方性法规《青岛市建筑废弃物资源化利用条例》（2013年1月1日实施）提出设立建筑废弃物资源化利用方案编制与审核制度、建筑废弃物再生产品备案制度等，以及征收和返还建筑废弃物处置费，自2009年开展建筑废弃物资源化利用的推广工作，累计资源化利用建筑废弃物近600万t（青岛市每年建筑垃圾产生量为1000万t左右）；邯郸市提出了"建设、施工单位采用符合标准的建筑垃圾回收利用产品，按比例返退新型墙体材料专项基金"，探索了一条建筑垃圾制砖的良好经济推广模式，年处理垃圾达到40%。

10.3.3 中国建筑垃圾回收回用量核算

（1）中国建筑垃圾产量核算

按照建筑垃圾产生的阶段，本项研究按照拆除阶段、施工阶段、装修阶段产生的垃圾来分别计算，每阶段的垃圾产量分别按照面积乘以垃圾产生系数来确定。其中影响城市建筑垃圾产量的主要指标除建筑施工面积、更新改造面积、建筑装修面积，还包括建材生产垃圾、土地开挖垃圾、环保材料使用量、建筑垃圾回收率、政府监管力度。为简化总量估算方法，依据专家打分法和主成分分析法，确定建筑施工面积、更新改造面积、建筑装修面积为主要影响因素，其累计贡献率为95.254%。得到每年建筑垃圾的总产量计算公式如下。

$$V = (A_1 \times C_1 + A_2 \times C_2 + A_3 \times C_3)/95\%$$

即：建筑垃圾产生量 ＝（拆除垃圾＋施工垃圾＋装修垃圾）/95%＝（拆除面

积×单位面积建筑垃圾产生系数＋施工面积×单位面积建筑垃圾产生系数＋装修面积×单位面积建筑垃圾产生系数）。

根据计算，目前中国每年建筑垃圾的产量已经达到25.22亿t，在不考虑资源化处理的情况下，历史各个年份所积累的建筑垃圾量已将近200亿t。

（2）建筑垃圾产生量预测

对于未来几年建筑垃圾产量的预测，分别进行高、中、低三种增速的情景分析。①高速增长情景：假定从2014～2020年，全国每年建筑施工面积的增长速度依然保持惯性，维持在15%的年均增速。②中速增长情景：假定建筑业的发展增速与国民经济发展增速同步，可以假设的中速增长情景为，从2014～2020年，全国每年建筑施工面积的增长速度为7%。③低速增长情景：从2014～2020年，全国每年建筑施工面积的增长速度为5%（表3-10-1）。

三种情境下全国建筑垃圾的每年产量和累计产量
预测表（2014～2020年）　　单位：亿吨　表3-10-1

年份	情景一		情景二		情景三	
	每年产量	累计产量	每年产量	累计产量	每年产量	累计产量
2013	30.12	130.95	30.12	130.95	29.78	128.90
2014	34.62	165.57	32.98	163.92	32.24	161.14
2015	39.80	205.37	36.04	199.97	34.81	195.95
2016	40.76	246.13	35.30	235.26	33.71	229.67
2017	46.86	292.99	38.52	273.79	36.36	266.03
2018	53.88	346.87	41.98	315.76	39.15	305.17
2019	61.95	408.82	45.67	361.43	42.07	347.24
2020	71.23	480.05	49.62	411.05	45.13	392.37

10.3.4　建筑垃圾回收回用产业相关利益主体分析

根据建筑垃圾产生回用的过程，可将建筑垃圾回收回用产业链划分为以下：①上游产业：建筑垃圾的产生主体，包括施工企业、拆除企业、装饰装修企业。②中游产业：建筑垃圾的运输主体——运输企业，建筑垃圾资源化主体——产品生产企业，产业链内服务主体——研发机构、检测机构、金融投资机构等。③下游产业：建筑垃圾再生产品的使用主体，包括建设单位和居民消费者。整个产业链分析如图3-10-1所示。

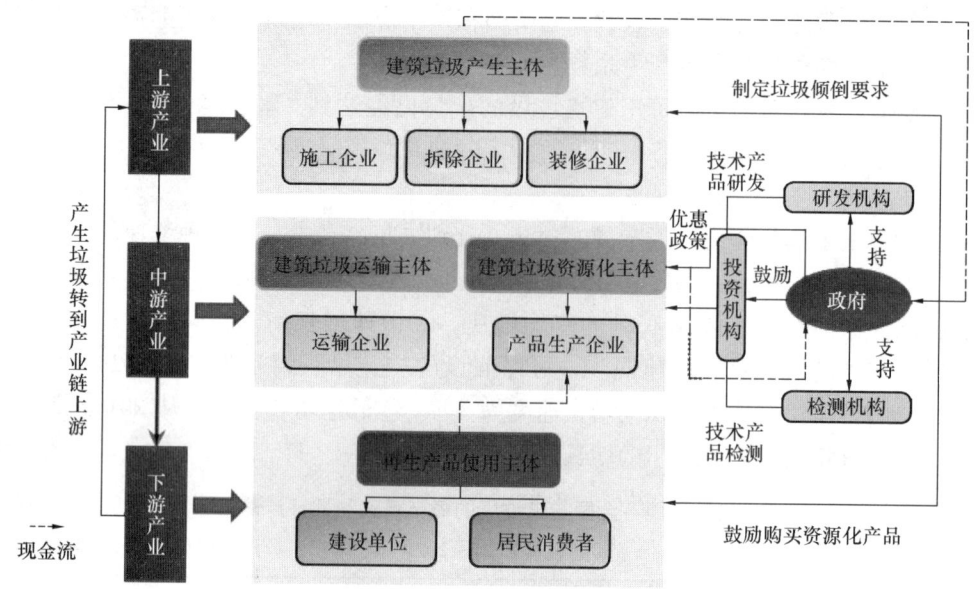

图 3-10-1 建筑垃圾回收回用产业链主体互动关系分析图

10.3.5 中国建筑垃圾回收回用推广路线研究

根据对中国建筑垃圾产量的预测和产业链关系的分析，提出以下目标：到 2015 年，全国大中城市建筑垃圾利用率提高到 30％；到 2020 年，全国大中城市建筑垃圾利用率提高到 40％（图 3-10-2、图 3-10-3）。

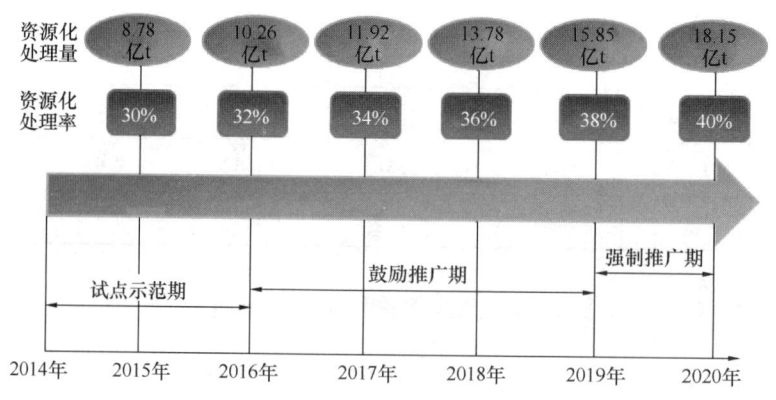

图 3-10-2 年度目标分解示意图

10.3.6 中国建筑垃圾回收回用激励与管理政策建议

（1）管理政策

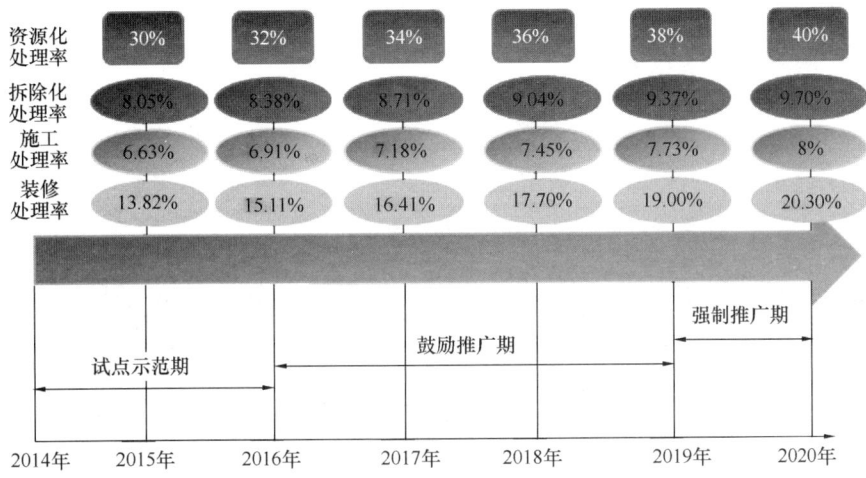

图 3-10-3   不同领域目标分解示意图

① 建筑垃圾源头控制管理政策。建议健全建筑垃圾回收回用相关法律体系，编制中长期建筑垃圾回收回用专项规划，将建筑垃圾资源化利用目标纳入政府责任考核体系，建立建筑垃圾资源化利用方案编制与审核制度，规范建筑垃圾收集及随意倾倒费用制度，建立建筑垃圾统计报告制度等。

② 建筑垃圾资源化过程中的管理政策。建议加强建筑垃圾资源化处理企业的用地审批及管理，完善建筑垃圾资源化产品的标准体系，规范建筑垃圾资源化利用行业的管理，开展建筑垃圾回收回用示范工程等。

③ 建筑垃圾资源化产品使用过程中的管理政策。建议通过实施建筑垃圾资源化产品认证及推广制度，在政府投资市容项目强制性使用建筑垃圾资源化利用产品，强化绿色建筑中的建筑垃圾回收回用等手段。

（2）经济支持政策

① 财政补贴政策。建议试点示范期间（2014～2016 年）、鼓励推广期间（2017～2018 年）、强制推广期间（2019～2020 年）针对不同阶段的示范工程财政补贴政策，以及对建筑垃圾资源化利用产品实行财政补贴和建筑垃圾资源化利用项目的财政返还政策。

② 税收优惠政策。建议放宽申请条件，扩大产品范围，明确产品种类，使符合要求的建筑垃圾资源化生产企业享受增值税减免政策。建议将"建筑固体废弃物处理和综合利用技术"纳入《国家重点支持的高新技术领域》目录中的"七、资源与环境技术"中的"固体废弃物的处理与综合利用技术"，经认定的企业和项目可享受所得税 15％的优惠税率。

（3）金融支持政策

① 优惠贷款。对建筑垃圾回收回用的资源化处理企业，其生产的产品符合

绿色建材产品认证或采用新型产品生产经营方式，建议金融机构给予企业相应的低息贷款。

② 贷款贴息。对于采用新型产品生产经营方式的建筑垃圾回收回用的资源化处理企业在与地方政府签订相应授权委托协议后，给予贷款贴息的优惠政策。

（4）政策建议实施规划建议（表 3-10-2）

政策建议实施规划建议表　　　　　　　　　　　　　表 3-10-2

序号	政策建议	规划时间						
		2014	2015	2016	2017	2018	2019	2020
7.1	管理政策							
7.1.1	源头控制政策							
7.1.1.1	健全法律体系							
7.1.1.2	专项规划							
7.1.1.3	纳入节能减排考核目标							
7.1.1.4	专项方案编制与审核							
7.1.1.5	建筑垃圾收费与随意倾倒收费							
7.1.1.6	建筑垃圾统计报告							
7.1.2	资源化过程管理政策							
7.1.2.1	用地审批制度							
7.1.2.2	产品标准体系							
7.1.2.3	行业监管政策							
7.1.2.4	示范工程							
7.1.3	产品使用过程管理政策							
7.1.3.1	产品认证及推广制度							
7.1.3.2	市容项目强制性使用政策							
7.1.3.3	强化绿色建筑中的应用							
7.2	经济支持政策							
7.2.1	财政补贴政策							
7.2.1.1	示范工程补贴							
7.2.1.2	资源化利用产品补贴							
7.2.1.3	资源化利用项目补贴							
7.2.2	税收优惠政策							
7.2.2.1	税收减免							
7.2.2.2	税收优惠							
7.2.3	金融支持政策							
7.2.3.1	优惠贷款							
7.2.3.2	贷款贴息							

10.4 研 究 展 望

在确定建筑垃圾回收回用政策框架的基础上，未来将开展从城市管理角度加强对建筑垃圾回收回用的政策落地的研究，重点在以下几方面：

（1）建筑垃圾资源化利用作为城市基础设施管理的可行性研究。总结现有城市基础设施管理的流程和特点，分析将建筑垃圾资源化利用作为城市基础设施建设内容之一的可行性。

（2）建筑垃圾资源化利用城市管理评价指标研究。一是研究将建筑垃圾资源化利用指标落实到国家对地方节能减排考核指标体系内的方法；二是分析和总结现有"全国文明城市"、"国家园林城市"、"国家卫生城市"、"环卫示范城市"、"节能减排示范基地"等的评价指标体系及使用方法，研究如何在评选标准中增加建筑垃圾资源化利用的相关评价指标。

（3）依托建设项目全过程管理的建筑垃圾资源化利用管理政策研究。区分新建建筑工程、改扩建建筑工程、装饰装修工程项目，从项目可行性研究、建筑设计、工程施工、竣工验收的全生命周期阶段考虑，细化建筑垃圾资源化利用在各阶段的行政管理方法与手段，包括：管理内容、管理手段、考核要点等。

作者：孙金颖 张国东 刘鹏（中国建筑设计院有限公司）

11 夏热冬冷地区采暖能耗趋势预测及技术解决方案[1]

11 Trend prediction and technical solutions to energy consumption of heating in hot summer and cold winter area

11.1 课题背景

根据解放初期制定的秦岭淮河供暖线，夏热冬冷地区冬季并没有市政规模的集中供热，然而该地区建筑保温隔热性能不受重视，围护结构热工性能相对北方较差，冬季室温远低于北方集中供热时室内温度。改革开放以来，该地区经济飞速发展，人民生活水平大幅提升，再加上近年来多次出现的极寒天气，该地区居民对于冬季提升室内舒适水平的呼声日益强烈。伴随着采暖需求的不断增加，夏热冬冷地区采暖能耗也逐年增长，如果不加以适当措施，必然会带来巨大的能源供应压力。因此，研究夏热冬冷地区采暖问题是目前建筑节能领域的重点之一。在满足居民需求的前提下，通过合理的技术手段及政策措施，使得在提高冬季室内舒适水平的同时尽可能减缓采暖能耗的增长，是我们迫切需要解决的问题。

11.2 目标和主要任务

通过大量实测和调研，了解夏热冬冷地区采暖能源消耗现状及基本特征，指出该地区采暖技术应用中存在的关键问题以及未来的发展方向，预测夏热冬冷地区采暖能耗变化趋势，提出该地区未来发展适宜的情景，为加强夏热冬冷地区居住建筑采暖节能工作提供决策支撑。

主要任务包括：

（1）夏热冬冷地区采暖用能现状及特征分析

主要是通过大量的入户实测和问卷调研，归纳该地区采暖用能状况、采暖设备使用情况、居住室内温度特点等基本现状，并选取典型案例进行不同采暖系统

[1] 本研究由能源基金会中国资助，资助项目号：R-1308-18696。

的深入分析和比较，总结出夏热冬冷地区采暖三大特点。

（2）夏热冬冷地区能耗趋势预测与未来发展研究

在对基本现状充分认识的基础上，通过调研居民发展意愿，并根据近年政策发展方向，对该地区采暖能耗进行预测，并构建不同发展情景，提出在满足居民需求前提下最适宜的发展情景，根据该地实际情况，指出切实可行的未来技术解决方案和政策措施。

11.3　成　果

11.3.1　夏热冬冷地区采暖用能现状及特征

夏热冬冷地区居民较多使用分体空调加局部采暖设备共同使用的采暖形式，而安装相同设备的家庭，采暖方式也存在较大差异（图 3-11-1）。

调研发现，该地区居民采暖方式较多为"部分时间、部分空间"的使用模式。客厅和卧室的空调使用方式存在差异，卧室睡觉前的开启率较高，客厅下午及晚上的开启率较高，可以发现，夏热冬冷地区采暖较多是一种间歇的、局部的采暖方式（图 3-11-2～图 3-11-4）。

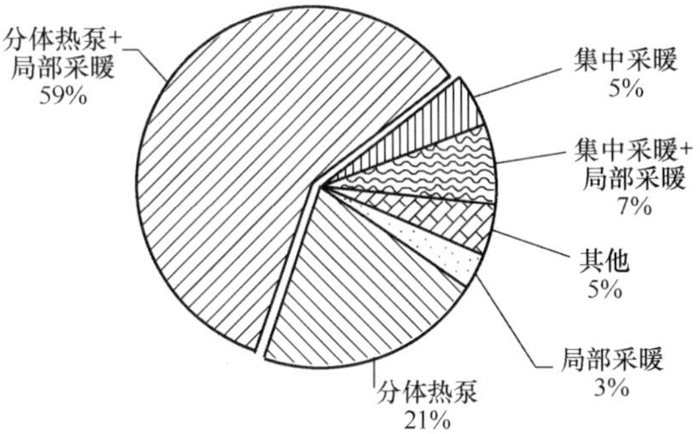

较多住户冬季会开窗通风，基本不开窗的住户仅占总样本量的 16％（图3-11-5）。进一步和住户的访谈发现，

图 3-11-1　调研样本中住户采暖设备分布

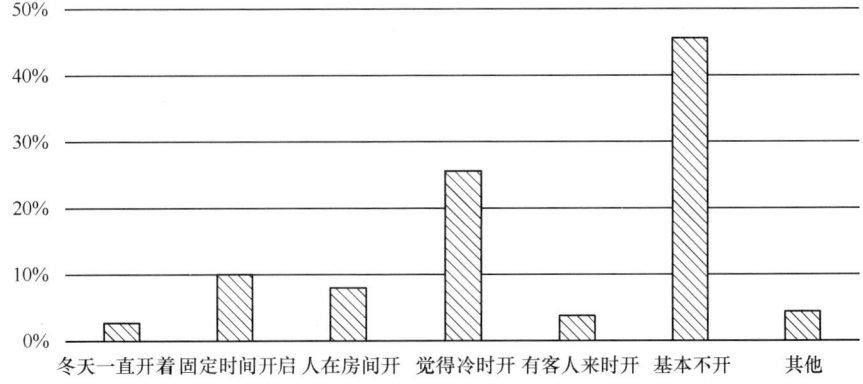

图 3-11-2　调研住户客厅空调使用方式

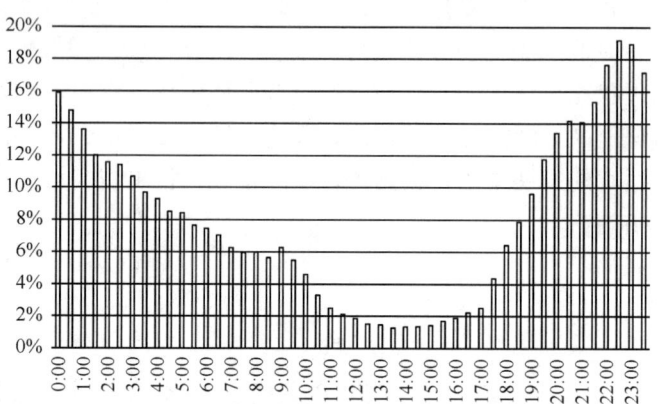

图 3-11-3　实测卧室空调使用方式

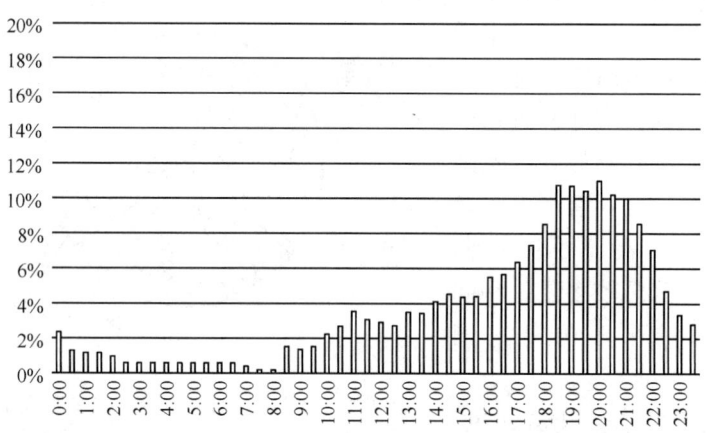

图 3-11-4　实测客厅空调使用方式

他们认为开窗可以有效改善室内环境、提升室内空气品质。由于夏热冬冷地区居民冬季较多有开窗通风的习惯，这一习惯与北方冬季采暖时非常不同，而住户的

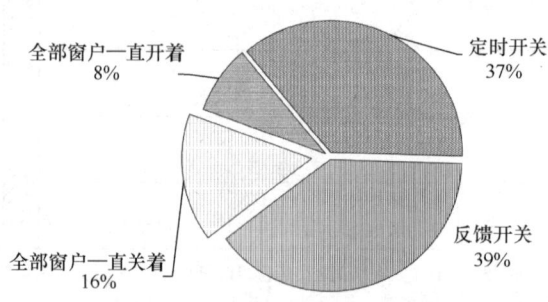

图 3-11-5　调研样本开窗行为分布

开窗行为也使得冬季采暖需热量增加。因此在考虑该地区采暖问题时考虑用户的开窗行为十分必要。

绝大多数住户采暖季耗电量在 20 元/m² 以下，平均供暖电费为 2.2 元/m²，折合为电耗约为 3.14kWh/（m².a）（图 3-11-6、图 3-11-7）。远低于我国北方地区的采暖能耗，也低于国外相同气候区的住宅冬季采暖能耗，并且户均采暖能耗水平差异较大。

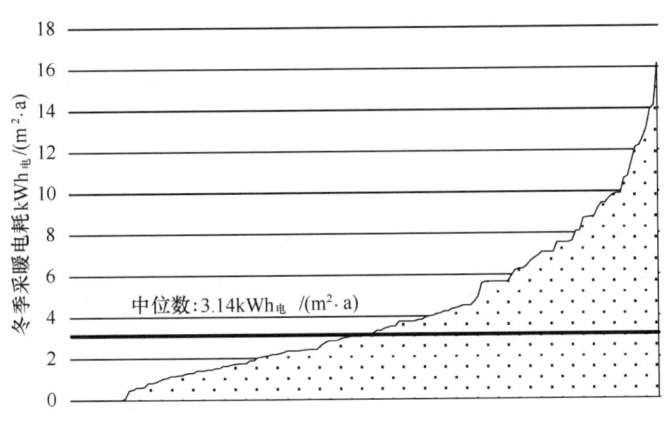

图 3-11-6　调研样本采暖用电量分布

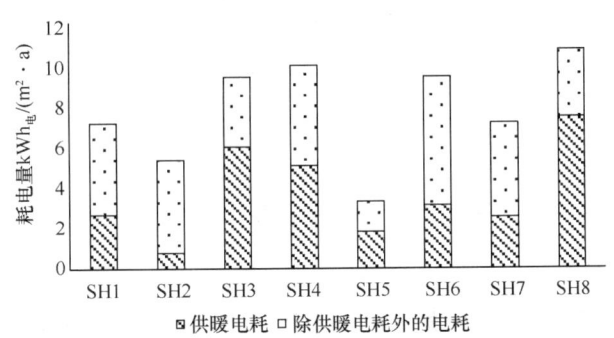

图 3-11-7　实测用户采暖用电量

本研究还对其中 367 个住户进行了室内热环境的实测，平均室内温度为 13.5℃。若测试家庭未开启采暖设备，房间温度平均为 12.6℃，而开启采暖设备的测试家庭房间温度相对较高，平均为 15.1℃（图 3-11-8、图 3-11-9）。

总结来说，夏热冬冷地区居民多为自采暖，且采暖形式十分多样；该地区居民采暖具有显著的多样性、间歇性、局部性的特点。不同采暖形式的室内热环境、能耗、费用等均有显著差别。

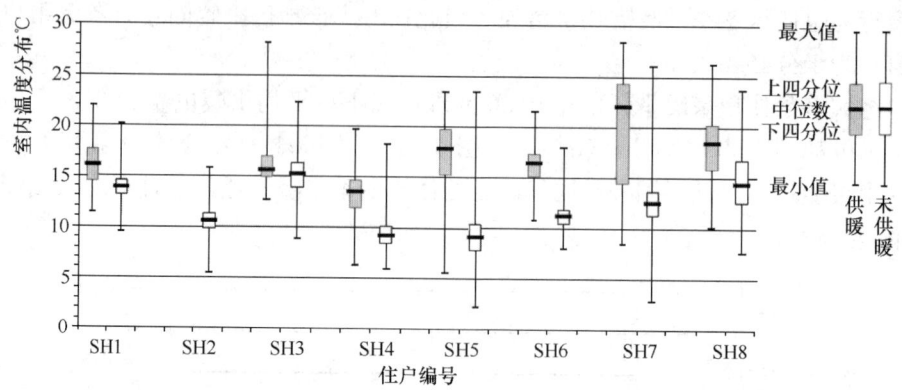

图 3-11-8　实测用户室内环境

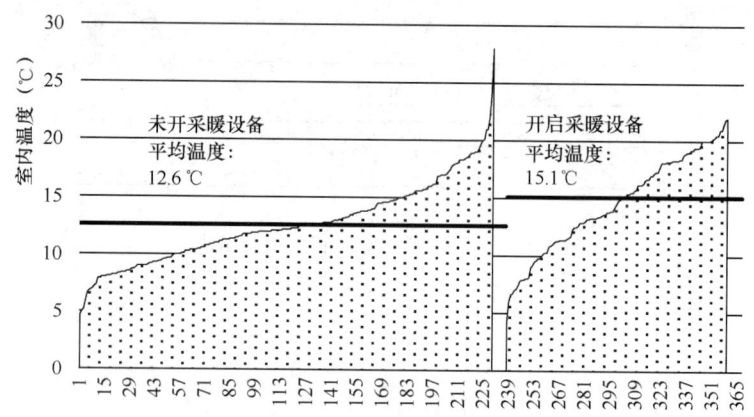

图 3-11-9　不同采暖状态下室内温度

11.3.2　夏热冬冷地区采暖节能政策分析

"十二五"期间，中央政府从国家规划层面上出台了《"十二五"节能减排综合性工作方案》（2011 年 8 月发布）、《"十二五"建筑节能专项规划》（2012 年 5 月发布）等文件，明确了"十二五"期间的政策发展目标，夏热冬冷地区城镇住宅采暖相关的政策主要可以分为以下五个：

（1）新建建筑节能

规划中提出，夏热冬冷地区全面执行新颁布的节能设计标准，即《夏热冬冷地区居住建筑节能设计标准》JGJ 134—2010，执行比例达到 95％以上。

（2）既有建筑节能改造

规划中首次提出了夏热冬冷地区的既有居住建筑节能改造目标，规划明确，到"十二五"期末，夏热冬冷地区需既有居住建筑节能改造 5000 万 m²。

（3）节能家电推广

《"十二五"节能减排综合性工作方案》特意提及了"节能产品惠民工程"，规划指出，在"十二五"期间，民用领域重点推广高效照明产品、节能家用电器、节能与新能源汽车等，产品能效水平提高 10％以上，市场占有率提高到50％以上。"十二五"时期形成 1000 亿 kWh 的节电能力。

（4）可再生能源应用

规划中提出，全国新增可再生能源建筑应用面积 25 亿 m²，形成常规能源替代能力 3000 万 tce。

（5）绿色建筑推进

规划中明确"十二五"期间，全国新建绿色建筑 8 亿 m²。规划期末，城镇新建建筑 20％以上达到绿色建筑标准要求。

列举 2000 年至今相关节能政策，可以发现该地区住宅冬季采暖政策存在如下趋势：新建建筑节能要求进一步提高；首次提出夏热冬冷地区既有建筑的改造目标；产品效率标准进一步提高，节能惠民工程推广高效节能产品；绿色建筑规模化推进，可再生能源应用；出台针对居民的阶梯电价、气价制度，建筑能耗标准即将出台。总而言之，夏热冬冷地区建筑节能的国家政策发展体现了逐步从新建到既有、从节能家电向可再生能源利用、从过程管理向结果管理的转变（图 3-11-10）。

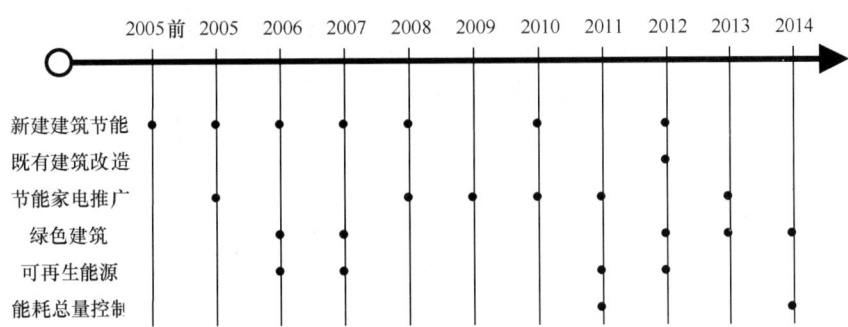

图 3-11-10　政策发展趋势

11.3.3　夏热冬冷地区能耗趋势预测

基于该地区多样性的特点，根据调研测试案例结果，将夏热冬冷地区人群按照不同的采暖系统形式和使用方式分为 11 种模式，具体模式定义见表 3-11-1。

不同模式定义　　　　　　　　　　　　　　　　表 3-11-1

模式	系统	使用方式
模式 1	无任何采暖设备	—
模式 2	局部采暖设备（如取暖器、电热毯等）	人在房间内感觉冷时才使用

续表

模式	系统	使用方式
模式 3	功率较大的局部采暖设备（如油汀）	人在房间内感觉冷时才使用
模式 4	分体空调	人在房间内感觉冷时才使用
模式 5	分体空调	只要人在房间就开设备
模式 6	"一拖多"空调	人在房间内感觉冷时才使用
模式 7	"一拖多"空调	只要人在房间就开设备
模式 8	区域集中系统（如地水源热泵系统）	人在房间内感觉冷时才使用
模式 9	区域集中系统（如地水源热泵系统）	只要人在房间就开设备
模式 10	燃气壁挂炉（地暖/暖气片）	采暖季连续运行
模式 11	集中采暖	所有房间都采暖，采暖季连续运行

各种模式对应的能耗水平如图 3-11-11 所示，各模式的采暖能耗逐渐增多，对于燃气壁挂炉为热源的系统以及集中供热系统能耗都要远高于其他模式。

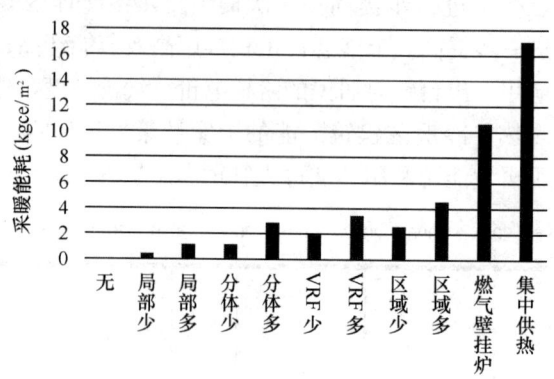

图 3-11-11　各种模式能耗水平

为定义各模式满意程度，调研中将满意程度分为满意、一般、不满意，定义满意为 1，一般为 0.5，不满意为 0，调研得到各模式的满意度如图 3-11-12 所示。

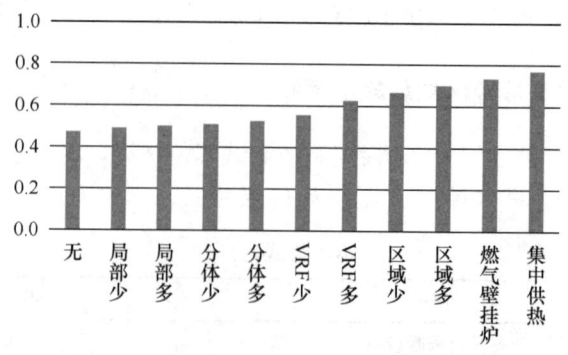

图 3-11-12　各种模式满意度水平

夏热冬冷地区居民对采暖模式有改进需求，希望室内环境有所改善。居民采暖有向高服务水平、高能耗方向转移的趋势，若任其自由发展不加以积极引导，将带来巨大的能耗增长压力（图 3-11-13）。

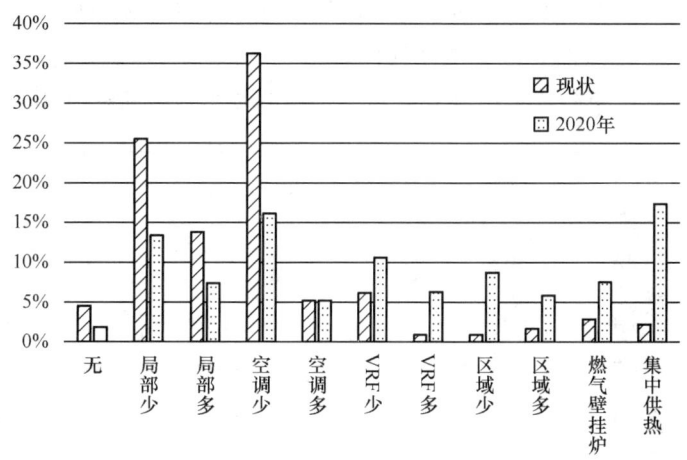

图 3-11-13　人群转移趋势

基于大量实测调研数据，对夏热冬冷地区未来发展趋势进行情景分析（图 3-11-14），结果显示，如果按照现有政策体系并且按照居民意愿发展，2020 年该

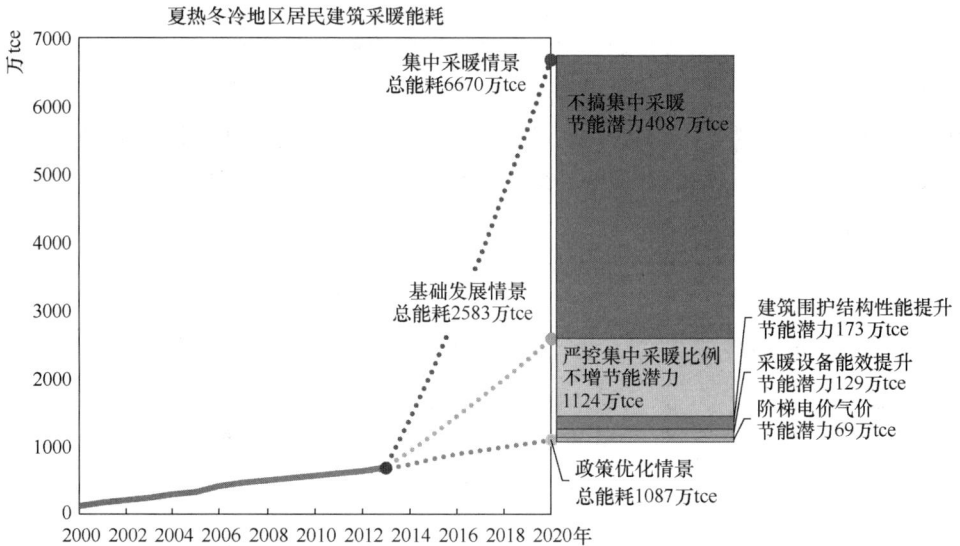

图 3-11-14　夏热冬冷地区居民建筑采暖能耗情景分析

注：集中采暖情景假设了 80％的地区都实行了集中供热，而"不搞集中采暖"是指不在城市范围内全面推广集中供热系统；"严格控制集中采暖比例不增加"，是指在现有城市集中供热比例基础上不再增加。

237

地区冬季采暖一次能耗将达到0.26亿tce。而如果80%的地区都推行城市集中供热，采暖一次能耗将高达0.67亿tce，该情境下，平均满意度从0.5增长到0.76，采暖能耗将大幅增长，变为现有情景能耗水平的9倍，这将对我国能源供应产生非常大的压力。但是通过合理的政策措施，可以有效降低夏热冬冷地区采暖一次能耗，2020年时采暖一次能耗仅为0.11亿tce，满意度0.66。

不同的技术革新和政策措施，可以大幅降低冬季采暖能耗（图3-11-15）。

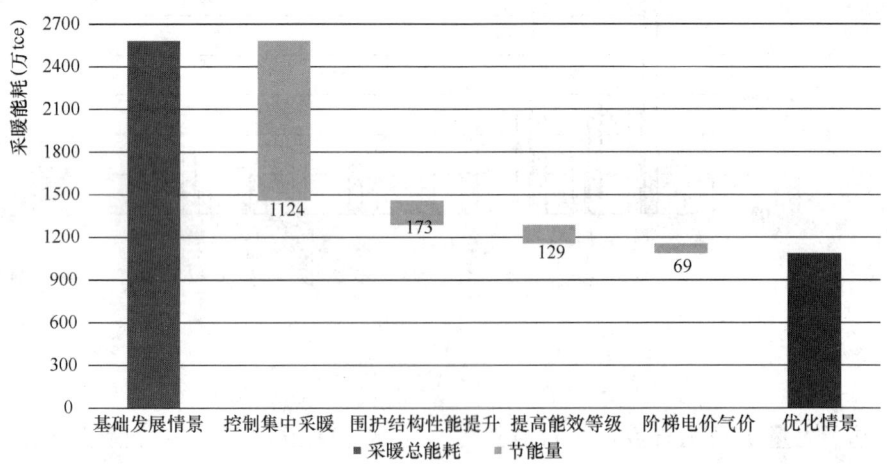

图3-11-15 不同技术及政策措施节能量

可以看到集中采暖情景相比其他几种情景能耗大幅增长，高达0.67亿tce。该情景虽然相比其他几种情景满意度确实有增长，但却付出了能耗的巨大代价。因此在能耗总量控制的大背景下，我们应该追求在不大幅提高能耗的情况下尽可能提升满意度，通过采取合理的技术措施及政策措施，达到较好的满意度，同时采暖能耗也不太高（图3-11-16）。

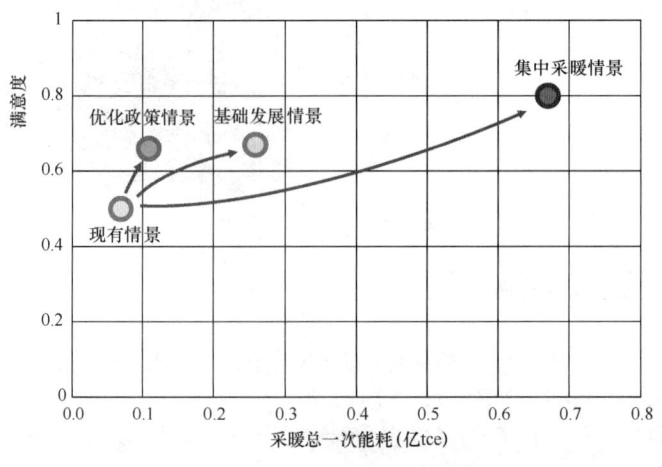

图3-11-16 未来发展情景预测

11.3.4 未来发展政策机制及技术方案研究

本研究提出以下政策建议及技术建议：

（1）将夏热冬冷地区冬季采暖节能工作纳入国家节能规划和建筑节能专项规划，明确发展方向

目前的国家规划缺乏对夏热冬冷地区城镇住宅冬季采暖的整体发展规划，虽然目前占全国能耗总量的比例还较小，但该地区采暖能耗增长迅速，因此该问题不容忽视。建议从中央政府层面对夏热冬冷地区冬季采暖制定详细的发展规划，明确降低夏热冬冷地区采暖能耗的重要性，研发相关标准及图集，并大力开展宣传普及工作，强调关注该部分用能的必要性。

（2）严格控制夏热冬冷地区城市集中供热

目前某些地方政府大力推广城市集中供热，然而从负荷特性、能源结构、历史沿革等多方面因素考量，该地区都不适宜推行城市集中供热。因此，建议住房和城乡建设部出台相关政策，严格控制夏热冬冷地区安装城市集中供热系统，而对目前已安装城市集中供热系统的城市和地区，建议通过改变其收费方式，鼓励按照实际热量收费而非按照面积收费，并推广以室温调控为核心的末端通断调节与热分摊技术等手段，来保证末端充分的灵活性和使用者调节的自主性，改变在集中供热系统下用户"全时间、全空间"的采暖方式，尽可能降低冬季采暖能耗。建议政府加强宣传推广，消除住户对于集中采暖的认识误区。

（3）针对新建建筑，进一步提高居住建筑节能设计标准至"65％标准"，至2020年推进新建建筑实施率达到95％以上

建议"十三五"期间，进一步加强新建居住建筑节能设计标准，从现有的50％目标节能率提升至65％目标节能率，至2020年末，推进新建建筑实施率达到95％以上。建议在有条件的大城市如上海、重庆等地启动节能75％的新建建筑节能设计标准。对于夏热冬冷地区普遍存在的气密性较差的问题，建议将气密性检验结果加入工程验收条件之一。

（4）进一步加强财政补贴政策，同时用市场手段积极推进既有建筑节能改造

我国以前对既有建筑的改造工作主要着重于北方严寒和寒冷地区，而近年来，建筑节能工作由北向南开始推进。"十二五"规划期间，国家政府首次明确提出夏热冬冷地区既有建筑节能改造5000万 m^2 的目标。建议政府进一步加强财政补贴政策，落实专项资金稳妥到位，并通过合同能源管理等方法，以市场手段积极推进夏热冬冷地区既有建筑节能改造。建议在节能改造工程中重点关注建筑气密性及外窗保温性能的提高。

（5）进一步合理推行和落实阶梯电价和气价，引导绿色节能的生活方式

针对居民的阶梯电价及阶梯气价的相继出台，体现建筑节能工作从过程管理

向结果管理的转变。针对居民生活用电的阶梯电价制度从 2011 年出台至今，已经取得了较为显著的效果，建议进一步落实阶梯电价的实施，并在全国范围内逐步实施阶梯气价，以此来引导居民绿色节能的生活方式。

（6）推进房间空调器及多联式空调等采暖设备的制热能效等级，区分制冷制热指标

建议逐步淘汰根据现有标准能效等级为 3 级的家电产品，并进一步提高定速空调及变频空调的节能评价指标。由于夏热冬冷地区居民冬季较多采用空调采暖，因此空调产品的制热能效指标非常重要，但目前房间空调器的产品标准仅以制冷能效比判断空调产品节能与否，未考虑单冷型房间空调器和热泵型房间空调器的能效指标差别，建议出台新的产品标准加以区分。

另外，应大力鼓励以下技术措施的快速发展：

（1）适当提高围护结构保温性能，加强围护结构气密性；

（2）保证末端充分的灵活性和使用者调节的自主性；

（3）合理优化地水源热泵系统的设计方法，减少设备容量富裕，选型过大；

（4）改善分体空调结霜和气流组织问题；

（5）实现燃气地板采暖的快速启停；

（6）局部采暖设备提高使用者舒适度，控制设备辐射温度，减少安全隐患。

11.4 研 究 展 望

夏热冬冷地区独特的气候条件、生活习惯、环境特点及能源结构等方面因素，决定了该地区居民冬季采暖发展路径不应照搬北方集中供热的发展模式，而应建立一套适宜当地分散采暖设备和差异化采暖方式的技术体系，通过各项技术革新和政策机制创新，努力提高当地居民采暖舒适度的同时，能够控制采暖能耗不大幅上涨。这项工作既需要国家进行政策上的宏观规划和整体把握，也需要广大建筑节能工作者进行技术上的优化改进和突破创新，才能最终实现夏热冬冷地区居民采暖向着既舒适、又节能的方向可持续发展。

作者：清华大学建筑节能研究中心

第四篇 | 交流篇

2014 年是全面落实国家绿色建筑行动方案的一年，突出反映在以下三方面的工作：

一是针对强制执行绿色建筑标准，各地加强建筑工程监管的基础性配套工作。北京、内蒙、深圳等地编制了或正在研究标准《绿色建筑施工图审查要点》，将绿色建筑的评价指标转化为施工图审查的内容；福建、广西等地印发有关通知，进一步强化绿色建筑从规划、设计、施工、质量监督、竣工验收等环节的全过程闭合管理措施，以及建筑工程概算结算的有关规定。

二是进一步推动绿色建筑规模化发展。围绕绿色生态城区示范工作的开展，湖北、湖南、重庆等很多地方编制了或正在编制《绿色生态城区评价标准》或《绿色低碳生态城市评价指标体系》，规范绿色生态城区建设。

三是配合国家《绿色建筑评价标准》GB/T 50378—2014 的发布，各地都抓紧依据国家标准对本地区的绿色建筑地方评价标准进行修订。

本篇在原地方篇的基础上，更名为交流篇，扩大了交流的范围，除收集了北京、天津、福建等部分省市有关绿色建筑发展情况简介外，还编入了有关介绍中国城市科学研究会绿色建筑研究中心绿色建筑评价标识工作和中国建筑工程总公司开展 BIM 工作的材料。希望通过交流篇提供一个平台，能够有更广泛的信息交流，供读者参考。

Part Ⅳ | Experiences

2014 is an important year for the comprehensive implementation of *National Green Building Action Plan*. The primary achievements can be summarized as follows:

1. Local government enhances the fundamental support for building engineering supervision to enforce the compulsory implementation of green buildings. Beijing, Inner Mongolia and Shenzhen have already compiled or are compiling the *Key Points of Technical Review of Green Building Construction Design Documents*, in which the assessment indexes are converted to the exanimation points of construction drawings. Fujian, Guangxi and some other provinces have issued relevant notices to enhance management over the whole process of green building including planning, design, construction, quality supervision, completion and acceptance, and policies of engineering budget estimate and settlement.

2. The large-scale development of green building has been further promoted. To build pilot green ecological urban area, local governments of Hubei, Hunan and Chongqing have already compiled or are compiling Assessment *Standard for Green Ecological Urban Area* or *Assessment Index System for Green Low-carbon Eco-city* to set standards for the construction of green ecological urban area.

3. The local governments are taking actions to revise the local assessment standards for green building to coordinate the release of na-

tional standard of Assessment *Standard for Green Building* (GB/T 50378—2014).

Formerly titled regional update in the previous edition, this part is titled experience this time, since its scope has been extended for experience exchanges. In addition to introduction to green building development in cities like Beijing, Tianjin, and Fujian, this part also presents the green building evaluation work conducted by CSUS Green Building Research Center and BIM by China State Construction Engineering Corporation. It hopes to provide readers with a more extensive information exchange platform.

1 北京市绿色建筑总体情况简介

1 General situation of green building in Beijing

1.1 建筑业总体情况

2014 年，北京市认真贯彻党的十八大精神，围绕推进经济结构调整、破解城市发展难题、城乡发展一体化等重点工作，改革创新、真抓实干，各项工作扎实推进。北京建筑业在行业内加快推行精细化管理，促进发展方式转变；加快节能减排发展，推动行业整体实力提升，对首都经济科学发展和世界城市建设发挥了重要作用。2014 年前三季度，北京市有资质的施工总承包、专业承包建筑业企业 3405 家，完成总产值 5709.1 亿元，比上年同期增长 13.8%，增速比上年同期提高 0.9 个百分点。1～3 季度全市建筑企业合同总量为 17313.9 亿元，比上年同期增长 13%。全市建筑企业房屋建筑施工面积 52015.5 万 m²，比上年同期增长 22.6%，其中，本年新开工面积 13828.7m²，增长 20.2%。全市竣工面积 4409.4 万 m²，同比增长 46.7%。

1.2 绿色建筑总体情况

2014 年，北京市将生态环境保护与城市建设发展协同推进，以产业为支撑，全面发展绿色建筑，着力实施规模化绿色建筑，加快绿色生态示范区建设，提高建设品质，改善城市环境，不断增强城市活力，提高城市生态文明建设水平。

2014 年，北京市通过绿色建筑评价标识认证的项目共 35 项（设计标识 30 项，运行标识 5 项），总建筑面积达 439 万 m²，其中公建项目 17 项，总建筑面积达 163.4 万 m²；住宅项目 17 项，总建筑面积达 274.2 万 m²；工业建筑 1 项，总建筑面积 1.4 万 m²。截至 2014 年 12 月，北京市累计通过绿色建筑评价标识认证的项目达 94 项（设计标识 82 项，运行标识 12 项），总建筑面积达 1077 万 m²，其中公建项目 49 项，总建筑面积达 402.8 万 m²；住宅项目 44 项，总建筑面积达 672.8 万 m²；工业建筑 1 项，总建筑面积 1.4 万 m²。

北京市规划委员会依据《北京市绿色建筑（一星级）施工图审查要点》对 2013 年 6 月 1 日后取得建设规划许可证的项目进行审查，要求新建项目基本达到绿色建筑等级评定一星级以上标准。截至 2014 年 12 月中旬，共有 1120 个项目，约 5212.8 万 m² 的新建项目通过了绿色建筑施工图审查，实现了绿色建筑的规模化发展。

2014 年，通过北京市地方绿色建筑标识评定机构（北京市勘察设计和测绘地理信息管理办公室）认证的项目共计 8 项，总建筑面积达 116.6 万 m²，其中公建项目 3 项，总建筑面积达 50.6 万 m²；住宅项目 5 项，总建筑面积达 66.0 万 m²。

1.3 发展绿色建筑的政策法规情况

（1）发布北京市人民政府令第 256 号《北京市民用建筑节能管理办法》

"十二五"时期，北京市建筑节能的预期性目标占全市节能量目标的 41%。为了适应当前发展形势，确保完成节能目标，北京市对 2001 年出台的《北京市建筑节能管理规定》进行了修订，形成了《北京市民用建筑节能管理办法》，自 8 月 1 日起正式实施，前者同时废止。《管理办法》第二十条规定本市新建民用建筑执行一星级绿色建筑标准。根据民用建筑节能管理需要，部分新建民用建筑应当按照二星级以上绿色建筑标准或者住宅产业化要求进行建设，具体范围由市住房城乡建设行政主管部门会同规划等部门确定，根据经济社会发展情况实行动态调整，并制定年度建设计划。确定为按照二星级以上绿色建筑标准或者住宅产业化要求进行建设的项目，相关建设标准或者要求应当在土地出让条件、选址意见书或者规划条件中明确。第二十一条规定市规划、住房城乡建设行政主管部门负责组织对绿色建筑标准进行建设的民用建筑进行绿色建筑评审，对评审合格的民用建筑，颁发绿色建筑设计、运行标识，并按照规定给予补贴或者奖励。

（2）发布《北京市发展绿色建筑推动绿色生态示范区建设财政奖励资金管理暂行办法》（京财经二 [2014] 665 号）

2014 年 4 月，北京市规划委会同市财政局、市住建委联合发布《北京市发展绿色建筑推动绿色生态示范区建设财政奖励资金管理暂行办法》，具体规定了绿色建筑标识认证工作的奖励标准和资金保障，以及北京市绿色生态示范区的评选办法、评选数量和奖励措施，并明确对每个评选为北京市绿色生态示范区的功能区给予 500 万元的资金奖励。该《办法》的出台，对加快我市绿色建筑规模化发展，鼓励绿色建筑标识项目和绿色生态示范区建设，规范和加强绿色建筑标识项目和绿色生态示范区奖励资金使用管理，具有重要推动作用。

（3）市住建委发布《北京市绿色建筑适用技术推广目录》（京建发 [2014] 345 号）

为大力推进北京市绿色建筑发展，推广具有显著节能、节地、节水、节材和环保特征的适用性绿色建筑技术与产品，市住房城乡建设委制定印发了《北京市绿色建筑适用技术推广目录（2014）》。目录共推广绿色建筑适用技术项目 55 项，包含绿色建筑节地与室外环境技术、绿色建筑能效提升和能源优化配置技术、绿色建筑水资源综合利用技术、绿色建筑节材和材料资源利用技术、绿色建筑室内环境健康技术、绿色建筑运营管理技术、新型装配式产业化技术和既有建筑绿色化改造技术八大类别，可应用于市新建建筑工程和既有建筑的绿色化改造工程。

（4）市规划委发布《关于启动 2014 年北京市绿色生态示范区评选工作的通知》（市规发〔2014〕1050 号）

为落实《北京市发展绿色建筑推动生态城市建设实施方案》、《北京市发展绿色建筑推动绿色生态示范区建设奖励资金管理暂行办法》，推动北京市绿色生态示范区建设，提高城市生态文明建设水平，北京市规划委员会于 2014 年 7 月发布《关于启动 2014 年北京市绿色生态示范区评选工作的通知》（市规发〔2014〕1050 号），正式启动 2014 年北京市绿色生态示范区评选工作。按通知要求，申报单位需按照《北京市绿色生态示范区评选办法》，提交《北京市绿色生态示范区申报书》和《北京市绿色生态示范区自评分表》，并按照《申报文件编制要求》编制并提交申报材料，一并报送至北京市勘察设计和测绘地理信息管理办公室。2014 年的申报时间截止到 9 月 10 日。

（5）市住建委发布《关于组织申报绿色建筑标识项目财政奖励资金的通知》（京建发〔2014〕343 号）

为做好绿色建筑标识项目财政奖励资金的具体申报工作，2014 年 9 月 3 日，北京市住房城乡建设委发布《关于组织申报绿色建筑标识项目财政奖励资金的通知》（京建发〔2014〕343 号），正式启动 2014 年北京市绿色建筑标识项目奖励资金申报工作。按通知要求，符合条件的申报单位需提交《北京市绿色建筑标识项目财政奖励资金申报书》和《北京市绿色建筑财政资金奖励项目年度绿色运营管理报表》，同绿色建筑标识证书和其他相关证明材料一同报送至北京市住房和城乡建设科技促进中心，提出财政奖励资金申请。2014 年截止申报日期为 2014 年 9 月 30 日。截至 9 月 30 日，共有 6 个项目申报 2014 年绿色建筑标识项目奖励资金，申请奖励资金总额 1585.9 万元。

（6）市住建委等部门联合发布《关于在本市保障性住房中实施绿色建筑行动的若干指导意见》（京建发〔2014〕315 号）

2014 年 8 月北京市出台《关于在本市保障性住房中实施绿色建筑行动的若干指导意见》，并于 10 月 1 日起正式实施。《指导意见》提出，2014 年起，凡纳入本市发展规划和年度保障性住房建设计划的公租房、棚户区改造项目应率先实施 绿色建筑行动，至少达到绿色建筑一星级标准。经济适用房、限价商品房通过分类实施产业化方式循序推进实施绿色建筑行动。这也意味着北京市新建保障性住房将实现"实施绿色建筑行动和产业化建设"100％全覆盖。《指导意见》提出"保障性住房实施产业化是绿色建筑行动的重要组成部分,相关工作纳入绿色建筑行动统一管理。"北京市首次将绿建和产业化相关要求明确写入规划条件,并在供地环节中严格把关执行,使保障性住房实施绿色建筑行动和产业化的要求在基本建设程序中的关键环节得以保证,从制度上确保实施。因地制宜,率先提出分类指导的实施原则。针对公租房、棚户区改造安置房、经适房、限价房的不同建设管理特点量身定做,分类指导,重在落地,并遵循经济、适用、环保、安全、节约资源、可持续发展的原则。《指导意见》明确了各区县人民政府是落实行动的责任主体,各有关职能部门应按照各自职责积极推进落实。建设单位对绿色保障性住房建设负总责等,并对实施程序从立项到验收全过程作了详细界定。

1.4 绿色建筑标准和科研情况

1.4.1 绿色建筑标准

(1) 修订北京市《绿色建筑评价标准》

根据《关于印发 2014 年北京市地方标准制修订项目计划的通知》(京质监标发〔2014〕36 号),《绿色建筑评价标准》纳入 2014 年北京市地方标准一类修订项目计划。2014 年 8 月 18 日,市住房城乡建设科技促进中心组织召开了北京市地方标准《绿色建筑评价标准》编制(修订)工作组成立暨第一次标准编制(修订)工作会,正式启动标准修订工作。该标准主编单位为北京市住房和城乡建设科技促进中心和北京建筑技术发展有限责任公司。本次标准修订工作将充分发挥标准的引领作用,在最新修订的国家标准《绿色建筑评价标准》GB 50378—2014(2015 年 1 月 1 日起正式实施)基础上,紧密结合北京市气候、资源、经济发展水平、人居生活特点和节能减排要求,遵循"确保绿色效果、提升建筑品质"的基本原则,合理设置具有北京项目绿色特点的评价指标或内容,确保标准的科学性、适宜性和可操作性,推动北京市绿色建筑健康发展。

(2) 制订北京市《既有建筑改造绿色评价标准》

2014 年 6 月 24 日,市住房城乡建设委科技促进中心组织召开北京市《既有建筑改造绿色评价标准》编制组成立暨第一次工作会议,正式启动北京市关于既有建筑的绿色评价标准编制工作。根据《关于印发 2014 年北京市地方标准制修订项目计划的通知》(京质监标发〔2014〕36 号),该标准纳入 2014 年北京市地方标准一类制订项目计划。该标准编制主编单位为市住房城乡建设委科技促进中心和北京建筑技术发展有限责任公司。该地方标准将以国标为基础,关注既有与新建绿色建筑的衔接问题,突出北京市既有建筑改造的特色,并充分考虑居住建筑与公共建筑的差异性。

（3）启动修编《北京市绿色建筑一星级施工图审查要点》

2014 年初，北京市勘察设计和测绘地理信息管理办公室启动《北京市绿色建筑一星级施工图审查要点》修编工作，依据 2014 年新颁布的《绿色建筑评价标准》GB/T 50378—2014，将各评价指标的内容转化为施工图设计文件审查中需审查的内容、审查的方式及审查的技术要求。修编工作包括：按专业明确要审查的图纸文件、形成各专业施工图及创新项的具体审查内容要求和审查方式、编制审查集成表用于自评估和判定等。主要编制单位为中国建筑科学研究院建筑设计院。截至 2014 年底，该修编工作已完成阶段成果；并将依据《绿色建筑评价标准》GB/T 50378—2014 实施后的评价情况和反馈意见进行调整和完善，以适应新的绿色建筑评价要求，指导全市的绿色建筑施工图审查工作。

1.4.2 科研情况

（1）全球环境基金（GEF）五期"中国城市规模的建筑节能和可再生能源应用项目"

本项目为全球环境基金（GEF）五期"中国城市规模的建筑节能和可再生能源应用"赠款项目，旨在通过支持中国可持续能源议程中三个重要领域的政策改进，解决挑战中国可持续城市化发展的关键问题，包括：①促进低碳宜居城市形态发展；②提高大型公共建筑和商业建筑能源利用效率；③扩大经济可行的屋顶太阳能光伏发电应用。项目整体由住房城乡建设部、北京市、宁波市三个层面构成。北京和宁波优先进行试点，研究成果及试点经验将对住房城乡建设部进行相关国家政策的研究和支持其他城市开展类似研究有重要指导意义。项目执行期 5 年，2013 年开始，2018 年结束。本项目通过国际交流合作，积极推进国内外先进理论研究成果和实践经验，结合建设世界城市发展目标和绿色北京发展战略，从推动城市可持续发展的重要着力点出发，在低碳宜居城市规划、大型公共建筑和商业建筑能源利用效率、全面推进绿色建筑发展、推广应用低碳技术等方面提高北京市绿色建筑和建筑节能建设水平，完善绿色建筑和建筑节能法规、政策、标准等保障体系，为整个国家城市规模的建筑节能和可再生能源发展提供示范与发展经验。

目前，已经开展的子项目包括：《北京市建筑节能管理规定》修订及发布地方性法规调研、开展修订北京市《公共建筑节能设计标准》、北京市《绿色建筑工程施工验收规范》的调研及制订、绿色建筑标识认证信息化平台建设、北京市大型公共建筑能耗比对项目等项目，北京市城市形态研究、修订北京市《绿色建筑评价标准》（DB 11/T 825—2011）、建筑室内 PM2.5 控制技术研究等子项目即将启动研究。

（2）《全面执行绿色建筑标准对工程造价影响的研究》课题

为分析和研究绿色建筑工程工程造价，完善投资估算、概算定额、预结算定额、费用定额体系，北京市住建委组织开展了《全面执行绿色建筑标准对工程造价影响的研究》课题研究。本课题通过调研，归纳总结了在北京地区推广应用的绿色建筑适宜技术，对绿色建筑技术的增量成本进行了深入分析，特别是对保障性住房绿色建筑建安成本进行了专项研究，提出了需补充的绿色技术定额，在此基础上，有针对性地提出了执行绿色建筑标准对工程造价管理影响和对策建议。课题研究所完成的《绿色建筑重点技术及定额标准》（草稿）、《保障性住房绿色建筑建安成本增量分析》和《全面执行绿色建筑标准对工程造价影响》研究报告具有较强的指导意义。

（3）《北京市绿色建筑与生态城市研究》课题

2014 年，为配合市规划委的北京市总规修改工作，北京市勘察设计和测绘地理信息管理办公室针对绿色建筑和生态城市建设开展了多项子课题研究，包括生态城市指标体系研究、共生城市理论研究、国际案例研究、2020 年北京市节能路线图研究、生活垃圾减量与资源化研究、地热及浅层地温能开发利用研究七项，形成了较为完整的研究框架，并取得了相应研究成果。

其中，《国际一流和谐宜居之都框架指标（生态部分）》子课题提出了包括生态环境、空气质量、水资源利用、能源利用、固体废弃物利用、土地利用、绿色产业、绿色交通、绿色建筑和住区、碳排放等使各方面在内的 28 项指标，并在现状值的基础上提出近远期的发展目标值，且与国际国内情况进行对比。

《北京市 2020 年节能路线图研究》子课题围绕国际一流和谐宜居之都的目标，通过调研北京用能现状，并与国际对比，以问题为导向，给出综合政策建议和实施途径：提出 2020 年北京应从能源总量控制出发进行"顶层设计"，大力推进建筑行业节能规划。具体包含两个方面：开源——推进各区县新能源和可再生能源利用，增加北京市清洁能源供应；节流——总量控制、需求侧控制以及用能强度约束值分解。

《北京市地热、浅层地温能开发利用前景研究报告》子课题以更好地推动北京市清洁能源可持续发展为目标，查明了北京市浅层地温能、地热和再生水热能资源利用现状，分析目前地热及浅层地温能开发利用过程中存在的技术及政策问题；对北京市浅层地温能、地热能及再生水热能资源量进行了进一步的计算；并分析了浅层地温能、地热能及再生水热能资源利用社会经济效益，提出了具体的开发利用前景目标。

《北京市生态城市建设中垃圾处理目标及实现途径的研究》子课题以城市生活垃圾为主要研究对象，通过资料搜集与现状调研，充分了解国外发达国家的垃圾收集、处理现状，为提高北京市垃圾减量化、资源化水平提供技术借鉴；研究目前北京市垃圾处理能力现状，预测 2020 年北京市生活垃圾产量，并分析未来几年垃圾产生量与处理设施的匹配情况；提出确保垃圾处理目标实现的几种可行性的解决途径，为政府部门的规划、决策提供建议。

（4）《北京市绿色生态示范区规划建设碳排放评估方法研究》课题

2014年，北京市勘察设计和测绘地理信息管理办公室组织了该项研究。该课题突破常规城市层面宏观碳排放评估和建筑层面微观碳排放评估的局限，在中观层面提出适合北京市的城区尺度的碳排放评估方法，具有创新性和前瞻性。该研究旨在建立一套适用于北京市的碳排放评估工具，形成北京市绿色生态示范区规划建设管理的碳排放评估手段，并为北京市城区空间规划与建设层面应对气候变化的提供客观科学的基础。

课题通过对国家温室气体清单、世界资源研究所（WRI）城市温室气体排放清单等国际国内清单文件的分析，指出在城区尺度量度碳排放的挑战与特殊要求，提出了北京市绿色生态示范区碳排放评估的方法框架；并从城市、城镇、城区、小区、建筑这五个不同的空间尺度，选取国内和国际案例，结合北京市绿色生态示范区建设特点，提出了北京市绿色生态示范区规划建设碳排放评估模型，分为新建建筑、现有建筑、交通、工业等九个与规划管理密切相关的板块。在模型框架的基础上，对城区碳排放评估板块的内容和数据做了详细的分析。通过选取北京建成区和规划新区的案例进行测算，展示了模型的应用过程，分析了碳排放的量化结果，提出了对模型数据收集的指导意见。

（5）《生态城市建设的环境绩效评估方法研究》课题

目前，北京市绿色生态示范区建设已初具规模。为建立适应北京市乃至全国生态城市建设的可操作的环境绩效评估方法，提出环境绩效数据库的框架，并对试点区域开展预评估，反馈并完善评估方法，北京市勘察设计和测绘地理信息管理办公室组织了该项研究。课题以持续客观评估生态城市建设对环境状况的实际影响和效果为目的，在借鉴国内外环境评估和绩效评估的经验基础上，建立了生态城市建设的环境绩效评估方法，围绕直接反映生态城市环境基本特征的关键因素，土地利用、水资源保护、局地气象与大气质量、生物多样性四个方面展开评估，并以北京市怀柔区雁栖湖生态示范区为评估试点，提出相应环境绩效评估方法和数据库框架。课题有利于推动我国生态城市建设的政策导向更加关注实施后的生态环境效果，有利于推动与经济增长方式转型相适应的城市发展模式的转型。

1.5 地方绿色建筑大事记

2014年1月发布《关于公布北京市绿色建筑评价标识技术依托单位的通知》，确定25家技术依托单位（分为综合类、设计咨询类、设计类、咨询类、测评类五类），为绿色建筑标识项目和生态示范区建设提供技术服务支撑，培育我市绿色建筑专业机构和专业人才。

2014年1月17日，北京市规划委在《北京日报》刊发了"发展绿色建筑，让群众生活更舒适"专版，对绿色建筑、绿色生态示范区等相关工作进行了宣传。

2014年2月，由市规划委组织申报的丰台长辛店生态城项目获得住建部授予的"全国绿色生态示范城区"称号。

2014年4月，北京市规划委会同市财政局、市住建委联合发布《北京市发展绿色建筑推动绿色生态示范区建设财政奖励资金管理办法》。

2014年6月24日，北京市人民政府发布256号令，公布施行《北京市民用建筑节能管理办法》。管理办法规定本市新建民用建筑执行一星级绿色建筑标准。

2014年6月、8月和9月，市规划委共组织试点并完成北京未来科技城的3个批次共29个地块，将绿色生态指标纳入上市交易的规划条件。市规划和市国土部门在2014年继续开展将生态指标纳入土地招拍挂环节的试点工作，积极组织区县生态示范区的地块上市交易操作，形成了较为完善的工作机制。

2014年7月，北京市规划委发布《关于启动2014年北京市绿色生态示范区评选工作的通知》，正式启动2014年北京市绿色生态示范区报名工作。9月，经专家委员会评审认定，北京未来科技城、北京雁栖湖生态发展示范区、北京中关村软件园3个参评功能区最终获得"北京市绿色生态示范区"称号。10月，组织3个获得北京市绿色生态示范区称号的园区积极申报住建部的"全国绿色生态示范城区"评选，并已全部入围。

2014年8月，出台《关于在本市保障性住房中实施绿色建筑行动的若干指导意见》，于2014年10月1日起正式实施。

2014年9月3日，市住房城乡建设委发布《关于组织申报绿色建筑标识项目财政奖励资金的通知》（京建发〔2014〕343号），正式启动2014年北京市绿色建筑标识项目奖励资金申报工作。

2014年10月，雁栖湖生态发展示范区绿色生态展示馆建成。雁栖湖示范区新建建筑100%执行绿色建筑标准，建筑综合节能率最高达69%，PM2.5去除率近90%，可再生能源利用率35%。雁栖湖生态发展示范区实现古典建筑风格与现代绿色建筑技术完美融合，打造了"特色鲜明、理念超前、效益突出"的具有国际领先水平的绿色国际会都。

2014年11月28日，市住房城乡建设委联合住房城乡建设部科技与产业化发展中心在昌平举行了北京市绿色建筑与住宅产业化新技术交流会。来自各区、县住房城乡（市）建设委、经济技术开发区建设局的主管部门负责人，绿色建筑和住宅产业化相关科研机构、高等院校，以及建筑设计、开发、施工、生产等企业代表共计 170 多人参加了交流会。

2014 年 12 月 3 日至 4 日，"北京—哥本哈根城市可持续发展研讨会"在丰台区举办，双方就北京市绿色生态示范区的可持续发展规划与建设问题，以及生态节能建筑、能源供给、节能环保标准、新能源技术、垃圾处理、智能交通等领域进行交流。

2014 年 12 月 17 日，组织召开 2014 年度绿色建筑评价标识培训会，对新版绿色建筑评价标准 GB 50378—2014 开展培训。各区县建委、市绿色建筑评价标识委员会专家、专业评价人员、绿色建筑技术依托单位、绿色生态示范园区代表近 300 人参加培训。

2014 年，北京市加快绿色建筑信息平台建设和软件开发，建设包括绿色建筑项目分布、评价管理、标识奖励、能耗统计、技术推广等系统的绿色建筑综合信息化平台，建立涵盖绿色建筑标识项目设计、建造、使用全过程的数字化管理系统。预计北京市将于 2015 年下半年正式启动绿色建筑评价标识的线上评审工作。

2014 年，北京市住建委共发布《绿色建筑·北京在行动》电子期刊五期，积极宣传北京市绿色建筑工作动态、政策措施、技术标准、典型项目、区域示范和先进经验等。

执笔：赵丰东[1]　乔渊[1]　张君[1]　叶嘉[2]　罗威[2]　孟宇[2]（1. 北京市住房和城乡建设科技促进中心；2. 北京市勘察设计和测绘地理信息管理办公）

2 天津市绿色建筑总体情况简介

2 General situation of green building in Tianjin

2014 年，天津市认真贯彻国务院"十二五"节能减排综合性工作方案和国家绿色建筑行动方案精神，落实市委、市政府提出的建设生态城市，建设美丽天津的战略部署，按照市政府提出的今年开工建设 800 万 m^2 绿色建筑的工作目标要求，坚持以政策法规为先导、以规划目标为核心、以技术标准体系为支撑、以培育技术队伍为基础、以发展区域绿色建筑为重点，有序推进绿色建筑建设。

2.1 建筑业总体情况

2014 年，随着天津市产业结构的进一步调整升级，经济增长方式转变速度的加快，天津市建筑业总体呈现平稳发展的态势。截至 2014 年 10 月，天津市房屋建筑工程施工总面积 10017.32 万 m^2，较 2013 年同期下降 0.7%；房屋建筑工程新开工面积 1502.97m^2，较 2013 年同期增长 13.45%。

2.2 绿色建筑总体情况

2.2.1 大力推进区域绿色建筑项目发展

借鉴"中新天津生态城"的发展经验，按照"因地制宜、科学规划、合理布局"的原则，积极推动区域绿色建筑项目的实施。今年又重点推动了黑牛城道两侧、武清金融区、宝坻中关村等区域绿色建筑项目建设，目前天津市已开工建设了 10 片绿色生态城区，明确要求新建建筑 100%达到绿色建筑标准，这些片区的建设，不仅实现了整体区域生态环境和建筑品质的提升，也带动了周边的绿色生态发展，绿色建筑规模化效应显著提升。

2.2.2 抓好强制执行绿色建筑标准项目的落实

按照天津市绿色建筑行动方案要求，对于今年新立项的政府投资建筑、2 万 m^2 以上大型公共建筑、保障性住房、示范小城镇等建设项目，严格要求按照绿色建筑标准实施。明确将绿色建筑管理纳入天津市基本建设管理程序，建立绿色建筑闭合的监管体系。在项目立项阶段明确实施绿色建筑要求；进一步加强规划阶段把关，对区域开发项目按照绿色建筑规划指标体系进行规划，对绿色建筑单项工程加强日照、风环境、建筑立面、建筑体型和地下空间利用以及绿地率等方面的监管，对不符合绿色建筑标准要求的不予发放规划许可证；在土地招拍挂阶段，对每宗地块明确绿色建筑具体要求；加强绿色建筑设计阶段的监管，编制了绿色建筑设计专篇和施工图审查要点，加强绿色建筑项目施工图审查，对不符合绿色建筑标准的不发放建设工程施工许可证。对未按照绿色建筑施工图设计文件施工的，不予建筑工程竣工备案。严格落实《天津市建筑节能条例》的有关规定，实施绿色建筑竣工评价，把绿色建筑落到实处。今年天津市新建绿色建筑达到 835.52 万 m^2，圆满完成市政府下达的任务指标。截至 2014 年，天津市绿色建筑建成和在建的绿色建筑已经超过 2300 万 m^2。

2.2.3 开展绿色建筑项目示范

为提升天津市绿色建筑水平，不断加强国际合作，积极开展绿色建筑示范，今年住房城乡建设部批准天津市滨海旅游区为中国和加拿大低碳生态试点示范城区，将在绿色建筑、木结构、可再生能源建筑应用、垃圾处理等方面进行深度合作。天津市积极推行既有城区绿色生态改造，以新梅江居住区为示范，研究探索绿色改造的生态目标和实施策略，力争将该区域打造为城市既有区域开发与改造并存的生态建设实践典范。2013 年 11 月，新梅江居住区被国家发改委列为中欧城镇化合作项目。在推动区域绿色建筑项目示范的同时，天津市重点打造了天友设计院办公楼、天津市棉三厂房改造项目、民园体育场提升改造项目等一批绿色建筑精品示范项目。

2014 年，天津市通过绿色建筑评价标识的项目共计 15 项。其中公共建筑设计标识共 9 项，一星级 4 项，二星级 2 项，三星级 3 项；住宅建筑设计标识共 6 项，二星级 3 项，三星级 3 项。截至 2014 年底，天津共有 120 余项通过绿色建筑标识评价的建筑项目，其中 80% 以上是二星级以上的绿色建筑；全市绿色建筑占新建建筑面积总量的 20%。

2.3 出台绿色建筑的政策法规

（1）《天津市绿色建筑行动方案》（津政办发［2014］57 号）

为促进天津市生态城市建设，实现建筑节能减排目标，改善人民生活质量，天津市于 2014 年 6 月 17 日发布了《绿色建筑行动方案》，明确了发展绿色建筑的总体要求和重点行动。要求加强新建建筑节能监管，扎实推进既有建筑节能改造，大力推进可再生能源建筑应用，提高建筑的安全性、舒适性和健康性。《绿色建筑行动方案》明确提出，从 2014 年开始，凡天津市新建示范小城镇、保障性住房、政府投资建筑和 2 万 m² 以上大型公共建筑，都必须执行天津市绿色建筑标准。天津市以中新天津生态城、新梅江居住区、于家堡低碳城区为示范区，重点推动天津市区域性绿色建筑发展。《绿色建筑行动方案》要求到 2014 年底绿色建筑开工面积占当年新开工建筑面积的 20%，到 2015 年底将达到 30%。

天津市将进一步提高建筑节能标准。新建居住建筑和公共建筑严格执行建筑节能强制性标准，全市新建建筑执行节能标准率达到 100%。与此同时，对既有建筑加强节能改造，包括对居住建筑、公共建筑和供热热源及供热系统节能改造。

(2)《市建设交通委关于印发天津市建筑节能技术、工艺、材料、设备的推广、限制和禁止使用目录（2013 本）的通知》（津建科［2014］185 号）

为贯彻落实《天津市建筑节约能源条例》，按照天津市城乡建设和交通委员会《关于印发天津市建筑节能技术、工艺、材料和设备的推广、限制和禁止使用目录管理管理办法的通知》文件规定，由天津市墙体材料革新和建筑节能管理中心会同天津市建材业协会和天津市建筑设计院等单位经过广泛调研，结合天津市实际，编制了《天津市建筑节能技术、工艺、材料、设备的推广、限制和禁止使用目录（2013 本）》（以下简称《目录》），经过征求意见，由天津市城乡建设委员会组织有关专家评审，于 2014 年 4 月完成了《目录》编制工作。《目录》主要分为推广应用技术和产品、限制使用技术和产品、禁止使用技术和产品三部分。根据天津市建筑节能工程需要，增加了建筑空调、通风、照明和可再生能源等建筑节能设备和技术内容，为建筑节能工程设计和施工及采购提供了技术支撑。

2.4 绿色建筑标准和科研情况

2.4.1 绿色建筑标准

(1) 组织修编《天津市绿色建筑评价标准》DB/T 29—204

为了进一步完善天津市绿色建筑的评价标准体系，增加绿色建筑评价标准的实用性，使其适应天津市绿色建筑未来发展的需要，天津市城乡建设委员会组织市内设计、施工单位和科研院校，启动了对《天津市绿色建筑评价标准》DB/T 29—204 进行修编的工作。

(2) 组织修编《中新天津生态城绿色建筑评价标准》DB/T 29—192

随着中新天津生态城绿色建筑的不断发展，原有的评价标准已逐渐落后于生态城绿色建筑的发展，为了满足生态城绿色建筑的发展需求，保持生态城绿色建筑评价标准的实用性和先进性，天津市城乡建设委员会组织天津城建大学和天津市建筑设计院等单位，启动了对《中新天津生态城绿色建筑评价标准》DB/T 29—192进行修编的工作。

（3）组织修编《天津市绿色建筑设计标准》

通过对天津市绿色建筑的发展现状和需求分析，结合即将实施的修订版国标《绿色建筑评价标准》，考虑天津市绿色建筑的发展特点，天津市城乡建设委员会组织了《天津市绿色建筑设计标准》的修编工作。按照《天津市绿色建筑设计标准》进行设计的建筑，应至少能够满足修订版国标《绿色建筑评价标准》中一星级设计标识的要求。《天津市绿色建筑设计标准》对于在天津市全面推广绿色建筑，落实"天津市绿色建筑行动方案"有着十分重要的意义。

（4）实施《天津市民用建筑围护结构节能检测技术规程》DB/T 29—88—2014

为贯彻国家节约能源的政策和法律、法规，规范天津市民用建筑围护结构节能检测方法，天津市建科建筑节能环境检测有限公司、天津市建设工程质量检测试验行业协会等单位修订了《天津市民用建筑围护结构节能检测技术规程》（2010年版），自2014年6月1日起在天津市实施。

（5）实施《天津市民用建筑节能工程施工质量验收规程》DB 29—126—2014

由天津城乡建设委员会组织天津市建设工程质量安全监督管理总队等单位修编的《天津市民用建筑节能工程施工质量验收规程》DB 29—126—2014，于2014年12月1日起在天津市实施。《天津市民用建筑节能工程施工质量验收规程》结合了天津市建设工程施工及质量验收实际，补充更新了新技术和新工艺，增加了对建筑节能工程质量影响较大的外墙外保温的胶粘剂、抹面胶浆的聚合物有效成分分析检测，对保证天津市民用建筑节能工程的质量具有重要意义。

2.4.2　绿色建筑科研情况

（1）开展国家科技支撑"十二五"计划课题"绿色建筑运营管理技术研究与应用"研究

课题对天津市已通过绿色建筑标识评价的绿色建筑项目的运营管理现状进行调查，获取绿色建筑运营的第一手数据和资料，并对数据资料进行科学分析。通过分析找出影响绿色建筑运营管理效果的关键技术和管理问题，研究绿色建筑运营节能、节水、室外环境控制、运营监测的技术以及管理要求。选取已进入运营管理阶段的绿色建筑项目进行示范性运营，从运营过程中发现问题并改进，并最终总结编写绿色建筑运营管理关键技术框架，用于指导绿色建筑运营管理的发展。

（2）开展"天津绿色工业建筑评价指标体系构建关键技术研究"的课题研究

课题对天津市工业建筑类型及能源资源消耗特征进行调查与分析，根据不同工业建筑的特点对评价方法进行研究，结合天津高新区绿色工业建筑的实践，构建节地、节能、节水、节材、室内外环境和运行管理的评价指标体系，并对关键技术进行研究。根据所构建的指标体系，选取天津绿色工业建筑的典型代表，进行适宜的关键技术集成与示范，进一步优化关键技术与评价指标体系。

（3）开展"天津市被动房建设实施关键技术研究及工程示范"的课题研究

被动房是建筑设计和工程建设的新方向，对于推动建筑节能和绿色建筑发展有着重要作用。课题通过对天津市被动房建设过程的分析研究，找出影响被动房建设的关键技术，对关键技术进行优化改进和科学论证，并将优化后的技术运用到示范性项目中，通过实际项目的运营检验研究成果并进行改进。

（4）开展"天津市'十三五'建筑节能和绿色建筑发展规划研究"的课题研究

课题在对天津市绿色建筑的发展现状调查结果的基础上，结合国家和天津市下发的城市发展规划与绿色建筑发展的相关文件，分析制定天津市未来建筑节能和绿色建筑发展的规划，提出绿色建筑由单体建筑向规模化、区域性发展转型的战略发展思路，结合建设发展空间的特点，因地制宜，以低能耗和绿色产业为龙头，以中新天津生态城为依托，以团泊新城和翠屏新城的建设为契机，推进绿色建筑产业化进程，加快区域绿色建筑的发展。

（5）启动《中新天津生态城绿色建筑运营管理导则》的编制

中新天津生态城在规划之初确立了城区100％绿色建筑的目标，在完成绿色建筑的建造后，绿色建筑的运营对于整个生态城的发展有着至关重要的影响，为规范和引导生态城绿色建筑运营管理的管理行为，在运营阶段有效降低建筑的运行能耗，最大限度地节约资源和保护环境，实现绿色建筑的各项设计目标，开展《中新天津生态城绿色建筑运营管理导则》（以下简称《导则》）的编制。《导则》将作为生态城绿色建筑运营管理主体制定和实施绿色建筑运营管理制度、编制绿色建筑运营管理方案的依据。《导则》对绿色建筑运营管理过程中的节能、节水、室内外环境、运营安全以及文明社区做出要求，结合绿色建筑"四节一环保"要求，在运营过程中体现绿色建筑以人为本的原则。

2.5　绿色建筑大事记

2014年1月，由天津城建大学和天津海泰控股集团编写的《HT绿色工业建筑评价标准》通过了专家评审，《HT绿色工业建筑评价标准》是高新科技产业区科技计划项目"海泰工业园绿色标准化工业厂区研究与应用"的重要成果。该标准以国家标准为基础，在考虑与国家行业标准衔接的同时，注重"绿色发展、低碳经济"新理念的应用，兼顾了评价项目的重要性和难易程度，既能反映天津的地域特色，又具有一定的创新性。该标准的实施将有利于工业企业建设领域规划、设计、建造、产品、管理等一系列环节引入可持续发展的绿色理念，为天津工业行业的健康发展提供技术依据和执行标准，引导未来工业建筑逐步走向绿色发展道路。

2014年2月，中新天津生态城入选中国绿色建筑与节能委员会确定的第一批国家绿色建筑基地，成为北方唯一的国家绿色建筑基地。按照《绿色建筑推广示范基地管理暂行办法》，生态城将通过组织区域范围内的绿色建筑工程示范、对绿色建筑建设起到明显示范带动作用的技术领域进行研究等，建设成为地区性绿色建筑示范中心、研发中心、技术产品展示中心、教育培训中心等。

2014年3月14~16日，2014"第八届天津绿色建筑论坛"在天津梅江会展中心举办，论坛由天津市城乡建设和交通管理委员会主办，中国建筑科学研究院天津分院、天津市建材业协会承办，论坛以"绿色规划、设计、选材成就绿色建筑"为主题，分别就生态城市规划建设、绿色建筑设计、绿色建筑评价标准解读、绿色建材、既有城区的绿色化改造等方面问题进行了研讨论证。

2014年5月，"天津绿色建筑产业技术创新战略联盟"在天津城建大学筹备成立，联盟旨在整合天津地区绿色建筑领域企业，尤其是具有一定自主创新能力的民营企业、科研机构、大专院校等相关机构的科技创新资源，确立企业技术创新主体地位为主线，充分运用市场机制，搭建产学研交流合作平台，促进信息共享、科技创新、成果转化与产业升级，实现推动天津地区绿色建筑领域产业与技术持续健康发展、提升天津地区绿色建筑民营企业自主创新能力的目标。

2014年6月17日，天津发布《绿色建筑行动方案》，明确了天津市发展绿色建筑的总体要求和重点行动。要求加强新建建筑节能监管，扎实推进既有建筑节能改造，大力推进可再生能源建筑应用。

2014年7月12日，天津绿色建筑协同创新中心召开2014年工作会议。天津城建大学、天津市建设工程技术研究所、天津市建筑设计院、天津生态城绿色建筑研究院、天津市住宅集团五家成员单位参会。会议确定了四个创新基地：绿色建筑技术研发基地—天津市建设工程技术研究所、绿色建筑设计创新基地—天津市建筑设计院、绿色建筑技术应用示范基地—天津生态城绿色建筑研究院、绿色建筑产业化基地—天津住宅集团。中心将以住宅产业化、被动态设计等绿色建筑科技发展共性研究为导向，推进高校、科研院所及行业企业间深度融合，开展绿色建筑领域的应用基础研究、技术开发与推广应用。

2014年9月23日，"第五届中国（天津）国际绿色建筑与节能技术产品展览会"在天津滨海国家会展中心举办。

2014年11月12~14日，中国高科技产业化研究会、中国宇航学会、中国航天科工集团公司和天津市滨海新区人民政府在天津滨海万丽泰达酒店联合举办"2014年绿色低碳与建筑智能化国际研讨会",邀请国内外专家到会共同探讨国际先进技术及发展趋势,以促进绿色低碳和建筑智能化技术的交流与发展。

2014年11月14日,国家发展改革委员会召开发布会,《中国—新加坡天津生态城建设国家绿色发展示范区实施方案》正式发布。中新天津生态城成为国务院批复的第一个国家绿色发展示范区,也是世界上第一个国家间合作开发的生态城区。

执笔:王建廷(天津城建大学)

3 内蒙古自治区绿色建筑总体情况简介

3 General situation of green building in the Inner Mongolia Autonomous Region

3.1 建筑业总体情况

内蒙古自治区是国家北方重要生态安全屏障，承担着保护环境的重要责任，绿色建筑是贯彻可持续发展战略和节能减排战略的一个重要方面，加快推进绿色建筑工作，增强城市活力，提高建筑物在使用过程中的能源利用效率，改善城市环境，减少温室效应的影响，促进建筑业建设技术水平的提高，是建设节约型社会的重要工作。"十二五"期间，内蒙古自治区大力推行绿色建筑发展，制定绿色建筑发展规划，努力在"十二五"期间完成累计新建绿色建筑 1500 万 m²，达到国家一星、二星绿色建筑 1000 万 m²，绿色建筑从单体建筑向绿色园区扩展，建成十个绿色低碳园区的发展目标。截止到 2014 年年底，内蒙古建筑节能强制标准在新建建筑设计阶段达到 100%，在施工阶段达到 98%。既有居住建筑节能改造在"十二五"期间将要完成 5751 万 m²。

3.2 绿色建筑总体情况

2014 年，内蒙古自治区通过绿色建筑评价标识认证的项目共计 6 项，总建筑面积达 44.18 万 m²，其中公建项目 2 项，总建筑面积达 3.3 万 m²；住宅项目 4 项，总建筑面积达 40.88 万 m²。截至 2014 年 12 月，内蒙古自治区累计通过绿色建筑评价标识认证的项目达 18 项，总建筑面积达 310 万 m²，其中公建项目 6 项，总建筑面积达 50 万 m²；住宅项目 12 项，总建筑面积达 260 万 m²。

2014 年，通过内蒙古自治区绿色建筑标识评定机构（内蒙古绿色建筑协会）认证的项目共计 6 项，总建筑面积达 44.18 万 m²，其中公建项目 2 项，总建筑面积达 3.3 万 m²；住宅项目 4 项，总建筑面积达 40.88 万 m²。

3.3 发展绿色建筑的政策法规情况

（1）内蒙古自治区人民政府办公厅印发《关于绿色建筑减免城市市政基础设

施建设配套费有关事宜的通知》（内政办字 ［2014］ 246 号）

文件指出认真贯彻落实《内蒙古自治区人民政府关于积极发展绿色建筑的意见》（内政发 ［2012］ 21 号）精神，切实落实对于取得绿色建筑评价标识的建筑项目减免城市市政基础设施建设配套费的激励政策，推动全区绿色建筑发展。对获得绿色建筑标识的项目，实行优先入选或优先推荐上报；在企业资质年检、企业资质升级时给予优先考虑或加分等；对于取得三星级绿色建筑评价标识的城市配套费减免 100%，取得二星级绿色建筑评价标识的城市配套费减免 70%，取得一星级绿色建筑评价标识的城市配套费减免 50%。

（2）内蒙古自治区住房和城乡建设厅印发"关于转发《保障性住房实施绿色建筑行动》的通知"（内建科 ［2014］ 76 号）

文件指出在保障性住房建设中实施绿色建筑行动，对在全社会推行绿色建筑具有良好的示范效应。将保障性住房建设成绿色建筑，可有效提高其安全性、健康型和舒适性。从 2014 年起，全区新开工的保障性住房应至少达到一星级绿色建筑评价标准，鼓励向更高星级的绿色建筑发展。同时，保障性住房建设应因地制宜地利用各类可再生能源，降低后期的管理和运行成本，减少被保障人员的生活开支。保障性住房必须设计安装太阳能生活热水系统，做到保障性住房与太阳能热水系统统一设计、统一施工、统一验收。

3.4 绿色建筑标准和科研情况

（1）编写内蒙古自治区《绿色建筑评价标准》

依据国家《绿色建筑评价标准》，制定符合内蒙古地区气候条件和市场情况的地方标准，为全区一二星级绿色建筑评价标识工作提供更加详细的评判依据，使国家的相关标准在贯彻过程中更加科学合理，使全区一二星级绿色建筑评价更加严谨、准确，使评价结果更加客观公正。

本标准已报住房与城乡建设部备案，于 2014 年 7 月 1 日发布，并于 2014 年 9 月 1 日实施。

（2）编写《内蒙古自治区绿色建筑评价标识管理实施细则》

为加强绿色建筑评价标识管理，规范绿色建筑评价标识行为，依据住房城乡建设部《绿色建筑评价标识管理办法（试行）》、《一二星级绿色建筑评价标识管理办法（试行）》，结合自治区实际，制定内蒙古自治区绿色建筑评价标识管理实施细则。

（3）组织编写《内蒙古绿色建筑施工图审查要点》

为加强绿色建筑设计管理，规范绿色建筑评价行为，依据国家《绿色建筑评价标准》、北京市《绿色建筑（一星级）施工图审查要点》和内蒙古自治区《绿色建筑评价标准》，结合自治区实际，制定内蒙古绿色建筑施工图审查要点。该要点对内蒙古自治区《绿色建筑评价标准》中的指标项进行梳理并研究制定，进而将绿色建筑等级评定纳入施工图审查中。

3.5　地方绿色建筑大事记

2014 年 8 月，由中国绿色与节能委员会主办，内蒙古绿色建筑协会和内蒙古城市规划市政设计研究院共同承办了"第三届严寒和寒冷地区绿色建筑联盟大会暨绿色建筑技术论坛"。来自全国各省份的绿色建筑机构、科研机构和有关企事业单位的领导、专家和学者等 200 余人参加会议。

2014 年 11 月，内蒙古自治区住房和城乡建设厅和内蒙古绿色建筑协会组织"内蒙古自治区《绿色建筑评价标准》宣贯会"，各旗、县、区建设局、房地产开发企业、建筑设计单位、监理企业、施工图审查机构共 180 多人参加。

执笔：内蒙古绿色建筑协会

4 福建省绿色建筑总体情况简介

4 General situation of green building in Fujian

4.1 建筑业总体情况

2014 年，福建省建筑业完成总产值共 5761 亿元，同比增长 23.5%；建筑业企业签订合同额 6417 亿元，同比增长 16.3%；累计施工面积 5.35 亿 m²，同比增长 17.2%，累计竣工面积 1.05 亿 m²，同比增长 12%。截至 2014 年 12 月，福建省既有建筑面积已达到 20.4 亿 m²。

4.2 绿色建筑总体情况

2014 年（截至 11 月），福建省通过绿色建筑评价标识认证的项目共计 15 项，总建筑面积达 268.51 万 m²，其中公建项目 7 项，建筑面积 147.7 万 m²；住宅项目 8 项，建筑面积 120.81 万 m²。截至 2014 年 11 月，福建省累计通过绿色建筑评价标识认证的项目 54 项，总建筑面积 829.27 万 m²，其中公建项目 26 项，建筑面积 387.47 万 m²；住宅项目 28 项，建筑面积 441.8 万 m²。

2014 年（截至 11 月），通过福建省地方绿色建筑标识评定机构（福建省绿色建筑发展中心、厦门市绿建委）认证的项目共计 9 项，总建筑面积 131.55 万 m²，其中公建项目 3 项，建筑面积 19.34 万 m²；住宅项目 6 项，建筑面积 112.21 万 m²。

4.3 发展绿色建筑的政策法规情况

（1）《福建省人民政府办公厅关于转发福建省绿色建筑行动实施方案的通知》（闽政办〔2013〕129 号）

文件提出，到 2015 年末，全省 20% 的城镇新建建筑达到绿色建筑标准要求；到 2020 年末，40% 的城镇新建建筑达到绿色建筑标准要求。从 2014 年起，政府投资的公益性项目、大型公共建筑（指建筑面积 2 万 m² 以上的公共建筑）、10 万 m² 以上的住宅小区以及厦门、福州、泉州等市财政性投资的保障性住房全面执行绿色建筑标准。引导绿色生态城区示范，重点推进武夷新区、厦门翔安新城、福州海峡奥体片区、平潭金井湾片区、漳州碧湖生态园和三明贵溪洋新区建设。

（2）《福建省新型城镇化规划（2014—2020）》（闽委发〔2014〕11号）

文件提出，实施绿色建筑行动计划，完善绿色建筑标准及认证体系，扩大强制执行范围，到2020年末，城镇绿色建筑占新建建筑比例达50%。

（3）《关于在政府投资公益性建筑及大型公共建筑建设中全面推进绿色建筑行动的通知》（闽建科函〔2014〕120号）

文件提出，政府投资项目、绿色建筑投资增量成本、环境检测费用和星级评价费用列入工程投资概算，施工招标阶段列入"暂列金额"科目，结算时按实计入工程建安成本。

（4）《福建省国有建设用地使用权出让地块规划条件管理办法》（闽建〔2014〕15号）

文件提出，按照国家和省有关政策标准规定应该执行绿色建筑标准的项目，规划条件应当予以明确。

（5）《福建省住房和城乡建设厅关于加强绿色建筑项目管理的通知》（闽建综〔2014〕01号）

文件提出，各级住建部门要整合内部行政资源，强化从规划、设计、施工、质量监督、竣工验收等环节的全过程闭合管理措施，各负其责，形成合力，层层把关，确保应建项目均严格按绿色建筑标准进行开发建设。

（6）《福建省住房和城乡建设厅关于进一步加快绿色建筑发展的补充通知》（闽建综〔2014〕6号）

文件进一步明确强制实施范围，提出政府投资项目的，绿色建筑投资增量成本、环境检测费用和星级评价费用等应列入工程投资概算，施工招标阶段列入"暂列金额"科目，结算时按实计入工程建安成本。

（7）厦门市人民政府办公厅转发市建设管理局等部门关于厦门市绿色建筑行动实施方案的通知（厦府办〔2014〕11号）

文件提出，城镇新建建筑严格落实强制性节能标准，"十二五"期间，完成新建绿色建筑200万m²；到2015年末，城镇新建绿色建筑比例达到30%。对主动执行绿色建筑标准并取得运行标识的存量土地的民用建筑，实施返还一定比例的契税并给予建设单位一定的市级奖励。

4.4 绿色建筑标准和科研情况

（1）《福建省绿色建筑评价标准》DBJ/T 13—118—2014

本标准以《绿色建筑评价标准》GB/T 50378—2014为基础，总结福建省绿色建筑、建筑节能的实践经验和研究成果，借鉴国内外先进经验，结合福建省气候、经济特点，提出福建省绿色建筑的评价方法。

(2)《福建省绿色建筑设计规范》DBJ/T 13—197—2014

本规范参考《民用建筑绿色设计规范》JGJ/T 229—2010，总结福建省绿色建筑设计的相关实践经验和研究成果，借鉴国内外先进经验，结合福建省气候特点，提出绿色建筑设计应遵循被动技术措施及适宜性技术优先的原则，优化建筑形体和内部空间布局，突出自然通风、遮阳、立体绿化、围护结构自保温体系、透水铺装、太阳能利用、雨水利用等地方特色技术，为福建省绿色建筑的设计提供设计依据。

(3)《福建省居住建筑节能设计标准》DBJ 13—62—2014

本标准依据《夏热冬冷地区居住建筑节能设计标准》JGJ 134—2010 和《夏热冬暖地区居住建筑节能设计标准》JGJ 75—2012，结合福建省气候特点，提出福建省居住建筑节能设计的控制指标及设计方法，为建筑节能工作的开展提供技术保障。

(4)《福建省绿色建筑施工图设计说明示范文本（试行）》和《福建省绿色保障性住房施工图设计说明示范文本（试行）》

这两个文本为进一步推进绿色建筑发展，方便工程设计人员编写绿色建筑设计专篇，规范了各专业施工图设计说明文本，为福建省设计单位及施工图审查机构进行绿色建筑设计和审图提供了参考。

4.5 地方绿色建筑大事记

(1) 2014 年 1 月 17 日，福建省发改委、住建厅等在福州组织了"'6·18'虚拟研究院建筑建材分院揭牌仪式暨工业化装配式建筑展会"，"'6·18'虚拟研究院"将发挥福建省各方面资源优势，促进相关技术研发、科研成果转移，打造集产业化共性和关键技术研发、成果转化、企业孵化、技术服务、人才培养交流于一体的协同创新平台，为福建省建筑建材产业发展和建筑工业化提供技术支撑。

(2) 2014 年 6 月 19 日，由中国国际贸易促进委员会主办、福建省海峡绿色建筑发展中心等单位联合承办的"国际节能建筑项目对接会"在福州召开，会上展示近年来中国贸促会在绿色能源、绿色经济等方面的努力成果，国内外专家就被动式建筑、可持续建筑、生态建筑等进行充分的交流。

(3) 2014 年 8 月 23 日，由中国闽商地产联盟等单位在福州主办"福建省房地产绿色建筑发展论坛"，本次论坛汇聚了福建省建筑科学研究院、福建省建筑设计研究院、地产企业项目设计、招标采购、工程施工专业人士、绿色建筑产品供应商等各方专家，针对福建绿色建筑发展的相关政策、前景、实际案例、相关技术、建材开发等多个层面，进行了深入探讨。

（4）2014年11月15日，厦门市人民政府、福建省住房与城乡建设厅在厦门主办"国际建筑节能与绿色建筑发展高峰论坛"，本次论坛分享了国内外绿色节能、建筑工业化与住宅产业化最新科技成果，与到场数百位福建地产行业、设计行业、建筑行业同行探讨魅力厦门建设发展与合作。

（5）2014年12月7～8日，福建省住房和城乡建设厅在福州组织召开了《福建省绿色建筑评价标准》、《福建省绿色建筑设计规范》、《福建省居住建筑节能设计标准》等相关标准和政策文件的宣贯培训会，会议培训全省工程技术人员700余人，为福建省绿色建筑发展奠定良好的技术基础。

（6）2014年12月9日，福建省绿色建筑创新联盟成立。联盟在福建省各级建设行政主管部门的大力支持下，以福建省建筑科学研究院等科研、设计单位为技术支撑，结合各大房地产商及相关厂家的资源优势，并将其进行高效整合，开展绿色建筑行业交流和绿色建筑理念宣传。

执笔：黄夏东　胡达明（福建省海峡绿色建筑发展中心）

5 湖北省绿色建筑总体情况简介

5 General situation of green building in Hubei

5.1 建筑业总体情况

湖北省建筑业总产值、本年新签合同额、房屋施工面积及房屋竣工面积均保持平稳增长。截至今年 10 月底，城镇新建建筑节能标准执行率设计阶段达到 100%，施工阶段达到 98.3%，全省累计建成节能建筑 31337.31 万 m²，其中"十二五"以来累计建成节能建筑面积 19121.94 万 m²，2014 年 1~10 月全省新增节能建筑面积 4448.95 万 m²。积极开展低能耗建筑试点，该省 2012 年在武汉城市圈开展试点，今年在全省各市州中心城区全面实施节能 65% 的湖北省低能耗居住建筑标准，已实施项目 1524 项，面积 1757.84 万 m²。累计形成建筑节能能力 274.68 万吨标煤，完成既有居住建筑节能改造 195.31 万 m²，公共建筑 325.34 万 m²，分别占"十二五"规划目标任务的 89%、40.69%、203.3%。

5.2 绿色建筑总体情况

2014 年 1~11 月，湖北省通过绿色建筑评价标识认证的项目共计 44 项，总建筑面积达 379.04 万 m²，其中公建项目 26 项，总建筑面积达 135.87 万 m²，住宅项目 18 项，总建筑面积达 243.17 万 m²。

截至 2014 年 11 月，湖北省累计通过绿色建筑评价标识认证的项目达 109 项，总建筑面积达 1069.11m²，其中公建项目 50 项，总建筑面积达 301.55 万 m²，住宅项目 59 项，总建筑面积达 767.56 万 m²。

5.3 发展绿色建筑的政策法规情况

(1) 编制了《湖北省绿色生态城区示范技术指标体系（试行）》，该指标体系分为三个层级，其中一级指标 4 个：经济持续、资源节约、环境友好、社会和谐；二级指标 14 个：低碳排放、绿色工业、集约用地、绿色交通、绿色市政、绿色建筑、绿色照明、绿色能源、固体资源、水资源、生态环境、生活环境、民生保障、高效管理；三级指标：111 项，其中控制项 65 项、一般项 25 项、优选项 21 项。用于指导全省绿色生态城区的建设。

（2）印发了《2014 年全省建筑节能工作意见》。要求各市、州、直管市、林区人民政府，省建筑节能与墙材革新领导小组各成员单位按照省委、省政府"竞进提质、升级增效"的总要求，以全面深化改革、体制机制创新为统领，加快推进建筑节能工作。确定了 2014 年建筑节能工作目标以及为了完成这些工作目标所需制定的工作计划和制度要求。

（3）印发了《关于政府投资项目、大型公共建筑以及保障性住房全面执行绿色建筑标准的通知》（武城建规〔2014〕6 号）。文件要求自 2014 年 7 月 1 日起，全市行政区域内新建政府投资的国家机关、学校、医院、博物馆、科技馆、体育馆等建筑，保障性住房及单体建筑面积超过 2 万 m² 的机场、车站、宾馆、饭店、商场、写字楼等大型公共建筑，应按绿色建筑标准进行规划、设计、建设和运营管理。各职能部门按照管理分工，提出各管理环节对绿色建筑进行审查和监管的措施，对不严格执行绿色建筑法律法规和标准规范的建筑工程各方主体，应按《建设工程质量管理条例》、《民用建筑节能条例》（国务院第 530 号令）和《湖北省民用建筑节能条例》，依法进行查处。

5.4 绿色建筑标准和科研情况

5.4.1 绿色建筑标准

（1）编制了《湖北省绿色生态城区示范技术指标体系（试行）》，该指标体系分为三个层级，其中一级指标 4 个：经济持续、资源节约、环境友好、社会和谐；二级指标 14 个：低碳排放、绿色工业、集约用地、绿色交通、绿色市政、绿色建筑、绿色照明、绿色能源、固体资源、水资源、生态环境、生活环境、民生保障、高效管理；三级指标：111 项，其中控制项 65 项、一般项 25 项、优选项 21 项。用于指导该省绿色生态城区的建设。

（2）编制了《湖北省既有建筑节能改造技术指南（试行）》。用于指导既有建筑节能改造工作的开展，要求既有居住建筑节能改造以更换节能门窗、增设外遮阳、改善自然通风等为重点。各地可结合旧城改造、环境综合整治及住宅平改坡、维修加固，同步实施整体或单项节能改造；既有公共建筑节能改造以提高用能效率和管理水平为重点，鼓励大型公共建筑和公共机构办公建筑采取合同能源管理模式进行建筑节能改造。

（3）编制了《武汉市绿色建筑设计基本规定》WJG 122—2014。本技术规定以达到国家标准《绿色建筑评价标准》GB 50378 一星级要求为前提，本着"因地制宜"和"控制增量成本"的原则，综合考虑设计与运行两个阶段，在保证科学性和可操作性基础上，提出了规划建筑、结构、暖通、给排水、电气等专业的强制性设计要求。

5.4.2 科研情况

（1）开展了"湖北省民用建筑绿色设计技术研究"，该项目通过搜集和总结国内相关研究及取得的成果，对比研究，总结经验。同时，对湖北省内绿色建筑项目进行研究，确定出适合湖北省民用建筑的绿色技术。同时，收集民用建筑绿色设计的相关资料，结合过去绿色建筑研究中的相关经验，编制出湖北省民用建筑绿色设计说明和施工图审查要点。完成《湖北省民用建筑绿色设计说明》和《湖北省民用建筑绿色设计施工图审查要点》的编制工作。

（2）开展了"建筑围护结构节能关键技术与集成"。该课题针对建筑节能技术中存在节能关键材料和生产技术应用规模不大、节能建材初期成本较高等问题，以及湖北省夏热冬冷的气候特点，通过研究超轻质围护结构新材料的生产和应用技术，微热桥隔断技术与超轻质围护结构配套材料，在此基础上，对夏热冬冷地区的低成本、低能耗建筑围护结构节能技术进行集成研究，研究其合理的构造措施和可行的施工方法，并实施产业化运作。

（3）开展了"调湿保温多孔混凝土材料研究"。该课题提出了一种通过有机无机复合调湿因子并与多孔混凝土空隙相结合的调湿保温多孔混凝土，通过有机无机调湿因子复合，调控其吸水失水特性，使其在高湿与低湿环境下能调节环境湿度变化，通过设计多孔混凝土孔结构，减小调湿因子对多孔混凝土保温性能的影响，研究对于丰富和完善高性能多孔混凝土材料设计制备理论，提高多孔混凝土功能化具有重要意义。

（4）开展了"夏热冬冷地区新型建筑节能材料及节能体系研究"。本课题主要通过研究超轻质加气混凝土砌块自保温系统和高流态磷石膏现浇内隔墙体系两种体系的研究，在提高围护结构各组成部件的热工性能的同时降低围护结构成本。

（5）开展了"自保温轻质混凝土墙板"研究与制造。该课题通过对已有轻质混凝土墙板优缺点进行对比，探讨出轻质混凝土墙板存在的问题和产生的原因，在轻质混凝土墙板选材和结构设计方面进行研究，设计出一套保温隔热、抗风压强度高且使用寿命长的自保温轻质混凝土墙板。

5.5 大 事 记

2014年1月15日，省住建厅在武昌召开了2014年绿色建筑评价标识第一次评审会，对和畅·格林小镇居住建筑等四个项目进行了评审。和畅·格林小镇居住建筑项目、石首市人民医院第一期工程、武汉电影乐园项目达到绿色建筑设计二星级标准，温哥华·1792 第 5 号、6 号、7 号楼住宅项目达到绿色建筑设计一星级标准。

2014 年 4 月 2 日，省住建厅在武昌召开了 2014 年绿色建筑评价标识第二次评审会，对恩施州建设服务暨人防指挥中心和恩施州开发区企业服务中心等五个项目进行了评审，达到绿色建筑设计二星级标准。

2014 年 5 月 15 日，省住建厅在武昌召开了 2014 年绿色建筑评价标识第三次评审会，对潜江曹禺大剧院项目等七个项目进行了评审，达到绿色建筑设计一星级标准。

2014 年 5 月 19 日，省住建厅在武昌召开了 2014 年绿色建筑评价标识第四次评审会，对湖北小池滨江新区"小池家园"水月庵社区一期住宅等两个项目进行了评审，达到绿色建筑设计一星级标准。

2014 年 7 月 22 日，省住建厅在武昌召开了 2014 年绿色建筑评价标识第五次评审会，对襄阳清河庄园 1 号、3 号楼等五个项目进行了评审。达到绿色建筑设计二星级标准。

2014 年 7 月 23 日，省住建厅在武昌召开了 2014 年绿色建筑评价标识第六次评审会，对武汉市九坤·翰林苑住宅楼等四个项目进行了评审，其中武汉市中大·十里新城一期、黄石"扬子·玉龙湾"11 号楼和黄石"扬子·玉龙湾"12 号楼项目达到绿色建筑设计二星级标准，武汉市九坤·翰林苑住宅楼项目达到绿色建筑设计一星级标准。

2014 年 11 月 1 日，省住建厅在武昌召开了 2014 年绿色建筑评价标识第七次评审会，对江汉大学工程训练中心改扩建工程项目等四个项目进行了评审，达到绿色建筑设计二星级标准。

2014 年 11 月 6～7 日，第四届夏热冬冷地区绿色建筑联盟大会在武汉成功召开，本次大会由中国绿色建筑与节能委员会和湖北省建筑科学研究设计院联合主办，湖北省绿色建筑与节能专业委员会承办。本次大会的主题为：以人为本，建设低碳城镇，全面发展绿色建筑。来自北京、上海、浙江、江苏、湖南、安徽、湖北、新疆等省市的专家和企业代表，以及来自意大利、澳大利亚、日本等国家和地区的 200 余名嘉宾参加了本次会议。本次大会由"综合论坛"和"绿色生态城镇建设"、"绿色建材发展应用"、"长江流域采暖探讨、绿色建筑设计研究"、"既有建筑绿色改造绿色施工技术实践"四个分论坛组成，与会专家作了 41 场科学认证、严谨生动的精彩演讲，会议还设置了提问互动环节，学术交流气氛十分活跃。

2014 年 12 月 1 日至 3 日，湖北省绿色建筑与节能专业委员会组织湖北省内建设主管部门、知名专家以及从事绿色建筑咨询和评审工作共计二十余人赴北京参加了《绿色建筑评价标准》GB/T 50378—2014 的标准培训。

执笔：湖北省土木建筑学会绿色建筑专业委员会

6 湖南省绿色建筑总体情况简介

6 General situation of green building in Hunan

2014 年，湖南省绿色建筑的发展进入快车道，加快落实《湖南省绿色建筑行动实施方案》。针对绿色建筑市场起步缺乏统一管理，湖南省启动准入机制研究，规范设计、咨询、施工企业。截至 2014 年 11 月，全省已有 51 个项目列入湖南省绿色建筑创建计划，创建面积达 512.20 万 m²，其中，公共建筑 36 项，居住建筑 15 项；一星级 40 项，二星级 8 项，三星级 3 项；完成专业评估 23 个，创建面积达 215.13 万 m²。其中：公共建筑 15 项，居住建筑 8 项；一星级 18 项，二星级 5 项。

6.1 绿色建筑标准与科研情况

6.1.1 绿色建筑标准

（1）《湖南省绿色建筑评价标准》（修订）

新修订的国家《绿色建筑评价标准》已经发布实施，内容及评价方式有较大调整，《湖南省绿色建筑评价标准》自颁布实施也已有近 4 年时间，有部分条文的内容及量化指标需做相应调整。编制工作将以《绿色建筑评价标准》GB/T 50378—2014 和《湖南省绿色建筑评价标准》DBJ 43/T004—2010 为主要编制依据，对近几年省标实施过程中产生的问题进行总结，做相应修订，确保湖南省绿色建筑评价工作的顺利开展。

目前，已召开 3 次内部研讨会，并完成初稿编制工作，预计 2015 年上半年结题。

（2）《湖南省绿色生态城区评价标准》

本标准主要技术内容包括：

① 结合目前湖南省及国家绿色生态城区建设实践，建立标准的总体框架体系。

② 调研国内外绿色生态城区评价方法，对湖南省绿色生态城区评价方法研究。

③ 从绿色、低碳、生态城区的内涵和目的出发，结合国内外绿色生态城区

评价指标，设置适合湖南省绿色生态城区评价指标体系。

④ 通过对权重体系确定方法研究，确定湖南省绿色生态城区权重体系设置方法，建立权重体系。

⑤ 调研国内外相关标准的实施和执行情况，了解绿色生态城区评价标准的推广应用障碍，并在对生态城区内涵、特征、基本因素、主要问题进行分析、比较、综合的基础上，选择各分类重要的、针对性较强的、能够反映绿色生态城区本质和内涵，综合湖南省气候资源条件、地方经济、人文和技术水平等特点制定相关的评价条文，为湖南省绿色生态城区的建设提供明确的方向，规范化绿色生态城区的评价。

本项目执行期为 2014 年 6 月至 2015 年 6 月。

（3）《湖南省大型公建和保障性住房绿色建筑标准化文件》

为配合国家及湖南省绿色建筑发展政策，加快推动大型公建及保障性住房项目率先执行绿色建筑一星级标准，研究制定适宜湖南省自然、气候、地理、经济等条件的相关设计与审查要点标准文件。

目前，该课题已召开 5 次内部研讨会议，完成第二稿编制工作，同时于 2014 年 11 月组织主要编制成员赴重庆考察调研，并与重庆市建委建筑节能处举行交流座谈会，该课题预计 2015 年上半年结题。

（4）《湖南省绿色施工评价标准》（主编单位：湖南省建筑工程集团总公司）

（5）《湘江新区低能耗建筑（65%）节能设计标准》和《湘江新区绿色校园建设技术导则》——长沙绿建节能科技有限公司

6.1.2 科研情况

（1）湖南省绿色建筑适用技术体系研究

课题主要研究内容为探索适宜湖南省自然地理、气候、资源、经济等特征的绿色建筑技术体系，并结合绿色建筑"四节一环保"的要求，重点以建筑自然采光、通风、遮阳技术；外墙保温隔热技术；屋顶绿化与垂直绿化技术；雨水收集与利用技术；太阳能光热利用技术 5 项关键技术进行针对性研究，拟在湖南地区先期推广。

研究成果将为设计、咨询单位开展相关设计研究工作提供参考，为建设单位、政府部门提供技术支撑，也可作为面向大专院校、社会大众的科普性教材及读物。

本课题已于 2014 年 9 月由湖南省住房和城乡建设厅建筑节能与科技处组织召开专家评审会，并顺利结题。会后按评审专家意见修改完成报批稿，由湖南省住房和城乡建设厅审批、发布。

（2）湖南省住房和城乡建设厅 2014 年度科学技术项目计划中有关绿色建筑的课题详见表 4-6-1。

绿色建筑相关课题　　　　　　　　　　　　　　　表 4-6-1

课题名称	承担单位	执行时间
湖南省绿色建筑以审代评管理体系	湖南省建设科技与建筑节能协会、长沙绿建节能科技有限公司	2014 年 5 月至 2015 年 12 月
湖南省绿色建筑标识申报评审系统	湖南省建设科技与建筑节能协会、长沙绿建节能科技有限公司、中国建筑科学研究院上海分院	2014 年 6 月至 2016 年 5 月
长沙市建筑节能管理软件和信息化系统	长沙绿建节能科技有限公司	2014 年 5 月至 2015 年 12 月
湖南地区绿色建筑实施对策研究	中南大学	
绿色建筑技术在城市交通枢纽三站合一综合体施工中的应用研究	中国建筑第五工程局有限公司	

（3）其他课题

《湖南绿色物业运营管理体系导则》——湖南天景名园置业有限责任公司、深圳智慧空间物业管理服务有限公司；

《湖南省绿色建筑战略发展研究报告》——湖南大学；

《绿色农房关键技术及相关标准研究》——湖南省建筑科学研究院。

6.2　宣传、教育、培训

（1）2014 年 7 月 29 日，在湖南省住房和城乡建设厅与湖南省建设科技与建筑节能协会以及社会各界的大力支持下，湖南省建设科技与建筑节能协会绿色建筑专业委员会（简称"湖南省绿专委"）正式成立，向全省发出了"推广绿色建筑，建设美丽湖南"的倡议。湖南省绿专委发起单位由原"湖南省绿色建筑产学研结合创新平台"成员单位组成，为湖南省绿色建筑创建计划项目的设计、咨询、施工和评审工作提供了重要的技术支撑，并作为湖南省绿色建筑发展的重要推手。

（2）2014 年 11 月，湖南省绿专委作为"第四届夏热冬冷地区绿色建筑联盟大会"协办方，组团参加了本次学术会议。主任委员殷昆仑应邀主持了"既有建筑绿色改造、绿色施工技术实践"论坛，秘书长王柏俊作了《建筑设计中的被动技术》的专题演讲，副主任委员彭琳娜作了《推广绿色施工，确保绿色建筑全寿命绿色》的专题演讲。

（3）2014年，绿色建筑宣传培训延伸到地州市，湖南省绿专委秘书长王柏俊应邀在常德、娄底、邵阳等地住建局开展绿色建筑培训讲座，培训人员达1500多人次。

（4）湖南绿专委开通了网站（www.hngbc.org）、微信群（湖南绿专委）、新浪微博（湖南绿专委）、QQ群（82239842），定期发布绿色建筑政策信息和行业动态（图4-6-1）。

图 4-6-1

全方位建立长效沟通机制，与政府、国家绿建委、房产企业、设计单位建立多方位沟通机制，及时了解最新动向。

（5）湖南绿专委协助湖南省住房和城乡建设厅、长沙市、常德市、衡阳市等地住建局制作了绿色建筑宣传展板、绿色建筑50问等，宣传推广绿色建筑；制作了绿色建筑宣传手册，派发给市民，让绿色建筑惠及万家（图4-6-2）。

（6）湖南省绿专委发起单位湖南省建筑工程集团总公司积极探索国内先进绿色施工技术，主编《建筑工程绿色施工管理》一书，正式出版。

图 4-6-2

执笔：湖南省建设科技与建筑节能协会绿色建筑专业委员会

7 广西壮族自治区绿色建筑总体情况简介

7 General situation of green building in Guangxi

7.1 建筑业的总体情况

广西当前正处于高速的经济社会发展阶段，随着经济的持续快速增长和人们生活水平的日益提高，城乡住房需求快速增长，建成区面积不断提高且还将继续呈增长趋势，建筑新建及改造的数量也有大幅度地提升，建筑业呈现出良好的发展态势。根据 2013 年由广西发改委和住建厅联合发布的《广西绿色建筑行动实施方案》的相关要求，"十二五"期间，广西需要完成新建绿色建筑 1000 万 m²；完成既有建筑节能改造 200 万 m²，其中公共建筑和公共机构办公建筑改造 180 万 m²。实施农村危房改造节能示范 8000 套。到 2015 年末，20%的城镇新建建筑达到绿色建筑标准要求。

7.2 绿色建筑总体情况

2014 年，广西壮族自治区通过绿色建筑评价标识认证的项目共计 19 个，其中设计标识 18 个，运营标识 1 个；总建筑面积 189.77 万 m²，其中公建项目 13 个，总建筑面积 141 万 m²；住宅项目 13 个，总建筑面积 48.77 万 m²；截止到 2014 年 12 月 30 日，广西壮族自治区累计通过绿色建筑设计评价标识认证的项目共计 63 个，总建筑面积 596.46 万 m²。

7.3 绿色建筑政策、标准情况

2014 年，为进一步加强广西壮族自治区绿色建筑设计工作，自治区住建厅下发了《关于进一步加强绿色建筑设计的通知》（桂建科［2014］5 号文），要求全区各甲级建筑工程设计单位今年均应开展绿色建筑设计，在 2014 年 11 月 30 日前至少完成一项按绿色建筑标准进行设计的项目。

2014 年 9 月，委托广西建筑科学研究设计院按照新修编的国家绿色建筑评价标准，对《广西绿色建筑评价》及相关实施细则开展修编工作。

7.4 绿色建筑科研情况

2012 年，开展了"广西绿色建筑发展路径与政策研究"课题研究，研究报告分为国内外绿色建筑发展政策与启示、广西绿色建筑发展现状与存在问题、广西绿色建筑发展路径与政策建议、政策建议的前景分析四章，分别提出了结合新型城镇化、新农村建设、保障房建设、规范技术标准、可再生能源建筑应用、财税激励政策、商品房容积率返还等措施来加大推动我区绿色建筑的发展步伐。

为了贯彻落实国家绿色建筑行动方案，自治区发展改革委、住房城乡建设厅组织有关部门研究、编制了《广西壮族自治区绿色建筑行动实施方案》（以下简称《实施方案》），报经自治区人民政府同意，于 2013 年 10 月 23 日印发实施。

《实施方案》从 9 个方面重点推进绿色建筑发展：

（1）切实抓好新建建筑节能工作；

（2）大力推进既有建筑节能改造；

（3）推进可再生能源建筑规模化应用；

（4）加强公共建筑节能管理；

（5）加快绿色建筑相关技术研发推广；

（6）大力发展绿色建材；

（7）推动建筑工业化；

（8）严格建筑拆除管理程序；

（9）推进建筑废弃物资源化利用。

《实施方案》体现了"广西绿色建筑发展路径与政策研究"课题的研究思路和研究成果。提出政府投资的国家机关、学校、医院、博物馆、科技馆、体育馆等公益性公共建筑和南宁市建设的保障性住房，自 2014 年全面执行绿色建筑标准，各设区市应积极开展保障性住房绿色建筑示范项目建设；推动可再生能源建筑规模化应用，条件适宜地区应在 2015 年前出台太阳能光热建筑一体化的强制性推广政策和技术标准，普及太阳能热水利用；加大政策激励，自治区财政对达到国家绿色建筑评价标准一星级及以上的建筑给予财政资金奖励，研究制定容积率奖励、城市配套费减免等方面的政策等文件的紧密结合。

执笔：广西壮族自治区建设科技协会绿色建筑专业委员会

8 重庆市绿色建筑总体情况简介

8 General situation of green building in Chongqing

8.1 建筑总体情况

2014 年，重庆市建设领域加快产业结构调整，助推五大功能区域发展。截至 2014 年 9 月，全市完成建筑业总产值 3580.28 亿元，同比增长 17.5%，占年度目标任务的 74.6%，实现建筑业增加值 914.65 亿元，同比增长 14.2%，占地区生产总值（GDP）的 9.6%。预计 2014 年重庆市建筑行业总产值将完成 4800 亿元，力争突破 5000 亿元大关。

8.2 绿色建筑总体情况

2014 年，重庆市组织评审通过绿色建筑评价标识认证的项目共计 15 项，总建筑面积达 333.57 万 m²，其中公建项目 8 项，建筑面积 84.39 万 m²；住宅项目 7 项，建筑面积 251.18 万 m²。绿色建筑评价标识认证工作取得了大幅进展。

8.3 发展绿色建筑的政策法规情况

重庆市绿色建筑专业委员会（简称：重庆绿专委）受重庆市城乡建设委员会的委托，开展了有关加强绿色建筑行政管理的工作，印发了一系列有关文件。

（1）《2014 年建筑节能与绿色建筑工作要点》

为贯彻落实重庆市政府办公厅《关于印发重庆市绿色建筑行动实施方案（2013～2020 年）的通知》以及重庆市规划、建设、管理、环保及民防工作会精神，组织制订了《2014 年建筑节能与绿色建筑工作要点》，供相关单位结合本地区、本单位实际贯彻执行，以更好地开展 2014 年重庆市建筑节能与绿色建筑工作。

（2）《2014 年绿色建筑与建筑节能标准编制计划》

为进一步完善贯穿绿色建筑全生命周期的基础标准体系和专项应用技术体系，推动重庆市绿色建筑与建筑节能全面发展，经各单位自愿申报，结合工作实际需要，重庆绿专委组织编制了《2014 年绿色建筑与建筑节能标准编制计划》，为重庆市绿色建筑的推进奠定了坚实的技术基础。

（3）绿色建筑评价标识技术依托单位认定

根据《关于征集绿色建筑评价标识技术依托单位的通知》，经广泛征集、申报，重庆绿专委择优认定了重庆市第二批绿色建筑评价标识技术依托单位共计15 家，以全面开展绿色建筑行动，提高绿色建筑技术支撑工作质量。

（4）绿色建筑咨询专家库认定

由重庆绿专委组织开展了绿色咨询专家库认定工作，经审核、培训、公示，213 位同志符合入选重庆市绿色建筑咨询专家库，为开展绿色建筑标识评审工作提供了坚实的技术支持。

8.4　绿色建筑标准和科研情况

8.4.1　绿色建筑标准

（1）重庆市《绿色建筑评价标准》

由重庆市绿专委主持修编的重庆市《绿色建筑评价标准》DBJ 50/T—066—2014 于 2014 年 11 月 1 日起施行。本次修编针对国家最新发布的《绿色建筑评价标准》中的内容，与重庆市《绿色建筑评价标准》的一致性进行对照，并突出重庆地区的特点，最终形成了新版重庆市《绿色建筑评价标准》，作为重庆市开展绿色建筑评定工作的重要标准。

（2）重庆市《居住建筑节能 65％（绿色建筑）设计标准》

重庆市《居住建筑节能 65％（绿色建筑）设计标准》（修订）专家讨论会就目前国家最新发布的《绿色建筑评价标准》的内容，与重庆市《居住建筑节能 65％（绿色建筑）设计标准》的一致性进行了对照，确保满足国家评价标准的要求，并根据地方特点，突出标准的地区适宜性。已完成《居住建筑节能 65％（绿色建筑）设计标准》送审稿，并将择期召开专家审查会。

（3）重庆市《区域供冷（热）系统能效检测与评价技术导则》

结合重庆市实际，重庆绿专委组织重庆大学等单位研究编制了《区域供冷（热）系统能效检测与评价技术导则》，以加强和规范可再生能源建筑应用示范项目的管理，促进可再生能源建筑应用规模化。

（4）重庆市《绿色低碳生态城区评价标准》

重庆市绿专委与重庆大学合作，在广泛调研分析的基础上，参考现有相关标准，借鉴国内外低碳生态城区建设的实践经验和研究成果，并结合重庆市绿色低碳生态城区建设的特点和实际，编制了重庆市《绿色低碳生态城区评价标准》

DBJ 50/T—203—2014。

8.4.2　科研情况

（1）国家科技支撑计划课题：建筑室内空气污染监测及运营管理技术研究（在研）

开展关于建筑室内环境质量评价方法与体系研究、建筑室内空气质量保障运行管理关键技术研究、公建室内空气质量与运行能耗综合监测与控制关键技术研究等研究内容；研究开发公共建筑集中空调系统中室内空气品质质量调控策略与评价系统，建立室内空气品质质量与能耗系统集成监测技术，形成公共建筑集中空调系统运行调控关键技术，以求解决目前室内空气污染监测和运营管理领域涉及的关键技术难题与问题。

（2）国家科技支撑计划课题：原有工业建筑环境检测、评价与保障关键技术研究（在研）

针对原有工业建筑（包括构筑物、设施设备）环境质量检测与评估关键技术，建立原有工业建筑环境综合评价体系，配合完成原有工业建筑（主要针对北京首钢搬迁区）功能提升生态改造的工程示范技术支撑工作。完成了《原有工业建筑环境污染现状及风险评价研究报告》，开发了"工业建筑再利用环境评价软件 Ver1.0"，研究成果"一种围护结构传热系数现场检测装置"获发明专利。

（3）国家科技支撑计划课题：夏热冬冷地区能源自维持住宅示范工程建模、测试及技术集成（在研）

对两种典型既有住宅，进行了一个供暖（制冷）季的建筑环境与性能测试；对比模拟分析定型不少于 10 组如遮阳隔热设施、通风屋面、蓄水屋面、架空层、太阳能设备等农村住宅应用的节能技术措施，农村住宅能源利用传统形式或常规做法，在用于夏热冬冷地区典型农宅形成的局部温度影响、通风影响、能耗情况等；完成夏热冬冷地区农村能源自维持住宅相关企业标准 1 部，夏热冬冷地区针对自用型、经营型、职工型农村能源自维持住宅技术选型和方案集成 3 套，并完成虚拟竣工模型。

（4）重庆市既有可再生能源建筑应用项目运行后评估（已结题）

完成可再生能源建筑应用项目的现场测试，并形成《重庆市既有可再生能源建筑应用项目运行后评估报告》。同时编制了《重庆市既有可再生能源建筑应用工程运行管理办法》范本，供重庆市可再生能源建筑应用工程运行管理参考使用。

（5）重庆市可再生能源建筑应用系统性能监测控制系统研发与应用（已结题）

通过明确不同应用类型可再生能源系统的监测对象与方法，构建可再生能源项目监测体系，搭建可再生能源建筑应用监测平台，实现对可再生能源系统的监测。编写了《重庆市可再生能源建筑应用系统性能监测控制系统研发与应用》技术报告。

（6）重庆市建筑太阳能热水系统一体化应用适宜技术研究（已结题）

采用理论研究与实测研究相结合的方法得出重庆地区太阳能热水应用的适宜性，同时得出了重庆地区太阳能热水系统应用的控制策略，并编写了《重庆地区太阳能热水应用适宜性分析及控制策略分析技术报告》，对重庆地区太阳能热水工程应用具有一定的参考和指导价值。

（7）重庆市太阳能光伏发电和太阳能空调应用前景及相关技术研究（已结题）

通过对重庆地区的太阳能资源分析与光伏发电、太阳能空调理论分析，对重庆地区二者的应用前景做出探讨研究，为进一步探索重庆地区太阳能在建筑上的应用，发掘太阳能光伏发电和太阳能空调的应用潜力奠定基础。并编写了《重庆地区太阳能光伏发电潜力分析报告》与《重庆地区太阳能空调应用潜力分析报告》。

（8）重庆市可再生能源区域供冷供热项目能源管理优化与节能运行关键技术（已结题）

开展了区域供冷供热项目能源站冷热负荷及同时使用系数确定方法研究，确立了可再生能源区域供冷供热项目的同时使用系数确定方法；协助开展了可再生能源区域供冷供热项目能源站及管网系统优化研究，形成了能源站及管网系统进行系统优化方法和控制方法；编写了《重庆市可再生能源区域供冷供热项目能源管理优化与节能运行关键技术》。

（9）可再生能源区域供冷供热项目运行模式、定价机制与实践（已结题）

对可再生能源区域供冷供热项目的现有运行模式、定价机制和实际运行状况进行调研分析，研究确定了可再生能源区域供冷供热项目的合理运营模式；建立了基于理论和江水源项目实际运营情况的定价机制；编写了《可再生能源区域供冷供热项目运行模式、定价机制与实践》研究报告。

（10）面向山地城镇气候特性的高反射涂料屋顶的碳减排机理研究（在研）

开展高反射涂料屋顶技术碳减排量的计算理论与模型研究。目前正针对山地城镇气候特征的高反射涂料屋顶进行碳减排和气候适应性研究，以求提出一套保障碳减排量计算精度的求解理论和模型，为提高我国山地城镇建筑节能减碳工作提供理论和技术支撑。

8.5　地方绿色建筑大事记

2014 年 2 月，根据重庆市城乡建设委员会、重庆市财政局印发的《重庆市公共建筑节能改造重点城市示范项目管理暂行办法》的有关规定，重庆市建委和财政局组织专家评审，公布认定的第六批公共建筑节能改造重点城市示范项目予以公布。

2014 年 3 月 28 日，重庆市绿色建筑专业委员会在中国绿建委第七次全体委员会议上荣获中国绿建委 2013 年度先进单位表彰。

2014 年 3 月 28 日，由重庆市绿色建筑专业委员会牵头，联合重庆市设计院、中煤科工集团重庆设计研究院有限公司、中机中联工程有限公司、中冶赛迪建筑市政设计有限公司、重庆市建筑科学研究院、重庆大学城市建设与环境工程学院、重庆市建筑节能协会等单位联合组建的西南地区绿色建筑基地在北京国际会议中心正式授牌成立，并组团参展"第十届国际绿色建筑与建筑节能大会暨新技术与产品博览会"。

2014 年 4 月 10～13 日，西南地区绿色建筑基地组团参展第十一届中国重庆高新技术交易会暨第七届中国国际军民两用技术博览会。重庆市绿色建筑专业委员会联合重庆大学国家级低碳绿色建筑国际联合研究中心，参加了"国际绿色建筑与人居环境技术"展示。国家工业和信息化部、重庆市领导出席了展会。

2014 年 8 月 27 日，"2014 年度重庆市《绿色建筑评价标准》宣贯培训会"在重庆市科苑大酒店举办，来自重庆市建筑领域 70 多个单位、愈 200 余位专家参加了此次宣贯培训。

2014 年 9 月 12 日，中国绿色建筑与节能委员会在重庆组织召开了全国绿色建筑基地第一次工作交流会议，首批四个绿色建筑基地即北方地区、华东地区、南方地区和西南地区的相关领导均出席了会议。

2014 年 11 月 1～3 日，国际化人才培养主题活动之一的重庆大学"既有建筑节能改造"国际研讨会议在重庆融汇丽笙酒店举行。本次会议由重庆大学城市建设与环境工程学院、国家级低碳绿色建筑国际联合研究中心、低碳绿色建筑人居环境质量保障"111"创新引智基地和西南地区绿色建筑基地联合主办，国家"外专千人计划"专家、国际联合研究中心副主任 Andrew Baldwin 教授主持。

执笔：李百战[1,2]　丁勇[1,2]　唐浩[1,2]（1. 重庆市绿建委；2. 重庆大学）

9 广州市绿色建筑总体情况简介

9 General situation of green building in Guangzhou

9.1 建筑业总体情况

"十二五"以来，广州市依托岭南独有的"山、水、城、田、海"自然生态格局，按照"建设低碳、智慧、幸福的美丽广州"的工作部署，在稳步推进城市三旧改造的同时，城市发展重点向南沙、萝岗、白云、花都、增城等城市新区倾斜，推动建成了白云新城、广州国际金融城、中新知识城、空港经济区等一批经济发展新区，城市建筑业发展进入到了良性发展阶段，整体质量不断提高。截至2014年年底，广州市城乡既有建筑面积约 5.68 亿 m^2，建筑总能耗约 2165 万 tce，占本地区全社会总能耗约 32.36%。城镇既有建筑面积总量约 4.15 亿 m^2，其中执行夏热冬暖地区 50% 建筑节能标准面积约 1.49 亿 m^2。2014 年新增城镇建筑面积约 2091.9 万 m^2，其中公共建筑面积约 939.3 万 m^2，居住建筑面积约 1152.6 万 m^2。

9.2 绿色建筑总体情况

2014 年，广州市通过绿色建筑评价标识认证的项目共计 37 项，总建筑面积达 369.14 万 m^2，其中公建项目 25 项，总建筑面积达 174.08 万 m^2；住宅项目 12 项，总建筑面积达 195.06 万 m^2。截至 2014 年 12 月，广州市累计通过绿色建筑评价标识认证的项目达 77 项，总建筑面积达 743.362 万 m^2，其中公建项目 40 项，总建筑面积 304.49 万 m^2；住宅项目 33 项，总建筑面积 437.32 万 m^2；工业建筑 1 项，总建筑面积 1.55 万 m^2。

2014 年，广州市通过广东省地方绿色建筑标识评定机构（广东省绿色建筑专业委员会和广州市建筑节能与墙材革新管理办公室）认证的项目共计 32 项，总建筑面积达 326.81 万 m^2，其中公建项目 23 项，总建筑面积达 163.94 万 m^2；住宅项目 9 项，总建筑面积达 162.86 万 m^2。

在中央和广东省的扶持指导下，广州市绿色建筑发展呈现出了前所未有的良好态势，主要表现在如下几个方面：

（1）绿色建筑规模化发展趋势显现

广州市累计按绿色建筑标准设计和审查的项目 3115.51 万 m^2，其中 2014 年通过绿色建筑设计审查的项目 250 个，建筑面积 1717.54 万 m^2。

（2）绿色保障性住房建设稳步推进

截至 2014 年 12 月，芳村花园二期（C、H 栋）和南方钢厂（二期）保障性住房已经获得绿色建筑设计标识，龙归城、嘉禾联边、人和等项目均按绿色建筑标准建设，预计"十二五"期间完成绿色保障房超过 500 万 m^2。

（3）绿色生态示范城区建设取得突破

按照广东省政府与住房和城乡建设部共建低碳生态城市建设示范省战略部署，完成了广州中新知识城、广州教育城一期等区域的绿色生态示范城区申报前期工作。广州中新知识城已按绿色、生态、低碳理念编制完成总体规划、控制性详细规划，以及建筑、市政、能源等专项规划，其 2013～2014 年备案的绿色建筑项目共 24 个，建筑面积达 696.59 万 m^2，二星级及以上绿色建筑比例达到 50％以上。广州教育城一期已完成绿色建筑专项规划，所有新建建筑全部按绿色建筑标准设计，30％以上将达到二星级以上，13 个校区全部进入初步设计阶段，首期 70 万 m^2 安置区即将申报一星级绿色建筑评价标识。

（4）岭南特色绿色建筑推广成效明显

编制了《广州市岭南特色城市设计及建筑设计指南》，将岭南建筑手法的应用纳入广州市绿色建筑优秀设计奖评审，先后建成了广州市气象监测预警中心、岭南湾畔、从化市图书馆、太古汇等一批岭南特色绿色建筑。截至 2014 年底，广州市共有 16 个项目获得广东省住房和城乡建设厅"岭南特色建筑设计奖"，包括 3 个金奖，5 个银奖和 8 个铜奖。

（5）一星绿色建筑标识评审启动迅速

经广东省住房和城乡建设厅批复，广州市率先在广东省内开展辖区内绿色建筑一星级标识的评审工作，制定了《广州市绿色建筑评价标识工作指南》，并于 8 月和 11 月下旬先后完成了两批绿色建筑标识专家评审会议，包括绿地滨江会南区、广州新玥花园和广州新光城市花园 A6-A12、C1-C3 号楼等 10 个项目，累计建筑面积达 143.7 万 m^2。

9.3　发展绿色建筑的政策法规情况

（1）《广州市绿色建筑和建筑节能管理规定》（广州市政府令第 92 号）

该规定要求全市使用财政资金和国有资金的新建（改建、扩建）房屋建筑项目；中新广州知识城、白云新城等 14 个城市发展新区的新建房屋建筑项目以及其他相关重点项目强制执行绿色建筑标准。此外，明确要求新建 12 层以下（含

12 层）的居住建筑、公共建筑，应当统一设计、安装太阳能热水系统，不具备太阳能热水系统安装条件的，应采用其他可再生能源技术措施替代。

（2）《广州市绿色建筑行动实施方案》（穗府办函［2014］135 号）

为加快推进建设领域生态文明建设和美丽广州建设，根据《广东省人民政府办公厅关于印发广东省绿色建筑行动实施方案的通知》（粤府办［2013］49 号）要求，广州市建委牵头编制了《广州市绿色建筑行动实施方案》（穗府办函［2014］135 号）。该方案主要包括：①贯彻执行国家、省有关防范城市热岛效应的规划技术指引，优化城市风环境，通过降低城市热岛效应实现城市整体降温；②推进绿色市政基础设施建设；③发展城市绿色交通网络；④建立城市水循环系统，综合治理中心城区 231 条河涌，打造滨水岸线和人工景观湖；⑤推广具有岭南特色的生态园林，建设城市多元绿色生态系统；⑥出台了《广州市绿道网建设规划》等绿道建设管理规章，制定了《广州市绿道规划建设技术指引》、《广州市绿道管养维护方案》等指导性文本，推进绿道管理的规范化和精细化。

9.4 绿色建筑标准和科研情况

9.4.1 绿色建筑与建筑节能标准

（1）参与编制广东省绿色建筑相关标准

①《广东省绿色建筑评价标准》DBJ/T 15—83—2011

广州市绿色建筑管理和科研院所积极参与广东省绿色建筑评价标准的编制工作，为该标准吸收广州市绿色建筑设计和运营经验做出了积极贡献。该标准是一部多目标、多层次的绿色建筑综合评价标准，在参照国家绿色建筑标准的基础上，将绿色建筑评价星级由低到高分为广东省一星 B、一星 A、二星 B、二星 A 和三星共 5 个级别，成为国标的有益补充。

②《广东省绿色建筑设计标准》

广州市建筑节能与墙材革新管理办公室和广州大学等单位积极参与《广东省绿色建筑设计标准》（已完成第一稿）的编制工作。该标准认真总结近年来广州市绿色建筑的实践经验，参考国内外相关标准和应用研究成果，并结合广东省城乡建设发展需求，在与国家现有标准对接的基础上，广泛征求意见编制而成，体现了国际化水平，突出了广东省地方特色。

（2）编制广州市级绿色建筑相关标准、指南（指引）

①《广州市绿色建筑设计指南》

该指南结合了岭南地区的建筑特色，并从设计方的角度出发，按照规划、建筑、结构、给排水、暖通空调、电气和景观 7 个专业提炼设计阶段对应的控制指标，提供合理的取值建议、构造做法和系统流程配置及关键参数取值，极大方便了设计工作。为对接 2015 年 1 月 1 日起实施的新版国家《绿色建筑评价标准》，启动了《广州市绿色建筑设计指南》的修订工作，依据新版绿色建筑评价标准，结合地方实际，对设计指南的结构体系和评分技术要求进行全面修编，制订统一的绿色建筑技术分析方法和流程，编制绿色建筑设计施工图审查要点。

②《居住建筑节能 65% 设计规范》DBJ 440100/T 194—2013

广州市在夏热冬暖地区率先发布了《居住建筑节能 65% 设计规范》。该规范结合本地气候特点，重点提高了对建筑室外环境、建筑外遮阳及室内通风效果的要求，通过被动式节能技术措施，配以合理的建筑设备选用，高效地实现节能65% 的目标。

③广州市保障性住房适宜绿色建设技术规程

该规程提出了保障房绿色建筑一星级、二星级设计标识的适宜组合策略，以及《绿色保障性住房技术导则（试行）》最低分值推荐组合建议。同时，制订了《保障性住房绿色设计审查表》，强化绿色保障房的设计审查和实施管理。

④广州地区绿色建筑技术应用指引

该指引开展了地方适宜绿色建筑技术的研究，总结绿色建筑技术推广应用的实践经验，编制发布了本地区绿色建筑技术应用指引，为广州市设计人员因地制宜地进行绿色建筑设计提供了全面的应用指引和参考。

⑤广州市公共建筑用电分项计量设计导则

该导则完成了广州市既有公共建筑能耗定额标准编制研究，提出了国家机关办公建筑、非国家机关办公建筑、购物中心、宾馆酒店建筑等建筑的能耗限额指标，为制定广州市公共建筑能耗定额制度和加快大型公共建筑节能监管体系建设提供了基础。

9.4.2 科研情况

（1）基于互联网的绿色建筑辅助设计平台研究

该研究基于国家新修订的《绿色建筑评价标准》，提炼绿色建筑评价标识特征，理顺绿色建筑设计流程，以互联网技术为依托，完成了基于网络的绿色建筑设计流程的智能引导，开发了绿色建筑辅助设计软件。同时，该系统为绿色建筑审查、备案及标识评价提供可行的信息化解决方案。

（2）岭南特色绿色建筑设计导则研究

为将气候适应性空间策略和绿色建筑要求相结合，该研究就居住建筑和公共建筑分类提出了岭南特色的绿色建筑要求，并重点阐述了岭南特色的绿色建筑措施，包括岭南特色的建筑总体布局、岭南特色的建筑空间设计、岭南特色的建筑构件与材料和岭南特色的节水与水资源利用。

（3）广东地区居住建筑自然通风设计技术研究

该研究作为自然通风设计的指导性文件，适用于夏热冬暖地区、居住建筑的自然通风设计，主要包括了建筑的规划布局设计、和建筑单体设计以及建筑细部设计共三大部分。此外，提出了加强自然通风措施，包括自然通风的特殊装置设计、地道通风设计和太阳能烟囱设计。

（4）绿色数据中心节能设计导则研究

该项目通过调查研究全球数据中心运行情况、节能技术使用情况，结合区域气候情况及项目自身特点，综合分析数据中心设计建设节能措施；提出了项目选址、建设规划、供配电系统、制冷系统等各方面的数据中心节能技术措施要求和具体细则，可广泛指导国内数据中心设计。

9.5　绿色建筑大事记

2012 年 1 月，发布了《广州市人民政府关于加快发展绿色建筑的通告》（穗府［2012］1 号），决定对全市政府投资项目和国有资金占主导项目、保障房项目、12 个城市功能区的民用建筑强制按绿色建筑标准设计、施工和验收。

2012 年 2 月，广州市建委发布《关于贯彻执行〈广州市人民政府关于加快发展绿色建筑的通告〉有关事项的通知》（穗建技［2012］229 号），要求按绿色建筑标准设计的项目实施绿色建筑设计专项审查。

2012 年 11 月，广州市委和市政府在中山纪念堂组织召开弘扬岭南文化与发展绿色建筑动员大会，并在会议现场发布了《广州市规划建设领域弘扬岭南文化与发展绿色建筑行动计划》。

2013 年 3 月，广州市以市政府令第 92 号发布《广州市绿色建筑和建筑节能管理规定》，在穗府［2012］1 号通告的基础上新增 2 个城市新区的民用建筑项目以及全市大型公共建筑项目强制按绿色建筑标准建设的要求。

2013 年 5 月，广州国际体育演艺中心和广州岭南新苑项目 C1～C11 栋分别荣获国家绿色建筑创新奖二等奖和三等奖。

2013 年 9 月，广州市在白云国际会议中心组织召开第一期绿色建筑高级研修班。

2013 年 12 月，第一届中国广州国际绿色建筑与节能展览会于广州琶洲保利世贸博览馆召开。

2014 年 5 月，广州市绿色建筑与建筑节能综合信息管理平台上线运行。

2014 年 6 月，经广东省住房和城乡建设厅批复同意，广州市开展广州地区绿色建筑设计和运营标识（国标和省标一星级）评价工作。

2014 年 8 月，广州市组织召开了广州市第一批绿色建筑评价标识评审会，保利叁悦广场等 6 个项目参评。

2014 年 9 月，广州市在珠江城大厦组织召开第二期绿色建筑高级研修班，全市绿色建筑设计、开发商和重点项目业主参加了培训。

2014 年 11 月，第二届中国广州国际绿色建筑与节能展览会于广州琶洲保利世贸博览馆召开。

执笔：邢华伟　姚铭　苏敏　马文宇（广州市建筑节能与墙材革新管理办公室）

10 厦门市绿色建筑总体情况简介

10 General situation of green building in Xiamen

10.1 建筑业总体情况

2014 年，全市 200 个城乡基础设施项目完成投资 449.08 亿元，完成同期投资计划 116.6%，完成年度计划的 103.5%；全市完成宜居环境建设项目投资 136.49 亿元，完成年度计划的 114.5%；全市房地产开发完成总投资 653.02 亿元，比增 31.6%；其中，建安工程投资 417.45 亿元，比增 14.15%，占总投资的 63.93%；注册地在厦门的建筑业企业完成总产值 758.6 亿元，比去年同期增长 18.05%。

截至 2014 年底，厦门市累计完成居住建筑节能设计审查备案 5168 项，建筑面积 5783 万 m^2；公共建筑 5180 项，建筑面积 4139 万 m^2。其中 2014 年完成居住建筑 459 项，建筑面积 484 万 m^2；公共建筑 608 项，建筑面积 726 万 m^2。厦门市共完成民用建筑节能专项验收备案 3507 项，备案民用建筑面积 4875 万 m^2。其中 2014 年度办理民用建筑节能专项验收备案项目 541 个，备案面积 725 万 m^2。

厦门市共有 402 栋公共建筑能耗统计数据实现上传，居住建筑及中小型公建建筑能耗统计 14937 栋，建筑面积达 796.73 万 m^2；75 栋公共建筑已完成用能用电分项计量监测系统安装；完成既有建筑能效测评 211 栋、能源审计 131 栋、能效公示 100 栋；全市可再生能源建筑项目应用 7 个，获国家财政补助约 2950 万元。

10.2 绿色建筑总体情况

10.2.1 绿色建筑规模不断扩大

2014 年，厦门市新增 7 个绿色建筑项目，总建筑面积 85.33 万 m^2：厦门中航紫金广场等 4 个项目获得设计评价标识（包括 1 个三星级公建项目、1 个二星级保障性住房项目、2 个商品住宅项目），福建中烟技术中心科研用房（一期）工程二星级运行标识的项目（该项目 2011 年获得设计评价标识），滨海公寓等 2 个公租房项目通过一星级绿色建筑评审。2014 年期间，厦门市有 20 个项目被列为福建省绿色建筑行动百项重点示范工程，计划总投资 209.1 亿元，现已累计完成投资 110.4 亿，完成投资量过半。

截至 2014 年底，厦门市共有绿色建筑项目 21 个，总建筑面积 310.45 万 m²；获得绿色建筑运营标识的项目 2 个（该 2 个项目已分别于 2011 年获得设计评价标识），二星级 1 个、一星级 1 个；获得绿色建筑设计评价标识的项目有 17 个，包括三星级 4 个，二星级 6 个，一星级 7 个，总建筑面积 256.57 万 m²；通过专家评审的保障性住房设计一星绿色建筑项目 2 个，总建筑面积 41.70 万 m²。

10.2.2　重点推进绿色保障性住房建设

2011 年 8 月，厦门市建设与管理局出台《关于我市保障性住房按照绿色建筑标准建设的通知》（厦建科〔2011〕21 号），要求本市新建保障性住房应按绿色建筑标准进行建设，以一星级绿色建筑为主，鼓励建设二星级绿色建筑。3 年来取得较好成绩：2012 年，洋唐居住区保障性安居工程 A09 地块获得二星级设计评价标识（24.9 万 m²）、建发厦门翔城国际限价房项目（面积 20.59 万 m²）获得了一星级设计评价标识；2014 年，洋唐居住区保障性安居工程 A11 地块获得二星级设计评价标识（16.04 万 m²）；后溪花园、滨海保障性住房项目绿色建筑于 2014 年 12 月通过专家评审，另有洋唐居住区 B13 地块、B17 地块多个保障性住房已完成绿色建筑专项设计。

10.2.3　尝试探索绿色低碳片区试点工作

选择翔安新城作为绿色低碳示范区，将绿色低碳理念融入新城建设中。委托中国建筑科学研究院编制《翔安新城绿色低碳建设地块控制指标技术指引》，2014 年 7 月通过专家评审。该成果将新城绿色低碳发展各项控制性指标落实到具体地块，作为土地出让的强制性规划条件。目前翔安新城绿色低碳建设已经初具规模。洋唐保障性安居工程作为翔安新城的重要组成部分，从前期规划设计就引入绿色建筑理念，项目总用地面积 62 公顷，总建筑面积约 92 万 m²。翔安新城的土地出让中均明确项目建设必须达到绿色一星级建筑，商品住宅必须实施一次性装修到位并安装家庭厨余处理器。

10.3　发展绿色建筑的政策法规情况

10.3.1　《厦门经济特区生态文明建设条例》发布实施

2014 年 10 月 31 日，厦门市十四届人大常委会第 22 次会议通过，11 月 6 日市人民代表大会常务委员会公告第 18 号公布，将于 2015 年 1 月 1 日开始施行。《条例》的第四十条、第四十二条及第四十三条列入了利废节能建材、建筑碳排放权交易机制、太阳能集中供热、建设绿色建筑、一次装修到位等内容。其中第四十三条明确规定：新建政府投融资项目、安置房、保障性住房，以招拍挂、协议出让的方式新获得建设用地的民用建筑应当按照绿色建筑的标准进行建设，以一星级绿色建筑为主，鼓励建设二星级及以上等级的绿色建筑。推广建筑产业化发展模式和工业化方式建造建筑。通过立法强制执行绿色建筑标准，这个全国尚属首次。

10.3.2 发布《厦门市绿色建筑行动实施方案》

2014年1月16日，厦门市人民政府办公厅转发市建设管理局等部门《关于厦门市绿色建筑行动实施方案的通知》。《方案》要求切实提高绿色建筑比重，城镇新建建筑严格落实强制性节能标准，"十二五"期间，完成新建绿色建筑200万 m^2；到2015年末，城镇新建绿色建筑比例达到30%；加快既有建筑节能改造。"十二五"期间，完成厦门市公共建筑和公共机构办公建筑节能改造20万 m^2，实施农村改造节能示范点5个；构建绿色低碳的建筑产业体系；同时，为落实行动方案，专门成立市级领导小组并成立领导小组办公室，挂靠在市建设局。

《方案》凸出三大亮点：一是强制要求建设绿色建筑。明确要求从2014年起新立项的政府投融资项目、安置房、保障性住房，通过招拍挂、协议出让等方式新获得建设用地的民用建筑全部执行绿色建筑标准；2016年起办理施工许可的存量土地的民用建筑项目全部执行绿色建筑标准。二是全面推行商品住宅一次性装修到位。从2014年1月1日起以招拍挂、协议出让等方式新获得建设用地的商品住宅项目全部推行一次装修到位，并配备餐厨垃圾处理系统。三是逐步推进新型建筑工业化。

10.3.3 编制《厦门绿色建筑布局专项规划》

2014年，厦门市建设局委托厦门市城市规划设计研究院编制《厦门市绿色建筑布局专项规划》，为土地招拍挂出让规划条件中确定绿色建筑建设要求提供依据，在土地合同中加载绿色建筑建设要求强制性条款。

2014年已完成招拍挂的经营性用地全部实现绿色建筑要求，包括17个商品住宅及商务金融批发零售项目、总建筑面积为163.44万 m^2，2个医院项目、总建筑面积25.07万 m^2。医院项目强制执行绿色建筑标准，走在了全省乃至全国的前列。

10.3.4 加大财政奖励力度

充分落实财政部、住房城乡建设部"绿色建筑奖励要让购房者受益"的精神要求，在国内首次出台政策对购买二星级和三星级绿色建筑商品住房的业主分别给予返还 20% 和 40% 契税的奖励，并在国内首次提出对一星级绿色住宅建设单位每平方米 30 元、二、三星级绿色建筑（住宅）根据中央和省当年的补助标准总额，按 1∶1 给予建设单位市级奖励。对除住宅、财政投融资项目外的星级绿色建筑，给予建设单位每平方米 20 元市级奖励。

10.3.5　印发实施《厦门市新型建筑工业化实施方案》

新型建筑工业化的实施分产业培育期、市场推广期和全面推进期三个阶段，逐步推进建筑工业化进程，计划于 2020 年全市采用新型建筑工业化模式建造的建筑面积达到 300 万 m² 以上。

10.4　绿色建筑标准和科研情况

10.4.1　《厦门市公共建筑定额标准》研究与编制

为贯彻国家节约能源、保护环境的有关法律法规和方针政策，促进建筑可持续发展，推进建筑节能工作深入开展，从总量控制的角度规范管理建筑实际运行能耗，由厦门市建设与管理局组织，厦门市建筑科学研究院集团股份有限公司主编制定本标准。目前已完成标准征求意见稿。

10.4.2　海西绿色建筑科技创新平台项目

2014 年 4 月 29 日，厦门市重大科技创新平台项目"海西绿色建筑科技创新平台"通过了由市科技局组织的专家组验收。该项目由市科技局 2012 年立项，依托单位为厦门市建筑科学研究院集团股份有限公司、厦门市工程检测中心有限公司，本次验收专家组认为该平台能推动海西地区绿色建筑的发展，提高绿色建筑技术整体水平以及在行业的地位，实现地方科技平台建设的创新，填补国内绿色建筑技术创新和服务综合性平台的空缺。

10.4.3　参与福建省相关标准的编制

参与了《福建省绿色建筑评价标准》DBJ/T 13—118—2014、《福建省绿色建筑设计规范》DBJ/T 13—197—2014、《福建省居住建筑节能设计标准》DBJ 13—62—2014 的编制与修订。

10.5　地方绿色建筑大事记

2014 年 1 月 16 日，《厦门市绿色建筑行动实施方案》经厦门市政府研究同意，发布实施。

2014年4月29日，"海西绿色建筑科技创新平台项目"通过厦门市科技局验收。

2014年3月14日，"洋唐居住区保障性安居工程A11地块项目"通过二星级绿色建筑设计评价标识专家评审。

2014年3月28日，成立厦门市绿色建筑行动领导小组（厦建总［2014］11号），市政府常务副市长任组长，领导小组下设办公室，挂靠在厦门市建设与管理局，负责绿色建筑行动协调事务。

2014年6月13日，《翔安新城绿色低碳建设地块控制指标技术指引》通过专家评审。

2014年9月1日，"滨海公寓"和"后溪花园"公租房项目通过一星级绿色建筑设计评价标识专家评审。

2014年10月15日，《厦门市新型建筑工业化实施方案》经厦门市政府研究同意，发布实施。

2014年10月19日，"洋唐居住区保障性安居工程A11地块项目"获得"绿色建筑设计标识二星级"证书。

2014年11月3日，厦门绿建委与建研集团联合举办了"厦门市土木学会绿色建筑学术报告会"，共有160余人参加了此次会议，为进一步推广厦门市绿色建筑的发展，起到了积极作用。

2014年11月14～17日，由厦门市人民政府与福建省住房和城乡建设厅联合在厦门国际会展中心举办了"第十一届中国厦门人居环境展示会暨中国（厦门）国际建筑节能博览会"，同期成功举办"2014厦门国际建筑节能与绿色建筑发展高峰论坛"，广泛地开展了绿色建筑技术的交流，效果良好。

2014年11月，厦门市建设局委托厦门市城市规划设计研究院编制《厦门市绿色建筑布局专项规划》，为土地招拍挂出让规划条件中确定绿色建筑建设要求提供依据。

2014年12月16日，"福建中烟技术中心科研用房（一期）项目"通过二星级绿色建筑运营标识专家评审，本项目为厦门市首个申请"绿色建筑运行评价标识二星级"的项目。

执笔：厦门市土木建筑学会绿色建筑专业委员会

11 深圳市绿色建筑总体情况简介

11 General situation of green building in Shenzhen

11.1 深圳建筑业总体情况

2013 年，深圳市全年生产总值增长 10.5％左右，其中建筑业总产值 2149.44 亿元，增长 3.0％，增加值 453 亿元，占 GDP 比重为 3.1％。房屋建筑施工面积 11678.27 万 m²，增长 20％。

11.2 深圳绿色建筑总体情况

近年来，深圳市委市政府牢固树立绿色低碳发展理念，加快转变城市建设发展模式，扎实推进绿色建筑与建筑节能工作，成效显著，实现了从建筑节能到绿色建筑、从绿色建筑到绿色城市的"两个转型"，生态宜居的绿色建筑之都、智慧城市已具雏形。

深圳是目前国内绿色建筑建设规模、建设密度最大和获绿色建筑评价标识项目、绿色建筑创新奖数量最多的城市之一。截至 2014 年 11 月，深圳有 185 个项目获得绿色建筑评价标识，总建筑面积超过 2000 万 m²。其中，17 个项目获国家或深圳市最高等级绿色建筑评价标识；深圳坪地的国际低碳城，被列为中欧可持续城镇化合作旗舰项目。前海深港合作区作为国家和广东省现代服务业创新示范区，正努力打造具有国际水准的"高星级绿色建筑规模化示范区"。

11.3 发展绿色建筑的政策法规情况

(1)《深圳市住房和建设局关于加强新建民用建筑施工图设计审查工作执行绿色建筑标准的通知》（深建节能［2014］13 号）、《深圳市住房和建设局关于优化建筑节能和绿色建筑施工图设计文件抽查、绿色建筑评价及监督检查相关工作的通知》（深建节能［2014］23 号）、《深圳市住房和建设局 深圳市规划和国土资源委员会关于印发〈深圳市绿色建筑设计方案审查要点（试行）〉的通知》（深建字［2014］159 号）

为进一步规范新建民用建筑工程项目绿色建筑设计，加强施工图设计审查工作，优化标识申报流程，提高项目申报通过率，推进行政审批制度改革，深圳市先后发布了一系列通知，从规划设计的源头规范和统一深圳市民用建筑工程方案设计文件绿色建筑的自查和审查。

（2）关于深圳市公共建筑空调温度控制标准执行情况检查的通报（深建节能〔2014〕71 号）

深圳市住房和建设局于 2014 年 7～8 月在全市范围内开展了公共建筑空调温度控制标准执行情况的检查。

11.4　绿色建筑标准和科研情况

（1）编制《绿色建筑施工图审查要点及配套文件》

深圳市建设科技促进中心、深圳国研建筑科技有限公司联合编制了《绿色建筑施工图审查要点及配套文件》（以下简称《文件》）。《文件》以深圳市《绿色建筑评价规范》SZJG 30—2009 和国家《绿色建筑评价标准》GB/T 50378—2006 标准要求为基础，结合深圳实际情况，编制了符合深圳市绿色建筑施工图设计、绿色建筑评价标识认证审查深度要求的绿色建筑施工图审查要点和配套文件。

（2）编制《深圳绿色建筑评价标识读本—2014 版》

深圳市建设科技促进中心编制了《深圳绿色建筑评价标识读本—2014 版》（以下简称《读本》）。《读本》以深圳市《绿色建筑评价规范》SZJG 30—2009 和国家《绿色建筑评价标准》GB/T 50378—2006 标准要求为基础，编制完成《深圳绿色建筑评价标识读本—2014 版》。

（3）编制《深圳市 2013 年民用建筑能耗统计数据分析报告》

深圳市建设科技促进中心、深圳国研建筑科技有限公司联合编制了《深圳市 2013 年民用建筑能耗统计数据分析报告》（以下简称《报告》）。《报告》是参考《民用建筑能耗数据采集标准》JGJ/T 154—2007 和民用建筑能耗和节能信息统计报表制度的前提下，将民用建筑分为国家机关办公建筑（单栋建筑面积大于 3000m^2 的各级国家机关及其直属事业单位的办公建筑）、大型公共建筑（单栋建筑面积大于 20000m^2 的公共建筑）、居住建筑（供人们日常居住生活使用的建筑物，如住宅、别墅、宿舍、公寓等）进行能耗统计。

11.5　地方绿色建筑大事记

（1）举办"深圳绿色建筑 LOGO 大赛"

2014 年 2 月，为了全面促进绿色建筑的发展，扩大绿色建筑的社会影响力，深圳市住房和建设局主办了主题为"发展绿色建筑、打造美丽深圳"LOGO大赛征集活动，向全社会征集深圳绿色建筑LOGO标志作品。本次大赛最终获奖作品，将作为深圳绿色建筑的标志，悬挂在各绿色建筑明显位置。共收集全国各地投来的相关作品近300份，经过国内外的10位专家评委评审，选出35幅优秀作品，待按程序报批后向社会公布最终大赛结果并开始应用。

（2）深圳继续组团参加第十届绿博会

深圳市第八次以市政府名义组团参展第十届国际绿色建筑博览会参展主题——"建设绿色城市，打造美丽深圳"，主要展示深圳建筑节能及绿色建筑的业绩，受到国家部委领导的一致好评。

（3）深圳市绿色建筑协会获中国绿建委表彰

2014年3月28日，深圳市绿色建筑协会以优异的工作表现获得中国绿色建筑与节能委员会"先进团体"殊荣；王向昱秘书长获得"先进个人"称号，并作为先进单位代表在大会上发言。

（4）组织"既有建筑节能改造培训会"

2014年5月21日，深圳市绿色建筑协会举办"既有建筑节能改造培训会"。专家们通过典型案例对能效测评工作进行介绍，对建筑改造过程中的典型问题进行辅导，并进行技术答疑和现场交流。来自设计、咨询和材料生产企业的70余位协会会员以及节能企业参加了本次培训。

（5）深圳市住建局与英国建筑研究院进行合作签约

2014年5月，深圳市住建局与英国建筑研究院（BRE）就绿色建筑和城市建设可持续发展领域的合作举行了签约仪式，旨在加强绿色低碳领域的合作，推动前沿的低碳技术、低碳企业以及低碳研究机构以助力深圳可持续发展，进一步加强国际国内相关交流合作。同期，深圳市市长许勤会见了英国商务、创新与技能国务大臣兼贸易委员会主席文斯·凯布尔博士一行，双方就加强在绿色建筑和城市建设可持续发展领域的合作进行了沟通和交流，并共同参加了深圳市住房和建设局与英国建筑研究院（BRE）的合作签约仪式（图4-11-1）。

（6）"第二届深圳国际低碳城论坛"在深圳举行

2014年6月10～11日，"2014年全国低碳日'低碳中国行'主题活动暨第二届深圳国际低碳城论坛"在深圳国际低碳城召开，主题为"低碳——有质量的城镇化之路"。国家发改委副主任解振华，荷兰前副首相、阿尔梅勒市市长安玛莉·尤里茨玛等作主旨演讲。本届论坛由深圳市政府和国家发改委应对气候变化司联合主办，论坛为期2天，由主论坛、4个分论坛、9个专题研讨会、9项主题活动等4个部分组成。本次论坛同时也是2014年全国低碳日活动的主会场。论坛期间还举办了国际低碳城顾问证书颁发以及入驻机构揭牌仪式。深圳市绿色建筑协会、深圳市留学人员（低碳）产业园、深圳市南方低碳研究院等10家机

图 4-11-1

构正式入驻深圳国际低碳城。

（7）"深圳绿色建筑成果展"落户深圳国际低碳城

2014 年 6 月 10 日，在第二届深圳国际低碳城论坛期间，深圳市绿色建筑协会的"绿色建筑成果展示基地"正式揭牌，入驻深圳国际低碳城，成为行业企业和会员单位展示、发布和交流的平台。作为基地的首个展示活动，协会联合建科院、万科、招商、科源、华艺、铁汉、建设科技促进中心等 30 余家会员企业，搭建"深圳绿色建筑成果展"，集中展示最新的绿色建筑政策、技术和成果。

（8）节能宣传周期间开展绿色智能建筑考察

2014 年 6 月 12 日，在全国节能宣传周期间，作为深圳市住建局 2014 节能宣传周系列活动之一，由深圳市建设科技促进中心主办、深圳市绿色建筑协会和深圳达实智能股份有限公司联合组织了绿色智能建筑参观考察活动，参观位于南山科技园的建筑节能科普教育基地，在达实智能大厦展厅近距离体验智慧交通、社区、园区、酒店、家居等方面的绿色智能建筑展示，并与专家现场进行交流互动。

（9）"第四届全国绿色生态城市青年夏令营"在深圳开营

2014 年 7 月 19～26 日，由中国城市科学研究会生态城市研究专业委员会主办、深圳市绿色建筑协会、中国绿色建筑与节能委员会（香港）委员会、深圳市建筑科学研究院股份有限公司共同承办的"第四届全国绿色生态城市青年夏令营"在深港两地隆重举行。八天的夏令营行程饱满、内容丰富，既有深港两地行业专家的精彩讲座，也有与两地顶级绿色建筑示范项目的亲密接触，还有企业职业化培训等各种精彩活动。本届夏令营是历届中人数最多的一次，同学们在夏令营期间开阔了视野，在绿色建筑的职业道路上提早迈出可贵的一步，反响非常热烈（图 4-11-2）。

图 4-11-2

（10）组织行业开展"暖通空调新技术的发展及应用"培训

2014 年 8 月 26 日，由深圳市经济贸易和信息化委员会主办、深圳市绿色建筑协会承办，珠海格力电器股份有限公司协办的"暖通空调新技术的发展及应用"培训在第五届中国（深圳）国际节能减排和新能源产业博览会（ESER 节博会）上举办。百余位工程技术人员参加培训，并就专家讲解内容进行交流。

（11）深圳组织五批次绿色建筑示范项目参观学习活动

为进一步推进生态文明建设，发展绿色建筑，全面落实《深圳市绿色建筑促进办法》，2014 年 8～9 月间，由深圳市住房和建设局主办、深圳市建设科技促进中心承办，共组织五批次绿色建筑示范项目现场体验和参观学习活动。本年度参观的项目包括南海意库、龙悦居、深圳证券交易所营运中心、建科大楼和五科第五园等项目，共吸引了建设单位、设计单位、施工单位、监理单位以及各区住建局相关人士共 1860 人次参加，远超预期人数。通过现场体验、专家介绍、互动答疑等方式，让大家对绿色建筑的政策、体制、理念、技术和应用有了更深的认识和了解，进一步坚定了打造绿色城市、建设美丽深圳的信心和决心。

（12）开展深圳市全市范围内建筑节能和绿色建筑专项监督检查

2014 年 9～10 月间，深圳市住房和建设局节能科技与建材处联合市建设科技促进中心，组织开展了深圳市建筑节能和绿色建筑专项监督检查。

（13）深圳建科大楼入围"亚太区绿色建筑先锋奖"

2014 年 10 月，深圳建科大楼入围世界绿色建筑委员会（WGBC）创立的"亚太地区联盟绿色建筑先锋奖"（APRN Leadership Award in Green Building）。该奖共设两个奖项，分别授予对发展绿色建筑有突出贡献的企业和具有代表性的绿色建筑项目。深圳建科大楼是中国大陆地区第一个、也是目前唯一一个入围项目。深圳市建筑科学研究院有限公司派代表出席在新加坡举行的颁奖仪式。

（14）深圳国际低碳城获"2014可持续发展规划项目奖"

2014年11月10日，凭借为解决城市重大挑战提供"创造性、可复制"的解决方案，制定了明确指标并展示出低碳产业转型的可衡量进展等，深圳国际低碳城在京获颁2014可持续发展规划项目奖。该奖项由美国保尔森基金会和中国国际经济交流中心合作推出，每年颁发给一个城市发展规划项目，以表彰该项目为解决城镇化进程中的关键问题所提供的创新、有效以及可拓展的解决方案。中国国际经济交流中心理事长曾培炎、保尔森基金会主席亨利·保尔森、评委会主席理查德·戴利共同颁奖，市长许勤代表深圳国际低碳城领奖（图4-11-3）。

图 4-11-3

（15）市长许勤在"未来城市：现代中国的城市可持续性"研讨会上演讲

2014年11月11日，由中国国际经济交流中心和美国保尔森基金会共同主办的第四届"未来城市：现代中国的城市可持续性"研讨会在京举行，中国国际经济交流中心理事会曾培炎、美国保尔森基金会主席亨利·保尔森等出席会议。深圳市市长许勤在研讨会上与各界嘉宾分享了深圳绿色低碳发展的做法和体会。

（16）"绿色建筑主题展"再次成为高交会亮点

为加快生态宜居的绿色建筑之都的建设，提升我国绿色建筑技术自主创新能力，全面促进绿色建筑事业繁荣，深圳市住房和建设局作为指导单位，深圳市建设科技促进中心、深圳市绿色建筑协会作为合作组织单位，深圳市建筑科学研究院股份有限公司作为技术支持单位，于2014年11月16～21日，在深圳举办的第十六届中国国际高新技术成果交易会（简称高交会）上继续推出"绿色建筑主题展"。该展以"打造绿色城市，建设美丽深圳"为主题，依托绿色之家（产品及技术集成）、企业展（企业独立展团）、成果展（政策与实践）三大板块，将政府在绿色建筑方面的政策与实践成果、企业在绿色建筑方面的技术创新和优秀产品进行集中展示，深圳市住建系统政府管理部门、事业单位、行业组织及 40 多个绿色建筑领域的企业参展（图 4-11-4）。展会期间，数十家主流媒体对展区进行了宣传报道，引起广泛关注。

图 4-11-4

（17）组织行业开展绿色建筑相关配套政策专题宣贯培训活动

2014 年 11 月 26 日，深圳市住房和建设局在市科学馆开展了 2014 年《深圳市绿色建筑促进办法》相关配套政策专题宣贯培训活动，对深圳市建筑节能和绿色建筑最新政策及《深圳市绿色建筑设计方案审查要点》进行了详细解读宣贯，400 余位建设行业的管理者和工程技术人员参加了本次培训（图 4-11-5）。

图 4-11-5

（18）绿色建筑工程师职称评审工作在深圳立项并开展

2014 年 12 月 16 日，"2014 年度绿色建筑专业高、中级专业技术资格评审会议"在深圳建科大楼举行，深圳市人社局、深圳市住建局领导到会给予发动和鼓励，中国绿色建筑与节能专业委员会组织全国顶尖的四位教授级高工，与深圳当地七位绿建专家共同组成评审委员会，配合深圳市绿色建筑协会进行了为期一天的严格、认真的评审，全国首批高、中级绿色建筑工程师在深圳诞生。

深圳在全国率先将社会人才评价主体向行业组织全部规范有序地转移，"绿色建筑专业高、中级专业技术资格评审"更成为本年度深圳市人才工作的创新试点，其创新性、领先性和示范作用巨大，一经推出即在绿色建筑行业内引起高度关注。深圳市绿色建筑协会作为深圳市建筑专业高、中级专业技术资格第八评审委员会的日常工作单位，负责组织绿色建筑专业工程师技术资格评审。

执笔：谢东[1] 王向昱[2]（1. 深圳市建设科技促进中心；2. 深圳市绿色建筑协会）

12 宁波市绿色建筑总体情况简介

12 General situation of green building in Ningbo

12.1 绿色建筑总体推进情况

截至 2014 年 12 月，宁波市累计通过绿色建筑评价标识认证的项目达 19 项，总建筑面积达 175.36 万 m^2，其中公建项目 9 项，建筑面积 39.73 万 m^2；住宅项目 10 项，建筑面积 135.63 万 m^2。

2014 年，宁波市通过绿色建筑评价标识认证的项目共计 10 项，总建筑面积 60.62 万 m^2，其中公建项目 4 项，建筑面积 5.98 万 m^2；住宅项目 6 项，建筑面积 54.64 万 m^2。

宁波市地方绿色建筑标识评定机构（宁波市绿色建筑与节能工作组）认证的项目共计 6 项，总建筑面积达 31.37 万 m^2，其中公建项目 3 项，建筑面积 5.68 万 m^2；住宅项目 3 项，建筑面积 25.69 万 m^2。

12.2 发展绿色建筑的政策法规实施情况

（1）《宁波市人民政府办公厅印发关于加快推进宁波市绿色建筑发展的若干意见的通知》（甬政办发 [2014] 154 号）

（2）《宁波市人民政府办公厅关于印发宁波市绿色建筑行动实施方案的通知》（甬政办发 [2014] 165 号）

（3）《宁波市住房和城乡建设委员会关于调整绿色建筑商品房预售条件的通知》（甬建发 [2014] 164 号）

12.3 绿色建筑标准执行及科研情况

（1）《宁波市绿色建筑评价实施细则（试行）》（2014 甬 SS-01）

为科学引导和规范管理绿色建筑的评价与标识工作，根据建设部《绿色建筑评价与标识管理办法（试行）》（建科 [2007] 206 号）、《绿色建筑评价标准》GB 50378—2006、《关于推进一二星级绿色建筑评价标识工作的通知》（建科 [2009]

109 号）等规定和标准，基于宁波市建筑与气候特点，在总结宁波市绿色建筑实践经验与研究成果的基础上，宁波市城市科学研究会、宁波华聪建筑节能科技有限公司共同主编了《宁波市绿色建筑评价实施细则（试行）》，已通过专家评审并发布，自 2014 年 7 月 1 日起执行。

（2）启动 GEF 课题"宁波市规模化推进绿色建筑发展咨询服务"课题

2014 年 2 月，宁波低碳城市建筑节能与可再生能源应用项目领导小组办公室项目办，以"基于咨询顾问资历的选择（CQS）方式"邀请有资格和能力的单位参与世界银行全球环境基金（GEF）赠款的宁波建筑节能和可再生能源应用项目的子项之一——"宁波市规模化推进绿色建筑发展咨询服务"，宁波华聪建筑节能科技有限公司牵头中国建筑科学研究院上海分院及宁波诺丁汉大学组成联合体成功中标该项目，并于 2014 年 6 月 23 日正式签订合同，该项目将对宁波市规模化推进绿色建筑发展进行顶层规划和设计，相关子项任务如表 4-12-1 所示。

相关子项任务 表 4-12-1

任务	子项任务名称	子项任务备注
S1	宁波市绿色建筑组织机构策略和监管体系研究报告	提出完善的宁波市绿色建筑组织机构策略和监管体系，包括市级领导小组的组成，市政府各部门的工作职责分工，绿色建筑年度（包括绿色建筑和既有建筑节能改造等）发展任务分解（到各县市区）及目标任务的考评体系
S2	促进宁波市绿色建筑发展的政策体系研究报告	提出建议市政府出台的绿色建筑发展的政策文件：包括起草预售许可提前、容积率奖励、财政、税收等经济激励政策文件，特别是购房优惠激励政策等；与房产公司、施工单位等资质或评优相挂钩，与项目的招投标加分相挂钩的政策；与现有宁波市开展的民用建筑节能评估工作对接政策，使大型公建和政府投融资的项目在完成节能评估的同时，也确保达到一星级绿色建筑的要求
S3	宁波市既有建筑节能改造实施政策研究报告	研究既有建筑节能改造实施政策，提出建议市政府出台的既有建筑节能改造文件
S4	宁波市绿色建筑适宜技术体系及推广目录研究报告	研究提出适合宁波市的绿色建筑技术体系和策略课题报告（包括筛选出经济合理的绿色建筑技术目录，要详细论证各项技术优劣和适用性），并提交建议出台的绿色建筑技术发展的政策文件送审稿，文件应明确如何推广各项技术
S5	宁波市绿色建筑全过程监督机制策略研究报告	结合宁波建筑节能监管的实际情况，提出从项目立项-节能评估-施工图审查-施工-验收闭合体系的全过程监管机制策略，并形成政策文件

任务	子项任务名称	子项任务备注
S6	宁波市绿色建筑评价实施细则	出台宁波市绿色建筑地方评价实施细则，指导绿色建筑标识评审和认证
S7	宁波市绿色建筑适宜技术指南	结合子项任务 S4，并绿色建筑推广目录及适宜技术指南，以指导从业人员更好地完成绿色建筑设计、施工及运营维护等过程
S8	宁波市绿色建筑技术图集	结合子项任务 S4、S7，分类汇总，形成通用绿色建筑技术图集，指导从业人员更好地完成绿色建筑设计、施工及运营维护等过程
S9	宁波市绿色施工导则	出台宁波市绿色建筑地方施工导则
S10	宁波市绿色建筑运营管理技术导则	出台宁波市绿色建筑运营管理技术导则
S11	宁波市绿色建筑检测验收标准	出台宁波市绿色建筑地方检测验收标准
S12	国内绿色建筑技术及成效评价报告	对宁波市绿色建筑项目进行摸底调研，并针对适宜技术体系的运行成效进行评估，以指导后续项目的建设和管理运营
S13	宁波市绿色建筑在线申报系统软件	研制一套宁波市绿色建筑在线申报系统，实现申报材料的上传和项目资料的备案，提高绿色建筑申报和推广速度
S14	宁波市绿色建筑四节一环保产业的发展现状研究报告	充分调研宁波市现有绿色建筑四节一环保产业的发展现状，存在的问题及下一步的优化发展方向和建议
S15	宁波市绿色建筑产业化发展的政策研究报告	提出建议市政府出台的绿色建筑产业化发展的政策文件
S16	宁波市绿色建筑宣传培训体系现状及对策研究报告	提出宁波市绿色建筑宣传培训体系建设报告，并提交建议市政府出台的绿色建筑宣传培训类政策文件送审稿：包括如何构建全方位多层次的宣传体系；如何提高全大市绿色建筑从业人员的专业技能等

12.4　绿色建筑大事记

2014 年 1 月，根据《宁波市绿色建筑评价标识管理办法（试行）》，宁波市城市科学研究会受宁波市住房和城乡建设委员会委托，成立绿色建筑评价标识管理办公室，具体负责一、二星级绿色建筑评价标识的组织实施。办公室于 2014年 4 月成功组织了宁波市首次绿色建筑设计标识评价会议。

2014 年 5 月 30 日，召开了宁波市绿色建筑与节能工作组成立大会，中国城市科学研究会、中国绿建委、浙江省绿建协会领导及成员单位代表共 100 余人参加了会议。工作组涵盖了设计研究、高等院校、房产开发、建筑施工、节能材料、再生能源等领域。

2014 年 5 月 30 日，由宁波市城市科学研究会与市绿建工作组牵头，会同市勘测协会、规划协会、房地产协会，同济大学宁波校友会，举办了宁波绿色建筑论坛。会上，中国城科会秘书长李迅，中国绿色建筑与节能委员会副秘书长王清勤分别作了《从绿色建筑走向绿色社区》、《绿色建筑的设计、施工与运行管理》的学术报告。

2014 年 7 月至 12 月底，开展宁波市绿色建筑基础情况问卷调研，针对能评、审图、房产、施工、设备及材料厂商进行问卷调研，共完成 150 份有效调查问卷的发放和回收，并进行了初步的数据分析。

2014 年 7 月下旬，绿建工作组专题召开会议，要求各副组长单位推荐专家人选，欢迎有识人士报名参加。这项工作得到成员单位的广泛响应和积极参与，报名人数多达 246 名，经过各方面的协调考虑筛选出 102 名。这些人员涵盖绿色建筑评价标识所需的规划、建筑、景观、结构、给排水、建筑物理、建筑材料、暖通、电气、施工等各个专业。

2014 年 9 月 24～25 日，受市住建委委托，宁波市住房和城乡建设培训中心及宁波市绿色建筑与节能工作组成功举办了《宁波市绿色建筑评价细则（试行）》（2014 甬 SS-01）宣贯培训班。参加人员共计 187 名，主要来自各建筑设计、施工图审查、建筑节能评估机构及有关单位的专业总工和技术负责人。

2014 年 9 月 15～17 日，组织技术人员对宁波市绿色建筑（建筑节能示范项目）进行摸底调研，重点调研其绿色建筑技术方案、实施程度及相关问题。

2014 年 12 月，受宁波市住房和城乡建设委员会委托，启动宁波市"绿色建筑十三五规划"工作。

开展对土壤氡浓度的全面检测。鉴于氡对人体的辐射伤害是人体所受到的全部环境辐射的 55％以上，对人体健康威胁极大，故土壤氡浓度超标对绿色建筑评估持有一票否决权。因此，申请绿色建筑星级评定的项目，需各自负责测定土壤氡浓度指标。每测一个项目需耗资 8～10 万元。为了减少企业负担，宁波市绿色建筑工作组决定在中心城区范围内提前做好 200 个点的氡浓度普查。第一期 100 个检测点已完成 70％的检测任务，总体均值在 3000BP/m³，低于已发布的资料 5000BP/m³。

执笔：宁波市绿色建筑与建筑节能工作组

13　中国城市科学研究会绿色建筑研究中心工作情况简介

13　Brief introduction to work of CSUS Green Building Research Center

2014 年，我国绿色建筑取得了规模化的发展，申报绿色建筑的数量大幅增加，更多城市开始对新建建筑全面执行绿色建筑标准。如何在新形势下做好绿色建筑标识评价工作是对评价机构的一次重大挑战。

13.1　绿建标识评价数量再创历史新高

中国城市科学研究会绿色建筑研究中心（以下简称绿建中心）今年评审项目的数量，创造了中心设立以来的新的纪录。

2014 年，共举行 31 次绿色建筑标识评审会议，其中 2 次香港地区绿色建筑标识评审会议、4 次绿色工业建筑设计标识评审会议、1 次绿色工业建筑运营标识评审会议；共进行 13 次绿色建筑标识在线评审。2014 整个年度共完成 296 个绿色建筑项目评审，与去年同比增加 51.0%。其中，民用建筑 210 个、在线评审 72 个、工业建筑 14 个；香港项目 7 个，澳门项目 1 个；公共建筑 158 个，居住建筑 124 个，一星级 107 个，二星级 65 个，三星级 124 个。项目总面积达到 3349.8 万 m^2，其中公共建筑面积 1255.7 万 m^2，居住建筑面积 1740.4 万 m^2，工业建筑面积 353.7 万 m^2。

绿色工业建筑评审方面，继采用《绿色工业建筑评价导则》进行评审之后，绿建中心评价出第一个采用国标《绿色工业建筑评价标准》GB/T 50878 的绿色工业建筑运行标识项目，设计标识评审数量是去年评审数量的 3.5 倍（图 4-13-1、图 4-13-2）。

绿建中心与地方政府及评价机构建立了紧密合作方式，取得了很好的效果。

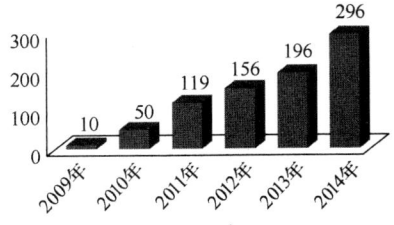

图 4-13-1　近年绿建中心评审项目数量变化

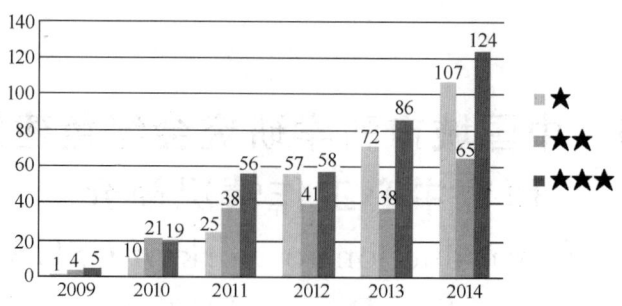

图 4-13-2 绿建中心历年项目数量星级分布图

13.2 绿色建筑标识在线评审平台取得佳绩

绿建中心自 2013 年底启动国标绿色建筑在线申报系统的开发、试用，并于 2014 年初正式投入使用，一期申报对象限定为一星级。经过一年的运营，累计完成 101 个项目的在线申报、评审，获得住建部领导、专家的肯定。目前计划在此基础上将申报对象扩展到二星级，在线申报系统中增加汇报视频播放功能。中心积极利用在线评审与地方评价机构展开合作，目前正在给北京市建委开发地方版的在线评审系统。除在线评审系统外，绿建中心还正在开发绿色建筑咨询网，将成为绿色建筑业界聚焦绿色建筑项目申报咨询的专业性交流平台。

13.3 绿色建筑标识评价技术向国际看齐

绿建中心制定了新国标《绿色建筑评价标准》配套申报格式文件，该文件采用 PDF 表单方式，由绿建中心自主开发，实现了评价单项打分，章节汇总得分，全篇权重计算的功能，极大地方便了申报单位和评审专家的申报和评价工作。加上已经使用的在线评审平台以及即将推出的申报桌面软件，绿建中心的评价技术已经可以与国际机构看齐。

13.4 绿色建筑标准化工作喜获丰收

2014 年度绿建中心绿色建筑标准制定工作硕果频出，参加完成了国标《绿色建筑评价标准》GB 50378—2006 修订工作秘书处工作、《既有建筑绿色改造评价标准》的制定工作、《绿色工业建筑评价标识标准实施细则》、《绿色工业建筑评价标识评价指南》等的编写工作。

绿建中心参与的《绿色铁路客站标准及评价体系研究》获得了中国铁道学会的"铁道科技奖"一等奖。

13.5 绿色建筑课题研究工作取得重要成果

（1）住建部课题《绿色建筑效果后评估与调研》

绿建中心承接的住建部课题《绿色建筑效果后评估与调研》已通过验收。该课题由绿建中心牵头，邀请了科研院所、设计咨询机构、地产开发企业作为参与单位，开展了全国大范围的绿色建筑项目调研，形成了相应的调研报告。该研究成果总结了绿色建筑的实际状况，充分肯定了绿色建筑取得的成绩，在行业内引起很好的反响。

（2）其他科研课题的成果

中国 BIM 标准研究相关课题由中国 BIM 发展联盟、国家标准《建筑工程信息模型应用统一标准》编制组联合下达，绿建中心会同中国建筑科学研究院上海分院等单位完成《绿色建筑设计评价 P-BIM 应用技术研究》与《绿色建筑验收 P-BIM 应用技术研究》两个子课题；绿建中心负责的世界能源基金 GEF 课题——"绿色建筑评价标识认证信息化平台"进展顺利，通过阶段性验收；初步完成了德国 GIZ 机构的中德绿色建筑专家培训教材中"中国与德国的绿色建筑的对比研究"初稿；成了内部课题"绿色建筑行业发展、业务状况"调研，撰写了相应的研究报告。

13.6 培训交流工作

绿建中心于 12 月在北京召开"新修订《绿色建筑评价标准》培训交流会议"，邀请标准各章节的编制人对城科会绿色建筑专家委员会全体评审专家包括港澳地区专家进行新标准条文的解读与培训交流。

为使申报单位掌握新标准的申报文件，正确理解申报要求，绿建中心还组织了新标准的申报文件培训，受到了申报单位的积极响应。

13.7 展 望

2015 年对于评价机构而言是个充满挑战的年份，绿建中心需要认真策划，勇于面对各种变化，用我们的服务、技术、专家及政府资源来沉着应对。

绿建中心积极与全国各地的评价机构开展广泛的合作。继续开发和完善绿色建筑在线申报平台，计划将一星级项目全部实现在线申报、评审，并逐步开始二星级在线申报、评审的试点工作。利用在线评审平台,与地方评价机构展开广泛的合作,输出信息化技术及评审服务,共同开展绿建评审。继续完善绿色建筑网站的改版工作,为绿色建筑申报人员提供良好的交流平台。

随着绿色建筑运行标识申报数量的增多,绿色建筑运行标识申报格式文件的使用频率也在增加,绿建中心将继续完善绿色建筑申报格式文件的修订工作。

年初完成绿色建筑申报软件的开发,随后进行大范围的推广;积极进行"十二五"绿色建筑数据库的开发建设;继续申报开展绿色建筑运营性能的研究工作。

执笔:李丛笑 郭振伟(中国城市科学研究会绿色建筑研究中心)

14 中国建筑工程总公司开展 BIM 工作情况简介

14 BIM development in China State Construction Engineering Corporation

14.1 引　言

我国建筑业是一个传统产业。一方面，建筑业是国民经济的支柱产业，规模庞大，从业人员达 4000 多万人，建筑施工企业 70000 多家，勘察设计企业接近 15000 家，支撑着我国每年超过 15 万亿的大规模建设事业；另一方面，建筑业又是高消耗、高排放产业，建筑业消耗了全国 45% 的水泥，50% 以上的钢材；建造和使用过程中消耗了接近 50% 的能源；与建筑有关的空气污染、光污染等约占环境总体污染的 34%；建筑施工垃圾约占城市垃圾总量的 30%～40%；施工粉尘占城区粉尘排放量的 22%；民用建筑的二次装修又造成大量的资源浪费。这样一个传统产业，总体规模虽大但效益不高，其任何一点技术进步都会形成巨大的经济效益、环境效益和社会效益。目前，业界已经形成共识，推进绿色建造发展是建筑业降低资源消耗、减少建筑垃圾排放、消除环境污染，实现节能减排的重要举措。建筑信息模型 BIM（Building Information Modeling）技术作为建筑业的新技术、新理念和新手段，得到业内的普遍关注，正在引导建筑业传统思维方式、技术手段和商业模式的全面变革、将引发建筑业全产业链的第二次革命。发展 BIM 技术已经成为是推进绿色建造的重要手段。

BIM 是工程项目物理和功能特性的数字化表达，是工程项目有关信息的共享知识资源。BIM 的作用是使工程项目信息在规划、设计、施工和运营维护全过程充分共享、无损传递，使工程技术和管理人员能够对各种建筑信息做出高效、正确的理解和应对，为多方参与的协同工作提供坚实基础，并为建设项目从概念到拆除全生命期中各参与方的决策提供可靠依据。BIM 的提出和发展，对建筑业的科技进步产生了重大影响。应用 BIM 技术，可望大幅度提高建筑工程的集成化程度，促进建筑业生产方式的转变，提高投资、设计、施工乃至整个工程生命期的质量和效率，提升科学决策和管理水平。

14.2 中建的 BIM 探索与实践

中建 BIM 技术研究与应用已经有了一定基础，已成功应用于无锡恒隆广场综合发展项目、深圳机场扩建项目、广州东塔项目、天津 117 项目等重大工程，取得了良好效果。在中建系统的业务范畴内，可望通过 BIM 技术应用，在支撑绿色建筑设计、强化设计协调、减少因"错、缺、漏、碰"导致的设计变更；在支持工业化建造和绿色施工、优化施工组织方案、提高工程质量、降低工程造价和安全风险；在帮助业主提升对整个项目的掌控能力和科学管理水平、缩短工期，延伸中建服务产品至项目全生命周期；以及在打造"数字中建"品牌，提升中建在行业 BIM 发展中的地位和作用，着眼于建筑全生命期、全产业链，持续、全面地推进 BIM 技术研究、应用和创新体系建设，为中建全产业链的 BIM 技术发展、为打造"数字中建"品牌奠定技术基础。

2012 年是中建全面推广应用 BIM 技术的起步年，首先在总公司层面进行了顶层设计，发布了《关于推进中建 BIM 技术加速发展的若干意见》（以下简称《若干意见》），按照《若干意见》的指导思想和基本原则，中建组织开展了一系列 BIM 技术研发和推广应用工作，也取得了一定成绩与成果。

14.2.1 组织机构建设

（1）根据总公司《若干意见》文件的要求，在中建总公司组建了 BIM 技术委员会。中建 BIM 技术委员会作为中建 BIM 技术推广应用的指导、咨询和服务机构，负责统筹推进中建 BIM 技术研发与应用，优化资源配置，促进 BIM 技术在中建的加速发展。

（2）为满足《建筑工程信息模型应用统一标准》、《建筑工程施工信息模型应用标准》等多项国家 BIM 标准编制工作的需要，2012 年 3 月 28 日由中国建筑科学研究院、中国建筑股份有限公司等多家单位在北京发起成立了"中国 BIM 发展联盟"。"中国 BIM 发展联盟"致力于我国 BIM 技术、标准和软件研发，为中国 BIM 技术应用提供支撑平台。

（3）为了更好地组织 BIM 国标和行标的编制工作，由中国 BIM 发展联盟发起，在中国工程建设标准化协会下，组建了 BIM 标准专业委员会（简称"中国 BIM 标委会"），全面负责组织协会级 BIM 标准的研究和编制工作。中建作为中国 BIM 发展联盟的核心成员，是组建中国 BIM 标委会的主要发起单位之一，主要负责施工领域协会级 BIM 标准的编制组织工作。

（4）2012 年 1 月 10 日由中国建筑科学研究院、中国建筑股份有限公司等多家单位发起，由国家科技部批准成立了"建筑信息模型（BIM）产业技术创新战略联盟"。其宗旨是为中国 BIM 的应用提供支撑平台，为全面推动我国 BIM 发展和应用提供技术服务。

14.2.2　集成能力建设

（1）城市综合建设项目 BIM 应用研究

2011 年，中建股份设立了"城市综合建设项目 BIM 应用研究"重点项目，2013 年总公司又滚动支持，总计专项经费 1004 万元，子企业配套经费 6170 万，项目的宗旨是以实现绿色建造、有效节约资源为目标，通过 BIM 技术的研究和应用提高工作效率，有效协调项目参与方，在合理组织施工的前提下实现精细化管理。

（2）基于 BIM 工程仿真与高性能计算技术研究

随着国内各种复杂结构（如体型复杂、超高层、大跨度等）的日益增多，高性能仿真分析在结构设计和施工过程中扮演着越来越重要的角色。国内常用设计软件（如 PKPM、MIDAS、YJK 等）无法很好地满足这种仿真需求，而国外通用有限元软件（如 ABAQUS 和 ANSYS）虽然具有强大的分析功能，但其前处理模块不适用于建筑结构建模，且计算结果无法直接用于工程设计。为解决上述问题，中建技术中心对国内设计软件和国外通用软件进行系统集成和二次开发，研发了一套拥有完整自主知识产权的高性能结构仿真集成系统。该系统能够满足各类复杂、超限结构设计性能模拟分析需求，适用于复杂建筑结构在地震作用下的抗倒塌验算、性能设计，以及施工过程模拟等，可为各设计院和施工企业重大工程提供技术支撑。

（3）基于 BIM 技术的建筑工厂化管理系统研究

三局一公司结合北京英特宜家二期项目的管理需求，建立场外预制加工厂，将 BIM 理念、深化设计管理与二维码技术相结合，将深化设计、工厂采购加工、材料控制管理、现场施工管理等各个施工管理环节相结合，探索机电工程施工管理的新模式，通过与清华大学联合研发"基于 BIM 的建筑工厂化管理系统"，为项目机电管线场外预制加工及现场装配、组合服务。

14.2.3　标准体系建设

（1）主编参编 BIM 技术国家标准

在住房和城乡建设部 2012 年 01 月 17 日《关于印发 2012 年工程建设标准规范制订修订计划的通知》（建标［2012］5 号）和 2013 年 01 月 14 日《关于印发 2013 年工程建设标准规范制订修订计划的通知》（建标［2013］6 号）的两个通知中，共发布了 6 项 BIM 国家标准制订项目，分别是：《建筑工程信息模型应用统一标准》、《建筑工程信息模型存储标准》、《建筑工程信息模型编码标准》、《建筑工程设计信息模型交付标准》、《制造工业工程设计信息模型应用标准》和《建筑工程施工信息模型应用标准》。中建是《建筑工程施工信息模型应用标准》主编单位，同时，中建参与了其他几项BIM国标的编制。

（3）组织协调编制施工BIM技术协会标准

为配合BIM国标《建筑工程信息模型应用统一标准》的编制，中国BIM标委会组织开展了BIM协会标准的编制工作。BIM协会标准分"规划与设计阶段BIM技术应用标准"和"施工与运维阶段BIM技术应用标准"两个系列，其中"施工与运维阶段BIM技术应用标准"系列由中建负责组织协调。中建一局、三局一公司、三局安装公司分别负责《竣工验收管理BIM技术应用标准》、《钢结构施工BIM技术应用标准》、《机电施工BIM技术应用标准》3本标准的主编工作。

（4）组织编制中建BIM技术企业标准

在国家和行业BIM标准框架下，结合中建"四位一体"的产业链特点，研究建立符合中建需求的企业级BIM应用实施指南，是推进中建BIM技术普及应用的一项重要基础工作。中建企业BIM实施指南的编制工作首先从设计和施工两个领域开始，在组织起草《BIM软硬件产品评估研究报告》基础上，编制了中建企业级《建筑工程设计BIM应用指南》和《建筑工程施工BIM应用指南》，在行业引起了较大反响，并受到好评。

14.2.4　示范工程建设

为进一步推进BIM技术应用，在2013年中建总公司科技推广示范工程计划中，增加了"BIM类示范工程"，并批准了25项BIM应用示范工程，在2014年中建总公司科技推广示范工程计划中，又增加了7项BIM应用示范工程，并确定中建技术中心综合实验楼、广州东塔项目为重点示范工程。这些BIM示范项目涉及众多工程类型，基本包括了中建承建的各类典型工程，如广州东塔、深圳市城市轨道交通9号线、阿布扎比国际机场、宝兰客专1标段石鼓山隧道等工程。通过BIM示范工程建设，不仅积累了较丰富的BIM应用经验，而且也培育了一批BIM技术骨干人才，更带动了大量工程的BIM应用，到目前为止，仅八个工程局就有超过640多项工程在不同程度上应用了BIM技术，取得了客观的经济效益，并促进了企业竞争力的提升。几个典型工程的BIM应用案例如下：

（1）中建技术中心实验楼工程，是一个典型的投资、设计、施工和运维四位一体工程，具有良好的代表性，虽然工程并不十分复杂，但作为未来国际一流的大结构实验室，通过采取研发与建设同步的策略，量身打造万吨级多功能结构试验机和25.5m高反力墙等国际一流试验设施，增加了工程难度。为实现BIM模型数据在全过程的无缝连接，项目充分发挥中建"四位一体"的优势，组建由业主方、设计方、施工方和运维方共同参加的 BIM 团队，团队制定统一的 BIM 标准，充分考虑了施工对设计 BIM 模型的合理需求，并对上下游各环节进行需求分析，分专业、分系统建立 BIM 模型，精准执行、协同管理，创新性地解决了设计与施工 BIM 模型共用问题，该工程是我国目前唯一投入使用的从设计开始、到施工和运维全过程应用 BIM 的典型案例。

（2）广州东塔（广州周大福国际金融中心）位于广州市珠江新城，楼总高度530m，地下5层，地上111层，总建筑面积50.8万 m^2。项目总包方联合广联达软件公司，将 BIM 技术与工程进度动态管理、图纸变更的动态管理、总包各专业工作面动态管理、工程量的自动计算及商务管理、总包对业主和各分包的合约及资金管理融合一体，实现了基于 BIM 的总包项目管理信息化管理。

（3）无锡恒隆广场综合发展项目占地面积约3.7万 m^2，地上建筑面积为24.3万 m^2，地下建筑面积为14.7万 m^2。该项目机电安装分包 BIM 应用，根据本项目与公司以往同类项目因碰撞问题和工序问题需要返工的量的对比，据估算减少因碰撞和安装工序不合理返工节约的成本大概在总造价的1%以上。利用 BIM 技术对水管、风管、母线、桥架等的路由及尺寸进行优化，找出最短的路由最优的尺寸，节省材料的需用量而降低成本达总造价的3%以上。BIM 技术与工厂化预制结合，利用 BIM 三维模型，计算出精确的材料需用计划，并进行精确的放样下料，控制材料损耗，避免材料浪费，损耗率控制在4%以下，仅此项材料就将节省7%以上。

14.2.5　人才队伍建设

随着 BIM 技术应用的不断深入，更多企业认识到，掌握 BIM 技术的人才是制约 BIM 技术应用的关键因素。只有让工程技术人员掌握了这项技术并将其应用到工程建设中，才能将其转化为生产力和企业的核心竞争力。因此，各企业都十分重视 BIM 人才培养，纷纷成立 BIM 中心（或 BIM 工作站），组织 BIM 技术应用培训，陆续培训了一批 BIM 人才，截止到2014年底，仅8各工程局就培育了超过7000名掌握 BIM 技术的专业技术人员。这批 BIM 人才的成长，为中建全面普及 BIM 技术应用奠定了良好基础。

14.3　结　束　语

BIM 技术的应用，目前最大的问题是自主知识产权的应用软件。国外的一些软件开发商已经开发了一些应用软件，并将它们应用在大型工程中。但是，这些软件不仅价格昂贵，而且由于不支持我国规范，难以满足我国的应用需求。由于技术上的难度，我国国内开发的这方面的商业软件还在发展之中，鉴于我国巨大的基本建设规模，有必要开发具有自主知识产权的应用软件，填补我国这一领域的空白，因此有必要通过国家科技支撑计划的支持，迅速获得发展，为在我国建筑行业推广普及 BIM 技术奠定坚实的基础。

虽然 BIM 技术已经在我国开始应用，但可以说仍处于起步阶段，在应用模式、应用标准方面并未有重大突破。目前，BIM 在建筑领域的推广应用还存在着政策法规和标准不完善、发展不平衡、本土应用软件不成熟、技术人才不足等问题，有必要采取切实可行的措施，推进 BIM 在建筑领域的应用。有许多关键技术需要突破：

（1）研究制定符合我国建筑设计、施工、运行管理等各阶段工作流程数据标准，形成完善的建筑全过程建设管理信息标准体系。

（2）开发自主知识产权的面向建筑全生命期的核心软件产品，支撑全行业 BIM 等最新信息技术普及应用。

（3）开展设计阶段 BIM 等最新信息技术在集成应用研究，实现各专业信息高度共享和设计流程的优化，支撑建筑可持续设计。

（4）开展施工阶段 BIM 等最新信息技术集成应用研究，提高工程施工全过程的预见性和管理水平，促进传统的建造方式向精益建造发展。

（5）开展运维管理阶段 BIM 等最新信息技术集成应用研究，实现建筑低能耗和绿色环保的最佳运维模式。

（6）开展 BIM 等最新信息技术在规划、设计、施工及运行维护阶段综合应用研究，推进建筑项目开发全过程的精细化管理，促进建筑业转变传统的生产方式，实现产业技术和管理水平提升。

作者：毛志兵（中国建筑工程总公司总工程师，教授级高工）

第五篇 | 实 践 篇

2014 年，我国绿色建筑发展呈快马加鞭之势，当年取得绿色建筑标识的数量已经超过 1000 项，涌现出一大批优秀的绿色建筑项目。

本篇重点介绍我国在绿色建筑方面的实践，共分两个部分，前一部分是以文章的形式介绍与绿色建筑相关的创新实践，包括零能耗建筑的产生、绿色工业建筑的发展、历史风貌建筑绿色化改造以及 BIM 在绿色建筑中的应用等。尽管一些建筑因为各种原因没有取得绿色建筑评价标识，但是其进行的相关绿色建筑的探索与实践值得我们去深入关注。

后一部分是 11 个案例的展示，因篇幅所限，每个案例只能进行简单的介绍，今后将尝试将案例展示的详尽内容放到中国城市科学研究会相关网站上方便读者阅读。在公共建筑方面选取了北京中关村国家自主创新示范区展示中心、杭州低碳科技馆、陕西省科技资源统筹中心、内蒙古农牧业科学院研究生楼以及既有建筑改造项目国家博物馆改扩建项目共 5 个项目。在居住建筑方面选取了新疆缔森君悦海棠绿筑小区、广西南宁是裕丰英伦住宅小区等 4 个项目，其中江苏南京市万科上坊保障性住房项目部分采用了建筑工业化，具有较强的创新性。

中煤机张家口煤矿机械有限责任公司装备产业园、北京汽车产业研发基地用房是绿色工业建筑项目，既体现了绿色建筑的理念，又融入了清洁文明生产的内容。前者成为采用新发布国标《绿色工业建筑评价标准》评审出的第一个三星级绿色工业建筑运营标识项目。

本次绿色建筑案例大多都是取得了运营标识的项目，旨在强调运营效果，促进绿色建筑运营水平的提高。

本篇所选 11 个绿色建筑项目数量仅为 2014 年获得绿色建筑标识总数的百分之一，篇幅所限远远不能充分反映所有项目的风采，难免有些以偏概全，请广大读者批评指正。同时，我们也期待着 2015 年产生出更精彩的绿色建筑。

Part V | Engineering Practice

In 2014, green building develops prosperously in China. More than 1000 projects have received green building labels in this year, and many excellent green building emerged.

This part mainly focuses on the green building practice and is comprised of two sections. The first section are articles of innovative practices of green building, including the emergence of zero-energy building, the development of green industrial building, the green retrofitting of historic building, and the application of BIM in green building. Although some projects have not obtained the green building labels, their exploration and practice are of great value for reference.

In the second section, 11 green building projects are introduced and the detailed information will be updated on the website of China Urban Studies Society. Five public buildings are introduced, including Beijing Exhibition Center of Zhongguancun Science Park, Hangzhou Low-carbon Science and Technology Museum, Shaanxi Planning Center of Scientific and Technological Resources, postgraduate building of Inner Mongolia Academy of Agricultural & Animal Husbandry Sciences, and retrofitting and extension of the National Museum of China. Four projects of residential buildings are introduced, including Xinjiang Desen Grand Begonia Green Building Community, Nanning YufengYinglun residential community in Guangxi and other two projects, among which the project of Nanjing Vanke Shangfang affordable housing in Jiangsu is highly innovative with part of the building using building industrialization.

Two industrial building projects are introduced, which are the

Equipment Park of China Coal Zhangjiakou Coal Mining Machinery Co. , Ltd. and the buildings of Beijing R&D Base of Automobile Industry. Both projects embody the concept of green building and clean production. The former project is the first three-star green industrial building approved by the new national standard of *Assessment Standard for Green Industrial Building.*

Most of the introduced projects have received the green building operation labels to emphasize the performance of green building and improve green building operation abilities.

These 11 projects only account for 1% of the green buildings that obtained green building labels in 2014, and this part is far from presenting a whole picture of green building development. Any constructive suggestions and comments from readers are greatly appreciated. Meanwhile, we are looking forward to more excellent green buildings in 2015.

1 零能耗建筑在绿色建筑中的发展与实践

1 Development and practice of zero energy consumption building in green building

"零能耗建筑"是一个广义概念，包括美国提出的"净零能耗建筑"（Net Zero Energy Building）、欧盟提出的"近零能耗建筑"（Nearly Zero Energy Building）、英国提出的"零碳建筑"（Zero Carbon Building）、德国提出的"被动房"（Passive House）、瑞士提出"迷你能耗房"（Minergie House）、意大利提出"气候房"（Climate House）、日本提出的"零能耗建筑"（Zero Energy Building）与"零能耗住宅"（Zero Energy House）、韩国提出的"零碳绿色住宅"（Zero Carbon Green Home）等一系列概念。经过多年的基础科学研究和示范建筑监测验证研究，其技术路径日趋清晰，美国、英国、日本、韩国等发达国家纷纷提出 2020、2025、2030、2050 年的零能耗建筑发展目标和规划，并辅以财税引导政策和增量成本补贴。由于我国建筑体量通常较大、基础研究尚不充分、产业支撑稍有欠缺，我国目前主要在"近零能耗建筑"领域开展了研究与示范，通过"近零能耗建筑"实践经验的逐步积累，逐步迈向"零能耗建筑"。

1.1 概念起源及发展

1992 年，德国 Fraunhofer 太阳能研究所的 Voss. K[1]等人通过使用太阳能光热光电技术对德国一栋建筑物进行供热供暖，并进行了为期三年的检测研究发现：在气候较为温和的欧洲部分地区，通过精心设计可以使建筑物全年总能耗降低到 $10kWh/m^2$ 以下，且建筑物所有能耗需求可以由太阳能提供。Voss. K 由此提出"无源建筑"（Energy Autonomous House，也称 Self-sufficient Solar House），即无须和外界能源基础设施相连，通过太阳能光热光电系统与蓄能技术集成应用，保证建筑所有时段能源供应的建筑。"无源建筑"要求建筑物在以年为时间单位的时段内达到能量或排放量中和。

考虑到建筑物与电网连接的情况，Voss. K[2]等人结合太阳能光电技术发展，进一步提出定义"零能耗建筑"（Zero-energy building），其定义为：自身可发电，通过与公共电网相连既可以将建筑物发电上网也可以使用电网为建筑物供电，在以年为单位的情况下，一次能源产生和消耗可以达到平衡的建筑物。

Kilkis. S[3]等人认为，仅仅使建筑物达到零能耗并不能解决由建筑物耗能引起的全球变暖问题，研究零能耗建筑，除了应该考虑数量平衡外，还应该考虑质量平衡，即引入"火用"的概念。假设一栋零能耗建筑与区域能源系统相连，可以从区域能源系统中获得高温热水和电能，也可向区域管网提供同等能量的低温热水和电能，其获取和提供的热量的"火用"值并不平衡，这样建筑物仍然会对环境产生负面影响。因此 Kilkis 定义了"净零火用建筑"（Net Zero Exergy Building）：在区域能源网中，在特定时间段内，建筑与能源系统互相输入输出的火用值为零的建筑物。

Torcellini 等人[4]通过分析，总结了四类常见"零能耗建筑"定义，即"净（现场）零能耗建筑"（Net Zero Site Energy）、"净（一次）零能耗建筑"（Net Zero Souce Energy）、"净零能耗账单建筑"（Net Zero Energy Cost）、"净零排放建筑"（Net Zero Energy Emission）。净（现场）零能耗建筑：以年为时间单位，以建筑所消耗的能源类型进行衡量，其本身产生的能量应等于或多于其消耗的能量。净（一次）零能耗建筑：通过使用合理的转换系数将建筑用能与一次能源进行核算，建筑本身产生的能量应等于或多于其消耗的能量，即为净（一次）零能耗建筑。净零能耗账单建筑：以年为时间单位，建筑向能源服务公司输送能源，能源公司支付给建筑所有者的费用等于或多于建筑所有者支付给能源服务公司能源账单的费用的建筑。净零排放建筑：建筑物产生的可再生能源的能量应等于或多于其消耗的排放温室气体的一次能源的建筑。

1.2　近零能耗建筑政策及发展目标

欧盟于 2010 年 7 月 9 日发布的《建筑能效指令》（修订版）（Energy Performance of Building Directive recast，EPBD)[5]在欧盟内部影响力巨大，它要求各成员国应确保在 2018 年 12 月 31 日后，所有的政府拥有或使用的建筑应达到"近零能耗建筑"，在 2020 年 12 月 31 日前，所有新建建筑达到"近零能耗建筑"（nearly zero—energy buildings）。《建筑能效指令》定义零能耗建筑为"具有非常高的能效"的建筑，《指令》还要求"近零能耗建筑"能耗表达单位应使用 kWh/（m^2年）。欧洲暖通学会联合会（REHVA）的 Jarek Kurnitski 等专家[6]将"近零能耗建筑"进一步定义为：以各国实际情况为基础，在充分考虑节能技术成本效益比的前提下，其一次能耗＞0kWh/（m^2年）的建筑。欧盟专家还对零能耗计算的边界范围、一次能源转换系数、是否应考虑区域供热供冷等系统、是否应考虑电器使用能耗进行了探讨研究。虽然欧盟各国对"近零能耗建筑"定义和技术路径都不同，但大多数国家还是给出了相对明晰的发展目标，发展目标主要针对新建建筑，具体见表 5-1-1[7]。

部分欧洲国家"近零能耗建筑"发展目标　　　　　表 5-1-1

国家	时间（年）	"近零能耗建筑"目标
丹麦	2020	建筑能耗比 2006 年降低 75%
芬兰	2015	执行被动房标准
法国	2020	建筑需可对外供能
德国	2020	无须化石燃料可运营
匈牙利	2020	达到零碳排放
爱尔兰	2013	达到净零能耗
荷兰	2020	达到能源中和
挪威	2017	执行被动房标准
英国	2016	达到零碳排放

1.3　近零能耗建筑定义内涵分析

虽然"零能耗建筑"一词听起来很容易理解，似乎很容易定义，但目前各国政府及机构对于零能耗建筑的边界划分、计算范围、衡量指标、转换系数、平衡周期等问题还都不尽相同。

物理边界的划分对能耗平衡的计算有着较大的影响。对建筑物来说，以单栋建筑还是建筑群（小区）作为计算对象，是需要探讨的问题。目前国际大多数意见还是以单栋建筑为计算对象，根据是否与电网连接，将零能耗建筑分为两种，一种是"上网零能耗建筑"（On-grid zero energy building），其由电网输送给建筑物的能量和建筑物返回给电网的能量达到平衡，即在计算期内，电表读数为 0；一种是"网下零能耗建筑"（Off-grid zero energy building）[8]，即与建筑一体化或建筑物附近与建筑物连接的可再生能源供电供热系统提供的能量和建筑能源需求量保持平衡，这类建筑也被称为"无源建筑"（Energy Autonomous Building）、"太阳能自足建筑"（Self-sufficient solar house）。

按照节能设计标准，与建筑物设计相关的能耗包括供暖、供冷、通风、照明、热水使用等负荷，但也有许多与用户关联度较大的负荷，如插座负荷、电动汽车负荷还没有进入平衡计算。如果未来能源网中电动汽车使用量大幅度提升，虽然不会对建筑物负荷造成影响，但使用这类产品和设备会对建筑物用电平衡有影响，考虑到随着我国国民经济生活水平提高，居民用电会进一步增多，相关数据逐步完善，应在平衡计算时加入插座能耗等相关能耗。

目前共有四类指标可以用于衡量零能耗建筑：终端用能、一次能源、能源账单、能源碳排放。四类指标的评价结论相差很多，如衡量地源热泵系统或者建筑光电一体化系统等可再生能源建筑应用对节能减排的效果，采用不同指标得出的结论会不同，通常认为采用终端用能形式或者能源账单作为衡量零能耗建筑的指标，操作起来相对容易。

在统一衡量指标后，所有与建筑物相关的能量就需要通过不同的转换系数转换到与衡量指标单位一致。能源供给和使用链上的全部能源种类都需要转换，包括一次能源、可再生能源、换热、传输电网和热网。由于各个国家的能源结构不同，电网、热网组成不同，且随着可再生能源发电规模的逐步扩大，各国、同国家不同地区的转换系数都有很大差异，且变化很快。但转换系数的确定，对"零能耗建筑"计算结果影响很大。

由于"零能耗建筑"在实现上还较为困难且成本较高，欧洲目前公认的更加广泛的可实施的为"近零能耗建筑"（nearly zero-energy buildings）。对于"近零能耗建筑"，各国定义不同，如德国的"被动房"（Passive House，也翻译为微能耗建筑、零能耗建筑）[9]，指在满足规范要求的舒适度和健康标准的前提下，全年供暖通风空调系统的能耗在 $0\sim15kWh/$（m²年）的范围内、建筑物总能耗低于 $120kWh/(m^2年)$的建筑；瑞士的"近零能耗房"(Minergie，也称迷你能耗房，或迷你能耗标准)[10]，要求按此标准建造的建筑其总体能耗不高于常规建筑的 75%，化石燃料消耗低于常规建筑的 50%；意大利的"气候房"（Climate House, Casaclima)[11]，指全年供暖通风空调系统的能耗在 $30kWh/(m^2年)$以下的建筑。

1.4 国际典型"近零能耗建筑"示范工程实践

Eike Musal 等人对德国、美国、加拿大、欧洲等国的 282 栋零能耗示范建筑使用的技术进行汇总，发现太阳能光电、太阳能光热、建筑遮阳、机械通风热回收、免费供冷等技术应用的比例相对较高[12]。Eike 研究的各国零能耗建筑数量见图 5-1-1，各种节能技术使用比例见图 5-1-2。从图 5-1-2 可以看出，高性能保温结构和 PV 系统、太阳能热水系统以及热泵可再生能源应用系统在零能耗建筑

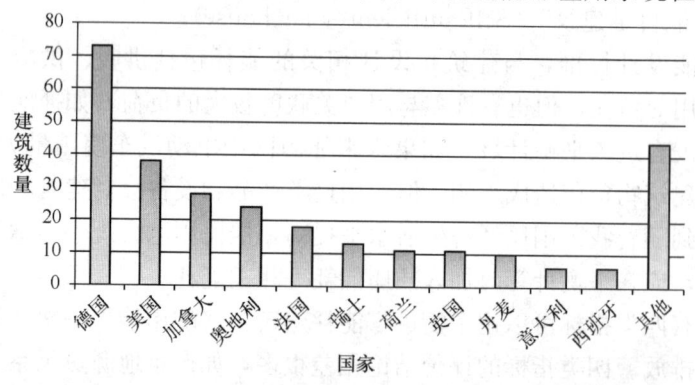

图 5-1-1　各国零能耗建筑调查—零能耗建筑数量国家分布

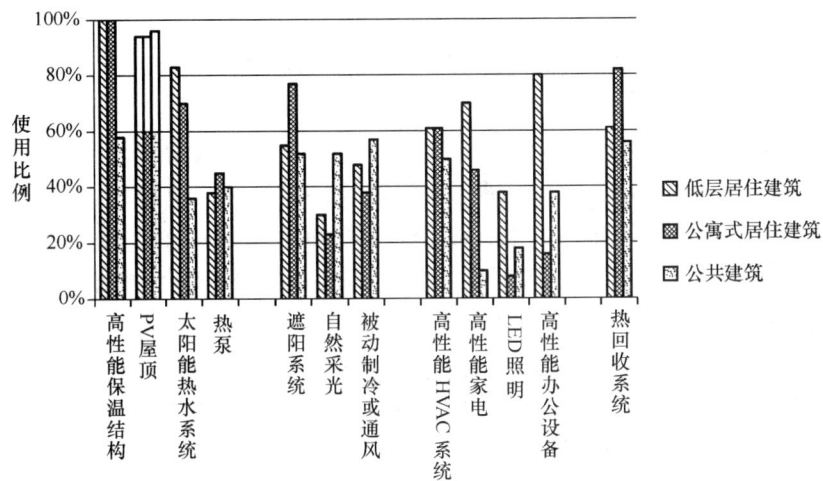

图 5-1-2　建筑节能技术使用频率

中应用最为广泛，其次是自然采光、遮阳系统、被动通风等被动式技术的应用，高效照明、电器、办公设备、HVAC 设备使用也比较广泛。

美国新建筑研究所 2012 年 3 月发布《美国零能耗公共建筑成本及特性调查》[13]，通过对 21 栋已经有实测数据的零能耗公共建筑进行研究发现：（1）早期零能耗建筑面积普遍较小，目前大型和综合性的建筑案例也在不断增加，教学/科研楼、办公楼、K-8 学校、银行等建筑都可以设计为零能耗。（2）建筑物形式、规模、所处地理位置以及其他因素不同，如果不考虑 PV 的费用，建筑为达到零能耗的增量成本为 3%～18%。（3）通过综合性设计方案，充分考虑建筑所在地点和功能，选用高效的围护系统、暖通系统和设备，达到零能耗建筑难度不大。通常优先考虑通过被动式设计降低建筑能耗，如果必须使用暖通系统，常见的系统为土壤源热泵与地板辐射系统联合。美国既有零能耗公共建筑各种节能技术使用比例见图 5-1-3。

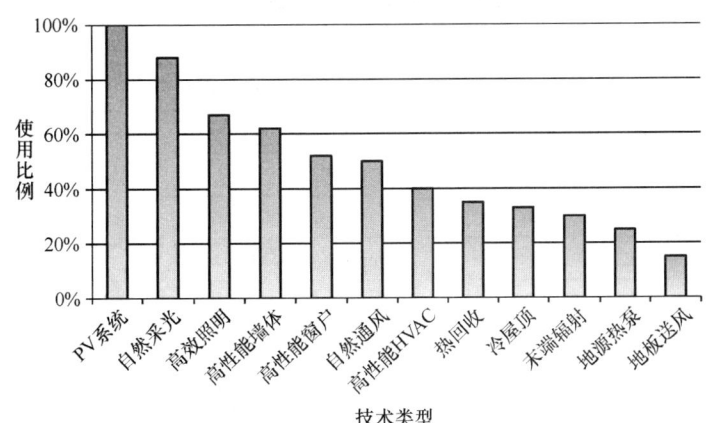

图 5-1-3　美国零能耗公共建筑节能技术使用比例

1.5　我国主要近零能耗建筑实践

2014 年 5 月，住房和城乡建设部科技司组织开展"被动式超低能耗绿色建筑项目"征集调研活动。本次调研由中国建筑科学研究院具体组织落实。截至 2014 年 7 月，共收到全国上报项目 11 个，其中住宅项目 3 个，公共建筑项目 8 个。从地域分布来看，严寒地区项目 2 个，寒冷地区项目 6 个，夏热冬冷地区项目 1 个，夏热冬暖地区项目 2 个（表 5-1-2）。

被动式超低能耗绿色建筑示范项目　　　　　　　　　　表 5-1-2

序号	项目名称	性质	建筑面积（m²）	项目所在地	气候区
1	"幸福堡"商业综合楼	公建	4520	乌鲁木齐	严寒
2	辰能 溪树庭院 B4 楼	住宅	7800	哈尔滨	严寒
3	CABR 近零能耗建筑示范工程	公建	4025	北京	寒冷
4	中新天津生态城公屋展示中心	公建	3467	天津	寒冷
5	河北省建筑科技研发中心办公楼	公建	14120	石家庄	寒冷
6	联合国工发组织国际太阳能中心科研教学综合楼	公建	13976	兰州	寒冷
7	威卢克斯公司办公楼	公建	2014	廊坊	寒冷
8	秦皇岛在水一方 C 区	住宅	28050	秦皇岛	寒冷
9	长兴朗诗布鲁克	公建	2445	浙江湖州	夏热冬冷
10	中节能 美景家园 1 号楼	住宅	8078	福建南安	夏热冬暖
11	东莞圣融生态幼儿园	公建	3400	东莞	夏热冬暖

从示范项目收集信息分析得出不同地区近零能耗建筑室内环境控制指标和相关技术见表 5-1-3～表 5-1-6。

严寒地区示范建筑主要指标及技术　　　　　　　　　　表 5-1-3

		乌鲁木齐"幸福堡"商业综合楼	哈尔滨辰能 溪树庭院 B4 楼
室内环境	室内温度	冬 20℃；夏 25℃	20～26℃
	室内 RH	45%	30%～70%
外墙	传热系数（W/m²K）	0.15	0.1
	做法	300mm 挤塑板 XPS	300mm EPS 模块
外窗	传热系数（W/m²K）	0.8	0.8
	做法	三层双 Low-E 填充氩气，窗框空腔内填充 EPS 苯板	三层双 Low-E 填充氩气，铝包木框
	遮阳	装饰性活动外遮阳	—

续表

		乌鲁木齐 "幸福堡"商业综合楼	哈尔滨 辰能 溪树庭院 B4 楼
用能系统	供暖	模块化冷凝式燃气锅炉＋地板辐射	生物质能锅炉＋地板辐射
	供冷	间接蒸发冷水机组＋地板辐射	地源热泵＋地板辐射
	生活热水	太阳能集热＋燃气锅炉	生物质能锅炉
	热回收	板式，显热效率大于 75％	板式，效率 80％

寒冷地区示范建筑主要指标及技术   表 5-1-4

		CABR	天津中新	河北建科	兰州 UN	威卢克斯	在水一方
室内环境	室内温度	18℃/26℃	20℃/26℃	20℃/26℃	18℃/28℃	19℃/24℃	20℃/26℃
	室内 RH	40％～60％	30％/60％	30％/60％	30％/65％	25％/65％	40％～60％
外墙	传热系数 (W/m²K)	0.2	0.18	0.13	0.34 (0.32)	0.25	0.127
	做法	25mm 绝热真空板	300mm 砂加气块＋150mm 岩棉板	270mm 聚苯板	70mm 挤塑聚苯板	250mm 岩棉外保温	250mm HS-EPS 模块
外窗	传热系数 (W/m²K)	1.1	1.10	0.8	2.4 (2.2)	1.5	1.0
	做法	三玻单 Low-e 真空/空气，铝木复合框	三玻双银 Low-e 双充氩气，断桥铝合金框	三银 LOW-e，塑钢多腔框	双层单镀膜中空，断桥铝合金框	双层充氩气，单银/双银，木框	三玻双 Low-e，氩气/真空，PVC 82 塑钢框
	遮阳	中置活动遮阳	折线型外墙	活动外遮阳	铝合金格栅外遮阳	窗帘、卷帘内外活动遮阳	无
用能系统	供暖	太阳能/地源热泵	地源热泵＋坑道风	地源热泵机组	水源热泵中央空调	地源热泵	空气源热泵
	供冷	太阳能/地源热泵	地源热泵＋坑道风	螺杆式冷水机组及地源热泵机组	水源热泵中央空调	地源热泵	空气源热泵
	生活热水	—	太阳能热水系统	太阳能＋电辅加热	太阳能热水系统	太阳能	空气源热泵＋太阳能
	热回收	溶液除湿/新风热交换，效率大于 65％	排风热回收	板式，效率 79％/77.2％	—	—	显热回收 75％

夏热冬冷示范建筑主要指标及技术　　　　　表 5-1-5

		浙江长兴朗诗布鲁克
室内环境	室内温度	夏季 26℃；冬季 20℃
	室内 RH	不高于 65%
外墙	传热系数（W/m²K）	0.15
	做法	200mm 膨胀聚苯板外保温
外窗	传热系数（W/m²K）	0.8
	做法	5GLow-E＋18 氩气＋5G＋18 氩气＋5GLow-E，隔热木型材多腔密封窗框 $K\leqslant0.72$［W/（m²K）］，框面积≤20%
	遮阳	垂直＋水平固定外遮阳
用能系统	供暖	空气源
	供冷	空气源
	生活热水	太阳能
	热回收	排风全热回收，效率≥75%

夏热冬暖示范建筑主要指标及技术　　　　　表 5-1-6

		福建南安 中节能·美景家园 1 号楼	东莞圣融生态幼儿园
室内环境	室内温度	夏 26～28℃；冬 20～24℃	29℃以下
	室内 RH	40%～60%	70%以下
外墙	传热系数（W/m²K）	0.39	
	做法	100mm 聚苯板外保温	加气混凝土砌块 200mm，外保温砂浆 25mm
外窗	传热系数（W/m²K）	1.0	
	遮阳系数 SC	0.2（东西），0.4（南北）	单玻
	做法	Low-e 中空，5mm＋12Ar＋5mm＋12Ar＋5mm，塑钢框	可选口径植被遮阳
	遮阳	窗本身及造型固定外遮阳	可选口径植被遮阳
用能系统	供暖	空气源热泵	太阳能热水＋地板辐射
	供冷	空气源热泵	地表水＋地板辐射 雾化水冷却＋自然通风
	生活热水	屋顶集中式太阳能	
	热回收	75%	

328

目前，中国建筑科学研究院正在对相关示范项目进行检测分析。

1.6　中国建筑科学研究院近零能耗示范建筑

为将我国建筑节能领域的技术研究和国际联合研究成果进行集中展示，引领建筑节能工作迈向更高标准，主要基于中美清洁能源联合研究中心建筑节能合作项目（CERC-BEE）科研成果，自 2013 年 1 月起，由中美双方 30 余位专家联合研究、设计、建造的中国建筑科学研究院"CABR 近零能耗示范建筑"于 2014 年 7 月落成并交付使用。

示范建筑为四层办公建筑，建筑面积 $4025m^2$。示范建筑面向中国建筑节能技术发展的核心问题，秉承"被动优先，主动优化，经济实用"的原则，集成展示 28 项世界前沿的建筑节能和环境控制技术，示范建筑可以达到"冬季不使用传统能源供热、夏季供冷能耗降低 50%，建筑照明能耗降低 75%"的能耗控制指标，控制指标达到"国内领先、国际一流"水平。

示范建筑在建造过程中，得到了中美双方和国际各界的广泛关注，截至 2014 年 12 月，我国科技部、外交部、住建部、能源局、国管局等领导和行业专家，美国国务院、能源部等官员，IEA 和 APEC 等国际组织专家，我国绿色建筑与建筑节能各行业专家、学会、协会、企业等现场指导参观 200 余次，累计人数达 3000 人。

2014 年 7 月 11 日上午，全国政协副主席、国家科技部部长万钢与美国能源部部长厄尼斯·莫尼兹、美国驻华大使马克斯·博卡斯参观了"CABR 近零能耗示范建筑"并出席揭牌仪式。万钢部长向 CABR 近零能耗示范建筑的落成表示祝贺，向所有参与中美清洁能源联合研究中心示范建筑建设的中美双方科研、设计、建造工作人员表示感谢，希望通过科技创新和产学研技术联盟的整合，引领中国建筑技术实现跨越式发展。莫尼兹部长表示，将中美两国的建筑节能工作做好，对全球都具有重要意义和重大贡献，在两国的未来城市建设中，推广近零能耗建筑十分必要，希望中美双方科研人员在未来合作中，将"近零能耗建筑"提升为"净零能耗建筑"，为应对全球气候变化做出更大贡献。

1.7　结　　语

本文梳理了提出"零能耗建筑"一词到目前这一概念被各类政府政策法规、技术发展计划、学术报告广泛使用的发展过程，分析了主要"零能耗建筑"定义的主要内涵，对目前国际典型"零能耗建筑"主要使用的关键技术进行了分析，对我国现有被动式超低能耗绿色建筑项目的实践进行了分析研究，介绍了中国建筑科学研究院近零能耗示范楼主要节能技术。

作者：徐 伟 张时聪 陈 曦（中国建筑科学研究院）

参考文献

[1] V Voss，K. Goetzberger，etal. The self-sufficient solar house in Freiburg - Results of 3 years of operation [J]. Solar Energy，1996（Vol 58）：17-23.

[2] KarstenVoss. From low-energy to net zero-energy buildings：status and perspectives [EB/OL]. [2013-6-1]. http：//www. enob. info/fileadmin/media/Projektbilder/EnOB/Thema _ Nullenergie/Journal _ of _ green _ Building _ FROM _ LOW-ENERGY _ TO _ NET _ ZERO-ENERGY _ BUILDINGS. pdf.

[3] Kilkis，S. A new metric for net- zero carbon buildings[C]. Energy Sustainability 2007，Long Beach，California，2007：219-224.

[4] Torcellini P，Pless S，Deru A M. Zero Energy Buildings：A Critical Look at the Definition [R]. ACEEE Summer Study. Pacific Grove. California：National Renewable Energy Laboratory，2006.

[5] The European parliament and of the council. Directive on the energy performance of buildings（recast）2010/31/EU [EB/OL]. 2010[2013-6-1]. http：//eur-lex. europa. eu/LexUriServ/LexUriServ. do? uri=OJ：L：2010：153：0013：0035：EN：PDF.

[6] Kurnitski J，Allard F，Braham D，etal. How to define nearly net zero energy buildings nZEB-REHVA proposal for uniformed national implementation of EPBD recast[J]. REHVA Journal，2011(May 2011)：6-12.

[7] KirstenEngelund Thomsen. European national strategies to move towards very low energy buildings[EB/OL]. 2008[2013-6-1]. http：//www. euroace. org/PublicDocumentDownload. aspx? Command=Core _ Download&.EntryId=107.

[8] Kramer J，Greska A K A B. The Off-Grid Zero Emission Building[C]. ASME 2007 Energy Sustainability Conference，ASME，2007：573-580.

[9] [EB/OL]. [2013-6-1]. http：//en. wikipedia. org/wiki/Passive _ house.

[10] [EB/OL]. [2013-6-1]. Minergie website，www. minergie. ch.

[11] [EB/OL]. [2013-6-1]. Agenzia Casaclima website，www. agenziacasaclima. it.

[12] Musall E. Net zero Energy Solar Buildings：An Overview and Analysis on Worldwide Building. Projects[EB/OL]. [2013-7-17]. http：//www. enob. info/fileadmin/media/Projektbilder/EnOB/Thema _ Nullenergie/EuroSun _ Conference _ Graz _ 2010 _ Net _ Zero _ Energy _ Solar _ Buildingsx. pdf.

[13] New Building Institute. Getting to Zero 2012 Status Update：A First Look at the Costs and Features of Zero Energy Commercial Buildings. [EB/OL]. [2013-7-17]. http：//newbuildings. org/sites/default/files/GettingtoZeroReport _ 0. pdf.

2 天津市历史风貌建筑保护中的绿色化改造探索与实践

2 Exploration and practice of green retrofit in the protection of historic building in Tianjin

2.1 概　　述

2005 年 9 月天津市颁布了地方性法规《天津市历史风貌建筑保护条例》（以下简称《条例》），此后分 6 批确定了 877 幢、126 万建筑平米历史风貌建筑，同时开展了相应的保护工作，逐步建立了历史风貌建筑保护机制。

这些历史风貌建筑不仅作为历史遗存展示着城市生活的过去，更重要的是它们依然在使用，在现代城市生活中仍然发挥着作用。这些历史风貌建筑虽然在设计之初大多采用了当时先进的设计理念及设备，但是由于这些建筑均有 50 年以上的建成历史，且大部分用能设备存在不同程度的老化，因此在节能方面与现行节能设计规范存在较大差距。

2.2 天津历史风貌建筑整修在绿色化改造方面的难点

绿色环保理念概括起来主要为"四节一环保"，即节水、节电、节能、节材和环保减排。在天津历史风貌建筑的保护实际中既要遵循"保护优先，合理利用；修旧如故，安全适用"的原则，又要兼顾绿色节能理念。天津历史风貌建筑整修在绿色化改造方面存在以下难点：

2.2.1　建筑年代久，风格变化多

根据《条例》规定，天津历史风貌建筑全部为建成 50 年以上的、有着时代特征和地域特色的建筑。其中又以 1860 年为分水岭，将天津的历史风貌建筑分为古代历史风貌建筑（1860 年以前）和近代历史风貌建筑（1860 以后）。古代历史风貌建筑主要为中国传统式建筑，如建于辽代统和二年（984 年）的独乐寺、元朝泰定三年（1326 年）的天后宫、明朝初年（1427 年）的玉皇阁。近代历史风貌建筑是天津历史风貌建筑中数量最多、最具特色的瑰宝，建造年代集中在

20 世纪 30 年代左右，风格多样，包含了西方古典主义、折中主义、哥特式、中西合璧式、现代建筑等建筑形式。

由于建筑风格及结构形式的多样性，因此就决定了历史风貌建筑在绿色化改造的过程中没有固定的模式，必须"一楼一议"、"因楼制宜"。

2.2.2 多为"双重身份"，改造限制严格

由于历史风貌建筑特殊的历史、文化、建筑价值，因此在节能改造工程中受到严格的限制。《条例》规定：天津市的历史风貌建筑根据建筑的历史、科学、艺术和人文资源价值，分为特殊保护、重点保护和一般保护三个级别。每个级别有着不同的保护标准（表 5-2-1）。

不同保护等级历史风貌建筑改造点位要求　　　　　　　　　　表 5-2-1

点位\保护等级	外部造型	饰面材料	外部色彩	内部结构	平面布局	内部装饰
特殊保护	不允许	不允许	不允许	主体结构不允许	不允许	重要装饰不允许
重点保护	不允许	不允许	不允许	重要结构不允许	允许	重要装饰不允许
一般保护	不允许	重要部位不允许	不允许	允许	允许	允许

同时，已挂牌的 877 幢历史风貌建筑中，有各级文物保护单位 699 幢，这些建筑在节能改造的过程中既要遵循《条例》中规定的保护标准，同时还必须满足文物建筑保护的具体规定。

2.2.3 难以按照现行规范进行改造

国家现行有关建筑绿色化改造的各类规范，很难在历史风貌建筑的改造中予以套用。历史风貌建筑在当时的设计建造理念的局限下，很难满足现行规范中环境绿化、土壤检测、停车位数量等方面的规定。

此外，即使套用现行规范进行绿色化改造，在建造绿色化星级标识评定时也会遇到不能参评项数目多，从而不能获得绿色化星级标识，严重影响业主方、设计方、建设施工方等多方的绿色化改造积极性。

2.3 历史风貌建筑绿色化改造探索与实践

历史风貌建筑保护的特殊性决定了其在绿色化改造工程中需合理施工、精心组织，本着"保护优先，合理利用；修旧如故，安全适用"的保护原则，在不破坏原有风貌的情况下最大限度地达到节能环保的要求。

2.3.1　建立"旧材银行"，为历史风貌建筑绿色化改造储备资源

首先建立历史风貌建筑所用材料信息档案。对历史风貌建筑所用材料的种类、材质、规格尺寸、色彩、产地、材料自身标记等特征逐幢进行普查、记录、拍照、登记，在普查的基础上建立材料信息档案，并归纳、分析出使用相同材料的历史风貌建筑及材料的信息。材料信息主要包括砖、瓦、石材及相应装饰构件，木料（如：梁、柱、柁、檩、椽、楼梯、护墙板、龙骨、地板、门窗等），五金配件（如：门窗把手、挺钩、闭门器、灯具及金属装饰件等）（图 5-2-1～图 5-2-4）。

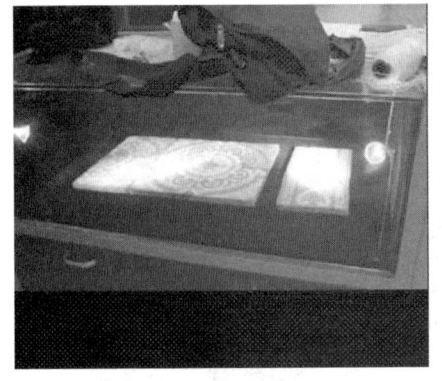

图 5-2-1　历史风貌建筑张勋旧宅需复制添配陶瓷锦砖样品

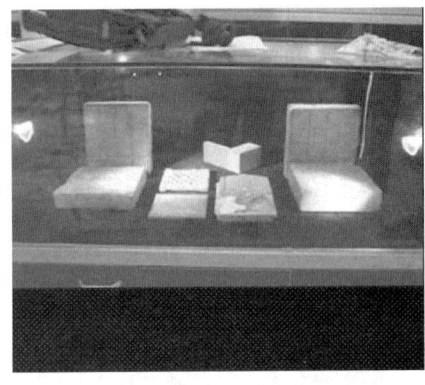

图 5-2-2　历史风貌建筑整修中需复制添配的铁算子、砖、瓦等材料样品

其次对有历史风貌建筑修缮所需材料的非历史风貌建筑开展查勘摸底。从近期将要实施规划拆迁的非历史风貌旧建筑开始查勘，找出可用于历史风貌建筑修缮的各种材料，将查勘资料建立相应信息档案。对照已建立的历史风貌建筑所用材料信息档案，标明各种材料可用的历史风貌建筑名称及可用部位等（图 5-2-5）。

图 5-2-3　历史风貌建筑中需复制添配的砖、石材、瓦等材料样品

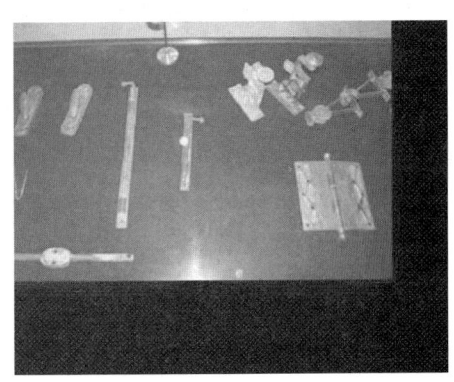

图 5-2-4　静园整修工程中需复制添配的部分五金件样品

图 5-2-5　非历史风貌建筑拆除时收集的护墙板、壁炉、楼梯等

最后，合理采集、利用旧材，这既是绿色环保节能减排的有效措施，也是历史风貌建筑原貌保护的有效方法（图 5-2-6、图 5-2-7）。

图 5-2-6　将左图非历史风貌建筑外檐硫缸砖拆取、清整后，用于右图大理道 13 号历史风貌建筑外檐硫缸砖墙面的修复

图 5-2-7　将左图非历史风貌建筑屋顶木料拆取后用于右图解放北路 91～95 号原华义银行屋顶修复

2.3.2　屋面工程的绿色化改造探索与实践

历史风貌建筑屋顶分为坡屋顶和平屋顶两种形式，在节能改造中主要进行铺设保温材料。

坡屋顶屋面材质多为瓦屋面，在节能环保改造中可在屋面板上加铺保温材料，然后使用原工艺、原材料、原技术进行瓦屋面恢复。加铺保温措施的前提条件是不能破坏历史风貌建筑屋顶的外形原貌。

平屋顶历史风貌建筑及露台等部位可在工程中结合防水材料的铺设改造进行保温材料的铺设，例如，可采用国家专利产品倒置式屋面 CXP 复合保温板用于平屋顶及露台等部位的保温隔热。

图 5-2-8　山益里增设屋顶保温材料

【例1】在山益里整修工程中，将破坏严重的原屋面加固后，铺设聚苯保温层，在保温层上再按照传统大泥凹瓦工艺铺设大筒瓦（图5-2-8）。将传统工艺与绿色化改造相结合，提升了建筑的保温性能。

2.3.3　外墙工程的绿色化改造探索与实践

由于历史风貌建筑保护的特殊要求，在外墙加保温材料会在一定程度上破坏外墙原历史风貌，因此历史风貌建筑外檐墙面的节能改造工程可与外墙整修工程相结合，通过裂缝修复、潮湿碱蚀、渗水补漏等措施改善外墙保温性能，部分历史风貌建筑可通过外墙内装修时加保温层的方式改善节能性能。

2.3.4　外檐门窗工程的绿色化改造探索与实践

历史风貌建筑的外檐门窗现状大致可以分为三类：原状满足节能环保标准的门窗，原状不满足节能环保标准的门窗，后期改造过的门窗。

对于原状满足节能环保标准的门窗，如三槽窗（两玻一纱）（图5-2-9），可适当进行修补，继续使用，也可采取在窗边缘粘贴密封条，提高原有窗的气密性。

对于原状不满足节能环保标准的门窗，可在保持建筑原有历史风貌的条件下，按照节能环保要求更换门窗框及门窗扇，如使用中空保温玻璃或低辐射玻璃、玻璃贴膜等节能措施，窗框可换为断热铝合金等窗框，提高原有窗的保温隔热性能。

【例2】大理道49号建筑物原有门窗为紫棕色钢质门，单槽钢窗，玻璃破损严重，窗框锈蚀严重，保温隔热性能差（图5-2-10）。整修改造后使用紫棕色隔热断桥铝合金门窗代替原有钢门窗，样式保持原风格（图5-2-11）。

图 5-2-9　木制三槽窗

图 5-2-10　改造前外檐门

图 5-2-11　改造后外檐门窗

【例3】 在庆王府、山益里等工程项目中，按照建筑物原始外檐门窗形式，采用实木中空玻璃门窗，在保留建筑原风貌的同时又改善了保温隔热性能（图5-2-12）。

图 5-2-12　改造后贴实木中空玻璃断桥铝门窗

2.3.5　设备的绿色化改造探索与实践

历史风貌建筑由于建造年代久远，原建筑所用上、下水设备、供暖设备及电气等设备均已老化，无法使用，并且与现行节能、环保规范存在较大差距，存在提升空间。

（1）用水设备

历史风貌建筑中原有用水设备普遍

存在线路年久失修、水管老化、严重锈蚀等现象，既浪费了水资源，又导致了管线供水严重不能满足日常使用需求。因此，可配合建筑整修工程更换及规整管线，从而节约能源，提高供水能力。同时，在不破坏有保留价值的设备的情况下，可将原有的抽水马桶更换为智能节水的卫生器具，节约生活用水。

【例4】在庆王府、重庆道26～28号等整修工程中，采用科勒、杜拉维特等最新节能坐便。其用水量为小便1.8L/次、大便6L/次，远远小于传统坐便器9～16L的用水量，节水效果显著（图5-2-13、图5-2-14）。

图5-2-13　重庆道26～28号更换的节能坐便　　　图5-2-14　最新节能坐便

（2）供暖设备

历史风貌建筑在建造之初，部分有供暖设备的多以燃煤锅炉为主。这种供暖设备耗用不可再生资源，不利于节能环保，且占用空间大，在改造中宜选用对历史风貌建筑结构形式影响相对较小的方式，可考虑更换为集中供热、空调采暖等方式。

①集中供暖

这种供暖方式需要市政进行统一部署，涉及面较广，对于提高单体建筑节能效果存在一定难度。如果建筑附近有市政供热管线，可就近利用市政管线进行建筑供暖改造，在保证采暖效果的前提下，室内暖气管道、暖气片尽量隐藏。在有条件的建筑整修中，增设地采暖系统。地采暖技术与传统供暖方式相比，节约能源约10%～30%（图5-2-15）。

图5-2-15　建筑整修中增设地采暖系统

②空调采暖

空暖采暖的方式可以实现同一套系统完成冬季供暖和夏季制冷，因此可根据建筑的具体保护实际，增加中央空调等设备，但设备安装应考虑到建筑的整体性，室外机及室内机的摆放不得影响建筑的风貌。

【例5】重庆道26～28号，该建筑所处的五大道地区城市供热管网不能满足本建筑集中供热的需要，且电力系统不足以满足空调动力。因此，为了满足冬季采暖、夏季制冷的双重需求，采用了以燃气为动力冷媒系统中央空调；为了不影响建筑物的整体效果，在保证建筑结构安全的前提下，将主机安放在后檐平台；为了不破坏室内的装修效果，选用了吊装风机盘管，并将空调系统的管道隐藏在吊顶内；为增加使用舒适程度，增加新风系统（图 5-2-16～图 5-2-19）。

图 5-2-16 空调室外机

图 5-2-17 吊装新风机

图 5-2-18 空调室内机及新风口

图 5-2-19 新风风道

【例6】大理道 49、55 号，建筑各房间均有暖气炉窑，但因年久失修且历经了地震等自然灾害，该采暖系统早已废弃。同时由于建筑所处区域无集中供热管道，为满足冬季采暖和夏季制冷的需求，在综合比较各方案后最终确定采用最新变频技术的多联机空调系统。同时鉴于该建筑为历史风貌建筑，故将空调室外机置于三层露台一角落，保证了院落景观，且不影响建筑的整体效果（图 5-2-20、图 5-2-21）。

在选择空调室内机型时，考虑到建筑物内大多数房间仍保留暖气槽，这为空调室内机的

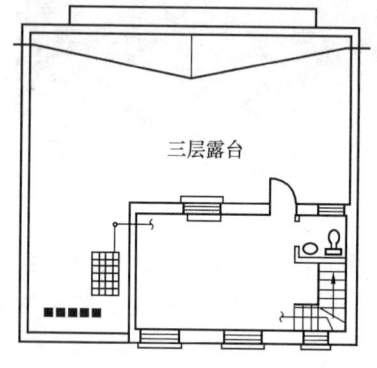

图 5-2-20 空调室外机布置图

布置提供了先天条件，基于此，在该项目中选择了座地明装式空调室内机。在工程中将送风机置于废弃的暖气槽内（图 5-2-22），既不占用室内空间，又能保证内檐装饰的整体效果和室内标高，另外，建筑卫生间充分的利用吊顶空间，选择了暗藏风管式室内机。

图 5-2-21　室外机置于屋顶平台　　　　　　图 5-2-22　室内机置于暖气

为保证历史风貌建筑内檐历史特征及屋内装饰的美观，大理道 49、55 号空调制冷剂铜管的布置综合运用了地板龙骨内布管、灰线内布管、吊顶内布管和立管墙角暗敷的几种方法。安装后管线完全隐藏，整体效果比较理想。（图 5-2-23～图 5-2-25）

图 5-2-23　制冷剂管地板龙骨内布置　　　　图 5-2-24　制冷剂管灰线内布

空调冷凝水管的布置则采用直接穿外墙将冷凝水排至院内和剔内墙暗敷排至屋内卫生间两种方法进行施工（图 5-2-26）。

图 5-2-25　制冷剂立管墙角暗敷

图 5-2-26　穿外墙管排冷凝水

2.4　历史风貌建筑绿色化改造政策、技术支持的思考

近年来在历史风貌建筑绿色化改造实践中，我们认为在政策和技术标准、施工工艺、技术集成等方面还有很大的提升空间。

2.4.1　政策的管理与支持

历史风貌建筑绿色化改造投资大、直接收益小，房屋产权单位、经营管理单位和使用单位的积极性不高。因此建筑绿色化改造的推广需要由政府相关部门来组织实施，并辅以必要的财政资金，才能保障工作的顺利开展。

2.4.2　技术标准的适用与创新

历史风貌建筑绿色化改造是城市建设中新领域，因此需要适用的技术标准予以规范和指导。但目前技术标准整体缺乏，尚需进一步创新。

2.4.3　适用技术的集成

历史风貌建筑绿色化改造涉及的技术、设备和材料较广泛。如何根据实际情况，选用合适的技术进行集成，达到最佳效果，是我们要进一步创新和重点攻关的领域。

2.4.4　注重绿色化改造的实效。

在改造过程中充分考虑到历史风貌建筑的实际情况，选择简单实用的改造内容，使绿色化改造项目与业主的切身利益紧密相关，通过各种节能改造，降低使用成本，提高使用舒适度，使业主切实感受到了绿色建筑带来的诸多便利和实惠，才能得到更广泛的支持与推广。

作者：路红[1]　孙超[2]　傅建华[2]　孔晖[2]（1. 天津市国土资源和房屋管理局；2. 天津市保护风貌建筑办公室）

3 BIM 技术在绿色建筑中的应用实践
3 Application of BIM in green building

人与自然的和谐共处是技术发展的永恒主题，然而，在频频出现的"第一高"、"第一新"、"第一用"的背后，是人们不得不面对并做出慎重思考的环境代价。随着人们生活质量的提升，资源的缺乏、能源的衰竭、环境的破坏已日益成为一种生存隐患。提及能源消耗，三项因素不可忽视：工业、交通、建筑，在我国建筑领域能源消耗占至 26%。研究数据表明，在引发全球气候变暖的数项因素中，过半比例来自于建筑施工与运营。中国建筑业的粗放式发展已经与和谐共处的初衷"不再和谐"，绿色建筑应运而生。

国家《关于加快推动我国绿色建筑发展的实施意见》明确了绿色建筑发展的意义与原则。建筑主体需满足《绿色建筑评价标准》，在全寿命周期内最大限度地节能、节地、节水、节材，保护环境和减少污染，极大带动建筑技术革新，直接推动建筑生产方式的重大变革，促进建筑产业优化升级，拉动节能环保建材、新能源应用、节能服务、咨询等相关产业发展。面对 2020 年单位国内生产总值二氧化碳排放较 2005 年下降 40%～50%的目标，绿色建筑的发展肩负重任。届时，绿建比重将超过 30%，建筑建造和使用过程中的能源、资源消耗水平接近或达到现阶段发达国家水平。

谈及建筑领域的新技术应用与优化升级，BIM 技术无疑是又一关注热点。《2011～2015 年建筑业信息化发展纲要》9 次提及 BIM 技术，《住房城乡建设部关于推进建筑业发展和改革的若干意见》中重申推进建筑信息模型（BIM）等信息技术在工程设计、施工和运行维护全过程的应用，提高综合效益。为进一步实现 BIM 技术的推广应用，各省市分别发布指导意见与实施方法，如《深圳市建设工程质量提升方案（2014～2018 年）》中指明在工程设计领域鼓励推广 BIM 技术，市、区发展改革部门在政府工程设计中考虑 BIM 技术的概算；上海市城乡建设和管理委员会制定出台《关于本市进一步推进装配式建筑发展的若干意见》实施细则，建立一个由政府引导、企业参与的 BIM 技术应用推进平台，加强各参与方的统筹协调和信息互通，组织开展 BIM 技术应用模式、收费标准及相关政策的制定，扩大 BIM 试点应用范围；《山东省人民政府办公厅关于进一步提升建筑质量的意见》指出强化设计方案论证，推广建筑信息模型（BIM）技术，加强设计文件技术交底和现场服务；辽宁省人民政府《推进文化创意和设计服务与相关产业融合发展行动计划》论及加大工程设计单位建筑信息模型（BIM）的推广和应用。几年间，BIM 技术在国内的发展已迅速覆盖诸多省市，成为超高层建筑、异形复杂建筑、政府项目的共有技术标签。

BIM 技术与绿色建筑已无疑成为当今市场提及频率最高的两项词语，人们对它们的关注不止停留于各自"繁荣"，更体现于对二者结合发展的思考。BIM 技术所关注的全生命周期的信息运用、协同工作、资源优化配置等与绿色建筑的发展要义相互契合，为二者的"强强联合"、互促发展奠定了坚实基础。利用 BIM 技术搭建主体模型，辅助完成绿色建筑设计分析，如：最佳朝向分析、气象分析、风向分析、日照分析、室内外声环境分析等，是对绿色建筑应用质量的有力保证。同样，将绿色建筑的发展目标纳入 BIM 工程咨询方案，也让后者有了最契合需求的技术落地点。正因如此，BIM 技术在绿色建筑中的应用屡见不鲜，如中国建筑科学研究院科研新科研大楼、云南省科技馆新馆等等，在探索二者结合应用可行性的同时，也收获着由此产生的工程实际效益。

3.1　BIM 技术在绿色建筑设计中的应用

（1）工程简介

中国建筑科学研究院科研试验楼项目位于北京市朝阳区北三环东路，由中国建筑科学研究院投资兴建。建筑主体分南、北两栋塔楼，中部连廊相接，地下 4 层，地上 20 层，高 79.98m，总建筑面积 64508m²，框架剪力墙结构，外墙采用陶板、铝板及高透玻璃幕墙，与比邻的已有办公主楼风格一致，浑然一体，成为中国建筑科学研究院的新时代地标（图 5-3-1）。

图 5-3-1　中国建筑科学研究院效果图及模型

作为全国建筑行业最大的综合性研究机构，中国建筑科学研究院肩负行业内部多领域的标准制定与课题研究工作，其自主投资并应用的科研主楼势必在工程规划阶段即被赋予科研与实践的双重标签。在试验楼的设计过程中及时存储与绿建评价相关的信息，用 BIM 模型辅助完成性能分析，解决过程中的数据共享、方案调整与新方案评估。

（2）气象数据分析

北京的气候为典型的北温带半湿润大陆性季风气候，夏季高温多雨，冬季寒冷干燥，春秋历时短暂，冬、夏月日照时数差 40～60 小时。利用 BIM 模型与分析软件获取主体建筑更为精准的设计参数与辐射、投影分析，为后期负荷计算、朝向分析提供数据基础，确保主体在日照、通风、景观、负荷等方面取得最优效果（图 5-3-2）。

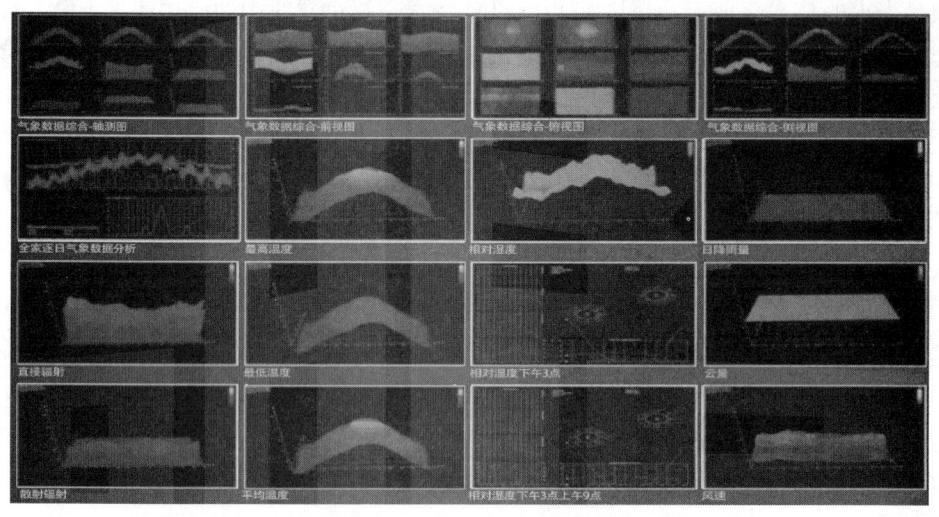

图 5-3-2 气象分析数据图

（3）风环境分析

在 BIM 模型基础上完成室内外风环境分析，控制建筑周围人行区风速，优化外窗朝向与窗墙比，细分供暖、空调区域，最大限度利用自然风满足室内负荷需求，降低空调、采暖能耗（图 5-3-3）。

（4）日照分析

将日照分析、自然采光分析与房间模型相关联，判断室内日照情况与采光系数，保证工程分析数据源的唯一性。

（5）幕墙分析

通过幕墙模型辅助完成开启比例、热工性能分析，后期将图纸输出至专业公司配合完成构件的数字化加工（图 5-3-4）。

（6）能耗分析

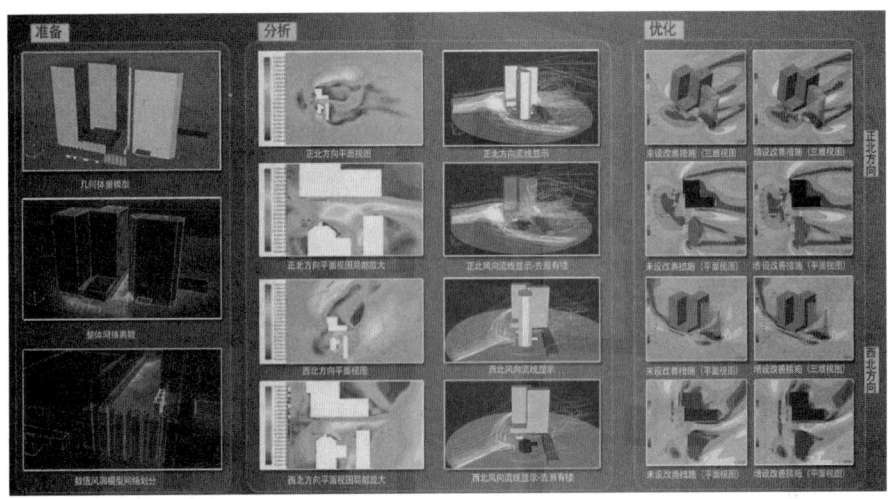

图 5-3-3 风环境分析图

图 5-3-4 幕墙分析

调取模型内部空调系统及设备信息，分析计算建筑节能率、新风量、设备COP 等绿色建筑评价指标。

3.2 BIM 技术在绿色建筑施工中的应用

（1）工程简介

云南省科技馆新馆选址于呈贡新区吴家营片区昆明市行政中心东侧，南临北中央大道，东接景明北路，是一座集科普展览、实验教育及影视播放于一体的标志性公共建筑（效果图如图 5-3-5 所示）。项目总用地面积为 99892.23m²，总建

图 5-3-5　云南省科技馆新馆

筑面积为 58995m²，其中地下建筑面积（六级人防及汽车库）13995m²，地上建筑面积 45000m²。建筑高度 49.6m（屋顶装饰板最高点距室外地面高度），地下 1 层，地上 4 层，层高各异，自下而上依次为 4.50m、10.50m、14.00m、9.5m、15.6m。一至四层局部含有夹层，内部架构错落分层。

造型独特的外部架构与错落有别的空间排布为云科新馆提供了特有的身份标识，而对这一工程"特色"的技术运用与质量监控则成为现场人员所要面对的首轮挑战。BIM 技术在该项目中的运用，既是市场所需，也是监管所需。

（2）设计方案核查与深化

工程现场因图纸问题所引生的二次返工比比皆是，这一设计理念在周期交接中的问题碰撞，违背了绿色建筑、BIM 技术全生命周期运转的发展初衷，产生大量不必要的人、材、能源消耗。利用 BIM 模型的可视化优势，在施工图纸交底过程中细致审核原始设计方案，依据碰撞检测报告解决专业协同间的遗留问题，是对设计质量、施工进展的有效保障，最大限度地降低拆改过程中的废弃量，优化资源（图 5-3-6）。

利用 BIM 技术所做的图纸深化，除涵盖对方案的表述外，更有"量"化辅助说明。如图所示夹层桥架翻弯大样图，利用三维模型精准表达管线综合方案，并列举与该方案配套的配件加增量单，将施工现场重点关注的质与量紧密结合，适应工程需求（图 5-3-7）。

（3）施工方案模拟

利用 BIM 技术完成机电施工工序（图 5-3-8）、钢结构吊装方案模拟（图 5-3-9），明确现场工作的执行方案与技术重点，降低返工几率。

利用 BIM 模型与 PKPM 三维场布软件，完成对施工现场的虚拟建造，规划合理的货物运输路线、施工电梯、塔吊的工作区域，用最低的人、材、机投入，获取最大的工作效益，降低二次运输与现场货物堆放量（图 5-3-10）。

（4）过程管理

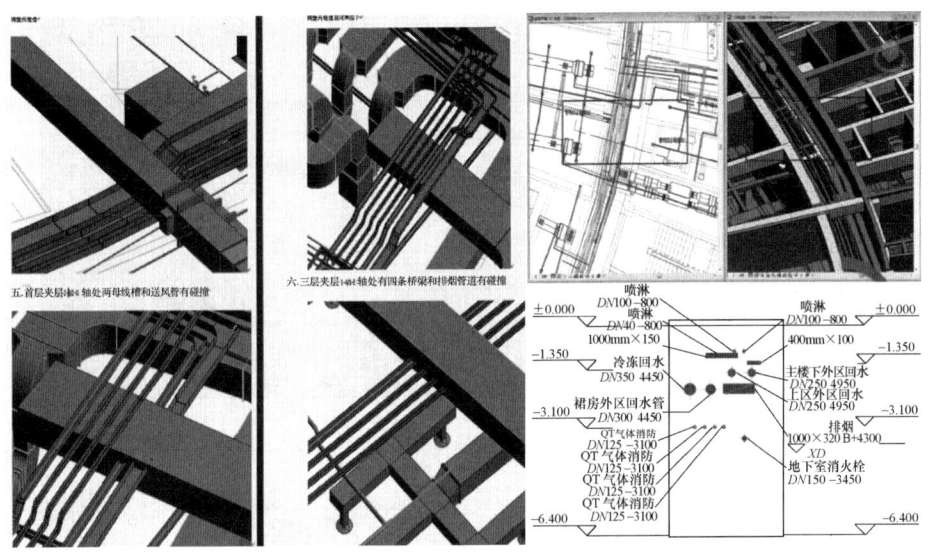

图 5-3-6　碰撞检查与管线综合

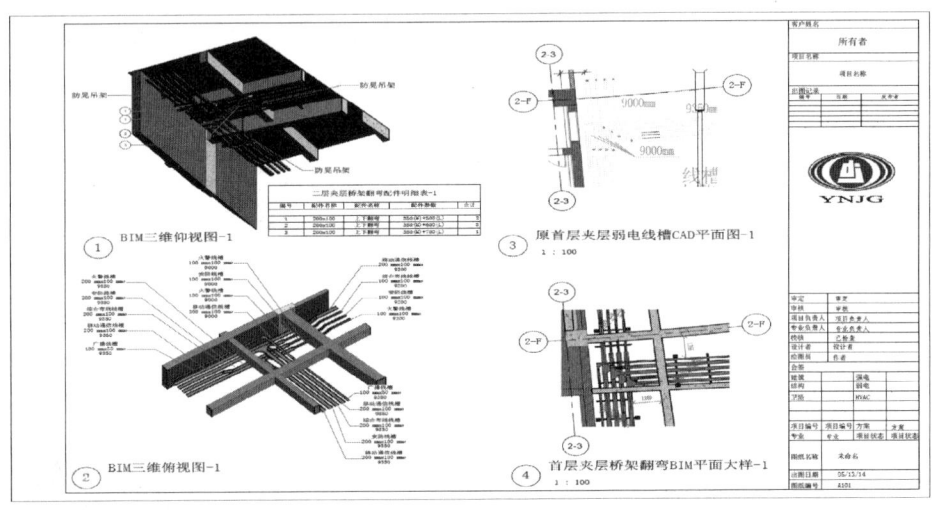

图 5-3-7　桥架节点深化设计图

BIM 技术的核心是对模型所载信息的专业化运用，当模型只是一个孤立的存在，价值也便无从谈起。这也正是 BIM 技术的观望者与初试者的疑惑所在：模型信息该用在哪、要怎么用？为此，建研院 BIM 技术研发中心开发了施工阶段 BIM 管理平台，将模型与需求层层关联，让应用明晰化、具体化、实际化。

图 5-3-11 所示为 PKPMBIM 施工管理平台截图，模型构件与时间、定额逐次挂接，实现对工程进度、成本的动、静管理。与此同时，绿建评星体系中所提及的对交底、变更等过程文件的管理也在该平台中有所体现，图文数据库管理让

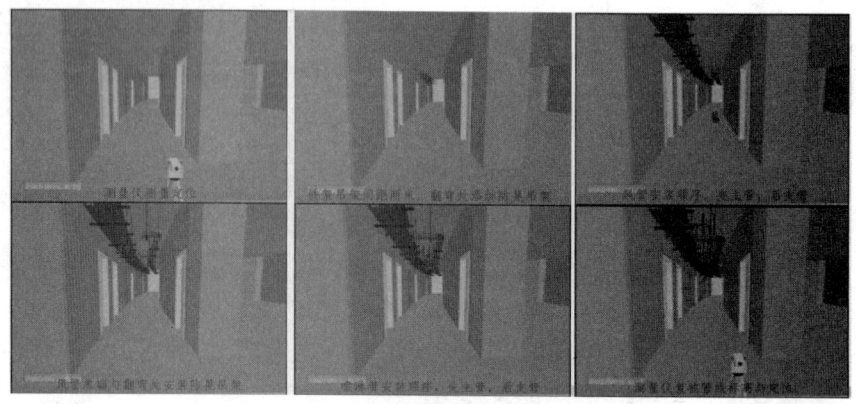

图 5-3-8　机电施工工序模拟（动画截屏）

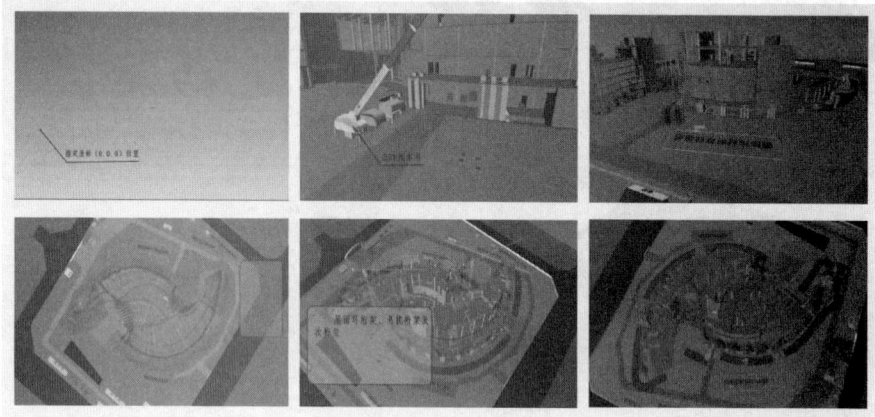

图 5-3-9　钢结构吊装方案模拟（动画截屏）

图 5-3-10　三维场布

繁杂的施工资料变得"有迹可循"、权责分明。

图 5-3-11　PKPM BIM 施工管理平台

3.3　BIM 技术在绿色建筑运维中的应用

（1）工程简介——兰州西站

兰州西站隶属兰州铁路局管辖，有宝兰客运专线、兰新高速铁路、兰渝（成兰）铁路、陇海（包兰）铁路、兰新（兰青、兰合）铁路、兰州经中川至张掖城际铁路等 6 条 10 方向的客运线路交汇于此，是铁道部规划的十大区域性客运中心之一。车站所在地交通便捷，北侧为城市公路主干道西津路，南侧为在建城市主干道南山路。站房工程总建筑面积 99963 平方米，建筑总高度 39.55m，最高聚集人数 10000 人。站房形式采用线侧与高架相结合的布局，进出站流线模式为"上进下出"，站场内设 13 台 26 线，站房工程地上二层，地下一层，局部设有夹层。结构体系采用预应力钢筋混凝土框架结构，屋盖为正交空间管桁架钢结构（图 5-3-12）。项目初期，依据实地信息设置 BIM 实施流程，除常规的 BIM 设计、施工应用外，更为后期运维预留空间。

（2）运行监控

依据后期运维管理需求，完善模型信息，录入订购产品的设备参数、厂家及维护信息，为供暖、通风、空调、照明等设备的自动监控与维保记录创造条件（图 5-3-13）。

（3）隐蔽工程管理与应急预案

多方共同参与交付模型的审核，点点筛查模型信息与现场情况的吻合度，细至对管路焊接点的精准表达，确保后期隐蔽工程管理的有效开展。

图 5-3-12 兰州西站

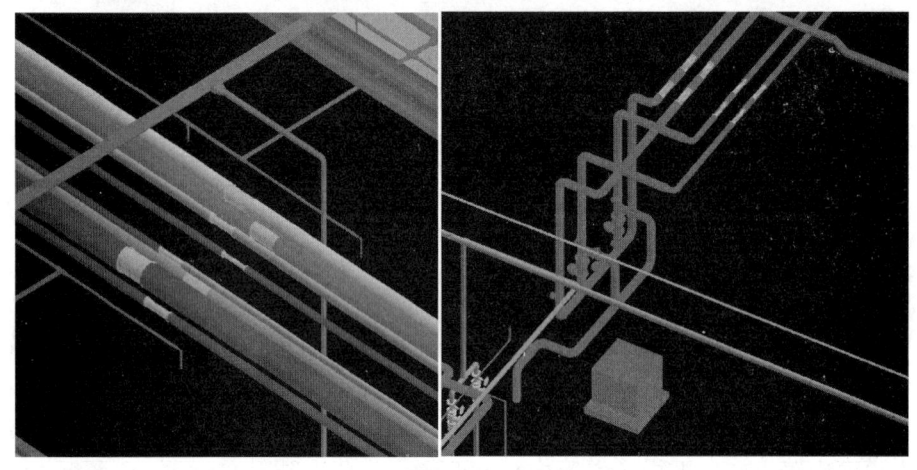

图 5-3-13 运维模型

（4）操作规程管理

图、文、动画展示操作规程技术要点，用于现场工作说明与质量管控。

3.4 小 结

绿色建筑与 BIM 技术虽在各自的领域侧重有别，却都不失为全生命周期运行策略下的一种辅助工具。利用 BIM 模型，辅助完成绿色建筑各项分析模拟与过程管理，是对绿建标准的贯彻执行；经由对绿建评标的相关思考，拓展与完善 BIM 技术的应用范畴，也是对 BIM 价值体系的有力提升。二者相辅相成，互促发展，若能在设计、施工、运维阶段定位更多的技术结合点并加以实践，将是节能减排、提高工效的又一佳径。

作者：王静　肖婧（中国建筑科学研究院）

参考文献

［1］　陈子颖，林宇，张月燕 . BIM 技术在绿色建筑设计中的应用［J］. 建筑设计管理，2013，
　　　　6(5)：14-18.

［2］　赵志安，邱相武，姜立，张雷 . BIM 技术在绿色建筑设计系列软件中的应用探讨［J］. 土
　　　　木建筑工程信息技术，2012，4(4)：115-118.

［3］　黄锰钢，王鹏翊 . BIM 在施工总承包项目管理中的应用价值探索［J］. 土木建筑工程信息
　　　　技术，2013，5(5)：88-91.

［4］　张雷，姜立，叶敏青 . 基于 BIM 技术的绿色建筑预评估系统研究［J］. 土木建筑工程信息
　　　　技术，2011，3(1)：31-36.

［5］　互联网资料［G］

4 我国严寒和寒冷地区绿色保障性住房规划与建筑设计策略

4 Planning and design strategy of green affordable housing in severe cold and cold area

我国到"十二五"期末，全国保障性住房覆盖面将达到20％左右，力争使城镇中等偏下和低收入家庭住房困难问题得到基本解决，新就业职工住房困难问题得到有效缓解，外来务工人员居住条件得到明显改善。为达到这一目标，使我国大量快速建设的保障性住房能够符合"四节一环保"的绿色建筑要求，就需要我们从建筑全寿命期的角度对规划和建筑设计进行系统性的技术研究和探讨。

绿色保障性住房的规划与建筑设计是一个系统工程，它所涉及的问题包含了建筑的全寿命期：绿色建筑策划、规划与景观设计、建筑与智能化设计、室内外环境质量、绿色施工与运营管理等阶段不同的相关技术要素。而以上所涉及的这些要素又与其建设过程中的开发管理、文化生态和建造运营等要素密切相关。所以，构建一个系统的设计研究工作模型，对指导绿色保障性住房的设计工作，抓住和解决主要问题，提升保障性住房的居住环境质量和品质十分重要，见图5-4-1。只有这样，

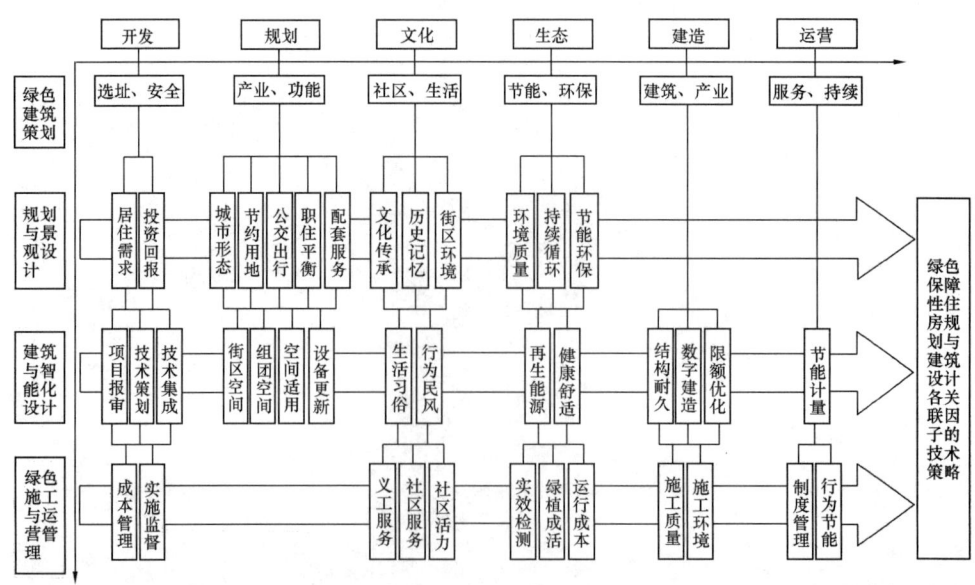

图 5-4-1　绿色保障性住房规划与建筑设计研究系统工作模型

才能够真正地体现以人为本的原则，使我国保障性住房在全寿命期内最大限度地节约资源、保护环境和减少污染，为群众提供健康、适用、高效的居住环境。

4.1 规 划 设 计

4.1.1 用地规划

（1）保障性住房用地选址应选择地质条件安全可靠、环境适宜、公共交通便利、方便居民出行的区域。该区域的城市功能和产业功能应多元混合，并通过搭建适合居民就业的产业配套设施平台，解决居民就近就业，满足职住平衡发展的要求。

保障性住房应当采取"大分散、小集中"的建设方式，既要按组团建设满足其特定的物业服务要求，又应与普通商品住房小区搭配建设，最终通过社区服务和社区治理，打开各组团围墙形成开放融合的社区，避免社会结构和社会阶层的割裂。

保障性住房应建设在商业、教育、医疗、文化等公共服务设施以及市政配套设施齐全的区域；或公共服务设施与市政配套设施能够与保障性住房同步规划，同步实施并同期投入使用的区域，见图 5-4-2。

（2）由于保障性住房小区的居住人口密度较高，在城市新建区和旧区改建的项目，应通过加大路网密度、打通道路微循环等措施，满足城市交通疏导要求。

保障性住房的空间规划应与城市肌理和地域文化相协调，场地内可保留的旧建筑要进行再利用，结合城市发展要求赋予旧建筑新的使用功能。同时，注意留存区域内和场地内"有形"和"无形"的文化历史记忆，避免该区域历史文化记忆的隔断。

保障性住房小区的场地竖向设计应进行合理性论证，做好土方经济平衡，并采取技术措施确保场地土壤保水和防止内涝。场地内设置突发灾害的应急疏散引导标识系统和应急救护设备。

（3）保障性住房的规划应节约城市建设用地，应以多层住房、中高层住房、高层住房为主，不得建设低层住房（有限高要求的区域除外）。人均居住用地指标：4～6 层，23～26m^2；7～12 层，22～24m^2；13～18 层，20～22m^2；19 层以上，11～13m^2。应合理利用地下空间，地下空间可作为人防空间、车库、设备机房、公共设施、储藏等；同时地下人防空间宜做到平战结合的综合利用（认定不适宜建设地下空间的项目除外）。其住房建筑面积净密度应控制在 1.5～2.5；建筑净密度应控制在 20%～28%。以小区形式独立建设的保障性住房小区，新区建设绿地率不应低于 30%，旧区建设不低于 25%。

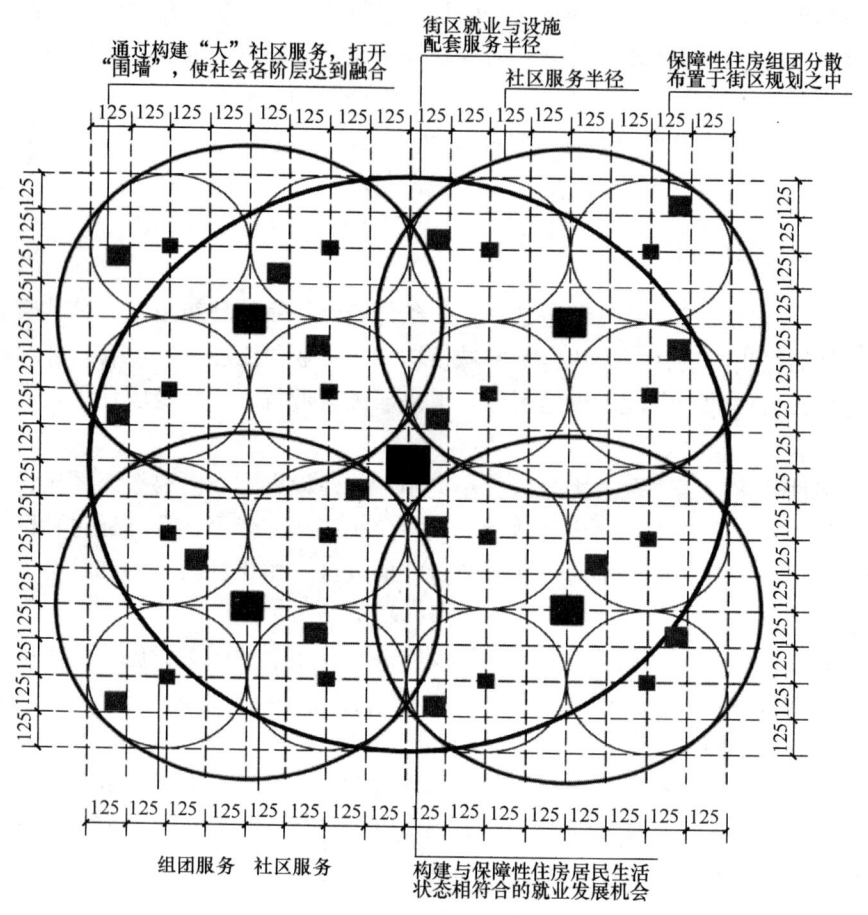

通过构建"大"社区服务，打开
"围墙"，使社会各阶层达到融合

街区就业与设施
配套服务半径

社区服务半径

保障性住房组团分散
布置于街区规划之中

组团服务 社区服务

构建与保障性住房居民生活
状态相符合的就业发展机会

图 5-4-2 理想的保障性住房社区构建模型

注：图中格网所示为街区尺度，单位为 m

4.1.2 交通规划

（1）保障性住房小区不应在城市主干道设置机动车出入口；临街布置的住房，其单元出入口应避免直接开向城市道路和街区道路；用地内机动车道路应满足消防、防灾、救护、工程救险等通行要求，道路规划"顺而不穿，通而不畅"。

小区道路可采取分层级的人车分流方式，小区级道路系统可采用人车混行，组团级道路系统可采用人车分流方式。小区与公共交通站点应有便捷的联系，小区出入口到达公共汽车站点的步行距离不宜超过 500m。为解决居民出行"最后一里地"的个人交通问题，可在小区出入口与站点处设置自行车租赁和停放场地。小区步行道路应连续贯通，且与小区主要出入口联通，方便居民步行出行。小区内的主要道路与主要户外活动场地均应符合无障碍设计要求，满足肢体和视力障碍者的方便出行。

（2）根据项目建设条件，合理设计地面机动车停车位和访客停车位，综合考虑地下停车或机械停车等方式；并考虑自行车出行和存放的方便，考虑到未来发展的需求，预留一定的停车空间。小区的停车设施宜采用错时停车管理方式向社会开放，提高停车场（库）使用效率。停车场（库）的位置及出入口应选择在不影响居住者生活质量，且不影响景观环境的位置。自行车停车位与住房出入口距离不宜大于 150m，并应考虑肢体障碍者和老年人的需求，布置一定数量的肢体障碍助力车、小型三轮车停车位，且应设有遮蔽雨雪和安全防盗措施。自行车（机动车）停车场所应设置可计量收费的充电桩。

4.1.3 空间布局

（1）保障性住房小区的空间布局应根据不同地区的用地规划条件，采用不同的建筑高度、楼体形式和不同的空间形态，形成丰富的建筑群体空间轮廓线。

其住房布局以南北朝向为主，每套住房至少应有一间居室空间能获得冬季日照，其日照标准应符合当地日照标准的相关规定（单居室宿舍建筑除外），楼体间距和单元组合长度可综合考虑采光、通风、消防、防灾、管线埋设、视觉卫生等要求，并符合当地规划部门所规定的相关要求。专供老年人居住的保障性住房日照标准不应小于冬至日 2 小时的日照，宿舍半数以上的居室，应获得同住房居住空间相同的日照标准，托儿所、幼儿园的主要生活用房应能获得冬至日不小于 3h 的日照标准。

（2）小区的建筑群体规划布局应有利于夏季自然通风，可考虑采用错列式或斜列式布局，并使建筑与夏季主导风向的投射角不大于 45°，公共绿地的空间布局有利于形成风道和夏季主导风的气流通畅。

4.1.4 公共服务配套设施

（1）保障性住房小区的公共服务配套设施应与住房同步规划、同步建设和同期交付。公共服务配套设施应与居住人口规模相对应，采取集中与分散相结合的模式，并向周边居民开放使用，商业服务、金融邮电和文化体育等配套设施宜集中布置。

（2）场地出入口到达日常生活商业服务设施的步行距离不应超过 500m；到达幼儿园的步行距离不应超过 300m。同时，场地周边应设有医疗卫生、文化体育、金融邮电、社区服务、市政公用等公共服务设施，对场地内外已有的公共服务配套设施应进行调查与利用评估，确定合理的利用方式。

（3）对居住卫生和噪声干扰较大的商业服务配套设施（如餐馆、社区卫生服务中心等），不应直接布置在保障性住房标准层的投影范围内。临街商业服务配套设施不得沿地块周边围合封闭设置，避免其隔断城市街景环境与组团内部景观环境的相互贯通。

（4）小区的公共厕所服务半径为 $150\sim200m$，配建面积标准为：$6\sim10m^2/$千人。小区应设置室外健身活动场地并布置可供居民锻炼的健身器械。小区的垃圾收集站、垃圾压缩站周边应设置绿化隔离带和绿化遮蔽措施，与住房的距离应大于 $5m$。

（5）小区应结合该区域的总体规划，针对老年人和残疾人合理配置老年人日间照料中心、社区老年服务中心和助残公共服务设施，满足社区养老、居家上门护理和助残的社会需求。新建保障性住房小区配建专供老年人居住的住房比例不宜小于 2%，其位置宜靠近相关服务设施和公共绿地。

4.2　建　筑　设　计

4.2.1　产业现代化技术

（1）应执行模数协调原则，使楼栋单元、套内空间、构配件和部品等模数化、模块化，满足住房产业现代化技术要求。采用"大板"结构体系，减少套内承重墙体，形成"可变"空间，满足全寿命期建筑耐久性、防火安全性、适老宜居性、居住适应性和方便维护性的要求。

（2）建筑设计应符合建筑产业现代化设计要求，整合和集成部品部件，提高部品群的标准化率、通用性和可兼容性。使承重体与填充体分离，降低工业化建造和维护更新成本，满足保障性住房可持续更新改造的需要。

4.2.2　套内空间设计

（1）保障性住房应独立成套建设，其建筑设计应综合考虑住房使用功能、空间组合、家庭人口、代际关系、风俗习惯以及现代生活方式等因素，满足中低收入家庭的基本居住生活需求。符合"套型小、功能全、精细化、全装修"的套型设计原则。

（2）套型平面应规整，不应有较大的凹凸变化。套型设计应通过优化公共交通空间和设备管井布置，减少公摊面积。套内居住功能空间应根据人体工程学要求，布局紧凑，流线通畅，满足家具、储藏柜体和家用设备的摆放，使居住空间尺度适宜合理。部分套型（家庭结构为 $1\sim2$ 人）的户间隔墙应考虑未来发展和改造的需要，应留有套型连通和可拆改的可能。可采用模块化设计手法将入户过渡空间、厨卫空间、阳台空间、储藏空间形成标准化的模块组合体系，用少量的模块、部品群组合成多样的套型模块，见表 5-4-1、表 5-4-2。

套型、厨卫、玄关和阳台模块组合 表 5-4-1

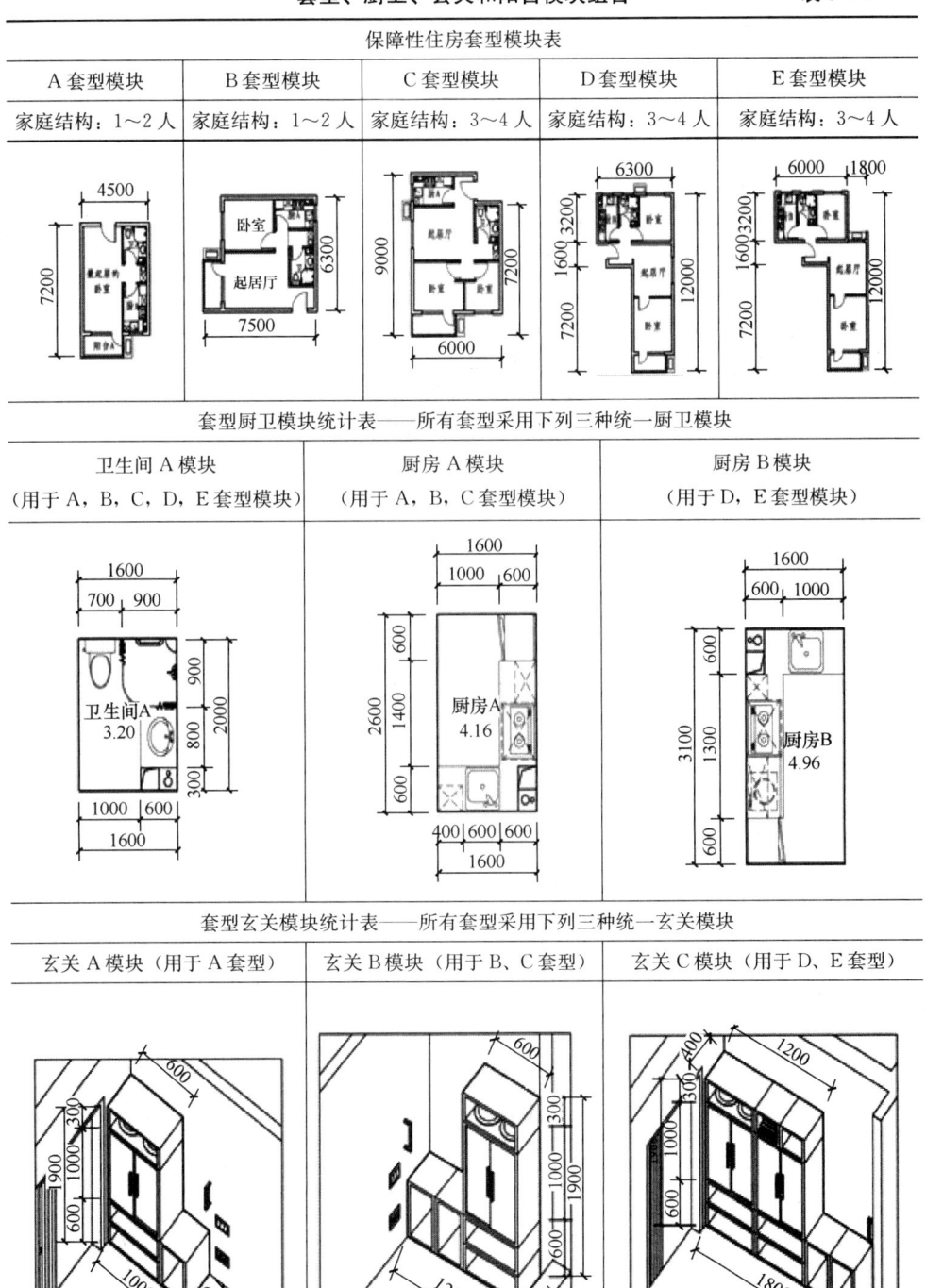

保障性住房套型模块表

A 套型模块	B 套型模块	C 套型模块	D 套型模块	E 套型模块
家庭结构：1～2 人	家庭结构：1～2 人	家庭结构：3～4 人	家庭结构：3～4 人	家庭结构：3～4 人

套型厨卫模块统计表——所有套型采用下列三种统一厨卫模块

卫生间 A 模块	厨房 A 模块	厨房 B 模块
（用于 A，B，C，D，E 套型模块）	（用于 A，B，C 套型模块）	（用于 D，E 套型模块）

套型玄关模块统计表——所有套型采用下列三种统一玄关模块

玄关 A 模块（用于 A 套型）	玄关 B 模块（用于 B、C 套型）	玄关 C 模块（用于 D、E 套型）

续表

套型阳台模块统计表——所有套型采用下列一种统一阳台模块
阳台A模块（用于A、B、C、D、E套型）

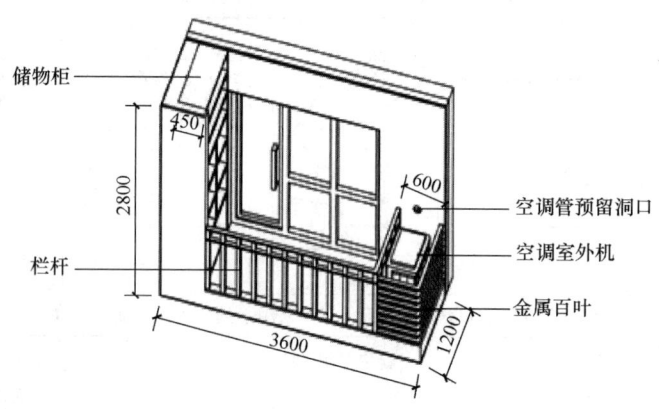

储物柜　栏杆　450　2800　3600　1200　600　空调管预留洞口　空调室外机　金属百叶

套型模块组合方式 表 5-4-2

套型组合方式示意表

名称	层数	楼栋标准化组合示意	特点简述
模块组合方案一	18层以上	C C / A A / A A / C A A C	标准层10套的塔楼组合平面，外形方正，平面尺寸 24m×24m
模块组合方案二	18层以上	B / D A A A A A A C	标准层9套的板楼组合平面，单元开间约38m，进深约15m单元不可拼接
模块组合方案三	18层以上	D A A A A A E	标准层7套的板楼组合平面，单元开间约29.5m，进深约12m；E套型一端可对称拼接为双单元

续表

套型组合方式示意表

名称	层数	楼栋标准化组合示意	特点简述
模块组合方案四	12～18层	B C A A A A E	标准层7套的板楼组合平面，单元开间约29m，进深约15m；E套型一端可对称拼接为双单元

（3）入户过渡空间应满足储藏（鞋柜、挂衣架）和坐姿换鞋的空间尺度要求，并应将配电箱隐蔽设置于其内。起居室（厅）内不应开设过多的门或门洞，至少有一处可供布置家具的墙面，其连续直线长度应大于3m。起居室（厅）的布置应考虑观看电视的卫生视距，卧室墙面短边净距应满足摆放床位和床头柜的空间尺度要求。

（4）厨房与就餐空间应就近布置，厨房隔墙应采用轻质隔墙，满足适应性要求和适老性改造。厨房应直接天然采光自然通风（单居室住房采用电炊设备时除外）。厨房空间的布局应遵循洗、切、炒原则，合理布置洗涤池、案台、炉灶、排油烟机、冰箱等设备。炉灶应避开窗口设置，炉灶下方不得布置电器设备。排油烟机的位置应与炉灶位置对应，并应与排气道直接联通。冰箱与炉灶不应紧邻放置，当厨房空间有限时，可在餐厅中预留冰箱位置。

厨房内设备及管线应进行管线综合设计，各种横向管线宜设于橱柜下部，各种竖向管线应集中设置于工业化加工的管道井内，方便设备管线的维护和更换。竖向通风道的断面尺寸应根据所担负的排气量计算确定，并应采取"支管无回流、竖井无泄漏、加大竖井屋顶热压拔风或直排通风"等防串味技术措施。

（5）卫生间空间尺寸应符合模数化设计原则，满足整体卫浴的安装要求。卫生间宜采用洗漱、沐浴与便溺功能分开设置的布局，提高卫浴空间使用效率。应通过优化立体空间布局，集约布置贮纳、晾衣、盥洗、便溺和洗衣机等功能。卫生间的空间尺寸（或可改造的空间尺寸）适合老年人使用要求，且应预留安装各种助力防护扶手的位置。洗面器不应设置于窗体前，排水立管应避免靠近与卧室相邻的内墙布置，避免对卧室造成噪声干扰。

（6）阳台应全部进行封闭，阳台净深度不应小于1.2m。当洗衣机设置于阳台时，洗衣机位应设置插座、专用地漏和给水龙头。套内应设置面积适宜的储藏空间，可在入户过渡空间、卧室、厨卫、阳台等处设置储藏空间（或预留可供布置储藏空间的墙面），也可用家具作为空间隔断，增加储藏空间面积。

（7）不应设置凸窗和大面积的落地窗，相同类型房间门窗洞口尺寸应统一模数和规格，其门窗可开启面积和位置应能够满足过渡季户内通风顺畅的要求。卫生间的门宜采用外开门或推拉门，满足适老性使用要求。分户门应采用具备防盗、保温、隔声功能的安全防护门。底层住房外窗及开向公共走廊的窗户应设安全防护设施。

（8）针对老年人和残疾人设计的套型，应符合通行无障碍、操作无障碍、信息感知无障碍的使用要求。套内空间不应设置高差，并应满足轮椅使用者和视觉障碍者的起居生活要求，必要的部位应设置助力防护扶手和应急呼救装置。

4.2.3　共用空间及设备

（1）应优化地下空间的建筑布局与结构设计，确定合理的单位车位面积以及空间剖面尺寸，达到节约用材的目的。地下车库出入口坡道开口段上空应设置遮蔽雨雪的罩棚，减轻雨雪天对坡道路面湿滑的影响。地下空间可通过设置采光天井、导光管和反光装置将天然光引入地下公共空间、停车库或设备用房。

（2）十二层及十二层以上的住房，每栋楼设置电梯不应少于两台，其中应设置一台可容纳担架的电梯。当电梯承载量为 1000kg，轿厢尺寸为 1.6m（宽）×1.5m（深）时，可采用斜角担架满足电梯轿厢可容纳担架的要求，并可将该斜角担架配置在单元门厅的柜体内；当电梯承载量为 800kg 时，可采用"备箱式"电梯，满足电梯轿厢可容纳急救担架的要求，见图 5-4-3。

（3）其电梯应采用节能型电梯，并采用节能控制方式，楼电梯间和公共走道等公用空间宜自然采光通风。楼电梯间、公共走道、单元门厅、地下停车场等公用空间的照明系统应采取分区、定时、感应等节能控制措施。同时，共用空间的照明功率密度值均不应高于现行国家标准《建筑照明设计标准》GB 50034 规定的目标值。

（4）设置餐饮功能的商业服务配套设施应预留集中排烟道，并采取高空排放烟气的技术措施。排烟道的高温与油渍不得对相邻住户产生影响，不得直接利用相邻住户墙体做烟道壁。

4.2.4　围护结构节能

（1）应按照"被动措施优先"的原则，建筑体形系数、窗墙面积比、建筑围护结构热工参数、外窗气密性等指标按照现行行业标准《严寒和寒冷地区居住建筑节能设计标准》JGJ 26 中规定的权衡判断来判定住房是否满足节能要求。

（2）应对外墙与屋面的热桥部位，外窗（门）洞口室外部分的侧墙部位加强保温防渗漏节点处理，其构造措施见图 5-4-4，保证热桥部位的内表面温度不低于设计状态下的室内空气露点温度，减小附加热损失。单元出入口处应设有门斗或其他避风防寒措施。围护结构施工中使用的保温材料性能和材料产品复检项目

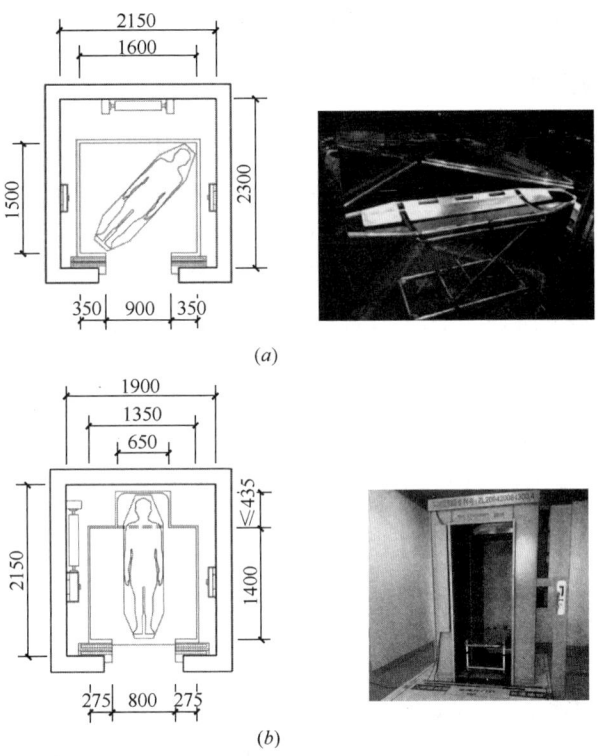

图 5-4-3　电梯轿厢尺寸

（a）承载量 1000kg 的电梯轿厢尺寸为 1.6m（宽）×1.5m（深）；

（b）承载量 800kg 的电梯轿厢尺寸为 1.35m（宽）×1.4m（深）

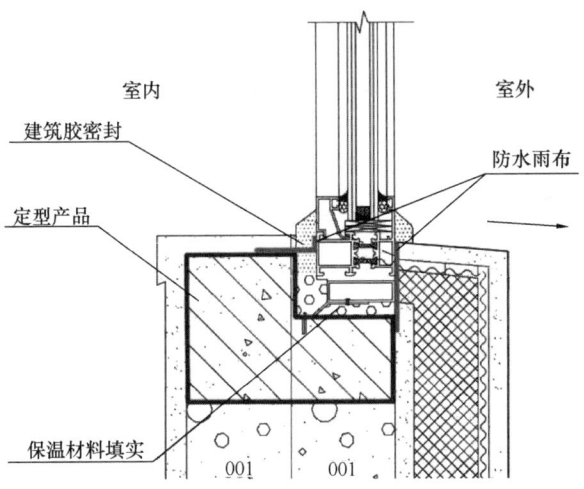

图 5-4-4　外围护结构窗洞口保温防渗漏构造措施

应符合国家和地方标准规范的相关规定。

4.2.5 结构优化与节材

（1）保障性住房应避免平面、立面和形体的不规则，降低体型系数。通过优化结构体系，既满足抗震设计要求，又可达到减少建筑材料消耗总量的目的。并通过合理选用高强度钢材，减轻结构自重，减少钢材用量。

（2）设计应采用耐久性好的建筑材料，减少住房的维修次数，延长住房使用寿命。在设计和施工阶段宜就地取材，选用距离施工现场 500km 范围内生产的建筑材料，减少材料运输过程资源、能源消耗和环境污染。同时，建筑材料及制品不得采用国家和地方禁止及限制使用的材料及制品。应考虑部品部件组合的同寿命，建筑不同寿命部件组合宜便于分别拆换和更新。在满足使用性能的前提下，宜采用工业废弃物、建筑垃圾、淤泥为原料制作的水泥、混凝土、砌块、墙板和保温材料等建筑材料。

4.2.6 居室设备设施

（1）保障性住房套内供暖末端装置应可独立调节。每套住房均采用卡式表具或远程抄表系统对水、电、气进行分户计量，并采用节水器具和节能型灯具。阳台均应进行封闭，并利用南向封闭阳台和所铺设的蓄热材料储蓄冬季太阳热量。封闭阳台内不应设置雨落水管，避免对居室造成噪声干扰。

燃气热水器宜设置在与厨房相邻的生活阳台上，若无生活阳台时，可放置在厨房内，但不得进行遮挡及封闭安装。燃气热水器应根据当地气候条件选用强制排气式热水器，排烟管须直通室外。

（2）可根据项目具体情况采用集中采热分户供热或分户采热的方式设置太阳能生活热水系统，由可再生能源（太阳能）提供的生活热水用户比例不低于 50%。

4.2.7 建筑外饰设计

（1）保障性住房造型设计应简约，且无大量装饰性构件。建筑风格、建筑色彩和外饰细部等应与当地地域文化特征以及周边自然环境相协调。并通过色彩、屋顶、阳台和窗体的细部变化避免建筑群体的单调。

（2）当采用太阳能分户集热设备时，外墙外挂式太阳能集热板应与建筑一体化设计；当采用分体空调时，空调室外机罩应与建筑一体化设计，形成良好的立面视觉效果。为防止出入口上方物品坠落砸伤居民，出入口上方的阳台不应安装透空阳台栏板，出入口上方窗台外部不应设置可供摆放物品的构件。

4.3　智　能　化　设　计

4.3.1　智能化系统构成

（1）保障性住房小区的智能化系统包括通信网络系统、消防及安全防范系统、设备管理系统、居住人员及物业管理系统。采用宽带接入网、控制网、有线电视网、电话网和家庭网的多网融合技术，通信传输应采用光纤到户方式，并应满足多家运营商和经营者平等接入，用户可自由选择的需求。

（2）小区智能化系统设计应与项目工程的规划、设计和施工同步进行，并同期交付。硬件设备应具有兼容性，便于系统产品更新、升级、扩展和维护。系统软件应支持硬件设备的更新，并应具有可靠性、扩充性和安全性。

4.3.2　物业管理中心智能化系统

（1）物业管理中心的智能化系统应能够接受并处理消防报警、电梯及各种设备设施的故障报警，能够对室外照明进行定时启闭控制，以及能够与社区服务中心的智慧社区服务平台联通，满足社区智慧服务运营商所提供的有关家政、养老、紧急救援、远程医疗、网上娱乐和信息咨询等各项互联网服务。

（2）保障性住房应设置"一卡通"系统，对门禁和车辆出入应采用 IC 卡管理，并预留"一卡通"的社区消费、电商物流接收、公交出行、自行车租赁等多功能发展的可能性。设置保障性住房居住人员管理系统，通过"一卡通"住户识别和"保障性住房住户管理平台"，对住户租赁情况进行实效管理。

4.3.3　室外公共场所及住房智能化系统

（1）室外公共场所的智能化系统可选择设置紧急广播装置、小区出入口和重要部位安装视频监控摄像机、小区机动车出入口处设置车辆出入及停车场管理装置、小区周界设置越界探测报警装置等。

（2）住房智能化系统包括：单元门设置门禁系统、访客对讲系统、电话、电视、信息网络插座、家庭智能控制箱、水、电、气 IC 卡能耗表或远传抄表系统。家庭智能控制箱内应设置电话、电视、信息网络、智能化网络接入装置，箱内应预留适当空间以备扩展。

作者：薛峰（中国中建设计集团（直营总部））

参考文献

［1］　住房城乡建设部通知：保障性住房实施绿色建筑行动《建设科技》2014 年第 02 期

［2］　仇保兴. 推广绿色建筑促进节能减排［J］. 广西城镇建设；2008 年 07 期

［3］　春华. 深圳将建国家级绿色建筑示范区［J］. 城市住宅；2008 年 04 期

［4］　高尔剑. 深圳市保障性住房绿色建筑开发实践［J］. 住宅产业；2011 年 04 期

5 我国绿色工业建筑的实践与展望

5 Practice and prospect of green industrial building in China

《国家新型城镇化规划（2014～2020年）》提出了"四化同步，统筹城乡"和"生态文明，绿色低碳"的基本原则，其中加快绿色城市建设具体要求包括：将生态文明理念全面融入城市发展，严格控制高耗能、高排放行业发展，实施绿色建筑行动计划、完善绿色建筑标准及认证体系、扩大强制执行范围等。

近年来，我国工业化建设快速发展，工业建筑项目数量猛增，将绿色建筑理念引入工业建筑领域，建设在可持续发展的建设场地、节能与能源利用、节水与水资源利用、节材与材料资源利用、室外环境与污染物控制、室内环境与职业健康、运行管理等方面符合"资源节约环境友好型"和"可持续发展"理念并可满足工艺生产及使用者需求的绿色工业建筑，对开展节能减排、落实绿色转型具有重大意义。

5.1 我国绿色工业建筑发展情况

绿色工业建筑是指在建筑的全寿命周期内，最大限度地节能、节地、节水、节材、保护环境和减少污染，为生产、科研和人员提供适用、健康安全和高效的使用空间，与自然和谐共生的工业建筑。它是绿色建筑的重要组成部分，实施绿色工业建筑是推动工业化和城镇化良性互动重要手段。目前，我国在绿色工业建筑发展已取得一定成果。住房和城乡建设部于2010年8月、2013年8月先后颁布了《绿色工业建筑评价导则》和《绿色工业建筑评价标准》作为绿色工业建筑评价的技术依据。2012年8月15日，绿色工业建筑评价工作正式启动，此后一直稳步发展。

截至2014年底，共有28个项目提交申报资料，建筑面积总计517.67万m²，其中27个项目通过专家评审，22个项目经公示获得标识（设计标识19个，运行标识3个，详见表5-5-1），累计建筑面积485.35万m²。

已获得标识的绿色工业建筑项目 表5-5-1

项目名称	星级	面积	申报单位	建设地	所属行业
博思格建筑系统（西安）有限公司新建工厂工程	★★★	5.22万m²	博思格建筑系统（西安）有限公司、机械工业第六设计研究院有限公司	西安	金属制品业

项目名称	星级	面积	申报单位	建设地	所属行业
南京天加空调设备有限公司大型中央空调产业制造基地项目（设计阶段）	★★	5.21万 m²	南京天加空调设备有限公司、中国建筑科学研究院	南京	通用设备制造业
友达能源（天津）光伏厂房	★★★	4.51万 m²	友达能源（天津）有限公司、中国建筑科学研究院上海分院	天津	计算机、通信和其他电子设备制造业
广州市华德工业有限公司二期工程	★★	1.5万 m²	广州市华德工业有限公司、中国建筑科学研究院建筑环境与节能研究院、中国轻工业广州工程有限公司	广州	通用设备制造业
柳工大型装载机研发制造基地	★★	5.2万 m²	广西柳工机械股份有限公司、中国建筑科学研究院上海分院、机械工业第三设计研究院	柳州	通用设备制造业
一汽-大众汽车有限公司佛山工厂	★★★	61.56万 m²	一汽-大众汽车有限公司、中国建筑科学研究院天津分院、机械工业第九设计研究院有限公司	佛山	汽车制造业
深圳雷柏科技工业厂区厂房	★★	8.25万 m²	深圳雷柏科技股份有限公司、中国建筑科学研究院深圳分院、深圳市国际印象建筑设计院有限公司	深圳	计算机、通信和其他电子设备制造业
天津永高塑业发展有限公司一期厂房3、4、7号车间项目	★	19.97万 m²	天津永高塑业发展有限公司、浙江鸿地建筑设计有限公司、中国建筑科学研究院上海分院	天津	橡胶和塑料制品业
南京天加空调设备有限公司大型中央空调产业制造基地项目（运行阶段）	★★★	5.41万 m²	南京天加空调设备有限公司、中国建筑科学研究院建筑环境与节能研究院、信息产业电子第十一设计研究院有限公司	南京	通用设备制造业
杭州江东开发建设投资有限责任公司标准厂房项目	★★	3.18万 m²	杭州江东开发建设投资有限责任公司、中国联合工程公司、浙江联泰建筑节能科技有限公司	杭州	铁路、船舶、航空航天和其他运输设备制造业
宁夏共享装备数字化铸造工厂示范工程	★★★	1.19万 m²	宁夏共享装备有限公司、机械工业第六设计研究院有限公司	银川	黑色金属冶炼和压延加工业

项目名称	星级	面积	申报单位	建设地	所属行业
中煤张家口煤矿机械有限责任公司装备产业园项目（设计阶段）	★★★	38.17万 m²	中煤张家口煤矿机械有限责任公司、机械工业第六设计研究院有限公司、中煤建设集团工程有限公司	张家口	专用设备制造业
永高股份有限公司台州双浦分厂一期生产用房（运行阶段）	★★	3.95万 m²	永高股份有限公司、浙江联泰建筑节能有限公司、浙江鸿地建筑设计有限公司	台州	橡胶和塑料制品业
哈尔滨九洲电气技术有限责任公司电气产品生产基地1、2、3号厂房	★★★	12.54万 m²	哈尔滨九洲电气技术有限责任公司、黑龙江建工建筑设计研究院有限公司、中国建筑科学研究院建筑环境与节能研究院	哈尔滨	电气机械和器材制造业
上海大众汽车有限公司长沙工厂	★★★	78.19万 m²	上海大众汽车有限公司、上海市机电设计研究院有限公司	长沙	汽车制造业
江苏金秋竹集团有限公司核电站用生物屏蔽防护门厂区项目	★★	2.07万 m²	江苏金秋竹集团有限公司、机械工业第六设计研究院有限公司	常州	金属制品业
中煤张家口煤矿机械有限责任公司装备产业园项目（运行阶段）	★★★	38.17万 m²	中煤张家口煤矿机械有限责任公司、机械工业第六设计研究院有限公司、中煤建设集团工程有限公司	张家口	专用设备制造业
上海威派格环保科技有限公司新建给排水成套设备厂房	★★★	3.89万 m²	上海威派格环保科技有限公司、中国建筑科学研究院上海分院、上海天功建筑设计有限公司	上海	通用设备制造业
长安福特汽车有限公司杭州生产基地乘用车项目一期工程	★★★	35.6万 m²	重庆同乘工程咨询设计有限责任公司、长安福特汽车有限公司杭州分公司	杭州	汽车制造业
上海大众汽车有限公司宁波工厂	★★★	140.06万 m²	上海大众汽车有限公司、上海市机电设计研究院有限公司	宁波	汽车制造业
中新天津生态城南部片区生活垃圾收集运输（气力输送）系统2号中央收集站	★★	0.12万 m²	天津生态城环保有限公司、天津生态城绿色建筑研究院有限公司、中国市政工程华北设计研究总院	天津	公共设施管理业
惠州中京电子科技股份有限公司新型 PCB 产业建设项目主厂房	★★	6.6万 m²	惠州中京电子科技股份有限公司、中国建筑科学研究院、惠州市维环科技有限公司、广东省轻纺建筑设计院	惠州	印制电路板制造业

随着《绿色工业建筑评价标准》GB/T 50878—2013 的发布，绿色工业建筑这一理念愈加受到重视，2014 年项目申报数量已超过前两年的总和（图 5-5-1）。从地域上看，东南沿海经济发达地区优势明显，广东地区更是独占鳌头，项目数量是排名第二（浙江）的 2 倍（图 5-5-2）。由图 5-5-3 可以看出，目前绿色工业建筑项目主要集中在设备制造业和汽车制造业。值得一提的是，参评的 4 个汽车整车制造类项目全部达到了三星级水平，项目将环保节能理念贯彻在"全过程"中，不仅采用先进的绿色生产工艺和物流管理技术，还应用了余热余冷回收、非传统水源利用、光伏发电、节能照明等多项技术措施。

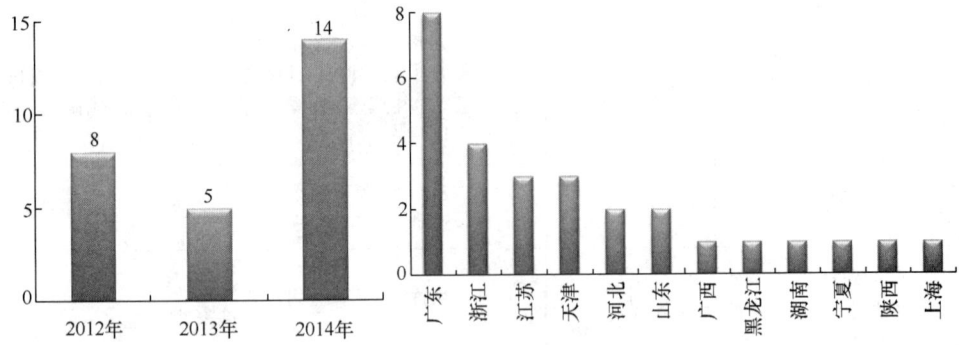

图 5-5-1 绿色工业建筑项目历年数量　　图 5-5-2 各地绿色工业建筑项目数量

分析已获得绿色工业建筑标识的 22 个项目可知，项目整体星级较高，三星级项目 12 个，二星级项目 9 个，一星级项目只有 1 个（图 5-5-4），这是因为绿色工业建筑尚处于"自愿申报"阶段，参评项目大多为关注节能环保并已取得一定成果的企业。同时，22 个项目中有 3 个项目为运行标识，所占比例为 13.6%，高于民用绿色建筑的 7%，说明工业建筑领域节能环保措施的落实率较高。

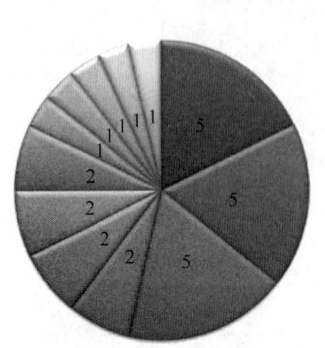

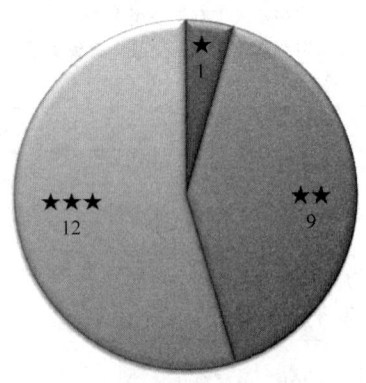

图 5-5-3 各行业绿色工业
建筑项目数量

图 5-5-4 绿色工业建筑
项目各星级分布

5.2　现阶段我国绿色工业建筑实践分析

与民用建筑相比，工业建筑涉及行业众多，普遍构造复杂、资源消耗大、室内环境控制要求高，为实现"四节二保"所需采取的策略与民用建筑有很大不同。通过对申报绿色工业建筑标识的项目进行分析总结，归纳出绿色工业建筑在实践中普遍具有以下特点。

（1）清洁生产工艺与绿色建筑措施相结合。绿色工业建筑评价的对象虽然是"建筑"，但项目所选用的工艺与节约资源、环境保护密切相关。如某汽车生产企业喷漆室采用了高压静电漆雾分离系统（图 5-5-5），由传统的文丘里气水涡流混

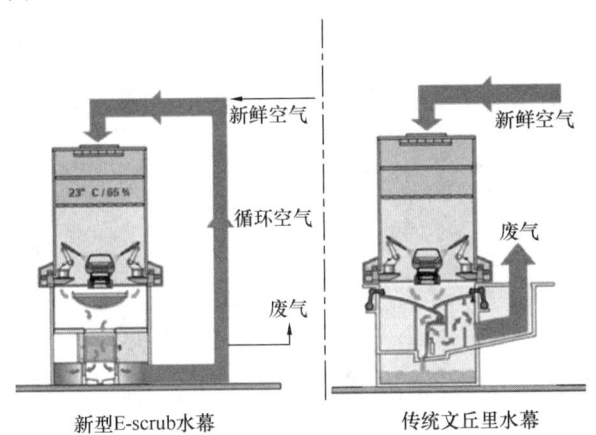

新型E-scrub水幕　　　　　　　传统文丘里水幕

图 5-5-5　高压静电漆雾分离系统原理示意

合改成高压静电吸附的形式，喷漆室里的送风由原来的 100% 新鲜空气下降为 15% 的新鲜空气＋ 85% 的循环空气，大幅节省能耗的同时也降低了废气排放量。

另一汽车生产企业在焊接和涂装车间大量采用机器人技术（图 5-5-6），应用于焊接、搬运、涂胶、外观检查、玻璃涂胶等工序，不仅大大提高了生产效率，同时也可确保产品质量稳定。

（2）物流完备，节约运输能耗提高空间使用率。与民用建筑不同，为减少原材料运输能耗，提高经济效益，工业项

图 5-5-6　机器人

目需要建立适宜的物流系统。除了完善的外部交通条件，厂区内部物流也应力求安全合理、高效节能。参评项目的物流组织与生产工艺紧密结合，流程顺畅路线短捷，同时采用了先进的设备。如某项目在库房采用立体高架存储方式，并通过物流管理系统进行科学、高效的调配与信息管理（图 5-5-7），同时使用电瓶叉车，分车间集中布置叉车充电区域，并在各个工序在设置连续化机械输送设备（图 5-5-8）。

图 5-5-7　高架立体仓库　　　　图 5-5-8　充电叉车及连续机械化输送设备

（3）回收利用余冷余热，尝试热电联产。工业厂房供暖供冷及工艺生产需要大量能量，而工业生产往往产生余冷余热，有效进行的因此能否做好能量回收将直接影响项目的资源消耗。某项目各车间工艺冷却设备产生大量而稳定废热水，通过水源热泵机组对其中废热进行回收（图 5-5-9），产生的热水可满足全厂员工洗浴所用。另一项目通过热能热水机组吸收空气压缩机的余热（图 5-5-10），空压机余热利用的换热效率为 67.2%，满足了厂内办公楼和餐厅的大部分热水需求，同时回气降温提高了空压机的运行效率实现经济运转，空压机排气温

图 5-5-9　利用冷却设备余热水源热泵机组

度约降低 10℃，产气量可提高 4%
～5%。除利用厂区内部的余冷余
热外，某项目与毗邻热电厂达成协
议，利用热电厂的蒸汽供车间冬季
采暖及工艺用热，形成热电联产格
局，大大提高了一次能源的利用
率，相比于采用天然气更为经济
节能。

图 5-5-10　利用空压机余热供给热水的机组

（4）因地制宜，与周边环境的
自然禀赋相协调。我国幅员辽阔，
地理环境复杂，自然及气候条件不一，因此有必要根据项目所在地的实际情况因
地制宜的选用绿色建筑技术。例如，南方地区普遍雨量充沛，雨水水质较好易于
处理是天然的优良水源，处理后可用于绿化及道路浇洒、景观补水等，多雨地区
应优先考虑利用雨水。某项目将雨水和中水一并汇入厂区内 2 万 m³ 的人工湖，
人工湖内建有人工湿地及生态驳岸（图 5-5-11），雨水和中水经人工湿地处理后
回用于厂区绿化浇灌、场地冲洗、室外消火栓供水、室内冲厕，既节约了水资源
又美化了厂区环境。

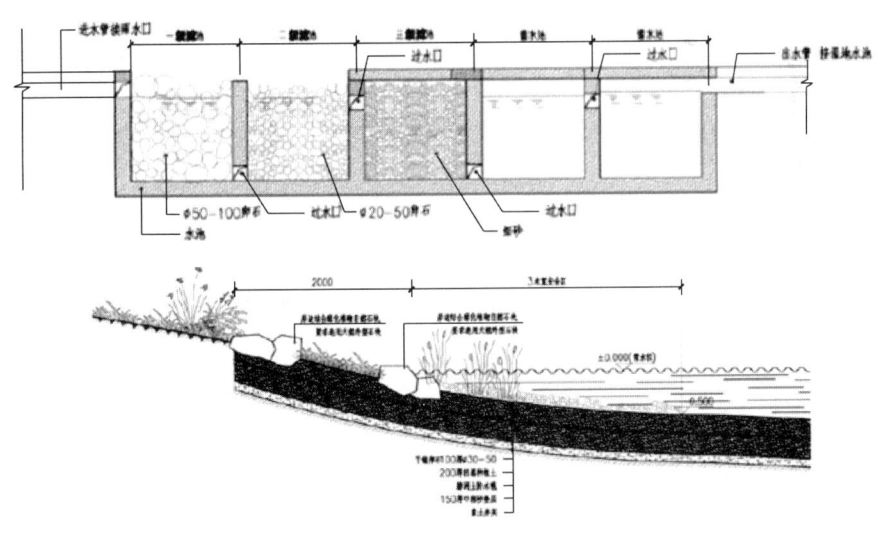

图 5-5-11　某项目雨水收集利用设施示意

（5）大量采用信息模拟技术。工业建筑面积很大、工艺管道复杂，多个项
目采用 BIM 技术，通过对建筑和设备建立三维模型（图 5-5-12）实现了设计
阶段提高各专业协同效率，施工过程中减少人力物力浪费，提高运营质量。
此外，信息模拟技术在工艺生产上也大有可为，如某项目利用 PLM 虚拟仿真平台，可根据产能及人力物力调整生产，评测在现有设备资源条件下的产能；根据仿真结果确定生产线节拍，分析生产瓶颈设计最佳的缓存区容量；针对混流生产线，分析出最优的调度与加工顺序；还可进行仓储系统及生产成本分析。

图 5-5-12 某项目建筑和设备模型

（6）综合利用各类废弃物。工业生产产生的废液、废气、废渣经回收处理后往往可"变废为宝"。某中药生产企业，将中药废渣及生产废液均匀混合后，以生物质能转化技术为核心，采用厌氧干式发酵每年可产沼气 175 万 m^3、沼液 2.02 万 t、沼渣 4800t。沼气用于锅炉燃烧，折合节约标准煤 1750t/a，沼液和沼渣作为底肥可改善周围荒地土质，也供周边村庄使用。该项技术不仅解决了废渣、废液的排放，还产出沼气、沼液、沼渣等有用物质。此外，将施工中的材料进行再利用，或直接选用以废弃材料为原料的产品也不失为一种"变废为宝"的尝试。如某项目将厂区施工围墙的大量废旧砖块挑选修正后重新再利用（图 5-5-13），厂区办公室选用的地毯是由回收率超过 40% 的旧地毯材料制成（图 5-5-14）。

图 5-5-13 废旧砖块利用   图 5-5-14 使用旧地毯

（7）创新技术不断涌现。某煤机生产企业利用地下低温土壤冷却砂温调节器冷却水（图 5-5-15）。铸造旧砂再生后应进行温度调节，但采用冷却塔夏季冷却后的循环水温度仍较高，需补充自来水调节，而多余水的排放将造成极大浪费；本方法将砂温调节器冷却循环水系统并联接入自来水主管道，将自来水作为砂温调节器的冷却介质，进行封闭单向循环。自来水吸收热量后进入埋地管道，将热量传给土壤，整套系统"零水耗"，可节约大量水资源，该方法目前已取得发明专利。某项目吸取"土法"经验，充分利用了地下建筑自然通风（图 5-5-16），即将地上部分产品落向地下输送带的开口作为通风

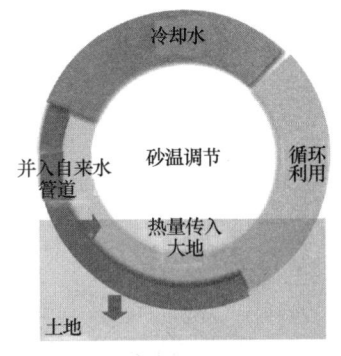

图 5-5-15　砂温调节冷却水系统原理示意

口，组织半定向式自然通风，利用热压作用所形成的气流，在夏季高口进、低口排，冬季则相反。同时，安装电风扇以向地面俯视 45°左右的角度送风，加强空间冷热空气的流通与转换，实际使用效果良好。

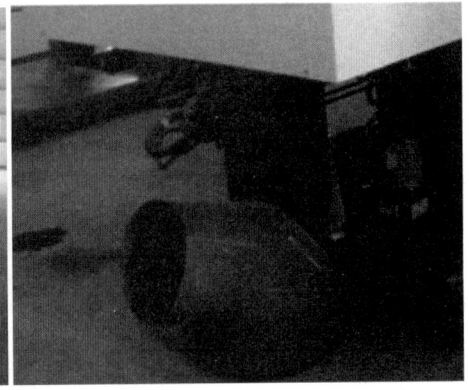

图 5-5-16　地道风地面风筒

（8）严控绿色建筑增量成本。一般来说，绿色工业建筑的建设方同时也是使用者，因此建设方往往在项目在规划设计阶段，就会"精打细算"，详细计算各项拟采用技术的回收期后（图 5-5-17），制定出指导项目建设的方案，即：优先选用投入产出比高的被动技术，合理采用主动技术（图 5-5-18），适度尝试投入较高的可再生能源利用技术，力求发挥各项技术之间的联动优势，最大程度利用余冷余热。当前，光伏发电系统初期投资较高，绝大部分采用合同能源管理模式，由第三方代建，大大降低了成本。同时，光伏板可有效遮蔽阳光，有利于夏季降低室内温度。

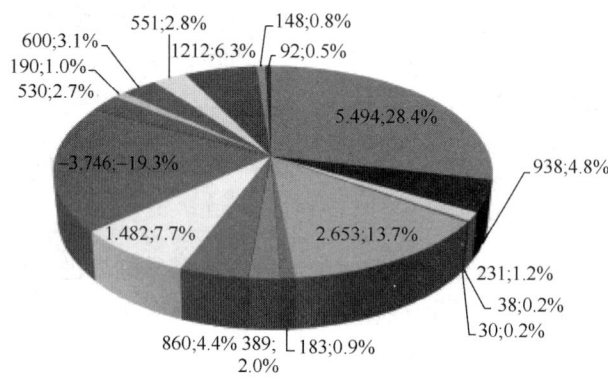

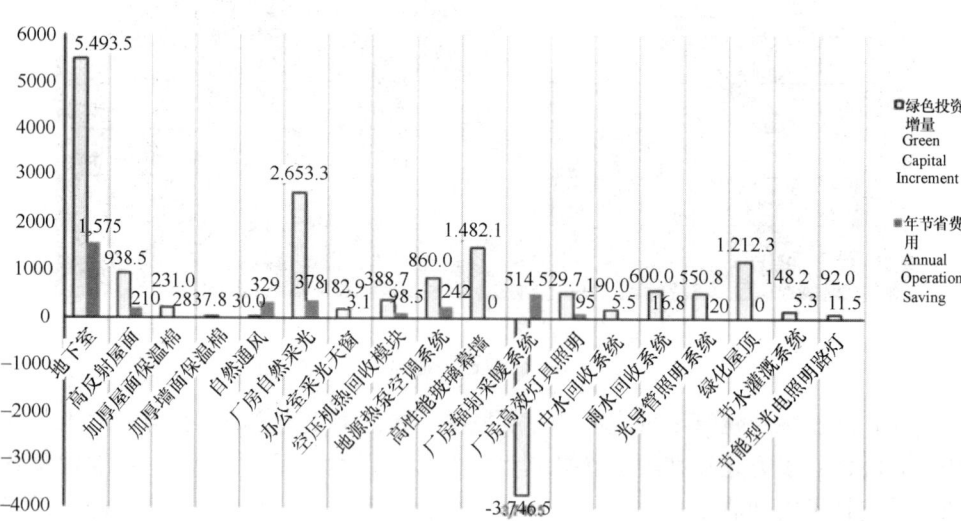

图 5-5-17　某项目绿色技术投资增量及年节省费用分析

场地	节能	节材
★ 联合厂房 ★ 利用地形高度 ★ 交通条件便利 ★ 物流路线合理 ★ 绿化树种适宜	★ 建筑能耗3.4kgce/(m²·a) 　5.2kgce/万元 　占总能耗的8.3% ★ 无功功率补偿 ★ 高效节能灯具镇流器 ★ 锯齿状屋顶厂房 ★ 混合通风 ★ 工位送风 ★ 工艺冷水利用	★ 镀铝锌面板 ★ 商品混凝土 ★ 多种工厂预制构件 ★ 大量使用可循环材料

节水

★ 耗水量1.54m³/万元
重复率97.9%
★ 雨污分流排水
★ 废水分类收集处理
★ 节水卫生器具

室内外环境

★ 减震隔声措施
★ 冷媒系统按R32设计

管理

★ 水箱供水自控
★ 变配电所后台监控

图 5-5-18　某项目合理选用的主动绿色建筑技术

5.3　绿色工业建筑发展展望

党的十八大报告中将"大力建设生态文明"作为全面建成小康社会的新要求，明确提出"把生态文明建设放在突出地位，融入经济建设、政治建设、文化建设、社会建设各方面和全过程，努力建设美丽中国，实现中华民族永续发展"。推进生态文明被赋予更高的历史地位。

随着生态文明建设和绿色转型的大力推进，碳排放峰值的确定，国家低碳城（镇）、低碳工业园区、国家绿色生态示范城区的不断涌现，积极应对气候变化等重大战略部署，建设资源节约型和环境友好型的工业企业尤为迫切，亟须将有关理念和要求融入规划、建设和运营管理的全过程，发展绿色工业建筑势在必行，各部委相继出台了绿色发展文件：

（1）国家生态工业示范园区。为推动工业领域生态文明建设，规范生态工业园区建设工作，促进生态工业理论在工业生产活动中的应用，指导各类工业园区内的生态工业实践活动，促进现行的生态工业园区标准适应我国生态工业示范园区建设工作新的形势和新的要求，环保部、商务部、科技部在现行《行业类生态工业园区标准（试行）》（HJ/T 273—2006）、《静脉产业类生态工业园区标准（试行）》（HJ/T 275—2006）和《综合类生态工业园区标准》（HJ 274—2009）统一修订合并为《国家生态工业示范园区标准》，标准按照与工业园区生态工业基本要求之间关系密切程度的高低，设置了生态工业链网结构与运行稳定性、资源环境绩效和环境保护工作基本要求三类指标，其中的低位能量利用率、工业固体废物利用率、工业重复用水率、工业园区内排污单位排放达标率、工业园区国家重点污染物排放总量控制指标完成情况、工业园区危险废物无害化处置率等具体指标与《绿色工业建筑评价标准》不谋而合。

（2）国家低碳工业园区。工信部于 2013 年 10 月 25 日发布了"工信部联节〔2013〕408 号"《关于组织开展国家低碳工业园区试点工作的通知》，提出了"到 2015 年，创建 80 个特色鲜明、示范意义强的国家低碳工业园区试点，打造一批掌握低碳核心技术、具有先进低碳管理水平的低碳企业，形成一批园区低碳发展模式"的要求，同时，指出加强低碳基础设施建设的技术路线应为：制定园区低碳发展规划，完善空间布局，优化交通物流系统，对园区水、电、气等基础设施建设或改造实行低碳化、智能化。加快淘汰小锅炉等低效供能设施，推广集中供热和热电冷三联供设施，提高能源利用效率。推广新能源和可再生能源的使用，鼓励在建筑、交通设施中安装太阳能、风能等可再生能源利用设施，提高园区可再生能源利用比例。完善园区垃圾分类收集、运输和处置体系以及污水管网和处理设施建设，提高废弃物资源化利用率。制定和实施低碳厂房标准，加强新建厂房低碳规划设计，加强对既有厂房的节能改造，提高厂房运行过程的能源利用效率，降低厂房生命周期碳排放。

可以看出绿色工业建筑倡导的"四节二保"技术与国家生态工业示范园区和国家低碳工业园区的要求高度吻合。

此外，《绿色铸造企业评价标准》、《绿色数据中心技术要求和评测方法》、《绿色仓库要求与评价》等各个行业的绿色标准也正在编制中，同时已有地方政府出台了专门针对绿色工业建筑的奖励政策。可以预测，绿色工业建筑项目数量将持续增长，快速发展阶段即将启动，国家及地方的配套经济激励政策也将逐步完善。因此有必要不断总结先进经验，推广使用效果良好的绿色技术，为绿色工业建筑的全面实施提供技术引导。

作者：郭丹丹 李丛笑 郭振伟（中国城市科学研究会绿色建筑研究中心）

6 【案例1】陕西省科技资源统筹中心

【三星级运行标识—办公建筑】

6 Case 1 Planning Center of Scientific and Technological Resources of Shaanxi

6.1 项 目 简 介

陕西省科技资源统筹中心位于西安市高新区丈八四路，总建筑面积45171.64m²。项目绿地率为41%，透水地面面积比为46.9%，地下建筑面积与建筑占地面积比例为257%，单位建筑面积总能耗为38.28kWh/m²·a，地源热泵作为空调冷热源负荷冬季为100%，夏季为60%；光伏发电占总电耗比例为3.6%，可再生能源产生的热水比例为100%，节能率达73.1%。非传统水源利用率为41.7%，可再循环材料利用率达10.5%（图5-6-1、图5-6-2）。

图 5-6-1

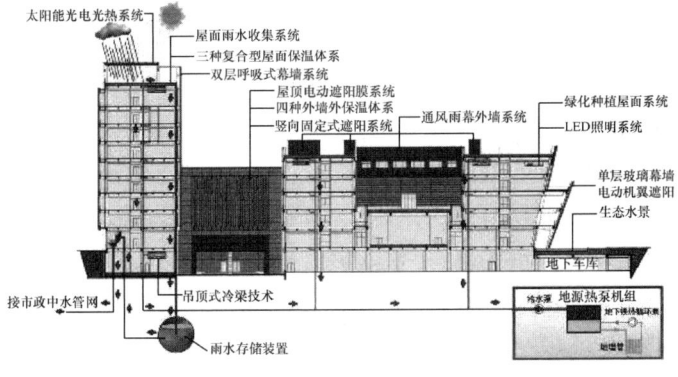

图 5-6-2

377

6.2 绿色建筑主要技术措施

6.2.1 总体布局与体型系数

项目整体规划采用南北方向布置，尽量简化形体，达到采光、通风良好性的最大化，并且将建筑的体形系数控制在 0.19，为建筑节能提供了有利的先决条件。

6.2.2 低能耗围护结构

外墙：东西向玻璃丝棉保温板 120mm 厚，南北向为 100mm 厚，外保温系统的传热系数分别为 0.33W/(m^2·K)和 0.35W/(m^2·K)。屋面：分别采用了传热系数仅为 0.27W/(m^2·K)的 XPS 倒置式屋面保温体系和 0.21W/(m^2·K)种植屋面保温体系。外窗：窗户的能耗约占整个建筑使用能耗的 40%～50%。项目在有外遮阳体系部分采用了传热系数≤2.0W/(m^2·K)的断热铝合金 Low-E 中空玻璃窗，辐射较高的东西向外窗采用了配合遮阳卷帘的传热系数≤1.4W/(m^2·K)的双层窗系统。

6.2.3 幕墙系统

本项目玻璃幕墙系统采用了被誉为"绿色幕墙"的传热系数超低的呼吸式幕墙体系，它比传统的幕墙采暖时节约能源 42%～52%，制冷时节约能源 38%～60%，隔音性能可以达到 55dB。建筑外墙面采用了通风雨幕外墙系统，其主要原材料为天然陶土，一次污染小，同时全生命周期长，可以回收利用。建筑采用的 500mm×1200mm×30mm 的大规格陶板为国内首次采用。

6.2.4 有效、多样的遮阳系统

根据建筑的朝向不同采用了不同形式的遮阳系统：

金属机翼遮阳系统：该系统设计在建筑的南向，可根据太阳高度自动调节百叶的角度，阻挡多余光线的照射，降低建筑室内的辐射热；电动遮阳膜系统：通过对建筑围合的两个中庭空间的空气对流、通风的设计来有效改善环境温度，降低能耗，同时电动遮阳膜系统可以根据太阳辐射的强弱及温度变化自动进行图案变化，不仅形成了光与影的相互交替，更可有效地减少太阳辐射热。"会表演的电动遮阳膜"系统为国内领先的创新设计，该系统的开启方式与控制为国内首创，已经获得两项国家专利认证（图 5-6-3～图 5-6-5）。

图 5-6-3

图 5-6-4

图 5-6-5

6.2.5 高效、节能、健康的空调系统

科技资源中心项目作为西北地区首次使用技术先进的"土壤源热泵+高温水制冷系统",其节能效率优于常规空调45％以上。由于地域和气候的差异,建筑功能的不同,在该技术的运用上也因地制宜的进行了适当的创新和发展。

由于西安地区夏季累计负荷大于冬季负荷的现实情况,为保证地下换热器的热平衡,选用了土壤源热泵复合式系统。在冬季,根据计算负荷,选用2台土壤源热泵机组承担全部的负荷,空调末端的供回水温度分别为38℃、45℃;在夏季,采用2台土壤源热泵机组和1台常规冷水机组共同承担负荷,空调末端的供回水温度分别为15℃、19℃。

项目组根据该地区地下土壤温度常年保14℃的地域特征,以及土壤源热泵系统从地下完成能量交换后冷媒温度略大于14℃的工况条件,选用了"高温水制冷"的吊顶式诱导冷梁技术。该系统的采用,可以让土壤源端的转换水直接进入诱导冷梁工作,有效地解决了通常在过渡季节里压缩机仍需工作耗能的做法,从而使能耗大幅降低。此外,吊顶式诱导冷梁技术还具有以下诸多优点:在干工况下运行，无冷凝水产生，不会形成细菌的滋生和冷凝水的二次污染，大大提高了室内空气的品质；辐射方式供冷供热，室内温度均匀分布，热舒适性好；具有较小的热惯性，在系统关闭或停电等状态下的较长时间内温度都不会升高（夏季）或降低（冬季）。

通过 eQUEST 能耗分析软件对上述系统进行了模拟计算，其节能贡献率分别达到了 35.6% 和 22.3%。每年分别节电约 114.5 万 kWh 和 71.69 万 kWh。

本项目实际运行过程中央空调系统空调季的逐月耗电量如图 5-6-6 所示。

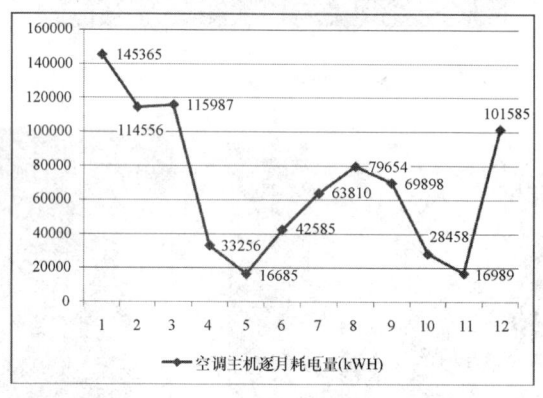

(a)

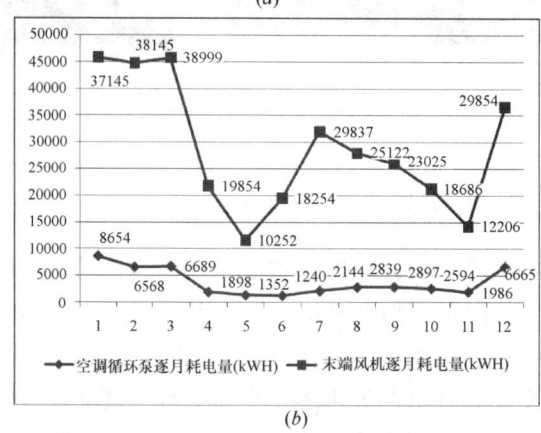

(b)

图 5-6-6 逐月耗电量

可以看出采用地源热泵＋高温水制冷系统在过渡季节以及负荷不太高的空调季节节电效果非常明显。

该技术是本项目通过实践得出的节能效果最好、最具推广意义的技术。

6.2.6 雨污水回用系统

雨污水回用系统考虑以雨水作为景观补水的重要方式，其非传统水源利用率可以达到 41.7%。

6.2.7 绿色建材

项目主要使用了轻集料小型混凝土空心砌块、再生混凝土、掺合料混凝土等"绿色建筑材料"。在现场施工中，则采用了多种合理利用建筑废料的方法，如：方木接长再利用过程、废旧多层板再利用方法、钢筋下脚料的再利用。

6.2.8 太阳能技术与 LED 照明系统

建筑屋面分别安装了 $400m^2$ 的多晶硅太阳能光电板和 $300m^2$ 的太阳能联箱式集热器，来实现整个建筑的热水供应以及部分公共照明的自给自足。照明系统均采用节能效果更优异的大功率 LED 灯具。

6.2.9 生态绿化

生态绿化作为营造高效低耗、健康舒适的建筑环境的重要手段，在项目中得到了广泛的应用，如：景观绿化广场、建筑内庭及生态绿化空间、屋顶花园、下沉式花园等。

6.2.10 建筑智能管理系统

项目集成了建筑设备智能控制系统、智能照明系统、一卡通系统等，以最大限度的整合、提高各节能环节的工作效率。

6.3 节 能 效 果

陕西省科技资源统筹中心项目，其设计年耗电量为 1849100kWh，单位建筑面积能耗为 46.62kWh/(m^2·a)；建成使用一年后的实际年耗电量为 1729022kWh，单位面积能耗为 43.59kWh/(m^2·a)，而目前西安市普通大型公共建筑单位面积能耗在 100kWh/(m^2·a)左右，本项目每年能够节能 223.7446 万 kWh，本地电价为 1.2 元/kWh，即能够节钱约 268.5 万元。

陕西省科技资源统筹中心项目建成后一年总耗水量为 17897 吨，其中非传统水源利用量为 7468 吨，占总用水量的 41.7%，即本项目接近一半的生活用水消耗来源为非传统水源（图 5-6-7）。

相比同类型建筑，本项目绿色建筑成本增量为 3024.64 万元，投资回收期为 14 年，目前我国公共建筑设计使用年限为 50 年，而且随着全球能源危机的不断加剧，仅按照当前电价计算，本项目在全寿命周期内能够节约 1.3425 亿元。

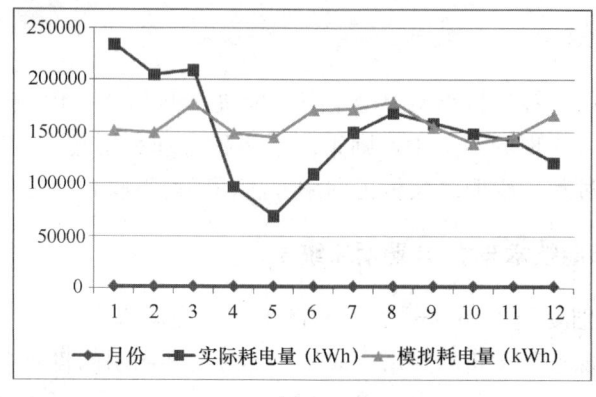

(a)

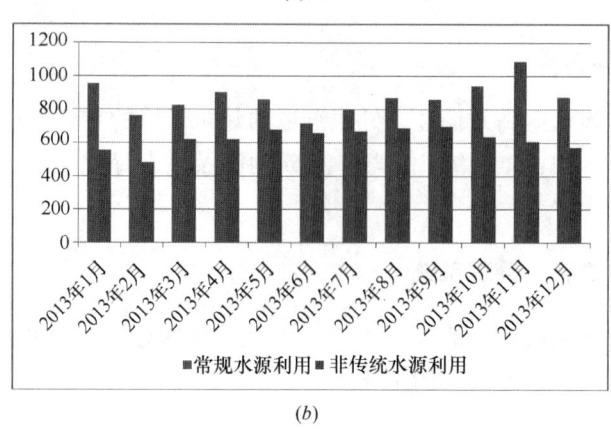

(b)

图 5-6-7 生活用水消耗

作者: 刘涛　倪欣　田鹏　王福松　邢超（中联西北工程设计研究院绿色建筑研究所）

7 【案例2】中国杭州低碳科技馆

7 Case 2 Hangzhou Low-carbon Science and Technology Museum of China

7.1 项目简介

中国杭州低碳科技馆位于杭州市滨江区秋水路以北，江汉路以东。总建筑面积33656m²，其中地上建筑面积26392m²，地下建筑面积为7264m²。展馆主要功能包括展览教育用房、公共服务用房、业务研究用房与管理保障用房等（图5-7-1）。

中国杭州低碳科技馆是全球第一家以低碳为主题的大型科技馆。项目于2012年7月正式开馆运营，单位建筑面积总能耗为73.15kWh/(m²·a)，其中光伏发电占总电耗比例为1.5%，可再生能源产生的热水比例为100%，节能率达63.7%。总耗水量为26562m³，非传统水源利用率为20.0%，可再循环材料利用率达12.0%。

图 5-7-1

7.2 绿色建筑主要技术措施

项目以构建人、建筑与环境之间生态循环为目标，优先采用可调外遮阳、光

383

导管照明、自然通风、天然采光等被动式绿色技术，综合运用太阳能光伏、水源热泵、冰蓄冷、智能监控管理系统、人工湿地污水净化处理、室内空气质量监控等主动式绿色技术，通过多种绿色技术集成应用，结合绿色施工，后期绿色运营，实现"生态、节能、减碳"的绿色理念实践。

图 5-7-2

7.2.1 建筑设计

（1）自然通风：本项目建筑形体规整，主要朝向为南偏东 15°，有利于减少夏季太阳辐射和冬季偏北风影响。通过热压和风压共同作用，实现室内主要功能空间整体换气次数达到 2.72 次/h 以上。

（2）自然采光：在屋顶和地下室共设置 45 套光导管照明系统，可以改善室内自然采光效果，经模拟计算，81.3%的主要功能区满足采光要求，光导管室内效果如图 5-7-2 所示。

（3）可调外遮阳：南立面玻璃幕墙，采用可调节织物外遮阳，遮阳控制方式采用无线电遥控控制＋线控开关控制（备用）。

7.2.2 机电设计

（1）太阳能光伏系统：在屋顶安装 895.6m^2 的光伏系统组件，装机功率为 98.3kW，本项目四层办公区域照明由太阳能光伏并网发电系统作主供电源，市电为备用。通过规范有效的运行维护管理，太阳能光伏系统年发电量达到 37595kWh。

（2）空调冷热源系统：采用 2 台三工况热泵机组（带热回收）＋6120RTh 冰蓄冷制冷系统。机组制冷工况下 COP 值达到 7.0，制冰工况下达到 4.7。在夜间电力低谷阶段满负荷进行制冰，从而达到节约运行费用的目的。生活热水由三工况水源热泵机组热回收制取。

（3）人工湿地污水净化处理：收集屋面、地面雨水、优质杂排水，通过 170m^2 人工湿地净化，处理后用于冲厕及室外绿化用水。具体的工艺流程为：调节池→粗滤井→一级净化池（氧化塘）→二级净化池（潜流湿地）→三级净化池（垂直流复合湿地）→景观氧化塘→中水蓄水池→人工湖。人工湿地净化处理系统现场照片如图 5-7-3 所示。

（4）智能监控管理系统：对空调通风系统冷热源、风机、水泵等设备进行监测，根据实际情况自动控制建筑设备的运行状态，实时反映建筑能耗状况。对室

内主要位置的 CO_2 浓度进行监测，根据 CO_2 浓度调节新风阀可加大新风量运行，改善室内环境。

7.2.3 绿色施工

本项目获得了全国建筑业绿色施工示范工程，对绿色施工过程实行"整体目标控制→施工准备→施工现场管理→工程验收管理"的全过程动态管理机制，各个绿色施工指标完成度

图 5-7-3

较好，如建筑垃圾再利用率和回收率达到 62.5％；结构施工扬尘高度≤0.4m，基础施工扬尘高度≤1.3m 等。采用的施工创新技术有：光导施工照明技术、型钢水泥土复合搅拌技术。

7.3 节 能 效 果

本项目作为展览类建筑，年实际单位面积能耗为 $73.6kWh/m^2$，其中空调用电（冷热源、风机、水泵）是最大的用电部分，占全年总用电量的 72.7％。建筑 7～9 月的用电量最大，用电量总计为 957665kWh，占年用电量的 38.9％。2～4 月的用电量最小，合计为 7～9 月用电量的 21.3％。形成这种现象的原因是杭州 7～9 月天气炎热，处于全年空调运行的高峰季节状态，2～4 月建筑使用率较低且为过渡季，相关设备运行时间减少。

项目制定了完善的节水制度，供水管理人员经常巡视检查系统有无跑、冒、滴、漏等现象；每月进行抄表，对用水量进行分析总结。经过对全年用水量记录和统计分析，本项目年总用水量为 $26562m^3$，中水用量为 $5314m^3$，非传统水源利用率为 20.0％。

7.4 总 结

本项目的绿色实践有利于提升建筑综合品质，显著降低建筑的整体能耗水平，延长建筑使用寿命，达到建筑节能减排和可持续发展的目标。通过设计、施工、运行各个阶段不断优化、持续改进、综合提升，最终实现绿色建筑的整体效益。其采用的相关绿色技术具有一定的借鉴意义，为以后相类似的工程积累了经验。

作者： 阳春 朴文龙 任和 孟冲（中国建筑科学研究院）

8 【案例3】中国国家博物馆改扩建

【三星级运行标识—博览建筑】

8 Case 3 Retrofit and extension of the National Museum of China

8.1 项 目 简 介

中国国家博物馆项目位于北京市天安门广场东侧，由于原博物馆受建设时期历史条件的限制，建筑规模、材料、质量、设施等方面都不能满足国家博物馆新时代的发展需要，故而对原国家博物馆进行综合改造和扩建。新国博尽量可能地保留了原有建筑风貌，总建筑面积 19.19 万 m^2，是世界上最大的博物馆之一（图 5-8-1）。其中保留老馆建筑面积 3.55 万 m^2，新馆建筑面积 15.64 万 m^2，新建地下建筑面积 7.68 万 m^2。地上 5 层，地下 2 层，建筑高度 42.5m，主体结构采用钢筋混凝土结构，楼层及屋顶大跨部分采用钢结构，设计使用年限为 100 年。

工程总投资为 25 亿元，2008 年 3 月开始施工，2011 年 1 月竣工，2012 年 3 月正式开馆运行。2013 年 4 月项目获得绿色建筑设计标识三星级认证，2014 年 10 月获得绿色建筑运行标识三星级认证。

图 5-8-1 中国国家博物馆效果图

8.2 绿色建筑主要技术措施

8.2.1 旧建筑利用

保留原建筑的西、北、南三段建筑，并根据功能需要局部加层。新馆嵌入老馆进行扩建（图 5-8-2、图 5-8-3）。

图 5-8-2　保留老馆示意图　　　　　图 5-8-3　老馆加层现场照片

8.2.2 自然采光

21m 标高屋顶设置 161 个方形天窗，其公共空间的平均采光系数达 6.45％。35.5m 标高层屋顶设置 20 个采光天窗，五层展厅全部达到了Ⅳ级采光要求（图 5-8-4、图 5-8-5）。

图 5-8-4　西入口大厅采光玻璃幕墙　　　图 5-8-5　采光天窗自然采光效果

8.2.3 屋顶绿化

国博对新馆屋面进行了屋顶绿化，选用东北卧茎佛甲草作为主要绿化植物，屋顶绿化面积达 18559m²，年可固碳量约 6.77t。为提高灌溉效率，整个屋面还安装了微喷系统（图 5-8-6、图 5-8-7）。

图 5-8-6　屋顶天窗绿化　　　　　图 5-8-7　建筑屋顶绿化整体效果

8.2.4　冰蓄冷系统

空调冷源部分采用冰蓄冷系统，利用双工况制冷机在夜间电网低谷时段进行制冷，将冷量通过蓄冰槽以冰的形式储存起来，白天用电高峰时段利用融冰相变释放冷量，用以部分空调负荷需求，实现"削峰填谷"，减少制冷机的装机容量和运行电费。蓄冰槽则利用了老馆地下室基础空间，节约了设备占用空间。

8.2.5　高大空间分层空调系统

对于新馆室内净空高度近 30m 的入口大厅，采用了顶部自然通风，中低部全空气空调和底部地板盘管辐射空调相结合的分层空调形式，既满足了人员活动区的舒适要求，又节省了全空间空调的能耗。

8.2.6　建筑节水

采用市政中水用于冲厕用水、车库冲洗和绿地浇洒。为充分利用雨水资源，还收集部分屋面雨水进行回收利用，经处理后作为中水系统的补充水源（图 5-8-8、图 5-8-9）。

图 5-8-8　市政中水系统　　　　　图 5-8-9　雨水处理系统

8.2.7　智能控制

智能化系统包括楼宇自控系统、空气质量监控系统、恒温恒湿控制系统、综合布线系统、智能照明控制系统、安全防范系统、多媒体环境与展示系统（音响系统、会议系统、多媒体展示、导览系统）、建筑设备集成管理系统等。

8.3　节　能　效　果

本项目实际运行能耗为 178.84kWh/（m² · a），每年可节约耗电量 8478511kWh，每年节约能耗费用约 678.28 万元。每年利用的非传统水源量为 79872m³，非传统水源利用率达到 40.3%。每年冰蓄冷系统可节约运行费 107.63 万元。冰蓄冷系统提高了华北电网的负荷率，实现了电力部门的节能减排，每年对华北电网可减排 4832.68 吨 CO_2（图 5-8-10、图 5-8-11）。

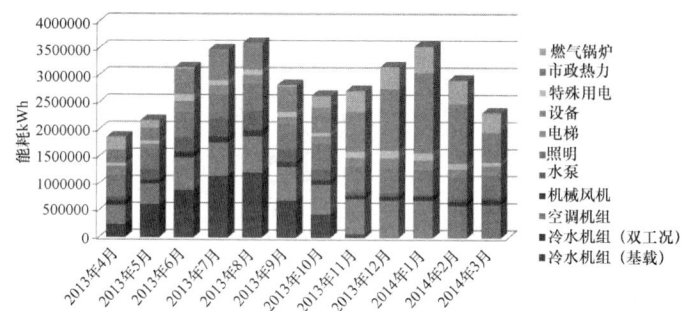

图 5-8-10　能耗逐月变化情况

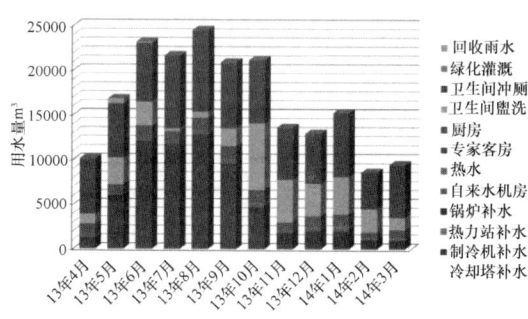

图 5-8-11　水耗逐月变化情况

8.4　总　　结

随着国际博物馆事业的发展，博物馆更为注重与社会的关系，强调建筑的可持续性。中国国家博物馆作为我国优秀历史文化遗产、历史文明浓缩记录的大型社会公益性基础设施，不仅要成为首都北京天安门地区的标志性文化建筑，同时成为低碳环保、绿色节能的综合性博物馆。

作者：周海珠　王雯翡　闫静静　付旺（中国建筑科学研究院天津分院）

9 【案例4】北京中关村国家自主创新示范区展示中心（西区会议中心）

【三星级运行标识—会展建筑】

9 Case 4 Exhibition Center of Zhongguancun Science Park in Beijing（west conference center）

9.1 项 目 简 介

中关村国家自主创新示范区展示中心位于海淀公园东北角，包括东区展示中心和西区会议中心，总用地面积为 5.94 万 m²，绿地率为 18.0%，透水地面比例为 41.8%。西区会议中心建筑面积为 21250m²，其中地上建筑面积 13050m²，主要功能为大型报告厅、会议室、办公室等；地下建筑面积 8200m²，地下室主要为餐厅、地下车库、设备用房（图 5-9-1）。

图 5-9-1　会议中心效果图

9.2 绿色建筑主要技术措施

9.2.1 真空玻璃幕墙

玻璃幕墙采用浅蓝绿色真空玻璃（6＋9A＋5（Low-E）＋0.15V＋5＋

1.14pvb＋6），传热系数 1.5W/（m² · K）。玻璃幕墙遮阳系数为 0.31，有效减少辐射，降低能耗。

9.2.2 自然采光

屋顶装有 30 套导光筒，有效改善了大厅、休息平台和南侧办公等室内空间的采光效果。整体主要功能空间约有 35.1％的空间采光效果达到要求（图 5-9-2、图 5-9-3）。

图 5-9-2 屋顶导光筒　　　　　图 5-9-3 室内采光效果

9.2.3 钢结构

地上采用钢框架结构，钢框架结构为三级，结构框架柱、框架梁及次梁为 Q235B 钢材。

9.2.4 水源热泵系统

空调冷热源采用螺杆式水源热泵机组，经实测夏季制冷工况 COP 值达到 6.4。

9.2.5 排风热回收

办公室、管理室、会议室等小空间区域，采用两管制风机盘管加新风系统。新风系统均设置叉流板式显热回收装置，过渡季开启旁通。热回收装置的额定热回收效率不低于 60％。

9.2.6 太阳能热水系统

会议中心生活热水采用太阳能热水系统，屋面共铺设 400m² 集热板。太阳能提供的热水量为 6563.7m³，辅助加热热水量为 702.1m³（图 5-9-4、图 5-9-5）。

9.2.7 非传统水源利用

本项目采用"速分＋MBR"的工艺对污废水进行处理，中水用于室内冲厕和绿化灌溉。

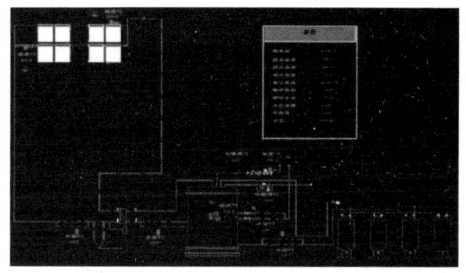

图 5-9-4　太阳能集热板　　　　图 5-9-5　太阳能热水监控系统

9.2.8　屋顶绿化

本项目屋顶绿化面积高达 4810m²，占屋顶可绿化面积比 67.0%，有效降低了热岛效应（图 5-9-6）。

图 5-9-6　屋顶绿化

9.3　节　能　效　果

每年总能耗为 172.75 万 kWh，单位建筑面积总能耗为 81.30kWh/(m²·a)，太阳能热水系统年生产热水量达 6677.0m³，占总热水需求量的 90.5%，节能率达 60.1%。全年总用水量 18540.4t，中水使用量为 8968.8t，每年非传统水源利用率为 48.4%。为实现绿色建筑而增加的初投资成本约 783.6 万元，单位面积增

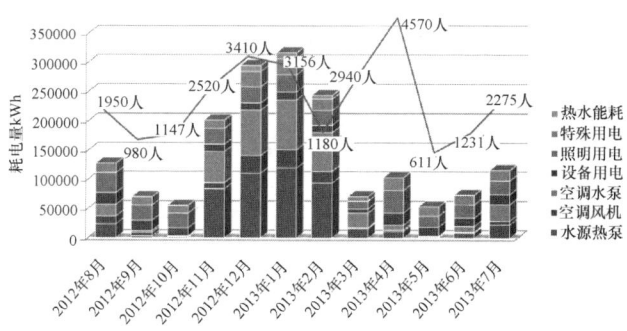

图 5-9-7　能耗逐月变化情况

量成本 368.77 元/m²，本项目每年节约的运行费用约 92.3 万元，预计增量成本回收期为 9 年(图 5-9-7、图 5-9-8)。

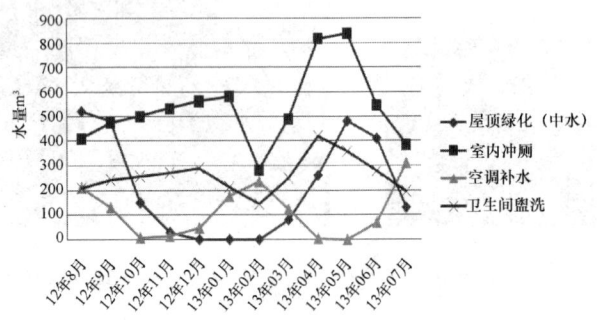

图 5-9-8 水耗逐月变化情况

9.4 总 结

中关村国家自主创新示范区展示中心西区会议中心项目将科技成果展示、教育培训、国际会议与论坛等功能融为一体，不仅是中关村科技创新成就集中展示的平台，也是反映核心区建设成果的重要窗口。

作者：周海珠 王雯翡 闫静 静付旺（中国建筑科学研究院天津分院）

10 【案例5】内蒙古自治区农牧业科学院研究生楼

【二星级运行标识—学校建筑】

10 Case 5 Postgraduate building of Inner Mongolia Academy of Agricultural & Animal Husbandry Sciences

10.1 项目简介

内蒙古自治区农牧业科学院研究生楼项目位于呼和浩特市玉泉区昭君路22号内蒙古农牧业科学院内，建筑面积为15802.92m²。项目南侧为科学研究试验楼，西北侧为原有办公区，其余为向日葵大棚、蔬菜试验田和温室大棚。项目透水地面面积比达43.3%，节能率达61.6%，100%的采用污水源热泵系统为项目提供冷热源，太阳能热水系统提供热水比例占40%，光伏发电量比例占26.7%（图5-10-1）。

该项目于2014年4月获得绿色建筑二星级运行标识。

图5-10-1　项目效果图

10.2 绿色建筑主要技术措施

10.2.1 室内外环境优化

项目主要朝向日照小时数均能达到大寒日日照大于2小时的要求，且周边无居住建筑，不造成日照遮挡影响；通过计算机模拟软件优化设计，使得室内满足采光系数要求的面积比例达到 80.1%，营造了很好的室内光环境；室内主要活动区域风速均在 0.8m/s 以下，合理的换气次数及空气龄保证了室内舒适的工作环境。

10.2.2　围护结构性能优化设计

项目外墙采用陶粒空心砌块墙加挤塑板保温材料，屋顶采用钢筋砼屋面板加聚苯板保温材料，外窗选用断热铝合金 Low-E 中空玻璃窗，实现了建筑设计节能率达 61.6%（图 5-10-3、图 5-10-4）。

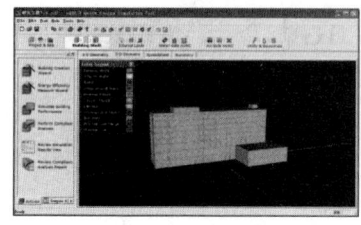

图 5-10-2　能耗　　　　　　图 5-10-3　污水热泵　　　　　图 5-10-4　污水源
分析模型　　　　　　　　　系统实时监控　　　　　　　热泵机房

10.2.3　污水源热泵系统

项目 100% 采用污水源热泵系统为建筑提供冬季热源及夏季冷源，其螺杆式水源热泵机组夏季制冷工况 COP 高达 5.8。

10.2.4　太阳能光热系统

采用太阳能热水系统提供生活热水，设计安装集热器 360m²，设置 1 个 15m³ 的太阳能贮热水箱及 2 个 10m³ 的供热水箱，太阳能热水系统提供生活热水占建筑生活热水的比例为 40%，同时设置太阳能热水系统远程监控系统进行实时监控（图 5-10-5、图 5-10-6）。

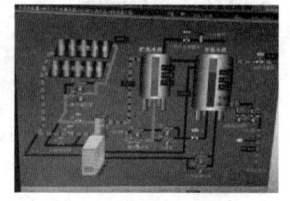

图 5-10-5　屋顶太阳能集热板　　　　　图 5-10-6　太阳能热水系统监控

10.2.5　太阳能光伏发电

项目在屋顶和外墙立面设置太阳能光伏发电板，在院区科学研究试验楼一层大厅设置光伏发电实时监测装置，发电量占建筑用电量的比例为 26.7%，充分地利用了可再生能源（图 5-10-7～图 5-10-9）。

图 5-10-7　外立面　　　　图 5-10-8　1屋顶太阳　　　图 5-10-9　光伏发电
　　　光伏板　　　　　　　　能光伏板　　　　　　　系统实时状态

10.2.6　非传统水源利用

项目绿化率为 46.4%，院区内有大片用于育苗和种植的田地以及温室大棚，具有人工绿地的效果却无须特殊养护，可以接受天然降落的雨水进行绿化灌溉。根据灌溉用水的水质要求，降落的雨水可以不经收集处理而直接利用，水质可完全满足要求。种植田地作为裸露地面，不仅可以接受雨水进行灌溉，同时具有增加雨水入渗、涵养地下水的作用，透水地面面积比达到 43.3%。

10.2.7　可再循环材料使用

项目选用可再循环建筑材料和含有可再循环材料的建材制品，并注意其安全性和环境污染问题。本项目建筑材料总重量为 9768.77t，其中可再循环材料总重量使用比例达 15.4%。

10.2.8　智能化系统设计

本项目智能化系统设计主要包含消防报警及联动控制系统、有线电视系统、智能疏散逃生系统、综合布线系统、电话配线系统、闭路电视监控系统等，设置合理完善（图 5-10-10）。

图 5-10-10　智能化系统监控

10.3 总 结

　　内蒙古自治区农牧业科学院研究生楼项目通过低碳、绿色、生态设计策略的整体运用，有效地降低建筑能耗，减少建筑对环境的影响。同时采用污水源热泵系统、光伏发电、自然通风等技术大大节约能源和资源，为工作人员创造积极的空间做出贡献，使其真正成为一个自然与人文、环境与生活有机结合的和谐空间，具有很高的推广价值。

作者：狄彦强　张宇霞　张振国　李妍（中国建筑技术集团有限公司）

11 【案例6】新疆缔森·君悦海棠绿筑小区

【三星级运行标识—居住建筑】

11 Case 6 Xinjiang Desen Grand Begonia Green Building Community

11.1 项目简介

缔森·君悦海棠绿筑小区项目是新疆缔森地产开发有限公司倾力打造的新疆首个绿色建筑三星项目，项目位于新疆昌吉市东北部，新疆昌吉州国家农业科技园区核心区域（图 5-11-1）。项目总用地面积：$60138m^2$；总建筑面积 $101781.36m^2$，地上 $83879.12m^2$，地下 $17902.24m^2$；共建有 2 栋高层（11 层）住宅和 12 栋中高层（8～9 层）住宅，主体结构形式均为"剪力墙"结构；开发与建设周期为 2 年。

图 5-11-1 建筑效果图

本着因地制宜、节约能源的设计原则，实现了"四节一环保"与新疆气候条件、环境因素等条件的完美结合。项目充分利用太阳能、节水器具等设备，应用绿色施工等技术，为新疆的绿色建筑设计和节能理念的应用开了先河。

11.2 绿色建筑主要技术措施

考虑到新疆特殊的地理和气候因素，项目重点在围护结构节能措施、可再生能源利用、节约水资源、节约建筑材料及提高居民的舒适度等方面考虑绿色设计及技术原则。

11.2.1 提高围护结构节能效果

围护结构是新疆严寒地区夏季空调能耗和冬季采暖能耗的重点能耗，为了降低夏季的空调耗电量和冬季采暖耗煤量，本项目屋面采用 150mm 厚 $K=0.030W/(m^2 \cdot K)$ 的 XPS 保温板、外墙采用用 100mm 厚 $K=0.030W/(m^2 \cdot K)$ 的 XPS 高效率保温板、外窗采用用 $K=1.80W/(m^2 \cdot K)$ 四腔三密封塑钢窗，使围护结构的平均节能率达到 65% 以上，远高于昌吉地区现行的 50% 的节能标准。采暖用低温热水地板辐射供暖系统，热源为分户式燃气壁挂炉，户式壁挂燃气炉的额定热效率大于 92%，采暖系统安装分户热计量装置，最大限度满足了居民的需求并节约了采暖能耗。

11.2.2 充分利用可再生能源

新疆是全国太阳能最丰富的地区之一，昌吉地区年太阳辐射总量为 5000～5850MJ/m^2，相当于日辐射量 3.8～4.5kWh/m^2，开发利用太阳能资源有很大的优势。项目充分利用太阳能资源这一得天独厚的优势，由太阳能热水器供居民生活用热水，实现太阳能热建筑一体化设计。小区内有 88.7% 的住户采用太阳能热水器提供全部生活热水，可再生能源的使用量占建筑总能耗的比例大于 10%，达到了绿色建筑要求的相关要求。

11.2.3 节水与水资源合理利用

新疆地区夏季炎热水资源匮乏，成功解决水资源浪费成为该项目的一大亮点。为了满足小区绿化灌溉和道路喷洒用水的需求，项目集中中水处理，对小区内所有住宅建筑的生活优质杂排水进行收集，经过处理后再回用到小区内的住宅冲厕或公共服务用水，如景观用水，绿化用水，道路洒水等。中水处理设备间设在小区内，每栋住宅安装中水下水及上水专用管道，而处理设备则集中为一套，由小区物业统一负责运行。

室内用水均使用高效节水器具，如陶瓷阀芯节水龙头、4L 大小水节水大便器，节水淋浴器等，节水率大于 8%；小区内各建筑屋面雨水经雨水斗外排至地面，除了绿化地面设计，小区的公共活动场地、人行道、露天停车场的铺装地面材质，采用渗水性好的透水砖、植草砖（图 5-11-2、图 5-11-3），增加雨水渗透量，有效降低了地表径流。透水砖铺装面积达 7352m^2，小区的透水地面面积超过 60%。在设计降雨强度下，雨水能全部就地入渗，不外排至市政排水管。

图 5-11-2　植草砖回渗系统　　　　图 5-11-3　透水砖

11.2.4　土地资源合理利用

项目规划充分利用现有地形和周边交通条件合理布局，在保证居住功能和舒适度的条件下，提高住宅用地的利用率。

首先，小区的交通环境是绿色住区的重要标准，公共交通成为选址和住区的出入口的重要参考依据，设置方便居民充分利用公共交通网络。住区出入口到达公共交通站点的步行距离不超过 500m。本项目西、南、北向临干道，在西向海棠路及北向健康东路设置公交站点，以方便居民出行。

在居住区高层住宅建筑及其裙房下附建地下或半地下停车库就是利用地下空间解决停车设施问题的有效措施之一。本项目设置地下车库，并在南向和东向小区入口处设置地下车库入口，与人行主入口分开，业主车辆进入小区后，行驶的距离不会太长，避免油耗造成的能源损失，同时保持小区内良好的室外环境。

地下车库采光及通风口设在隐蔽区域，远离人群呼吸带，防止车库内的废气对住户造成影响。本项目拟在地下车库出入口处修建隔声棚，以屏蔽汽车行驶噪声，减小对周边声环境的影响。

11.2.5　室外环境合理设计

项目设计中充分考虑场地自然条件，合理设计建筑体形（平均体形系数为0.35）、朝向（接近南北向，南偏西、偏东30°以内）、楼距和窗墙比，并通过日照模拟、室外风环境模拟和室内自然通风模拟等方法对项目方案进行优化设计，保证小区居住建筑良好的日照、通风和采光条件。

通过日照模拟对住区建筑布局进行优化，保证室内外的日照环境满足现行国家标准《城市居住区规划设计规范》GB 50180 中有关住宅建筑日照标准的要求。同时通过通风模拟软件对小区风环境的模拟计算，保证了住区风环境有利于冬季室外行走舒适及过渡季、夏季的自然通风。小区内道路及铺地大部分采用了透水铺装，布局合理，气流通畅，热量能及时带走，平均热岛强度为 0.5℃，不高于

401

1.5℃，达到居民居住的最佳舒适度。

11.3 总 结

作为新疆地区第一个绿色建筑三星的示范工程，项目在设计与施工中努力探索寒冷地区绿色建筑设计与技术的新途径，成为寒冷地区的绿色住宅建筑探索的典范，对于新疆乃至整个寒冷、严寒地区的绿色建筑产业都具一定的借鉴作用。

作者： 成霄 郭振兴（新疆华凯筑邦节能科技有限公司）

12 【案例7】江苏南京市万科上坊保障性住房6-05栋

【三星级设计标识—住宅建筑】

12 Case 7 Building 6-05 of Nanjing Vanke Shangfang affordable housing in Jiangsu

12.1 项 目 简 介

南京万科上坊保障性住房6-05栋项目位于南京市江宁区老镇东麟路东与104国道之间（万安北路两侧），建筑高度为45m，地下1层，地上15层。整栋建筑总建筑面积为10568.3m²，其中地下建筑面积为680.6m²，地上建筑面积为9887.7m²。建筑结构体系为全预制装配整体式框架—钢支撑结构高层建筑。项目于2014年5月6日获得三星级绿色建筑设计标识证书（图5-12-1）。

图5-12-1 南京上坊6-05栋实景图

12.2 绿色建筑主要技术措施

建筑工业化是实现绿色建筑的捷径，发展建筑工业化技术需要与绿色建筑技术相结合，本项目绿色建筑集成创新主要体现在被动式绿色建筑集成技术、工业化建筑结构集成技术和绿色施工集成技术三个方面。

12.2.1 被动式绿色建筑技术

（1）建筑标准化、模数化设计应用

本项目采用标准化、模数化设计，实现预制构件的"少规格、多组合"，充分发挥了工业化建造建筑的优势。同时，南向立面结合太阳能集热器的需求，采用K形阳台板，北向采用黄色穿孔铝板，形成具有韵律和节奏的立面效果，体现了工业化建筑的美学特点（图5-12-2）。

图 5-12-2　具有
韵律的立面

（2）自然通风、自然采光优化设计

考虑到建筑为公共租赁住房，主要供新就业大学生及外来打工人员租住，项目通过架空建筑底层设置开放的公共活动场所，在底层空间内为居民提供交往、休憩空间。地下室采用自然采光井有效改善地下室潮湿阴暗的环境，降低了照明能耗和减少通风设备投资。

（3）预制高效自保温围护结构，达到建筑节能 65% 标准

本项目内外填充墙采用蒸压轻质加气混凝土隔墙板（NALC）和陶粒混凝土板（图 5-12-3），板材在工厂生产、现场拼装，避免了现场砌筑和抹灰工序。同时通过采用双层板加空腔的构造形式，有效解决了外墙防潮、渗漏的工程质量通病，该项目投入使用一年来，外墙无任何开裂和渗漏。

图 5-12-3　加气混凝土自保温墙板

图 5-12-4　阳台壁挂式太阳能热水器

（4）阳台壁挂式太阳能热水系统应用

本项目每户的南向阳台设置阳台壁挂式太阳能热水器（图 5-12-4），实现 100% 住户采用可再生能源。同时，通过优化建筑立面，充分考虑集热器的角度，采用 K 型阳台板，保证集热器的最佳效率，实现了太阳能的有效利用。

（5）整体式卫生间等的应用

本项目通过优化卫生间设计，首次在江苏省保障性住房中采用整体式卫生间（图 5-12-5），厨房采用成品橱柜，最大限度地减少现场湿作业，避免传统卫生间渗漏问题，消除质量通病。

（6）BIM 技术实现设计流程及模式创新

本项目在设计全过程采用三维数字化技术，实现预制装配可视化、三维设计可视

图 5-12-5　整体式卫生间应用

化、管线综合、碰撞检查，改变传统工程设计模式。并优化预制构件设计，进行计算机模拟施工，实现设计模式创新和设计精细化（图 5-12-6）。

图 5-12-6　三维数字化设计与实际施工比较

12.2.2　工业化建筑结构集成技术

（1）全预制装配整体式框架—钢支撑结构体系

采用了全新的预制装配整体式框架钢支撑体系，使项目预制率达到了 65.4%，包含内外墙板的装配率达到了 81.3%，是全国已建成的框架结构中结构高度最高、预制率最高的工程。

（2）采用直螺纹套筒连接技术

本项目在江苏省内率先采用直螺纹套筒灌浆连接技术，同时是在国内首次应用于 45m 高层全预制装配整体式框架体系中，是《装配式混凝土结构技术规程》中套筒灌浆连接的首选连接方式。

（3）预制梁柱外模板设计，完全取消了外脚手架及外模板

为了取消外脚手架、外围模板及外立面抹灰，实现绿色施工，本项目结合预制剪力墙板 PCF（Precast Concrete Form）原理，在预制边柱及预制边梁外侧设计与构件一体的混凝土外模板，现场无须再支外模板，施工速度大大提高，体现了本项目集成设计创新的特点。

12.2.3　绿色施工集成技术

施工环节是最能体现建筑产业现代化技术速度快、污染少、节约资源等优势的环节。建设单位、设计单位与施工单位共同攻关，通过对工序的分析和调整，最终建一层只需要 6 天的时间，整个工期时间比传统的建造方式缩短了近 30%。

（1）全预制装配整体式框架结构吊装安装施工技术

本工程结构主体梁、柱、楼板、楼梯、阳台、阳台隔板、女儿墙全部采用预制构件，工厂生产后运到施工现场进行装配。这种工业化的生产、施工形式，极大提高了住宅生产的劳动生产率，减少了资源浪费和降低了环境污染，真正实现

了绿色工地和绿色施工（图 5-12-7）。

图 5-12-7　工业化吊装安装施工环境影响小

图 5-12-8　无外模、无外脚手架施工技术

（2）充分发挥工业化优势，取消传统外脚手架施工技术

项目 PC 结构集成外模，外墙采用具有自保温功能的 NALC 板，取消了传统的抹灰、保温等施工工序，针对 PC 结构的特殊性，临边防护采用悬挑三脚架，取消传统的外脚手架，既安全又经济（图 5-12-8）。此项技术与传统现浇外墙脚手架相比节约费用274.75 万元。

12.3　节　能　效　果

12.3.1　直接经济效益

本项目通过采用先进的集成技术，分别在取消外脚手架施工技术、承插型盘扣式支撑架技术、预制构件吊装组装技术、预制梁柱端锚技术、NALC 板墙体施工技术 5 个方面节约施工成本，总计产生直接经济效益 858.61 万元。

12.3.2　施工用工及工效分析

本项目采用全预制装配式结构体系，由于大量预制构件的使用，施工现场施工人员大大减少，通过与本小区 8-02 栋对比分析，预制装配式技术在钢筋混凝土工程和围护墙体工程方面均比普通现浇混凝土工程减少 50％的施工时间，有利于降低施工人员工资成本，同时减少了施工过程中对环境的影响，具有较好的经济效益和环境效益。

12.4 总 结

2014 年 3 月仇保兴副部长在"第十届国际绿色建筑与建筑节能大会"上做了"普及绿色建筑的捷径——装配式住宅"的主题报告，提出装配式住宅与绿色技术深度融合是当前我国大力推广绿色建筑行之有效的解决方案和途径。本项目将绿色建筑的理念贯穿于整个设计、施工的全过程，项目在工业化技术与被动式绿色技术的集成整合应用方面的探索与实践，为我国绿色建筑和工业化建筑的发展提供了示范。

作者：韦佳[1]　刘晓静[2]　孙林[2]（1. 南京长江都市建筑设计股份有限公司；2. 江苏省住房城乡建设厅科技发展中心）

13 【案例8】广西南宁市裕丰·英伦住宅小区

【二星级运行标识—住宅建筑】

13 Case 8 Nanning Yufeng Yinglun residential community in Guangxi

13.1 项 目 简 介

图 5-13-1 项目整体鸟瞰图

广西南宁裕丰·英伦住宅小区项目位于南宁市青秀区佛子岭路10号，总用地面积为65964.88m²，总建筑面积为171756.21m²（图5-13-1）。项目整体节能率达60.8%，非传统水源利用率达12.3%，太阳能热水及空气源热泵热水用户使用比例达53.3%，可再循环材料利用率达10.8%。

该项目于2010年10月获得绿色建筑二星级设计标识，2014年9月获绿色建筑二星级运行标识，此外本项目还荣获广西绿色建筑示范工程试点、2008年广西建设科技示范工程、2009年广西建设科技绿色建筑类示范工程、2012年广西节水型居民小区等称号。

13.2 绿色建筑主要技术措施

13.2.1 场地规划及布局优化设计

通过采用CFD计算机模拟技术，对小区整体室外风环境、热岛环境及室内自然通风环境进行优化设计，保证建筑周边的风速均小于5m/s，给行人室内、外活动提供舒适的环境；同时采用景观绿化及水体等措施，有效降低小区日平均热岛强度至1℃以下（图5-13-2～图5-13-4）。

图 5-13-2 室外风环境模拟优化

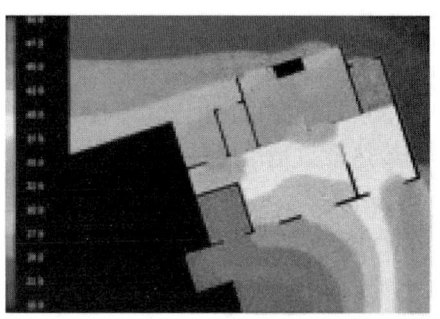

图 5-13-3 室内自然通风环境模拟优化

图 5-13-4 绿化及景观水体降低热岛效应

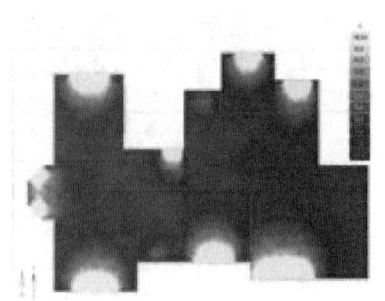

图 5-13-5 室内自然采光模拟分析

13.2.2 被动式采光设计

通过采用 Ecotect 软件合理优化室内自然采光状况，为住户提供良好的室内居住环境，在保证各主要功能空间窗地面积比不低于 0.183 的前提下，采光系数均达到 1%（卫生间及餐厅）及 2%（卧室及厨房）以上。同时，项目采用天然采光井 8 套光导管系统为地下车库提供自然采光，地下车库的照度计照明功率密度均满足标准要求（图 5-13-5～图 5-13-7）。

图 5-13-6 天然采光井

图 5-13-7 光导管照明系统

13.2.3 围护结构节能优化

本项目外窗采用内置可调百叶的中空玻璃窗，此种产品在内置百页完全关闭时，传热系数是单层玻璃窗的 1/3，遮阳系数仅为 0.17，能够有效控制室外热量向室内的传入，减少空调能耗。同时外墙采用加气混凝土自保温体系，使项目整体节能率达到 60.8%（图 5-13-8、图 5-13-9）。

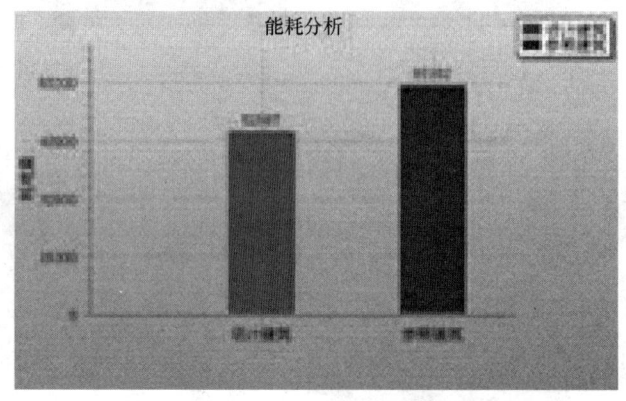

图 5-13-8 楼栋能耗模拟结果

图 5-13-9 内置可调节百叶的中空玻璃窗

13.2.4 绿色节电系统

本项目非主要交通道路及绿化带的公共照明及所有楼栋各层候梯厅采光利用太阳能光伏发电系统提供电源，减少小区向市政电网的电量索取。采用"能源再生型"节能电梯，将电梯重侧下降时曳引机发出来的电能通过能源再生变频器反馈回大楼配电柜，供大楼或小区内其他公用设备使用（图 5-13-10～图 5-13-12）。

图 5-13-10　候梯厅 led 灯　　　　　　图 5-13-11　庭院太阳能草坪灯

13.2.5　太阳能及空气源热泵复合热水系统

综合考虑太阳辐射强度、经济性等问题，本项目 601 户用户生活热水由太阳能热水系统及空气源热泵系统提供，使用户数所占比例为 53.3%，太阳能热水系统和空气源热泵热水系统提供的热水量所占的比例分别为 5.4% 和 51%（图 5-13-13、图 5-13-14）。

图 5-13-12　无机房节能电梯　　　　　图 5-13-13　太阳能热水系统

图 5-13-14　空气源热泵系统

13.2.6　人工湿地及节水灌溉

本项目采用人工湿地污水净化系统，通过填料上生物膜分解有机物，去除氮、磷、有机物的同时去除悬浮物，加上植物的吸收作用，高效地去除污染物，水质净化达标后用于小区的绿化灌溉等，非传统水源利用率达 12.3%；同时室外灌溉采用微喷灌技术，进行高效节水灌溉（图 5-13-15～图 5-13-17）。

图 5-13-15　节水微喷灌系统

图 5-13-16　人工湿地系统实景

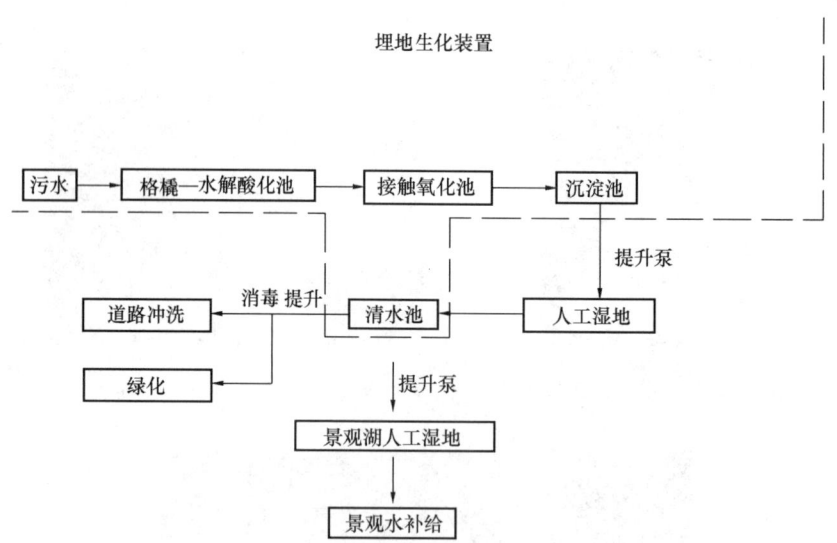

图 5-13-17　人工湿地系统处理工艺流程

13.3　总　　结

本项目综合应用了被动式规划设计、建筑围护结构节能、非传统水源系统、透水地面铺装等适宜且效果明显的多项技术，在兼顾有关绿色部分初投资的条件下，实现绿色建筑二星级目标。同时应用先进的计算机软件模拟技术，对室内光环境、室内外风环境等进行模拟，以达到提高人员居住舒适、节能降耗、环境优美的目标，真正体现绿色建筑的现实意义。

作者：狄彦强　张宇霞　张振国　李妍（中国建筑技术集团有限公司）

14 【案例9】河北迁安市马兰庄新农村示范区

【二星级运行标识—住宅建筑】

14 Case 9 Demonstration of Qian'an Malanzhuang new rural area in Hebei

14.1 项 目 简 介

项目位于唐山迁安市，燕山南麓，滦河岸边。该项目为新农村住宅小区，该

小区总用地面积 77.72 万 m²，总占地面积 11.20 万 m²，总建筑面积 49.21 万 m²，容积率为 0.91，建筑密度为 14.4%，绿地率为 41%，被评为 2010 年度"河北省十佳建筑节能示范小区"，获绿色建筑二星级设计标识，获亚太地区绿色建筑先锋奖项目提名（图 5-14-1）。

图 5-14-1

14.2 绿色建筑主要技术措施

14.2.1 室内外环境优化

地势平坦、建筑布局灵活，均为多层建筑，南北通透的中小户型。100%住户大寒日日照小时数大于 3 小时；远离城市热岛效应，复层绿化，室外透水地面面积比 57.5%，日平均热导强度为 0.79℃；窗地面积比大于 12%，采光系数最低值为 4.0%；建筑布局与冬季主导风向相适应，冬季风速放大系数小于 2.0，设置绿化带改善夏季小区局部风环境；夏季及过渡季有利于形成穿堂风通风，主要活动区换气次数在 14.7～54.7 次/h 范围内（图 5-14-2～图 5-14-4）。

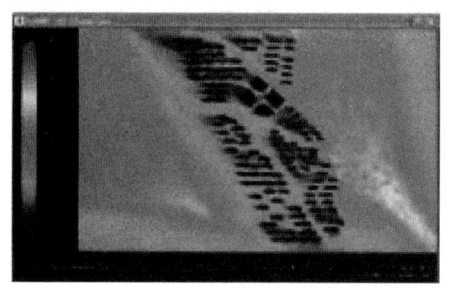

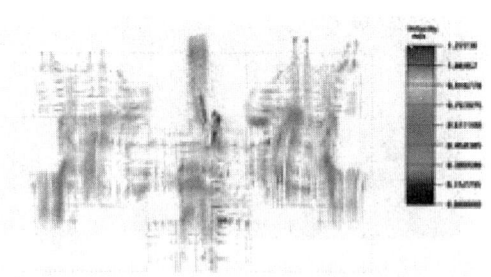

图 5-14-2　室外环境优化　　　　　　图 5-14-3　室内穿堂风

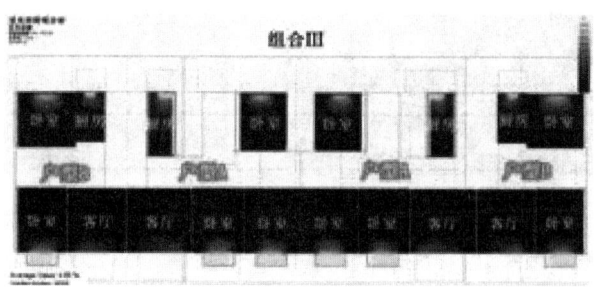

图 5-14-4　室内自然采光

14.2.2　建筑节能

项目外墙采用混凝土多孔砖＋挤塑聚苯板，并选用低辐射中空玻璃，实现了年采暖耗热量不超过标准规定值的 80％。室内采用地板辐射采暖系统，分集水器的每个分支环路上设置温控阀，可通过每个房间的温感器来控制调节房间的温度。

14.2.3　绿色照明

路灯、庭院灯全部采用太阳能灯，根据季节变化、室外光照变化，充分利用自然光和照明控制系统，实施了多样化的照明节能控制方式。走道楼梯间照明光源选用节能光源，并均配电子镇流器，使其功率因数不小于 0.9；走道及楼梯间照明控制开关均选用声光控延时开关。

14.2.4　可再生能源系统

太阳能光热建筑一体化：本项目 100％用户为太阳能热水系统，进行建筑一体化设计。

地源热泵供暖：本项目属于新农村社区，目前无市政供暖管网，因此综合考虑了项目周边可利用的自然资源（土壤源、滦河水源）。分析迁安地区土壤热特

图 5-14-5　热泵机房实景

性，本项目适合采用土壤源热泵。同时，迁安境内河流全长 50km，迁安马兰庄社区场址距滦河直线距离约 350m，适合选用地下水源热泵系统。因此，本项目采用地源热泵和水源热泵为小区提供采暖，充分利用了地热、水源可再生能源。本项目整体可再生能源替代率可达到 20.1%（图 5-14-5～图 5-14-7）。

图 5-14-6　太阳能建筑一体化

图 5-14-7　太阳能路灯

14.2.5　非传统水源利用

雨水回渗：透水地面面积占室外地面面积比例为 57.5%，室外地面采用陶土砖等多孔材料铺装，并采用下凹式绿地、植草砖等措施增加雨水渗透量。

社区自建中水处理站：本项目属于新农村社区，暂无市政排水管网，因此自行建设了中水处理站，中水处理采用纯氧生化污水处理技术，污水处理站采用市售桶装次氯酸钠溶液。处理后的中水主要用于绿化和垃圾间地面冲洗，非传统水源水的利用率为 11.0%（图 5-14-8～图 5-14-10）。

图 5-14-8　中水站实景

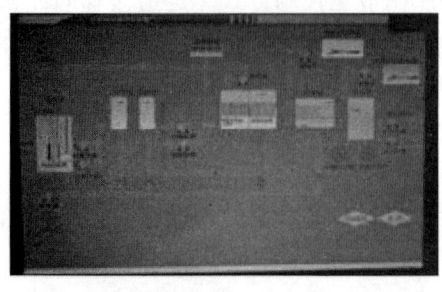

图 5-14-9　中水处理工艺

图 5-14-10　中水站外景

14.2.6 建筑节材

将施工过程中工棚等临时用房的拆除建材用于搭建物业管理用房、垃圾站等，其可再利用、可循环材料的回收利用率比例是45.6%。

14.2.7 物业管理及能耗监测平台

项目投入使用前制定了适应居民生活规律、可操作性强的物业管理制度。设置节能环保指示牌、太阳能路灯、垃圾集中处理站、垃圾分类回收装置。建立了社区节能监控平台，实时监测能源侧、用能末端的运行情况，实现用能系统的二次优化（图5-14-11～图5-14-13）。

图5-14-11　拆除建材搭建的物业管理用房

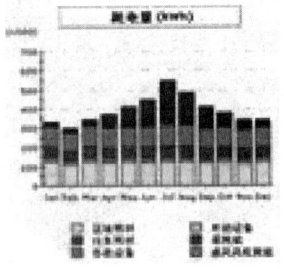

图5-14-12　物业安防监控　　　图5-14-13　能耗实时监测

14.3　总　　结

马兰庄镇广泛采用环保节能的新材料、新技术。结合节能、环保、园林的理念，借助既有的太阳能资源、滦河水资源等解决了社区无集中热力管网、无集中市政污水管网的难题，成功探索出了"生态宜居、新型社区"的北方新农村住宅新模式。

作者：狄彦强　张振国　张宇霞　李妍（中国建筑技术集团有限公司）

15 【案例10】北京汽车产业研发基地用房（综合研发办公大楼）

【绿色三星级运行标识—公共建筑】

15 Case 10 Buildings of Beijing R&D Base of Automobile Industry (R&D office building)

15.1 项 目 简 介

北京汽车产业研发基地用房（综合研发办公大楼）项目位于顺义区仁和镇北京汽车城内，临近北京国际机场 T3 航站楼。本建筑功能分为核心功能及附属部分两大类，其中核心功能包含三部分：工程中心及产品研究中心的研发办公部分、试制及试验中心、造型中心；附属部分包括以上三部分配备的专家公寓，餐厅、会议中心，职工活动中心，地下车库等多项综合服务性措施。建筑占地面积

图 5-15-1　项目鸟瞰图

为 15.78 万 m²，建筑面积为 17.43 万 m²，总建筑高度 36m。项目地下空间面积比 77%，室外透水地面面积比 48%，建筑节能率 75%，非传统水源利用率 6.5%，可再循环材料利用率 10.1%，高强度钢筋利用率 84%。项目获得了多个国家奖项，包含中国建设工程鲁班奖、中国钢结构金奖等 12 个奖项，3 个发明专利，6 个实用新型专利（图 5-15-1）。

15.2 绿色建筑主要技术措施

项目在规划、设计、施工、运行整个过程中，严格遵循"四节一环保"的理念，始终坚持"被动优先、主动优化"的技术路线，根据项目的实际特点，采用了多种绿色建筑技术，并将其完美地结合在一起。

（1）良好的交通组织：项目将整个交通分为四部分：通勤车人流、公交、小

汽车人流、步行人流。针对不同人流情况，在场地北侧边界分东西设置了两个10m宽的车行出入口，南侧边界分东西设置了两个15m宽的车行出入口，在南侧边界中部设置了60m宽的绿化广场同时兼做人行出入口，整个建筑由7m宽环形车道围绕，主要地下车库入口车道分布在建筑南北两侧，与4个车行入口紧密关联，南侧为2个双车道，北侧为2个单车道，车辆可迅速出入地下车库，起到了良好的人车分流的作用。

（2）透水地面：项目设置了大面积的乔灌木复层绿化，同时在地上停车位的下方也设置了绿化带，充分利用了有限的空间，室外透水地面的面积达2.9万m^2，占室外地面面积的48%。

（3）建筑整体节能：项目通过多种措施相结合的手段降低建筑能耗，主要包含优化围护结构、提高空调采暖设备系统能效比、设置排风热回收系统、全空气系统过渡季全新风运行、全LED照明灯具等，最终使得项目相对参考建筑节能率达到75%。

（4）复合地源热泵系统：项目所在的区域的水文地质情况非常适合地埋管式地源热泵系统，节能环保，但是针对本项目，不宜实施单纯的地源热泵系统，一方面由于地埋管的区域有限，另一方面从使用需求和系统造价上考虑，没有必要按照最大负荷设计成纯地源热泵系统。所以本项目的空调系统采用了复合式的地源热泵系统，即4台地源热泵＋2台常规离心式冷水机组＋燃气锅炉＋水蓄冷的冷热源组合方式。

（5）节水设备应用：项目采用了多种节水技术，室内卫生器具均为节水型，供水采用无负压变频供水设备，室外绿化采用微喷灌形式。对于各个用水末端都设置了水表进行计量，能够第一时间发现用水异常情况。

（6）非传统水源利用：项目收集除厨房以外的排污水作为中水原水，采用生物处理和物化处理相结合的处理工艺，经生物处理、沉淀、过滤、消毒等处理后用于冲厕、绿化、水景补水等，非传统水源利用率6.5%。

（7）结构体系优化：在确定结构方案过程中，根据建筑设计及使用要求，进行了多方案的比较，最终选用了钢筋混凝土框架＋剪力墙＋空间钢结构的结构形式。主要有以下优点：不规则结构的分割、高效的空间结构的使用、设置了"安全气囊"—滑动支座和黏滞阻尼器。

（8）自然采光优化：项目注重自然采光，在建筑顶部设置了三处大采光顶、四处小采光顶，外围护结构采用全玻璃幕墙结构，同时地下室的泳池上方也设置了采光天窗，77%以上的室内空间能够满足自然采光的要求。

（9）楼宇自控系统：项目楼宇自控系统设计合理，完善，对于复合地源热泵系统、空调通风系统、给排水系统、智能照明系统分别设置，保障项目的节能高效运营。同时设置了远传水表、电表计量系统，能够实时查询用水、用电量，便于后续运营过程中发现节能潜力。

15.3 节 能 效 果

15.3.1 用能分析

项目能够实现对能耗的分项计量，项目主要用能区块包含冷站、空调末端、送排风系统、室内外照明系统、工艺用电、食堂用电、动力用电七大块。通过对2013 年 5 月至 2014 年 4 月用能数据的分析，项目全年用电量 6753MWh，每平方米建筑能耗 71W/m²，低于北京市及国家公共建筑平均水平。

15.3.2 用水分析

项目用水主要分为生活用水、生活热水、中水系统几块，根据 2013 年 5 月至 2014 年 4 月各用途用水量的分析，项目全年用水量 230036t，其中中水用水15015t，非传统水源利用率 6.5％，用水漏损率 1.3％。

15.4 总 结

项目利用自身设计、建造、运营一体化的优势，在整个建造过程中将绿色设计、绿色施工、绿色运营良好地结合在一起。通过对于绿色建筑技术的深入分析和合理应用，达到了节约能源、保护环境、可持续发展的目的。

作者：刘永平[1] 李晓锋[2] 韩旭[1] 冯莹莹[3] 丁颖超[1] 晋江辉[1] 黄瑶[3] （1. 汽车研究总院有限公司；2. 清华大学建筑学院；3. 北京清华同衡规划设计研究院有限公司）

16 【案例11】中煤张家口煤矿机械有限责任公司装备产业园

【三星级运行标识—工业建筑】

16 Case 11 Equipment Park of China Coal Zhangjiakou Coal Mining Machinery Co.，Ltd.

16.1 项 目 简 介

张家口煤矿机械有限责任公司始建于1926年，是我国目前最大的煤矿装备制造企业。张煤机公司在张家口西山产业集聚区购置建设用地2800亩，立足打造中国一流的煤矿成套设备制造产业园，园区涵盖铸造、锻造、焊接、机械加工、热处理、涂装、总装等多种工艺。

中煤张家口煤矿机械有限责任公司装备产业园项目是由机械工业第六设计研究院有限公司承担的咨询设计一体化项目。该项目于2013年11月通过国家住房和城乡建设部绿色工建筑设计标识项目评审，2014年9月通过国家住房和城乡建设部绿色工建筑运行标识项目评审，成为国内首个采用《绿色工业建筑评价标准》通过评审的三星级绿色工业建筑运行标识项目。同时，园区也是

图 5-16-1 项目整体鸟瞰图

河北省唯一获得绿色建筑示范工程的工业项目，铸造分厂被评为国家绿色铸造示范项目（图 5-16-1）。

16.2 绿色建筑主要技术措施

16.2.1 合理开发可再生用地

项目所在规划园区用地属于工业建筑场地对农林业生产难以使用的土地（图

421

5-16-2）。

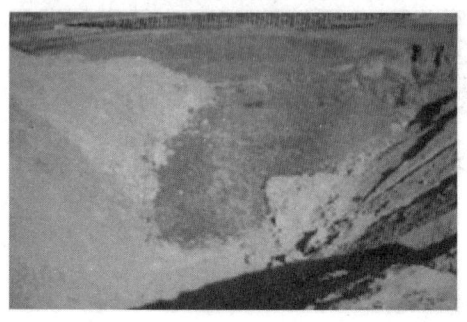

图 5-16-2　项目建设前场地地貌

16.2.2　内部物流运输低消耗

厂区内部以电动平板车运输为主，汽车、叉车运输为辅。圆环链分厂、总装分厂分别设置立体高架库，配备堆垛机及物流管理系统（图 5-16-3、图 5-16-4）。

图 5-16-3　立体高架库　　　　　　　　　　图 5-16-4　物流管理系统

16.2.3　场地有利能源持续利用

场地总体规划充分考虑通风、自然采光和太阳能的利用。厂房顶部采用大面积天窗，侧面也均设有采光外窗。以充分利用自然通风和自然采光。厂区内路灯全部采用光伏发电（图 5-16-5、图 5-16-6）。

16.2.4　红外线辐射供暖

项目厂房为机械生产厂房，冬季较寒冷，厂房较高，适合采用燃气红外线辐射采暖系统冬季供暖，既提高热利用效率，又节约大量能耗（图 5-16-7）。

图 5-16-5　光伏路灯

图 5-16-6　自然通风和采光

图 5-16-7　厂房辐射采暖

16.2.5　分层空调

本项目传动分厂设置空调系统，车间层高为 14.8m，供应分布在车间里的 72 套高静压风机盘管机组设置在 6.5m 高度处，使上下空间分隔，主要对车间下部区域进行空调，保证工作区温湿度的要求，与全室空调相比，有明显的节能效果（图 5-16-8）。

图 5-16-8　传动车间分层空调

16.2.6　余热回收

锻造车间、圆环链等车间工艺冷却设备产生大量而稳定废热水，该项目设置了 4 台水源热泵机组，利用水源热泵机组，对其中废热进行回收利用，供全厂工人洗澡用（图 5-16-9）。

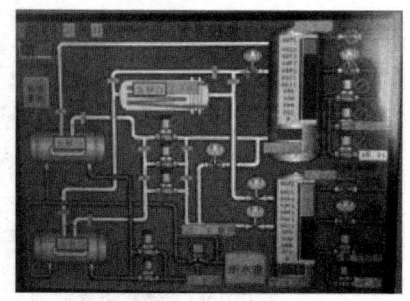

图 5-16-9 水源热泵机组及管理系统

16.2.7 污废水处理技术

园区污废水处理核心工艺采用膜生物反应器（MBR），利用"水解酸化＋MBR"组合工艺，ClO2 杀菌灭活，产水水质优于 GB 18927—2002 各项杂用水水质。处理出水主要用于厂区绿化，道路清扫、冲厕（图 5-16-10）。

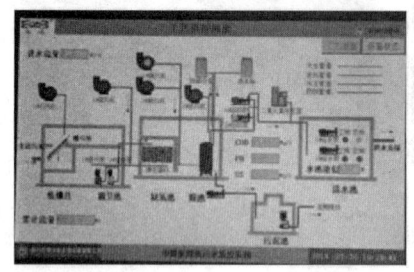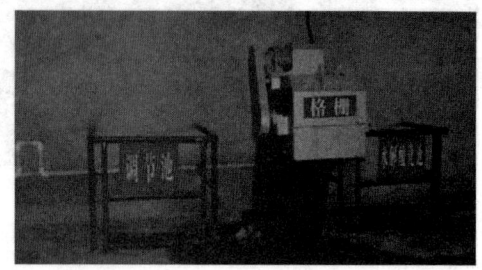

图 5-16-10 污水处理系统

16.2.8 运行管理

园区能源管理系统包括供配电检测、燃气系统能源监测、给排水系统能源监测、氧氮氩系统能源监测、热力系统监测、能源消耗分析与管理需求。能源管理系统主要用于园区的办公楼、各个分厂、各个站房、各类库房等部门的电、水、天然气、氧气、压缩空气、液化石油气一级、二级、三级的能源计量和管理（图5-16-11）。

16.3 节 能 效 果

16.3.1 用能效果

本项目主要建筑用能为空调、照明、通风电耗、冬季供暖气耗及生活热水能

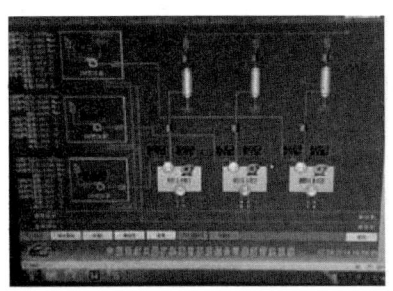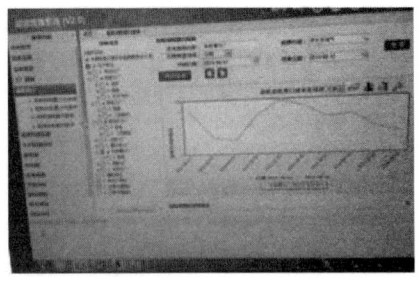

图 5-16-11　能源管理系统界面

耗，通过对项目 2013 年 9 月到 2014 年 8 月全年建筑能耗统计分析，单位建筑面积综合建筑能耗为 58.06 kWh／（m²·a），处于国内同行业领先水平。

16.3.2　用水效果

项目运行后，自 2013 年 9 月到 2014 年 8 月一个年度内，主要生产、辅助生产新鲜水取水量为 536784mm³。其中锻造分厂、铸造分厂、中部槽分厂、机电设备分厂、涂装分厂、总装分厂传动分厂等新鲜水取水量 506040mm³，同期产量 291842.9t，折算到产品，单位产品取水量 1.734mm³/t；圆环链分厂新鲜水取水量 3074mm³，同期产品产量 780.402km，折算到产品，单位产品取水量 39.395mm³/km。远低于河北省地方标准 DB 13/T 1161.2—2009《用水定额第 2 部分》之 C361 "矿山、冶金、建筑专用设备制造" 中规定的考核值：16mm³/t，准入值：12mm³/t。单位产品取水量达到国内同行业先进水平。

16.4　总　　结

项目建筑面积为 38.17 万 m²，为实现三星级绿色工业建筑增加投资 1708.4 万元，单位建筑面积增量成本 44.8 元，可节约年运行费用 338.5 万，静态回收期为 5 年。

作者：许远超　尹运基　牛秋蔓（机械工业第六设计研究院有限公司）

附录篇

Appendix

附录 1 中国绿色建筑委员会简介

Appendix 1 Brief introduction to China Green Building Council

中国城市科学研究会绿色建筑与节能专业委员会（简称：中国绿色建筑委员会，英文名称 China Green Building Council，缩写为 ChinaGBC）于 2008 年 3 月正式成立，是经中国科协批准，民政部登记注册的中国城市科学研究会的分支机构，是研究适合我国国情的绿色建筑与建筑节能的理论与技术集成系统、协助政府推动我国绿色建筑发展的学术团体。

成员来自科研、高校、设计、房地产开发、建筑施工、制造业及行业管理部门等企事业单位中从事绿色建筑和建筑节能研究与实践的专家、学者和专业技术人员。本会的宗旨：坚持科学发展观，促进学术繁荣；面向经济建设，深入研究社会主义市场经济条件下发展绿色建筑与建筑节能的理论与政策，努力创建适应中国国情的绿色建筑与建筑节能的科学体系，提高我国在快速城镇化过程中资源能源利用效率，保障和改善人居环境，积极参与国际学术交流，推动绿色建筑与建筑节能的技术进步，促进绿色建筑科技人才成长，发挥桥梁与纽带作用，为促进我国绿色建筑与建筑节能事业的发展做出贡献。

本会的办会原则：产学研结合、务实创新、服务行业、民主协商。

本会的主要业务范围：从事绿色建筑与节能理论研究，开展学术交流和国际合作，组织专业技术培训，编辑出版专业书刊，开展宣传教育活动，普及绿色建筑的相关知识，为政府主管部门和企业提供咨询服务。

一、中国绿色建筑委员会（以姓氏笔画排序）

主　任	王有为	中国建筑科学研究院顾问总工
副主任	王　俊	中国建筑科学研究院院长
	王建国	东南大学建筑学院院长
	毛志兵	中国建筑工程总公司总工程师
	叶　青	深圳市建筑科学研究院院长
	江　亿	中国工程院院士，清华大学教授
	李百战	重庆大学城市建设与环境工程学院院长
	吴志强	同济大学副校长

张　桦　上海现代建筑设计（集团）有限公司总裁
张燕平　上海市建筑科学研究院院长
林海燕　中国建筑科学研究院学术委员会主任
杨　榕　住房和城乡建设部科技产业化发展中心主任
项　勤　杭州市人大常委会副主任、财经委主任
修　龙　中国建筑设计研究院（集团）院长
徐永模　中国建筑材料联合会副会长
涂逢祥　中国建筑业协会建筑节能专业委员会名誉会长
黄　艳　北京市规划委员会主任
副秘书长　王清勤　中国建筑科学研究院副院长
李　萍　原建设部建筑节能中心副主任
邹燕青　中国建筑节能协会常务副秘书长
主任助理　戈　亮
通讯地址：北京市三里河路 9 号建设部北配楼南楼 214 室　100835
电话：010-58934866　88385280　传真 010-88385280
Email：Chinagbc2008@chinagbc.org.cn

二、地方绿色建筑委员会

广西建设科技协会绿色建筑分会
　　会　长　　广西建筑科学研究设计院院长　彭红圃
　　秘书长　　广西建筑科学研究设计院副院长　朱惠英
　　通讯地址：南宁市北大南路 17 号 530011
深圳市绿色建筑协会
　　会　长　　深圳市建筑科学研究院院长　叶青
　　秘书长　　深圳市建筑科学研究院　王向昱
　　通讯地址：深圳福田区上步中路 1043 号深勘大厦 1008 室　518028
中国绿色建筑委员会江苏委员会（江苏省建筑节能协会）
　　会　长　　江苏省住房和城乡建设厅科技处原处长　陈继东
　　秘书长　　江苏省建筑科学研究院有限公司总经理　刘永刚
　　通讯地址：南京市北京西路 12 号　210017
新疆土木建筑学会绿色建筑专业委员会
　　主　任　　新疆建筑科技发展中心主任　刘　劲
　　秘书长　　新疆建筑勘察设计院研究院副总工　张洪洲
　　通讯地址：乌鲁木齐市光明路 26 号建设广场写字楼 8 层 830002

厦门市土木建筑学会绿色建筑委员会

　　　主　任　　厦门市建设与管理局副局长　林树枝

　　　秘书长　　厦门市建设与管理局副处长何汉峰

　　　通讯地址：福州北大路 242 号 350001

福建省土木建筑学会绿色建筑与建筑节能专业委员会

　　　主　任　　福建省建筑设计研究院总建筑师　梁章旋

　　　秘书长　　福建省建筑科学研究院绿色建筑与建筑节能研究所所长　黄夏冬

　　　通讯地址：福州市通湖路 188 号　350001

　　　　　　　　福州市杨桥中路 162 号　350025

山东省建设科技协会绿色建筑专业委员会

　　　主　任　　山东省建筑科学研究院院长　李明海

　　　秘书长　　山东省建筑科学研究院院长助理　王　昭

　　　通讯地址：济南市无影山路 29 号　250031

辽宁省建筑节能环保协会绿色建筑委员会

　　　主　任　　沈阳建筑大学副校长　石铁矛

　　　秘书长　　辽宁省建筑节能环保协会副秘书长　孙　凯

　　　通讯地址：沈阳市和平区太原北街 2 号综合办公楼 C109　110001

天津市城市科学研究会绿色建筑专业委员会

　　　主　任　　天津市城市科学研究会会长　王家瑜

　　　常务副主任　天津市城市科学研究会秘书长　王明浩

　　　秘书长　　天津城建大学副校长　王建廷

　　　通讯地址：　天津市河西区南昌路 116 号　300203

　　　　　　　　天津市西青区津静公路　300384

河北省城科会绿色建筑与低碳城市委员会

　　　主　任　　河北工程大学建筑学院院长　刘立钧

　　　常务副主任　河北省城市科学研究会秘书长　路春艳

　　　秘书长　　邯郸市城市科学研究会会长　申有顺

　　　通讯地址：　石家庄市长丰路 4 号　050051

　　　　　　　　邯郸市展览南路 1 号　056002

中国绿色建筑与节能（香港）委员会

　　　主　任　　香港城市大学教授　梁以德

　　　秘书长　　香港城市大学助理教授　骆晓伟

　　　通讯地址：九龙达之路

重庆市建筑节能协会绿色建筑专业委员会

　　　主　任　　　重庆大学城市建设与环境工程学院院长　李百战

秘书长　　　　重庆市建筑节能协会秘书长　曹　勇
常务副秘书长　重庆大学城市建设与环境工程学院教授　丁　勇
通讯地址：　　重庆市沙坪坝　400045
　　　　　　　重庆市渝北区华怡路 23 号　401147

湖北省土木建筑学会绿色建筑专业委员会
　　主　任　　湖北省建筑科学研究设计院院长　饶　钢
　　秘书长　　湖北省建筑科学研究设计院所长　唐小虎
　　通讯地址：武汉市武昌区中南路 16 号　430071

上海绿色建筑协会
　　会　长　　上海市人大城建环保委原主任委员　甘忠泽
　　秘书长　　上海市城乡建设和交通委员会原副主任　许解良
　　通讯地址：上海市宛平南路 75 号　200032

安徽省建筑与科技协会
　　会　长　　安徽省住建厅建筑节能与科技处处长　刘　兰
　　秘书长　　安徽省住建厅建筑节能与科技处　叶长青
　　通讯地址：合肥市环城南路 28 号　230001

郑州市城科会绿色建筑专业委员会
　　主　任　　郑州市城市科学研究会理事长　魏深义
　　秘书长　　郑州市城市科学研究会秘书长　高玉楼
　　通讯地址：郑州市淮海西路 10 号 B 楼二楼东　450006

广东省建筑节能协会绿色建筑专业委员会
　　主　任　　广东省建筑科学研究院副院长　杨仕超
　　秘书长　　广东省建筑科学研究院节能所所长　吴培浩
　　通讯地址：广州市先烈东路 212 号　510500

海南省建设科技委绿色建筑委员会
　　主　任　　海南华磊建筑设计咨询有限公司董事长、高级建筑师　于　瑞
　　秘书长　　中国建筑科学研究院海南分院总工程师　胡家僖
　　通讯地址：海口市海甸岛沿江三东路金谷大厦　570208

内蒙古绿色建筑协会
　　理事长　　内蒙古自治区住房和城乡建设厅厅长　范　勇
　　秘书长　　内蒙古城市规划市政设计研究院院长　杨永胜
　　通讯地址：呼和浩特市如意开发区四维路 9 号　010070

陕西省建筑节能协会
　　会　长　　陕西省住房和城乡建设厅副巡视员　潘正成
　　秘书长　　陕西省住房和城乡建设厅建筑节能与科技处处长　杨庆康

通讯地址：西安新城大院省政府大楼 9 楼 700004

河南省生态城市与绿色建筑委员会

    主　任　　河南省城市科学研究会理事长　蒋书铭

    秘书长　　郑州市城市科学研究会秘书长　高玉楼

    通讯地址：郑州市金水路 102 号　450003

浙江省绿色建筑与建筑节能行业协会

    会　长　　浙江省住建厅纪检组原副组长　段苏明

    秘书长　　浙江省建筑科学设计研究院有限公司副总经理　林　奕

    通讯地址：杭州市下城区安吉路 20 号　310006

中国建筑绿色建筑与节能委员会

    会　长　　中国建筑工程总公司总经理　官　庆

    副会长　　中国建筑工程总公司总工程师　毛志兵

    秘书长　　中国建筑工程总公司科技与设计管理部副总经理　蒋立红

    通讯地址：北京市海淀区三里河路 15 号中建大厦 B 座 8001 室　100037

宁波市绿色建筑与建筑节能工作组

    组　长　　宁波市住建委科技处处长　张顺宝

    常务副组长　宁波市城市科学研究会副会长　陈鸣达

    通讯地址：　宁波市江北区槐树路 109 号 315020

湖南省建设科技与建筑节能协会绿色建筑专业委员会

    主　任　　湖南省建筑设计院总建筑师　殷昆仑

    秘书长　　长沙绿建节能技术有限公司总经理　王柏俊

    通讯地址：长沙市人民中路 65 号　410011

           长沙市韶山中路 438 号璟泰楼 5 楼　410007

黑龙江省土木建筑学会绿色建筑专业委员会

    主　任　　哈尔滨工业大学教授　康　健

    常务副主任　哈尔滨工业大学建筑学院副院长　金　虹

    秘书长　　哈尔滨工业大学建筑学院教师　赵运铎

    通讯地址：　哈尔滨市南岗区西大直街 66 号　150006

中国绿色建筑与节能（澳门）协会

    会　长　　四方发展集团有限公司主席　卓重贤

    理事长　　汇博顾问有限公司理事总经理　李加行

    通讯地址：澳門羅理基博士大馬路第一國際商業中心 1606 室

三、绿色建筑青年委员会

    主　任　　清华大学建筑学院教授　林波荣

副主任 上海市建筑科学研究院新技术事业部所长 杨建荣

江苏省绿色建筑工程技术中心总经理 张 赟

哈尔滨工业大学建筑学院教授 孙 澄

重庆大学城市建设与环境工程学院副教授 李 楠

华东建筑设计研究院有限公司技术中心总师助理 夏 麟

深圳市越众（集团）股份有限公司副总经理 李建春

浙江大学城市学院副教授 田轶威

秘书长 浙江大学城市学院副教授 田轶威（兼）

四、绿色建筑专业学组

绿色工业建筑学组

组 长：机械工业第六设计研究院副总经理 李国顺

副组长：中国建筑科学研究院净化空调技术中心主任 孙 宁

绿色智能组

组 长：同济大学同科学院电子与信息技术系主任 程大章

副组长：中国建筑科学研究院顾问副总工 方天培

绿色建筑技术组

组 长：中国建筑科学研究院学术委员会主任 林海燕

副组长：重庆大学城市建设与环境工程学院院长 李百战

绿色人文组

组 长：住建部科技产业化发展中心绿色建筑评价标识管理办公室主任 宋 凌

副组长：厦门市建设与管理局副局长 林树枝

绿色建筑规划设计组

组 长：上海现代设计集团有限公司总裁 张 桦

副组长：深圳市建筑科学研究院院长 叶 青

浙江省建筑设计研究院院长 施祖元

绿色建材组

组 长：中国建筑材料联合会副会长 徐永模

副组长：中国建筑科学研究院建筑材料研究所所长 赵霄龙

上海市建筑科学研究院总工程师 汪 维

绿色公共建筑组

组 长：中国建筑科学研究院建筑环境与节能研究院院长 徐 伟

副组长：招商局地产控股股份有限公司副总经理 王 立

绿色建筑理论与实践组

组　　长：清华大学建筑学院教授　袁　镔

副组长：中国建筑设计研究院国家住宅与居住环境工程技术研究中心主任
仲继寿

华中科技大学建筑与城市规划学院院长　李保峰

绿色产业组

组　　长：住房和城乡建设部科技发展促进中心副主任　梁俊强

副组长：深圳市拓日新能源科技股份有限公司董事长　陈五奎

绿色施工组

组　　长：中国土木工程学会咨询工作委员会执行会长　孙振声

副组长：天津建工集团总工程师　胡德均

中国建筑工程总公司总工程师　毛志兵

绿色建筑政策法规组

组　　长：住房和城乡建设部科技和产业化发展中心副主任　姜中桥

副组长：清华大学工程管理系主任　方东平

绿色校园组

组　　长：同济大学副校长　吴志强

副组长：沈阳建筑大学副校长　石铁矛

苏州大学金螳螂建筑与城市环境学院院长　吴永发

绿色建筑工业化组

组　　长：万科企业股份有限公司建筑研究中心总经理　王　蕴

副组长：中国建筑科学研究院建筑结构研究所所长　王翠坤

绿色建筑检测学组

组　　长：国家建筑工程质量监督检测中心总工程师　邸小坛

副组长：广东省建筑科学研究院副院长　杨仕超

绿色房地产组

组　　长：中海房地产有限公司总建筑师　罗　亮

副组长：上海绿地集团总建筑师　胡　京

保利房地产集团股份有限公司副总经理　余　英

湿地与立体绿化组

组　　长：住房和城乡建设部城市建设司副司长　陈蓁蓁

副组长：世界屋顶绿化协会副主席　张佐双

世界屋顶绿化协会秘书长　王仙民

绿色轨道交通建筑组

组　　长：北京城建设计研究总院院长　王汉军

副组长：北京城建设计研究总院总工程师　杨秀仁

中建一局（集团）有限公司副总工程师　黄常波

绿色小城镇组

　　组　长：清华大学建筑学院副院长　朱颖心

　　副组长：中国城科会绿色建筑研究中心主任　李丛笑

　　　　　　清华大学建筑学院教授　杨旭东

绿色物业与运营组

　　组　长：天津城建大学副校长　王建廷

　　副组长：新加坡建设局国际开发署署长　许麟济

　　　　　　天津天房物业有限公司董事长　张伟杰

　　　　　　中国建筑科学研究院环境与节能研究院副院长　路　宾

　　　　　　广州粤华物业有限公司董事长、总经理　李健辉

　　　　　　天津市建筑设计院总工程师　刘建华

绿色建筑软件和应用组

　　组　长：建研科技股份有限公司总工程师　金新阳

　　副组长：清华大学教授　张智慧

五、绿色建筑基地

北方地区绿色建筑基地

　　依托单位：中新（天津）生态城管理委员会

华东地区绿色建筑基地

　　依托单位：上海市绿色建筑协会

南方地区绿色建筑基地

　　依托单位：深圳市建筑科学研究院

西南地区绿色建筑基地

　　依托单位：重庆市绿色建筑专业委员会

附录2 中国城市科学研究会绿色建筑研究中心简介

Appendix 2 Brief introduction to CSUS Green Building Research Center

中国城市科学研究会绿色建筑研究中心（CSUS Green Building Research Center，缩写为 CSUS-GBRC）成立于 2009 年 7 月，是中国城市科学研究会直属的绿色建筑官方授权权威评价机构，同时也是面向市场提供技术服务的综合性技术服务机构。

绿色建筑研究中心主要业务有：经住房和城乡建设部授权，在全国范围内进行一星级、二星级和三星级绿色建筑标识评价，绿色工业建筑标识评价，住建部绿色施工科技示范科技工程评价；绿色建筑标准化研究；绿色建筑课题研究；绿色建筑咨询；绿色建筑技术合作；绿色建筑技术教育培训等。

绿色建筑标识评审方面：截至 2014 年 12 月 31 日，绿色建筑标识评审方面：共组织开展 827 个绿色建筑标识的评审工作（包括 25 个绿色建筑运营项目），在全国开展了 24 个绿色工业建筑标识评审工作（包括 3 个绿色工业建筑运营项目）、香港地区 18 个绿色建筑标识的评价工作、澳门地区 1 个绿色建筑标识的评价工作。

住建部绿色施工科技示范科技工程评价方面：与土木工程学会咨询委员会、中国绿色建筑专业委员会共同组织 85 项绿色施工科技示范工程的立项评审。

信息化方面：创建绿色建筑在线评审信息化平台，2014 年已开始对一星级绿色建筑进行在线网上评审。开发建设了《绿色建筑咨询网》，深入宣传推广绿色建筑。

科研及标准制定方面：完成住房和城乡建设部《绿色建筑效果后评估与调研》课题，完成铁道部《绿色铁路客站标准及评价体系研究》课题，参与《绿色建筑评价标准》GB 50378—2014、《绿色工业建筑评价标准》、《绿色建筑评价标准（香港版）》、《绿色小城镇评价标准》、《既有建筑绿色改造评价标准》等的编制工作。拓展国际学术交流领域，与美国、加拿大、德国、马来西亚、新加坡等绿色建筑评价机构保持密切联系与合作；开展绿色建筑咨询。

培训方面：成功举办绿色建筑专家交流研讨班，绿色建筑新标准申报培训班等。

　　绿色建筑研究中心依托中国绿色建筑与节能专业委员会、中国建筑科学研究院，有效整合资源，充分发挥有关机构、部门的专家队伍优势和技术支撑作用，按照住房和城乡建设部相关文件要求开展绿色建筑评价工作，确保评价工作的科学性、公正性、公平性，已经成为我国绿色建筑标识评价工作的重要力量，并将在满足市场需求、规范绿色建筑评价行为、引导绿色建筑实施等方面发挥积极作用。

联系地址：北京市海淀区首体南路 9 号主语国际 7 号楼 1201 室（100048）

电话：010-68720069

传真：010-68722119

E-mail：gbrc@csus-gbrc. org

网址：http：//www. csus-gbrc. org

中国城市科学研究会绿色建筑研究中心
CSUS Green Building Research Center

附录3 绿色建筑联盟简介

Appendix 3 Brief introduction to Green Building Alliance

1 热带及亚热带地区绿色建筑联盟

为了探讨热带及亚热带地区绿色建筑发展面临的共性问题，推动热带及亚热带地区绿色建筑的快速深入发展，在中国绿色建筑委员会和新加坡绿色建筑协会的倡议下，2010年12月6日~7日，新加坡、马来西亚、印度尼西亚等热带及亚热带地区国家和中国内地及港澳台地区的近300名专家、学者汇聚深圳，隆重召开热带及亚热带地区绿色建筑联盟成立大会，并同期举办第一届热带及亚热带地区绿色建筑技术论坛，分享绿色建筑成果和经验。深圳市副市长张文、中国绿色建筑委员会主任王有为、新加坡绿色建筑委员会第一副主席戴礼翔分别致辞，宣告联盟正式成立。国家住房和城乡建设部仇保兴副部长在大会上作专题报告。

第二届热带及亚热带地区绿色建筑联盟大会于2011年9月13日至16日在新加坡召开。李百战副主任代表中国绿建委致辞，回顾了热带及亚热带地区绿色建筑委员会联盟成立大会暨第一届绿色建筑技术论坛的精彩时刻，并对本届论坛主办方新加坡绿色建筑委员会表示了感谢。之后与会专家主要围绕热带、亚热带地区绿色建筑设计、遮阳技术、自然通风与湿度控制、立体绿化和建筑碳排放计算等五个主题进行了交流研讨。

第三届热带及亚热带地区绿色建筑联盟大会于2012年7月4日至6日在马来西亚首都吉隆坡国际会议中心成功举行。来自马来西亚、中国、新加坡、印度尼西亚绿色建筑委员会和世界绿色建筑委员会的代表，以及这些国家的专家、学者和建筑师、工程师近千人出席大会。本届大会的主题是"自然热带、真正创新"，上午为大会综合论坛，下午分设5个分论坛：建筑仿生、热带创新、绿色管理、绿色收益和绿色建筑案例。

第四届热带及亚热带绿色建筑联盟大会暨海峡绿色建筑与建筑节能研讨会于6月19日—20日在福州召开。本届大会由中国绿色建筑与节能委员会和新加坡绿色建筑委员会主办，由福建省建筑科学研究院为主承办，亚热带地区各兄弟省市绿建委协办，得到了福建省住房和城乡建设厅的大力支持。来自新加坡、马来西亚、中国港台地区及广东、广西、海南、深圳等省市代表近300名参加交流会。大会围绕"因地制宜·绿色生态"的主题展开24场精彩报告。

2　夏热冬冷地区绿色建筑联盟

2011 年 10 月，在中国绿色建筑与节能委员会的积极倡议和各相关地区的共同响应下，在江苏南京联合成立了"夏热冬冷地区绿色建筑委员会联盟"。该联盟已成为研究探讨相同气候区域绿色建筑共性问题及加强国内国际相关机构和组织交流与合作的重要平台，并将对推动夏热冬冷地区绿色建筑与建筑节能工作的健康发展产生深远的影响。

为着力发挥联盟的作用，深入开展夏热冬冷地区绿色建筑相关研讨交流，更好整合地方资源以形成推广合力，第二届夏热冬冷地区绿色建筑联盟大会于 2012 年 9 月 13 日～14 日在上海举行。此次大会以"研发适宜技术、推进绿色产业、注重运行实效"为主题，展示作为配合会议的实体呈现，将结合优秀案例与运营效果，健康推进夏热冬冷地区建筑节能技术的发展与实际应用。此次大会吸引 600 余位来自政府主管部门、国际国内绿建专家、国内领先科研机构院校知名学者、建筑领域知名企业代表、主流媒体专业人士参会。

2013 年 10 月 25 日，第三届夏热冬冷地区绿色建筑联盟大会在重庆召开。大会邀请了包括英国工程院院士、联合国教科文组织副主席、美国总统顾问、国际著名期刊主编在内的，来自美国、英国、芬兰、日本、丹麦、葡萄牙、新西兰、塞尔维亚、埃及、韩国以及中国香港等近 20 个国家和地区的 100 余位（其中境外专家 40 余位）知名专家、建筑领域知名企业代表，共计 400 余名专家、学者代表出席了本次大会。大会共设"可持续建筑环境"、"生态环境"、"绿色生态城区建设"、"既有建筑绿色改造"和"绿色建筑技术"五个分论坛。

第四届夏热冬冷地区绿色建筑联盟大会于 2014 年 11 月 6 日在湖北武汉召开。来自北京、上海、浙江、江苏、湖南、安徽、湖北、新疆等省市的专家和企业代表，以及来自意大利、澳大利亚、日本等国家和地区的 200 余名嘉宾参加了本次会议。本届大会的主题为"以人为本，建设低碳城镇，全面发展绿色建筑"，大会设"综合论坛"和"绿色生态城镇建设"、"绿色建材发展应用"、"长江流域采暖探讨、绿色建筑设计研究"、"既有建筑绿色改造绿色施工技术实践"四个分论坛。会议通过交流夏热冬冷地区绿色建筑与建筑节能的最新科技成果，研究探讨了夏热冬冷地区绿色建筑发展面临的共性问题，推动了夏热冬冷地区绿色建筑与建筑节能工作的快速发展，加强国内外相同气候区的有关单位和组织的交流与合作。

3　严寒和寒冷地区绿色建筑联盟

"严寒和寒冷地区绿色建筑联盟"是我国继"热带及亚热带地区绿色建筑联盟"和"夏热冬冷地区绿色建筑联盟"之后成立的第三个区域型绿色建筑联盟。标志着我国绿色建筑发展从南到北进入了全面区域合作的新阶段。

由中国绿色建筑与节能委员会、天津市城乡建设和交通委员会主办，天津市城市科学研究会绿色建筑专业委员会承办的"严寒和寒冷地区绿色建筑联盟成立大会暨第一届严寒寒冷地区绿色建筑技术论坛"于 2012 年 9 月 27 日至 28 日在天津市隆重举行。来自国内严寒和寒冷地区 16 个省、市、区和加拿大、英国等国家绿色建筑领域的代表 300 余人参加了大会,共同见证严寒和寒冷地区绿色建筑联盟的成立。

第二届严寒和寒冷地区绿色建筑联盟大会于 2013 年 9 月 23 日在沈阳建筑大学举行,本届大会由沈阳建筑大学和辽宁省绿色建筑专业委员会承办。来自严寒和寒冷地区的天津、北京、内蒙古、陕西、河南、辽宁等省市绿色建筑委员会(协会)代表、科研机构、高等院校、政府主管部门的百余名学者和专业技术人员及沈阳建筑大学的 200 余名师生代表参加了活动。芬兰国立技术研究中心(VTT)代表团专家也应邀出席大会。大会设两个分论坛:公共机构绿色建造技术理论与实践;北方绿色建筑青年设计师论坛,有十二位国内专业人士和两位芬兰专家在分论坛演讲,研讨内容涉及中国古代绿色建筑观、绿色建筑设计案例、绿色酒店建筑实际运行效果研究、内蒙古和辽宁地区的绿色建筑实践、绿色建筑技术在医院建筑设计中的运用、绿色中小学建设特点、装配式住宅、光伏建筑一体化设计、绿色建筑设计模拟软件应用等。

第三届严寒、寒冷地区绿色建筑联盟大会暨绿色建筑技术论坛于 2014 年 8 月 28 日至 29 日在呼和浩特市成功举行。本届大会由内蒙古绿色建筑协会和内蒙古城市规划市政设计研究院有限公司共同承办。来自严寒、寒冷地区及上海、浙江的绿色建筑和建筑节能专家、学者、专业技术人员以及中国绿色建筑委员会代表共计 150 多人参加大会交流。大会设立"综合论坛"和"绿色建筑设计、运营技术交流"和"地方绿色建筑协会经验交流"两个分论坛。

附录 4　2014 年度绿色建筑标识项目统计表
Appendix 4　List of green building labelling projects in 2014

2014 年度绿色建筑设计标识项目统计表

序号	项目类型	项　目　名　称	星级
1		苍南县县城新区建兴安置小区	★
2		新余市恒大城三、四期项目（5、6、9、10、11、14 号楼）	★
3		淮安·清江华府（1～5 号楼）项目	★
4		北京通州区宋庄镇 C02、C06 地块居住用地项目	★
5		吕梁市恒大华府一期 3～6、13～15 号楼	★
6		山西晋城铭基凤凰城 37～39 号住宅楼	★
7		临汾市太行御景水城二期御祥苑 8 号楼	★
8		漳州云霄建发半山御府（一期）1～12、14、15 号楼	★
9		台州华景名苑一期 1、3～14 号楼	★
10		南昌万达城住宅 A 区 1～3、5～11 号楼	★
11		武汉绿地国际金融城 A04 地块 R1～R9 号楼	★
12		武汉绿地新都会 E 区 8～10 号楼	★
13	住宅建筑	武汉绿地国际金融城 A03 地块超高层住宅 A2～A4、A6、A7、A11、A12、A14、A15 号楼	★
14		长沙中信·凯旋蓝岸花园（19、21、24 号栋）	★
15		襄阳温哥华·1792（5～7 号楼住宅项目）	★
16		上海馨雅名筑	★
17		徐州绿地商务城 B2-1/ B2-2 地块高层住宅	★
18		昆山可逸兰亭苑住宅一期 A 区	★
19		盐城市伍岗花园 1～8 号楼	★
20		溧阳农房·英伦尊邸	★
21		泰州周山河街区 10-1 地块一期 B-1～3 号、B-5～11 号、1～3 号、5～8 号楼	★
22		江阴兰亭乐府北区（1～7 号楼）	★
23		昆山花桥徐公桥动迁房三期	★

序号	项目类型	项 目 名 称	星级
24		中海·国际社区 B1-3 组团	★
25		盐城大丰新东苑二期 31-38 号	★
26		无锡悠山花苑（A1~A37 号）	★
27		重庆万科西城一期	★
28		重庆万科凤天路一期	★
29		重庆万科凤天路二、三期	★
30		菏泽定陶菏建·滨河鑫城 1~30 号楼	★
31		菏泽时代华侨城一期 A~M 组团 1~42 号楼	★
32		莱芜世纪城建设项目一期 1~6、8、9、22、24、26 号楼	★
33		深圳市福田区侨香路保障性住房 1~3 栋	★
34		深圳市宝和苑 A、B 栋塔楼（原 2009 年度西乡保障性住房）	★
35		深圳市源和苑（2008 年度西乡固成保障性住房）	★
36		深圳市招商锦绣观园	★
37		深圳市文澜苑	★
38		深圳市祥澜苑	★
39		深圳市民兴苑	★
40	住宅建筑	深圳市文峰华庭 1 栋 B 座	★
41		深圳市华盛盛荟名庭（2 号楼塔楼）	★
42		深圳市信义御城豪园 4 栋 A 座	★
43		深圳市南山区茶光地块保障性住房项目	★
44		温州平阳万达广场住宅（1~9 号楼）	★
45		武宣县 2013 年公共租赁房	★
46		南宁市邕宁滨江幸福小区	★
47		宜州市实验高中教师公共租赁住房	★
48		长沙保利·国际广场 A1、A2、A4、A6~A8 栋	★
49		长沙金茂梅溪湖住宅二期 14~24、27~32? 号楼及公寓楼项目	★
50		盐城申鑫名城	★
51		盐城半岛花园高层住宅一期（1、2、7、9 号楼）	★
52		徐州新城区公租房项目	★
53		大连金石国际度假区一期住宅 D7、D8 地块 2、3、5~48 号楼	★
54		青岛绿地欢乐滨海城商品房及配套项目 1~8 号楼	★
55		长沙中建梅溪湖壹号住宅小区 1~10 号楼	★
56		西安缇香郡（1~6 号住宅建筑）	★

序号	项目类型	项 目 名 称	星级
57		榆林市榆阳区金沙茗苑小区1、2号楼	★
58		湖北小池滨江新区"小池家园"水月庵社区一期住宅项目	★
59		武夷新区南林、新村统建房A2住宅小区	★
60		呼和浩特盛世名筑一、二期住宅楼	★
61		通辽龙兴紫云1、3、6～9号住宅楼	★
62		赤峰宝山仕家商住楼工程一期项目	★
63		西宁海湖万达广场5～9号住宅楼	★
64		东营万达广场住宅项目	★
65		安阳万达广场3、6、7号楼	★
66		襄阳绿地中央广场B02地块19～27号楼	★
67		襄阳绿地中央广场C02地块G1～G7号楼	★
68		徐州沛县惠民小区二期	★
69		沛县阳光小区四期6-16号楼	★
70		杭州师范大学仓前校区一期实施区工程(居住建筑部分-学生宿舍A～E楼)	★
71		温州滨江广场项目二期工程	★
72		四平万达广场住宅A区A1～A6号楼	★
73	住宅建筑	乌海万达广场住宅组团1～3、5～8号楼	★
74		郑州金水万达中心1～3、5号住宅楼	★
75		西安大明宫万达广场北组团住宅9～12号楼	★
76		潍坊万达广场二期住宅8、9、10号楼	★
77		武汉合众人寿健康社区（一期）（住宅建筑）	★
78		临沂冠亚星城三期罗马御苑1～9、14、15号楼	★
79		临沂豪森名邸1～3、5、6号楼	★
80		济南鲁能领秀城L4地块3～10号楼	★
81		济南万科城1～9号住宅楼	★
82		铜川市新区安盛园公共租赁住房项目（18～21号楼）	★
83		长沙天健·芙蓉盛世二期（A～G栋）	★
84		深圳市佳兆业悦峰花园3、4栋及垃圾收集站	★
85		深圳市翔龙御庭	★
86		深圳市领航城领翔华府（3、5-12栋）	★
87		深圳市聚龙花园二期	★
88		深圳市森之润爱心家园	★
89		三亚水居巷二期B-3地块（4、5、6号楼）	★

序号	项目类型	项 目 名 称	星级
90		上海汤臣臻园（02-02 地块）1 区和（02-04 地块）2 区项目	★
91		上海凯德惠居万祥 G0302 地块项目	★
92		上海市浦东新区民乐大型居住社区 A03-08 地块项目	★
93		嘉兴万达广场住宅（1～16 号楼）	★
94		鸡西万达 1～3 号楼项目	★
95		泰州皇家花园一期项目	★
96		苏州相城经济开发区配套用房（集宿楼二期）	★
97		靖江滨江新城"长江首府"项目	★
98		靖江滨江国际商务中心住宅项目	★
99		鄞州新城区中河地段 YZ06-16-C10A 地块	★
100		南昌市城泰朝新城 1135 地块 1、2、3、5 号楼	★
101		成都万科南充金润华府一期 4-22 号楼	★
102		成都·华润置地二十四城五期 1 号-3 号、5 号、7 号楼	★
103		成都海悦汇城东地块一、二期 1～9 号楼	★
104		成都万科金域名邸一期 2-4、6 号楼	★
105		成都万科金色城品 3-9 号楼	★
106	住宅建筑	成都万科金色城市一期 1-4、6-7、9 号楼	★
107		合肥万达文旅新城一期 3、5～12、15～23、25～33、35～39 号楼	★
108		深圳金域上郡花园	★
109		深圳市振业峦山谷花园二期	★
110		深圳市红花丽苑 B 栋住宅楼	★
111		深圳市南山区新围人才安居工程（1 号楼 A、B、C、D 座）	★
112		深圳市呈祥花园一期	★
113		深圳市羊台苑一期	★
114		深圳市羊台苑二期	★
115		长沙高新区公租房一期（麓城印象）	★
116		西安华侨城天鹅堡（三期）	★
117		西安·天地源丹轩坊 A 地块	★
118		房山区长阳镇起步区 3 号地南侧居住、文化娱乐项目	★
119		北京市通州区于家务乡乡中心 AC 地块（配建公共租赁住房）项目	★
120		阜阳颍州万达广场住宅 8～11 号楼	★
121		扬州蒋王核心区 639 项目 8 号地住宅楼	★
122		荆州绿地之窗一期高层住宅 1～6 号楼	★

序号	项目类型	项目名称	星级
123		上海金山万达1～8号楼	★
124		柳州万达11～17、21～26号楼	★
125		绵阳CBD万达广场住宅A1地块（1～6号楼）	★
126		南昌保利·百合花园1～4号楼	★
127		龙岩万达广场E区住宅项目	★
128		陕西陕钢物业资产管理有限公司职工住房	★
129		金昌市物业管理中心2014年昌荣里小区公租房建设项目	★
130		上海市浦东新区民乐大型居住社区A02-04地块项目	★
131		武汉市九坤·翰林苑住宅楼	★
132		铜仁市麒龙·国际会展城A1～A6、B1～B9、C1、C2、C11～C15、D2、D3号楼	★
133		淮安绿地世纪城四期高层住宅150号～153号，155号～159号	★
134		太仓新舟金郡	★
135		江阴敔山湖畔的院子（1-6号楼）	★
136		盐城市恒大名都11～14号楼	★
137	住宅建筑	南昌世茂朝阳洲D13-02住宅小区（多层1～17号楼，高层A～H号楼及地下室）	★
138		厦门首开领翔上郡地块一（1、2、12～38、62、65～68号楼）项目	★
139		华润橡树湾J2007G05地块	★
140		南昌·绿地外滩公馆1～3、5～7号楼	★
141		南昌·绿地玫瑰城301～306、308～322、401～407号楼	★
142		江西绿地悦城项目	★
143		黄石万达广场万达华府	★
144		内江万达广场住宅（3号、5号楼）	★
145		深圳市新地中央花园	★
146		深圳市松茂御龙湾雅苑	★
147		深圳市桃花园E区	★
148		深圳市桃花园F区安居工程	★
149		深圳市海桐居	★
150		深圳市中粮创智厂区（办公、宿舍）	★
151		深圳市招商花园	★
152		龙岩建发·龙郡5、6、8～11、15、16、18～20号楼	★
153		南沙星河丹堤花园二期C2区C16、C17栋；G3区G8、G9栋；D区D1～D6栋	★

序号	项目类型	项 目 名 称	星级
154		广州上城阳光花园项目1～9号楼	★
155		广东技术师范学院新校区一期工程学生宿舍A5～A9号楼	★
156		广州碧桂园·山海湾项目（1～6、17～29号楼）	★
157		秦皇岛昌黎县惠民佳苑住宅小区1、2、4号住宅楼	★
158		天津保利溪湖林语1～17号楼	★
159		天津泰达MSD高尚生活组团3号地（6、7号楼）	★
160		天津泰达MSD高尚生活组团4号地（1、4、9、12～14号楼）	★
161		天津泰达MSD高尚生活组团5号地（1、4、5、10～14号楼）	★
162		天津泰达MSD高尚生活组团6号地（1、4、9～14号楼）	★
163		天津泰达MSD高尚生活组团7号地（1～8号楼）	★
164		徐州工程学院新校区公租房项目	★
165		盐城新嘉源人才公寓二期（10～15号楼）	★
166		太仓·岳阳尚品花苑1～6号楼项目	★
167		苏地2013-G-42（2）号地块住宅项目	★
168		苏州苏地美澜城高层住宅部分（4～7号、12～15号、19号、22～25号楼）	★
169	住宅建筑	江阴上海花园洋房二期二区S9、S10号楼	★
170		荆门万达广场B1～B4、C5～C11号楼住宅	★
171		银川西夏万达广场B区11～17号楼住宅	★
172		合肥高速时代城A地块住宅1～3、5～9号楼	★
173		合肥保利拉菲公馆1～23号楼	★
174		合肥保利香槟国际1～26号楼	★
175		西安金色花语城项目（1、2号住宅楼）	★
176		大同御东新区-2009-26地块-S1地块铂蓝郡11～28号住宅楼及31号楼地下车库项目	★
177		临沂理想家2～11、13～20号楼	★
178		临沂泉府公馆1～5号楼	★
179		临沂环球香樟园1～26号楼	★
180		秦皇岛市海港区西部旧城改造项目3-3号地块28～32、35、36、38～43、46号住宅楼	★
181		秦皇岛秦皇半岛五区1～10号住宅楼	★
182		温州生态园南仙花苑A-2地块	★
183		无锡协信阿卡迪亚A区14、15号楼	★

序号	项目类型	项 目 名 称	星级
184		上海奉城镇 2606 地块 36、37、40、41 号楼	★
185		郴州万花冲 1 号 1、2、3、5、6 号楼	★
186		无锡融创熙园滨湖新城 3 号地块 C2、C3 组团（G8～G10）	★
187		南京华润悦府三期 9～12 号住宅楼	★
188		天津市滨海新区新城镇紫枫苑住宅项目	★
189		长沙上源湘江华庭住宅小区	★
190		深圳市融湖世纪花园保障性住房建设项目（6 号楼）	★
191		深圳市悦澜山花园项目（4、5 栋）	★
192		深圳市华星光电宿舍配套项目	★
193		深圳市石厦村改造项目（08 地块）	★
194		深圳市金地朗悦花园	★
195		吉林市西山香麓二期	★
196		长春华润凯旋门 A1～A3、A5～A10 号楼	★
197		延边吴中·苏州印象	★
198		白城市生态新区棚户区改造集中回迁区	★
199		松原市吉祥家园小区	★
200	住宅建筑	吉林公主岭经济开发区 2013 年公共租赁住房建设项目	★
201		南宁安吉万达广场（居建部分）	★
202		青岛绿地欢乐滨海城商品房及配套项目 10～22 号楼	★
203		柳州柳韵华府	★
204		开封万丽铂金瀚宫（7 号楼）	★
205		汝州市产业集聚区公租房（一号院）（1～6、9～12 号楼）	★
206		秦皇岛博辉·万象城一期 A 区 1～9 号住宅楼	★
207		秦皇半岛三区（紫城秦皇半岛）四期 3、4、8、9、12 号住宅楼	★
208		秦皇岛 404 经济适用住房 1、5、6、12、25、29、33～40 号住宅楼	★
209		秦皇岛星光大道 1～10 号住宅楼	★
210		北戴河太平庄村村民安置房项目 1～6、8～40 号住宅楼	★
211		秦皇岛天洋万科戴河丽舍二区二期 1～12 号住宅楼	★
212		秦皇岛达润时代逸城五期 1～4 号住宅楼	★
213		秦皇岛海阳香都（二期）B1～B8 号住宅楼	★
214		秦皇岛汤河铭筑 3～11 号住宅楼	★
215		山海关 404 保障性住房（公共租赁住房）2 号住宅楼	★
216		秦皇岛新建村里仁居住宅项目 20 号楼	★

序号	项目类型	项 目 名 称	星级
217		邯郸增阜·盛世鑫苑住宅小区1～3号住宅楼	★
218		西安丰和坊南区住宅（7～12、14～16号楼）	★
219		西安天地源·曲江香都C区	★
220		陕西西咸新区沣润和园（一期1～8、10～12、16、17号楼）棚户区改造项目	★
221		西安海亮新英里项目DK1地块一期1～3号楼	★
222		西安锦绣天下3.1期住宅项目（1～23号楼）	★
223		陕西西咸新区康定和园（7、12、14、15号楼）棚户区改造项目	★
224		西安高新蓝博公寓C区项目1、2、4～6号楼	★
225		西安大都汇（一期）1～7号楼	★
226		西安华远海蓝城三期（1～3、7～9、13～15、19～21号住宅楼）	★
227		西安阳光城丽兹公馆项目（一期）1～6、8、9号楼	★
228		宿州万达广场一区住宅1、2、4、5号楼	★
229		亳州万达广场住宅（D1～D4号楼）	★
230		义乌万达广场住宅（6～9号楼）	★
231		苏州吴中万达广场A区住宅	★
232	住宅建筑	通辽万达广场A区A7～A10号住宅楼	★
233		广元万达广场万达华城1～3号楼	★
234		邳州市棚改工程安和苑、祥和苑、宁和苑（一期）小区	★
235		南京观澜润园（1～6号楼）	★★
236		南京观澜沁园（2～19号楼）	★★
237		盐城市美岸华庭一期项目（2～4、6～8、10、20号楼）	★★
238		北京城建·福润四季项目	★★
239		北京东湖湾·湖湾世家501～503、505、506号住宅楼	★★
240		北京金泰丽富保障性住房1～4、7、10、11、12号楼	★★
241		北京顺义新城第12街区西马坡政策性住房项目	★★
242		太原市棕榈·佳园（太原工具厂）住宅小区3、6～10号楼	★★
243		晋中市华都丽憬嘉园商住小区二期工程5～9、10A、10B、11号楼	★★
244		长治市城区马坊头城中村改造C1区2～5号楼	★★
245		长治市紫金领秀住宅小区一期1、3、4、8号楼	★★
246		临汾市漪汾花园小区C区4号楼	★★
247		西安中国铁建·国际城（一期）	★★
248		苏州高新区绿地中央广场2号地块(2～6、13、14、16～18、20、21号楼)	★★

序号	项目类型	项　目　名　称	星级
249		万国城 MOMA（长沙）项目三期 1～3、5～13、15、18、19 号楼	★★
250		绿地南京紫峰公馆二期 6～12 号楼	★★
251		贵阳首开龙泰龙洞堡片区木头寨地块一期 C27～C33、F3～F5、F8～F19 号楼	★★
252		随州和畅·格林小镇 1、3、5、7～9 号居住建筑项目	★★
253		泰州中建锦绣珑湾 31～43 号楼（洋房部分）	★★
254		天津天保房地产空港商业区住宅项目（1～32 号楼）	★★
255		中节能江阴低碳生活园 9～20 号楼	★★
256		南通惠天然锦绣福邸 1-3、7、11 号楼	★★
257		苏州工业园区青澄花园二区高层住宅 15～20 号楼	★★
258		盐城市珠溪铭苑	★★
259		江阴敔山湾牡丹路项目瑞府园二期（1～5 号楼）	★★
260		南昌恒大绿洲（五期）住宅小区 1～3 号楼	★★
261		重庆国奥村一期	★★
262		重庆沿海·赛洛城 25# 地块	★★
263		东营格林星城 1～20 号住宅楼	★★
264	住宅建筑	东营华凯景苑住宅小区 1～5 号楼	★★
265		山东新泰青云·香格里拉 B 组团 1～10 号楼	★★
266		泰安海普·凤凰城 A 区 A1～A9、B 区 B1～B15 号楼	★★
267		菏泽龙田府邸一期 1、2、4、5、7～11 号楼	★★
268		菏泽鲁商·凤凰城之南区住宅建设组团 1～6 号楼	★★
269		菏泽中富奥斯卡春城五期 51～56 号楼	★★
270		滨州丰泽御景 1～15 号楼	★★
271		淄博凤凰城 1～11 号楼	★★
272		淄博西城佳苑 1～17 号楼	★★
273		淄博紫园二期 3、5、6 号楼	★★
274		枣庄金水湾 A 区 12～14、17～20 号楼	★★
275		枣庄瑞嘉·容园 14～16 号楼	★★
276		枣庄翔宇经典 1～5 号楼	★★
277		枣庄市亿丰和家园 1～9 号楼	★★
278		潍坊滨河苑住宅小区 1～6、8、10、13、16、18、21、23、25、27～30 号楼	★★
279		潍坊新苑丽都 1～18 号住宅楼	★★

序号	项目类型	项 目 名 称	星级
280		潍坊天同·九龙湾 1～3、5～19 号住宅楼	★★
281		潍坊鲁丰·锦绣花园 A1～A27、B1～B14、C1～C7 号住宅楼	★★
282		潍坊北辰花园 1～3 号楼	★★
283		潍坊昌乐同圆·领仕郡 1～16 号住宅楼	★★
284		潍坊城嘉·东方名都 1～13 号高层住宅楼	★★
285		潍坊凤凰太阳城住宅小区 F1～F13、A29、E27、E28 号楼	★★
286		潍坊青云·御景园二期 31～33、35～43、45～53、55～58 号楼	★★
287		潍坊世佳·蘭亭住宅小区 64、65、67～？76 号楼	★★
288		潍坊玉泉苑珺园组团 1-10、12、13 号楼	★★
289		呼和浩特中海·外滩 5～8 号楼	★★
290		苏州时代上城花园一区（8～10、12、13、15～20、22、23、26～32、35～40 号楼）	★★
291		北京市通州区珠江国际家园二期一区东项目	★★
292		北京市房山区金域缇香家园项目 1～6、10～14 号楼	★★
293		承德双兴家园.府佑新城 B1、B3～B6、B9、B12～B17 号住宅楼	★★
294		南宁华发新城 A 地块一期项目	★★
295	住宅建筑	长沙湘水郡	★★
296		淮安清江人家 1～6 号楼	★★
297		南通绿地新都会 11～16 号楼	★★
298		天津生态城南部片区 05-08-01-01 地块住宅项目（荣馨园）1～9 号楼	★★
299		渭南依林园商住小区（1、2、5 号住宅楼）	★★
300		云南玉溪建银广场 2～5 号楼	★★
301		常州龙洲伊都 1～9 号楼	★★
302		营口万达广场住宅 7～12 号楼	★★
303		株洲磐龙生态社区 C、D 区（1～18、21～33、24A、25A 号楼）	★★
304		淮安市淮师文华苑小区 1～13 号楼	★★
305		广水市润合·翡翠山湖 A-10 号住宅楼	★★
306		随州金泰国际 20、26～30、33、34 号楼	★★
307		南阳建业森林半岛（一期）	★★
308		商丘建业十八城（一期）	★★
309		新乡美景天诚高尚住宅小区	★★
310		洛阳高新区东沙坡新型农村社区	★★
311		郑州民安北郡小区（2～4、6、7、9～23、25、26、35 号楼）	★★

序号	项目类型	项 目 名 称	星级
312		深圳博林天瑞花园一期（2、3 号楼）	★★
313		三湖生态城一期	★★
314		双远·凤凰郡居住小区（住宅建筑）	★★
315		盐城中海花园	★★
316		洋唐居 住区保障性安居工程（A11 地块）	★★
317		信阳正商红河谷一期、二期	★★
318		天津普吉家园住宅项目（1～9 号楼）	★★
319		芜湖市宝能睿城 B 区 1～25 号楼	★★
320		临沂沂河明珠小区三期望仙石桥 1～8 号楼、沂水拖蓝 1～8 号楼、龙池浸月 13 号楼、闵公书院 19～21 号楼	★★
321		临沂沂水滨河绿洲小区一期 A1～A8、B1～B10、C1～C9 号楼，二期 D1～D7 号楼	★★
322		临沂沂水绿城花园小区 1～25 号楼	★★
323		临沂沂水天城家园项目 A～N、P～Y 号楼	★★
324		临沂经济技术开发区皇山花园三期 1～9 号楼	★★
325	住宅建筑	临沂开元花半里 5～14 号楼	★★
326		淄博蓝溪桓公花园 12～22 号楼	★★
327		淄博恒大帝景 2～10 号楼	★★
328		莱芜东海花园 4～17 号楼	★★
329		烟台越秀·星汇金沙一期（A 区）1～17 号楼	★★
330		济宁鲁商·南池公馆 1～7、16～22 号楼	★★
331		济宁鸿顺·观邸 1～18 号住宅楼	★★
332		济南银丰唐郡 1 号地块 30～33、35～37 号楼	★★
333		济南银丰唐郡 2 号地块 1～10 号楼	★★
334		济南金科世界城 D 地块 1～8 号楼	★★
335		安康锦绣·汉旭苑小区 B～G 座	★★
336		贵州财经大学公租房 A1-3、B1-12、C1-4 项目	★★
337		深圳市万科红悦花园 7 栋保障房	★★
338		三亚君和君泰 2～7 号楼	★★
339		上海曹路大型居住社区星晓家园	★★
340		上海耀华地区 19-1 地块公共租赁住房项目	★★
341		廊坊首开国风悦都 11～15、17、22、30～32、36 号楼项目	★★

序号	项目类型	项　目　名　称	星级
342		南京旭日·上城二区 1～18、20、21 号楼	★★
343		深圳地铁竹子林车辆段改扩建工程上盖建筑	★★
344		洛阳孟津红太阳花园（1、3～10 号楼）	★★
345		苏州绿地中央广场 1 号地块 26～27、29～31、33、35 号楼	★★
346		长沙保利·国际广场 A3、A5、B1 号楼	★★
347		江阴敔山湾藏品项目高层（4-6 号楼）	★★
348		苏州朗诗·未来街区二期	★★
349		苏州朗诗·未来街区三期	★★
350		池州·高速秋浦天地 1～3、5～13、15～17、19～29 号楼	★★
351		北京市大兴区国韵村项目	★★
352		万通新新家园三期住宅（3-1、3-2、3-3、3-4、3-5 号楼）	★★
353		惠州日升昌·天誉一期项目 7～11 号楼	★★
354		彬县豳泉名邸小区建设项目 1、2 号楼	★★
355		襄阳清河庄园 1、3 号楼	★★
356		上海绿地青浦新城一站 19A-01A 地块（1、2、5、7、9、10 号楼）	★★
357		上海陈家镇裕安社区配套商品房六期工程	★★
358	住宅建筑	上海陈家镇裕安社区配套商品房七期工程	★★
359		上海陈家镇裕安社区配套商品房八期工程	★★
360		上海尚汇豪庭住宅（一期）	★★
361		上海南站地区 195-02 地块公共租赁住房	★★
362		上海临港产业区"先租后售"园区公共租赁住房二期 G0201 地块项目	★★
363		上海临港产业区"先租后售"园区公共租赁住房二期 G0401 地块项目	★★
364		大连天地软件园黄泥川（路北 C 区）配套住宅建设项目 E-02 地块一期项目	★★
365		武汉市中大·十里新城一期	★★
366		南京保利·紫荆花苑	★★
367		盐城大洋街道一期（3、5、7、10、11、18、19 号楼）	★★
368		苏州老年公寓（颐养家园 1-4 号楼）	★★
369		南京朗诗·玲珑屿花园 1、2、3、5 号楼	★★
370		徐州沛县国鸿·香樟苑（1, 3, 5, 6, 7, 8 号楼）	★★
371		当代九江满庭春 MOMA（二期）10、17～23、25 号楼	★★
372		佛山依云公馆 7 座住宅	★★
373		通州区永顺镇北苑商务区西区 C、D、E 区住宅	★★

序号	项目类型	项 目 名 称	星级
374		朔州市清河湾小区一期工程（2～4号楼）	★★
375		运城市铂郡东方小区（1～8、10、11号楼）	★★
376		重庆御府华庭	★★
377		佛山依云华府16、17栋住宅	★★
378		合肥中铁滨湖名邸16～19号楼	★★
379		长垣和平里社区	★★
380		济源大河名苑（西苑）一期	★★
381		许昌襄城县欧洲印象住宅小区（5～13、15～18号楼）	★★
382		福州奥体阳光花园一期	★★
383		珠海华发水岸花园B、D区住宅楼	★★
384		珠海市五洲湾花园一期	★★
385		衡水金域蓝湾小区二期项目5～9、12、13、15、16、21～23号住宅楼	★★
386		保定市西大园安置区A区13、14、21～25号住宅楼	★★
387		保定市旧城府河片区改造回迁安置房C区1～9、D区10～16号住宅楼	★★
388		秦皇岛中铁秦皇半岛二期住宅小区23、25～28号住宅楼	★★
389		邯郸武安市宏大嘉园小区1～4号住宅楼	★★
390	住宅建筑	石家庄保利花园F区1～9号住宅楼	★★
391		石家庄安联新青年广场1～3号住宅楼	★★
392		石家庄东王旧村改造天海·誉天下（C区）15、17、18、20、21号住宅楼	★★
393		天津大学新校区5、6组团学生公寓工程项目	★★
394		昆山绿地理想家园1～3、8～10、13～24号楼	★★
395		南京瑜憬湾花园（D01～08、G01～12号楼）	★★
396		无锡太湖华府	★★
397		宿州龙登和城B区1～18号楼、C区1～35号楼	★★
398		西安悦达奥特莱斯国际商务社区住宅项目一期1～6号楼	★★
399		南郑县人民法院大河坎镇中心人民法庭\公园天下1、2号楼	★★
400		西安芊域溪源（A区1、3～11、13、14号楼，B区1～8号）住宅楼	★★
401		西安紫薇东进（DK2-1～8、DK4-1～4、DK5-1～12号楼）	★★
402		大同御东新区-2009-26地块-S1地块铂蓝郡32、33号住宅楼项目	★★
403		日照城建·绿色佳园1～7号楼	★★
404		日照兴业·喜来登广场1～3号住宅楼	★★
405		临沂蓝钻庄园A1～A10、B1～B16、C1～C3号楼	★★
406		临沂金信融城1～8、12、13号楼	★★

续表

序号	项目类型	项　目　名　称	星级
407		临沂花语馨苑 1、5～12 号楼	★★
408		济南恒大雅苑项目八-2 地块住宅项目 1～12 号楼	★★
409		济南力诺集团公共租赁房 1～9 号楼	★★
410		济南西客站安置一区六地块（西城·济水上苑二区）1、2、4～17 号楼	★★
411		山东省煤田地质局职工生活区建设项目 1～13 号楼（济南）	★★
412		承德木兰围场国有林场管理局危旧房改造 11、13～15、17、19～21、23、24 号住宅楼	★★
413		北戴河滨海国际公寓二期 1～12 号住宅楼	★★
414		唐山豪门新园住宅小区 1～4 号住宅楼	★★
415		海宁·慕容城 1 号～3 号、5 号～9 号、11 号浙江省科技信息综合楼易地建设工程	★★
416		重庆万科悦湾（北地块）住宅项目 B2～B4、B28～B38 号楼	★★
417		中新天津生态城起步区 2 号地块居住一期（1～11 号楼）	★★
418		佛山禅城绿地金融中心（一期）1～3 栋	★★
419		南京弘阳上院 1～19 号楼	★★
420	住宅建筑	深圳岗厦天元花园（岗厦河园片区城中村改造项目 01-1、02-1 地块 1 栋 A～D 座、5 栋 A、B 座）	★★
421		杭州万通上园新新家园	★★
422		苏州上湖雅苑 2～7、13 号楼	★★
423		广州番禺金山谷花园 567 期住宅	★★
424		昆明绿地云都会广场 A 地块 2、3 号楼；B 地块 2、3 号楼	★★
425		当代武汉光谷满庭春 MOMΛ 项目 2.1 期 19～22 号楼	★★
426		孝感闵集城镇新社区 1、2、8～23 号住宅楼项目	★★
427		孝昌全洲桃源 B 区 B15、B18、B22～B25 号住宅楼	★★
428		随州尚城国际 1～4、6～9 居住建筑项目	★★
429		天津市博睿园住宅项目（1～23 号楼）	★★
430		佛山岭南天地 18 号地块商住项目	★★
431		西宁新华联广场 3 号地住宅	★★
432		乐都锦绣水居二期 A 区项目	★★
433		南阳建业森林半岛（四期、五期）	★★
434		平顶山鲁山大鹏盛世华城	★★
435		开封安联风度柏林（1～13 号楼）	★★
436		长沙当代滨江 MOMA 项目 1～3、5～8 号楼	★★

序号	项目类型	项 目 名 称	星级
437		芜湖万科城一期五标段（10～16 号楼）	★★★
438		北京万科长阳紫云家园 03-5-07 地块 1～13 号楼、03-5-08 地块 1～8 号楼	★★★
439		北京市房山区金域缇香家园项目 7～9 号楼	★★★
440		广州万科峯境花园	★★★
441		哈尔滨辰能溪树庭院二期二区 B4 号楼	★★★
442		秦皇岛"在水一方"C02～C07、C09～C15、C34 号楼	★★★
443		中新天津生态城 12A 地块景杉二期住宅（B1～B7 号楼）项目	★★★
444		天津生态城宜禾红橡公园住宅 1～25 号楼	★★★
445		南京朗诗保利·麓院南院 4～10 号楼	★★★
446		柳州华柳佳苑住宅小区一期 1～4 号楼	★★★
447		上海松江区国际生态商务区 14 号地块商品住宅项目（9、11、14 号楼）	★★★
448		广州万科新光城市花园 B5～B8 号楼	★★★
449		万晖南京上坊保障房 6 区 01～05 号住宅楼	★★★
450		广州万科金色梦想 G13～G15 栋	★★★
451		杭州余政储出［2012］21 号地块商品住宅（11～23 号楼）	★★★
452	住宅建筑	盐城市钱江绿洲一期（1～3、5 号楼）	★★★
453		扬州华鼎星城二期 13～23 号楼	★★★
454		张家港朗泰绿色家园一期 1～3、5～7、9 号楼	★★★
455		北京大兴区庞各庄镇镇区改造 4 号地 1～11 号楼住宅项目	★★★
456		鄞奉片启动区西侧 1、2 号地块（宁波南塘·金茂府一期住宅 1～6 号楼）	★★★
457		宝鸡石鼓·天玺台住宅项目一期 1～3、5、6、22、23、25～32 号楼	★★★
458		新疆万科兰乔圣菲一期 D1～D3、D5～D10、D25～D30、D33、D35～D37 号住宅建筑	★★★
459		宁波戎家 2 号地块项目 5、6、7、9 号楼	★★★
460		姑苏金茂府住宅一期 5～8 号楼	★★★
461		湖北小池滨江新区"小池家园"河桥社区 3～16 号楼住宅项目	★★★
462		长沙万科紫台一期 A 区 6、12～14 号楼	★★★
463		德州红星国际广场（一期住宅）项目北侧地块 1～7、9 号楼	★★★
464		上海市嘉定区三湘海尚名邸一期 23、25～29 号楼	★★★
465		上海平凉街道 23 街坊云邸住宅 1～8 号楼	★★★
466		仪征帝景蓝湾 17～23 号楼	★★★
467		昆明魅力之城 1 号地块 8～10 号楼、3 号地块 1～2 楼	★★★

序号	项目类型	项 目 名 称	星级
468		苏州苏地 2011-B-29 一期浒墅关 128 项目 1~15 号楼	★★★
469		宁波东部新城核心区 C3-10-1 号地块 5、6 号楼	★★★
470		长沙金茂梅溪湖住宅二期 25、26 号栋	★★★
471		景瑞地产杭州余政储出 46 号地块 3~5 号楼	★★★
472		苏州苏地 2012-G-128 号地块项目 14~24 号楼	★★★
473		北京市房山区胜茂嘉苑 1、2 号住宅楼	★★★
474		昆山市绿地理想家园 4~7、11、12 号楼	★★★
475		海门市云起苑项目一期 3、4、5 号楼	★★★
476		北京绿地昌平未来科技城 B-04、B-05 地块 5、7、10~12、14 号住宅楼	★★★
477		常州新城帝景高层住宅区北区 33、36 号楼	★★★
478		秦皇岛铂悦山小区二期 1~14 号住宅楼	★★★
479		青岛万科蓝山 2.3 期（9、10 号楼）	★★★
480		上海虹桥商务区北区 11 号地块 16-01 住宅（11~15 号楼）	★★★
481		上海虹桥商务区北区 11 号地块 17-02 住宅（21~23、26 号楼）	★★★
482		天津天蓟·美域新城二期 16~19、25~27 号楼	★★★
483	住宅建筑	上海绿地青浦新城一站 19A-01A 地块 8 号楼	★★★
484		杭州紫台公寓 1~14 号楼	★★★
485		郑州建业·天筑 1~9、11 号住宅楼	★★★
486		厦门海沧生态花园住宅 1~10 号楼	★★★
487		北京沙河高教园二期（一）地块 2 号住宅楼	★★★
488		中新天津生态城起步区 05-06-03 地块吉宝（12 地块）23~28 号楼	★★★
489		中新天津生态城南部片区 05-08-02-01 地块住宅项目（首玺园）	★★★
490		长沙恒伟西雅韵住宅 1~6 号楼	★★★
491		昆山低碳主题公园 A1 地块住宅（1~11 号楼）	★★★
492		扬州华鼎星城三期 1~3、5~12 号楼	★★★
493		青岛·市南金茂湾·爱琴岛 1~3、5~7 号楼	★★★
494		上海青浦新城一站大型社区 62A-02A 地块 1~3、6~18 号楼	★★★
495		昆明市海公馆	★★★
496		天津生态城双威 04-01-04-02 地块住宅项目一期工程（悦馨苑 1~8 号楼）	★★★
497		昆明白沙润园二期 1 号地块（1~11 栋楼）	★★★
498		上海万科张江高科技园区中区 C-10-3、C-10-6 地块住宅 1~4 号楼	★★★

序号	项目类型	项 目 名 称	星级
499	住宅建筑	上海虹桥商务区核心区北片区 06 号地块 A01～A07、H01～H03 号住宅	★★★
500		广西南宁中房翡翠湾住宅	★★★
501		宁波东部新城核心区 C3-9 地块 1、2 号楼	★★★
502		宁波东部新城核心区 C3-11 地块 3、4 号楼	★★★
503		兰州鸿运润园住宅小区 C 区 17～22 号楼	★★★
504		兰州鸿运润园住宅小区 A 区 1～15、C 区 1～16、D 区 1～7 号楼	★★★
505		吐鲁番示范区集资统建住房一期～五期住宅楼	★★★
506		昆明魅力之城 A2 地块 1～9 号楼、A7-1 地块 1～6 号楼	★★★
507		昆山花桥项目 1 号地块 51～53 号楼	★★★
508		常州朗诗·绿郡花园一期 1～3、5～9 号楼	★★★
509	公共建筑	杭州市伊斯兰教协会新建清真寺	★
510		瓯海建设大厦	★
511		北京王府井大饭店改造工程	★
512		太原市信达国际金融中心	★
513		晋城市环境保护局监测执法业务用房	★
514		抚顺·绿地总部 2 号楼	★
515		武汉绿地国际金融城 A03 地块 C1 栋办公楼	★
516		无锡绿地东望商务广场一期	★
517		镇江绿地中央广场项目 8-7 地块 A 塔楼	★
518		镇江绿地中央广场项目 8-7 地块 B、C 塔楼	★
519		上海松江万达广场大商业	★
520		满洲里万达广场大商业	★
521		潍坊万达嘉华酒店	★
522		长沙华雅国际财富	★
523		长沙中信·凯旋蓝岸花园（1～17、29～31 号栋）	★
524		马鞍山万达嘉华酒店	★
525		荆州万达嘉华酒店	★
526		宝鸡市中心医院内科住院楼工程	★
527		上海张江集电港 B 区 3-8 研发总部	★
528		天津滨海高新区标准厂房示范园 A 区项目	★
529		太仓经济开发区商务广场 E 地块 1、2 号办公楼	★
530		盐城市文汇路小学	★
531		昆山绣衣幼儿园	★

序号	项目类型	项目名称	星级
532		盐城师范学院新长校区西区学生公寓 5 号楼	★
533		江阴市实验小学北校区	★
534		江苏国际商务酒店二期配套办公楼	★
535		西安大夏国际中心	★
536		深圳市玉龙九年一贯制学校	★
537		深圳市精细化工产业园坝光社区整体搬迁安置学校工程	★
538		深圳市观澜版画艺术博物馆项目	★
539		江门万达广场大商业	★
540		温州平阳万达广场大商业	★
541		中国银行沧州分行营业办公楼	★
542		广西建设职业技术学院新校区 A 分标	★
543		徐州新城中心广场项目	★
544		江西省冶金工业学校 2 号楼	★
545		银川西夏万达广场 C 区大商业	★
546		兰州万达文华酒店	★
547		珠海十字门中央商务区会展商务组团一期标志性塔楼	★
548	公共建筑	西安瓦胡同小区 2 号地块项目	★
549		西安瓦胡同小区 3 号地块项目	★
550		榆林市榆阳区煤炭公司煤苑酒店	★
551		兰州城关万达广场大商业	★
552		杭州拱墅万达广场大商业	★
553		荆州万达广场购物中心	★
554		江门万达广场甲级写字楼 1 号	★
555		嘉兴万达广场大商业	★
556		烟台万达文华酒店	★
557		昆明西山万达广场购物中心	★
558		盐城黄海之晶	★
559		苏州工业园区中央景城九年一贯制学校	★
560		徐州铜山区科技创业大厦	★
561		太仓市经贸小学综合教学楼	★
562		衢州市城市展示馆及规划业务管理用房	★
563		杭州师范大学仓前校区一期实施区工程（公共建筑部分）	★
564		宁波甬港现代科技企业孵化器二期工程	★

序号	项目类型	项 目 名 称	星级
565		烟台芝罘万达广场大商业	★
566		昆明万达文华酒店	★
567		昆明西山万达广场超高层甲级写字楼	★
568		东莞东城万达广场 B 区 5 幢酒店、6 幢办公楼	★
569		东莞东城万达广场 AD 区 1 幢大商业	★
570		深圳市观澜福民社区综合服务中心	★
571		深圳市光明新区公明人民医院扩建工程和综合楼工程	★
572		深圳市南方科技大学和深圳大学新校区拆迁安置区产业园 ABC 区	★
573		宜昌市职教园旅游学院风雨操场、体育场看台下建筑	★
574		宜昌市职教园旅游学院教学楼、实训楼	★
575		宜昌市职教园旅游学院学生食堂	★
576		宜昌市职教园旅游学院 1～3 号学生宿舍	★
577		武汉合众人寿健康社区（一期）（公共建筑）	★
578		天津信息安全产业园（一期）——办公类建筑	★
579		天津信息安全产业园（一期）——酒店式公寓	★
580		淄博沂源县供电公司电力调度营销中心	★
581	公共建筑	烟台高新区科技 CBD 创业大厦	★
582		济南市浪潮科技园 S01 科研楼	★
583		长沙天健·芙蓉盛世二期（H 栋）	★
584		西安禾盛京广中心 2～6 号写字楼	★
585		中国联通陕西西安数据中心 1、2 号 IDC 楼	★
586		西安交通大学材料科研与基础学科大楼	★
587		西安交通大学学生服务中心大楼	★
588		蚌埠万达嘉华酒店（A3 号楼）	★
589		江门万达广场甲级写字楼 2 号	★
590		福清万达广场大商业	★
591		南京江宁龙湖湾龙眠大道小学	★
592		昆山花桥徐公桥小学改扩建工程	★
593		无锡国慧商务广场	★
594		靖江市滨江新城学校中小学楼、艺体楼	★
595		南昌市城泰湖堤春晓 1（综合楼）、3（办公类）号楼	★
596		南昌市新·立方 1、2 号楼	★
597		四川花里大酒店	★

续表

序号	项目类型	项　目　名　称	星级
598		芜湖万达广场二期——五星级酒店	★
599		龙岩万达广场 A1 号楼购物中心	★
600		黄石万达嘉华酒店	★
601		黄石万达广场购物中心	★
602		龙岩万达广场嘉华酒店	★
603		合肥万达文旅新城一期 1、2 号楼	★
604		深圳市福田区人民医院后期工程新建门诊住院大楼（01）	★
605		深圳市景贝小学扩建综合楼工程	★
606		深圳市鹏瑞深圳湾壹号广场南地块一期	★
607		深圳市滨海医院	★
608		深圳市满京华现代西谷大厦	★
609		深圳市人民小学改造扩建工程	★
610		深圳市红花丽苑 A 栋办公楼及商业裙房	★
611		深圳市白石洲中小学校扩建教学辅助楼	★
612		深圳市观澜街道桂花社区综合服务中心	★
613		天津生态城第三社区中心	★
614	公共建筑	铜仁市麒龙·国际会展城 C3~C10、C16 号楼	★
615		南宁青秀万达广场大商业	★
616		南宁青秀万达文华酒店	★
617		盐城绿地商务城 2 号地块主题商业（购物中心）	★
618		盐城工业职业技术学院大学生活动中心	★
619		江阴森茂汽车城（A2、B6 栋）	★
620		江门万达广场五星级酒店	★
621		晋城市凤城中学（艺体楼、高中综合实验楼、行政办公楼、高中教学楼、食堂、1~3 号学生公寓）	★
622		渭南万达广场大商业（3、8 号楼）	★
623		西安禾盛京广中心 1 号超高层写字楼	★
624		南昌·绿地外滩公馆 17~19 号楼	★
625		南昌·绿地外滩公馆 8~13、15、16 号楼	★
626		内江万达广场大商业	★
627		内江万达广场嘉华酒店	★
628		泰安万达广场 2 号楼	★
629		深圳市新地中央广场	★

序号	项目类型	项 目 名 称	星级
630		深圳市清华实验学校海外部文体中心	★
631		深圳市下沙社区改造项目（03-01 地块）A、B 座及商业裙房	★
632		深圳市盐田沙头角派出所办公楼	★
633		深圳市盐田区档案馆	★
634		深圳市天安云谷产业园一期	★
635		深圳市留学生创业大厦二期	★
636		深圳市盐田区游泳馆	★
637		河南省一建集团生产科研大楼	★
638		佛山碧桂园希尔顿酒店	★
639		广州增城万达嘉华酒店	★
640		广州增城万达广场-商业综合体（A-2、A-3、A-4、地下室）	★
641		广东技术师范学院新校区一期工程后勤服务用房	★
642		广州番禺万达广场——商业综合楼	★
643		广东技术师范学院新校区一期工程国际教育学院研究生教学楼	★
644		天津溪水河畔花园 46、47 号楼	★
645		江苏省常州建设高等职业技术学校新校区	★
646	公共建筑	盐城市实验小学东校区教学综合楼	★
647		昆山市花桥中心小学校曹安校区	★
648		上海万达瑞华酒店项目	★
649		德州万达广场购物中心	★
650		鸡西万达广场大商业	★
651		长沙赤岭路小学一期	★
652		长沙中信凯旋城配套小学及幼儿园	★
653		西安艾默生研发扩展项目 A、B、C 办公楼	★
654		西安宜家家居商场项目	★
655		西安泰华·金贸国际（1~10 号楼及商业裙房）	★
656		西安 TOP ONE 商业办公楼	★
657		西安理工大学曲江校区图书馆	★
658		南郑县人民法院大河坎镇中心人民法庭\公园天下 5、6 号楼	★
659		西安永恒大厦	★
660		宝鸡代家湾商务中心项目（1、2、3、5 号楼）	★
661		西安华东国际贸易中心（大商业，1、2 号办公楼）	★
662		西安凯颐大厦	★

序号	项目类型	项 目 名 称	星级
663		西北工业大学创新科技大楼（A、B 楼及裙房）	★
664		会宁县北城区（新雅）商业广场（一期）建设项目	★
665		忻州市精神卫生中心住院楼及配套工程	★
666		晋城市中等专业学校二期工程	★
667		邯郸儿童福利楼	★
668		温州滨江广场项目一期工程	★
669		常州龙洲伊都四期 10、11 号楼	★
670		柳州万达嘉华酒店	★
671		广州萝岗区绿地智慧广场 B1-B2 栋办公楼	★
672		广州萝岗区绿地智慧广场 S4 栋艺术中心	★
673		无锡融创熙园滨湖新城 3 号地块 C2、C3 组团（养老所、门诊所）	★
674		贵阳绿地·新都会 12-13、15-18 号楼	★
675		天津天保金海岸 D05-2 商业项目	★
676		深圳市长安标致雪铁龙汽车研发中心	★
677		深圳市观澜第二中学文体综合楼	★
678		深圳市京基滨河时代广场 03-03 号地块	★
679	公共建筑	深圳市坪环大厦	★
680		会宁县北城区新雅商务宾馆建设项目	★
681		广州御银科研设计楼	★
682		上海新江湾城 22-1、22-2 地块商办新建项目（保辉国际大厦）	★
683		延边体育运动学校工程	★
684		延边第二人民医院异地新建工程	★
685		吉林省（延边）朝鲜语广播影视节目译制中心	★
686		延边第二中学综合教学楼（校安工程）	★
687		延边城市展示中心（延边朝鲜族青少年科技创新教育实践基地）	★
688		南宁安吉万达广场（公建部分）	★
689		秦皇岛博辉·万象城 B 区 21、22、23a、23b、24a、24b、25、26 号楼	★
690		秦皇岛 404 经济适用住房项目商业 2 号楼	★
691		秦皇岛港物流服务园区办公楼项目	★
692		秦皇岛星光大道 11～14 号楼	★
693		北戴河太平庄村村民安置房项目 7、41、42 号楼	★
694		秦皇岛汤河铭筑 1、2、12 号楼	★
695		秦皇岛北部工业园区给水加压泵站公辅楼	★

序号	项目类型	项 目 名 称	星级
696		西安 CROSS 万象汇（2~4、6~9 号楼）项目	★
697		西安铂悦 1 号楼项目	★
698		西安丰和坊南区 14 号楼	★
699		西安紫郡华宸 A、B 座	★
700		安阳万达广场嘉华酒店	★
701		广州萝岗区绿地智慧广场 D 栋办公楼	★
702		桂林高新万达广场大商业	★
703		中新天津生态城芦花庄园邻里中心	★
704		安阳万达广场大商业	★
705		营口万达广场一期（大商业）	★
706		广元万达广场购物中心	★
707		广元万达广场嘉华酒店	★
708		亳州万达广场购物中心	★
709		昆明绿地云都会广场 A 地块 1 号楼 A 座及裙房、B 地块 1、4~6 号楼项目	★
710		毕节·招商花园城购物中心	★
711	公共建筑	义乌万达广场嘉华酒店	★
712		义乌万达广场购物中心	★
713		乌鲁木齐经开万达广场大商业	★
714		太原万达广场大商业	★
715		亳州万达广场嘉华酒店	★
716		郑州金水万达中心 11 号楼	★
717		大连开发区万达广场购物中心	★
718		齐齐哈尔万达广场大商业	★
719		青岛万达东方影都建设项目一期工程（万达公馆 ABC 地块）	★
720		大连开发区万达广场嘉华酒店	★
721		齐齐哈尔万达嘉华酒店	★
722		杭州钱江科技创新中心	★★
723		杭州钱江经济开发区市民公园山体绿建	★★
724		浙江大学医学院附属义乌医院	★★
725		绍兴市科技文化中心	★★
726		杭州新加坡低碳科技园产业化中心办公楼及综合楼（1 号，2 号，3 号，4 号，5 号，6 号，7 号，8 号，13 号，19 号，25 号，28 号，29 号）	★★

序号	项目类型	项 目 名 称	星级
727		新余市公安局技术大楼	★★
728		无锡·阿卡迪亚 A 区 32 号楼	★★
729		吴中区检察侦查技术综合中心	★★
730		吴中区公安（应急）指挥中心	★★
731		青海省妇女儿童医院门诊住院综合楼	★★
732		西宁新华联广场 1 号地办公楼	★★
733		西宁新华联广场 1 号地大型商业	★★
734		西宁新华联广场 1 号地酒店	★★
735		太原市棕榈·佳园（太原工具厂）住宅小区 2 号楼	★★
736		太原煤炭气化（集团）有限公司龙泉矿井行政生活区办公楼、培训中心、食堂及单身公寓	★★
737		长沙北辰三角洲 A1 区写字楼	★★
738		甘肃土木工程科学研究院综合办公楼项目	★★
739		武汉电影乐园	★★
		石首市人民医院第一期工程	★★
740		无锡星光商业中心一期工程 1～5 号楼	★★
741	公共建筑	西安·绿地中心 A 座	★★
742		上海虹桥商务核心区（一期）01 号地块虹桥丽宝广场（北）	★★
743		上海虹桥商务核心区（一期）01 号地块虹桥丽宝广场（南1）	★★
744		上海虹桥商务核心区（一期）01 号地块虹桥丽宝广场（南2）	★★
745		上海虹桥商务核心区（一期）06 地块 D19 街坊项目 D19 号 2A 商场一区	★★
746		D19 号 2B 商场二区	
747		上海虹桥商务区核心区（一期）09 地块Ⅲ-D08-03 三湘湘虹大楼	★★
748		天津于家堡金融区起步区升龙金融中心（03-22 地块）	★★
749		昆山花桥经济开发区 C7 地块 1-4 号办公楼	★★
750		昆山花桥桥苑国际酒店	★★
751		太仓新城大厦	★★
752		苏州太湖科技产业园科技研发大楼	★★
753		南京青奥村-国际风情街	★★
754		苏州纳米科技城 A6-2 区	★★
755		苏州市国库支付中心、信息中心等办公综合楼	★★
756		张家港市职业技能实训基地后勤、行政及培训楼	★★
757		南通市建筑工程质量检测中心综合实验楼	★★

序号	项目类型	项 目 名 称	星级
758		徐州新城区接待中心	★★
759		重庆盘溪水产品综合批发市场	★★
760		重庆世纪精信总部基地	★★
761		重庆万科西九一期	★★
762		南通能达大厦	★★
763		（东营）中国石油大学国家大学科技园"生态谷"4～11、13～37号楼	★★
764		枣庄仲建商务广场	★★
765		枣庄翔宇国际项目	★★
766		深圳市盐田高级中学	★★
767		深圳市深圳机场T3航站楼	★★
768		中新天津生态城交警中心	★★
769		苏州复合式诚品书店文化商业综合体	★★
770		温州建设集团建设商务大厦	★★
771		北京市通州区马驹桥镇物流产业园E-11项目	★★
772		北京民用飞机技术研究中心101号科研办公楼	★★
773		邯郸政府机关幼儿园	★★
774	公共建筑	承德悦城华府二期1号楼	★★
775		北海市第二人民医院整体搬迁一期工程	★★
776		长沙梅溪湖消防站	★★
777		镇江南徐新城商务办公B区1号	★★
778		丽水欧陆风情园冒险岛水世界（入口城堡）	★★
779		云南玉溪建银广场1号楼	★★
780		温州市滨江商务区18-02地块建设工程	★★
781		恩施州建设服务暨人防指挥中心和恩施州开发区企业服务中心项目	★★
782		咸宁市传媒大厦	★★
783		荆门市水文水资源巡测基地	★★
784		南宁市建筑设计院科研设计中心	★★
785		鹤壁人民医院主病房楼	★★
786		平顶山福泉大酒店一号楼	★★
787		永福设计研发中心（福州）	★★
788		兴业银行大厦（福州）	★★
789		襄阳绿地中央广场B02地块幼儿园	★★
790		无锡宝能国际金融中心	★★

续表

序号	项目类型	项　目　名　称	星级
791		镇江科创园三期国际公寓（专家公寓）	★★
792		太仓开发区商务广场	★★
793		国家知识产权局专利局江苏中心科研用房	★★
794		重庆经开区长江孵化楼（二期工程）	★★
795		力帆中心——LFC	★★
796		重庆建科大厦	★★
797		国汇中心（酒店）	★★
798		永旺梦乐城苏州工业园区购物中心	★★
799		苏州兰亭半岛生活广场 1 号楼	★★
800		苏州信达生物制药办公质检楼 A1 号楼	★★
801		盐城市行政商务中心 B 座	★★
802		浙江省科技信息综合楼易地建设工程	★★
803		苏州丰隆城市中心 T1 号楼	★★
804		唐仲英基金会综合楼（苏州）	★★
805		北京保利国际广场 T1 办公楼	★★
806		丽江金茂君悦酒店旅游度假村	★★
807	公共建筑	贵州财经大学图书馆	★★
808		贵州财经大学会堂	★★
809		珠海十字门中央商务区会展商务组团展览中心（一期）	★★
810		潜江曹禺大剧院	★★
811		山东书城	★★
812		山东省煤田地质局部分事业单位综合业务楼	★★
813		济南市高新区智能监控信息中心项目	★★
814		临沧市人民医院青华医院	★★
815		海口南洋国际公馆	★★
816		（上海市委党校）新建体育馆、地下停车库本体项目	★★
817		上海虹桥新地中心 1 号楼	★★
818		上海虹桥商务区核心区一期 04 号地块上海虹桥万通中心	★★
819		无锡商会大厦	★★
820		靖江市滨江新城学校食堂和专家楼	★★
821		靖江市体育中心	★★
822		中国商飞北京民用飞机技术研究中心 102 号、103 号实验室	★★
823		上海延安初级中学新建科技楼	★★

序号	项目类型	项 目 名 称	星级
824		贵州财经大学新校区生活区 D1～D13、D14～D17、G1、C1～C4 号楼	★★
825		贵州财经大学新校区 A1、A2、A3-1、A3-2、A4～A12、B1、B5、B5-2～B5-4、H4 号楼	★★
826		中国·西部（贵阳）高新技术产业生产研发基地	★★
827		陕西延长石油科研中心项目	★★
828		荆门市政务中心及附楼（后勤服务中心一期）建设项目	★★
829		湖北省纪委监察厅花山工作基地1、2号工作楼	★★
830		国家节能建筑材料质量监督检验中心（湖北）	★★
831		湖北红安革命传统教育学院二期工程	★★
832		临泽七彩宾馆	★★
833		上海张江高科技园区中区 C-7-6 商办楼	★★
834		中海油大厦（上海）	★★
835		上海普陀区长风地区 3D 地块商业办公综合项目1～4号楼（精装修）工程	★★
836		上海杨浦区 311 街坊 C3-05 商办地块项目	★★
837		黄石"扬子·玉龙湾"11 号楼	★★
838	公共建筑	黄石"扬子·玉龙湾"12 号楼	★★
839		安徽省合肥监狱迁建工程	★★
840		盐城市建军路全民健身中心	★★
841		苏州 UL 美华认证有限公司新建电子电气产品测试研发	★★
842		常州金东方颐养园护理中心及服务中心	★★
843		扬中奥体中心体育馆	★★
844		连云港新海岸大厦	★★
845		深圳湾科技生态园1、2、4～7、9～12栋	★★
846		北京中建鸿达培训基地改扩建项目	★★
847		北京通州万达广场东区大商业项目	★★
848		北京绿地昌平未来科技城 B-07 地块1、2、4号楼	★★
849		上海浦东机场综合保税区公共服务中心（二期）	★★
850		上海汤臣臻园（02-05 地块）3 区项目	★★
851		国家煤层气产品质量监督检验中心（晋城市）	★★
852		重庆金茂·珑悦幼儿园	★★
853		重庆锦嘉国际大厦	★★
854		重庆同原·江北鸿恩寺项目三期	★★

序号	项目类型	项 目 名 称	星级
855		中新天津生态城南部片区 5 号地块幼儿园	★★
856		中新天津生态城北部片区产业园标准厂房二期 15 号楼研发中心	★★
857		漳州招商·卡达凯斯酒店	★★
858		广州市环境监测与预警中心	★★
859		广州金山谷创意产业园一期办公项目	★★
860		广州金山谷创意产业园一期商业项目	★★
861		广州新电视塔	★★
862		邯郸临漳县医院整体搬迁工程	★★
863		邯郸市游泳训练中心	★★
864		河北省建筑科学研发中心 2 号楼——科研办公楼	★★
865		河北地理信息基地	★★
866		天津诺德金融大厦（03-08 地块）	★★
867		盐城环保产业园 1 号地块辅助用房 1～辅助用房 11	★★
868		盐城环保产业园 1 号地块绿地豪生大酒店	★★
869		苏州建屋 2.5 产业园三期 M1-M3、N2、N3 号办公楼	★★
870		苏州建屋 2.5 产业园三期 N1、N4 号办公楼	★★
871	公共建筑	苏州中银大厦	★★
872		太仓月星家居广场	★★
873		张家港华东国际大厦	★★
874		南京新纬壹国际生态科技园（2011G68 一期项目）展示中心	★★
875		昆明未名城 A4 地块——昆明市建筑设计研究院有限责任公司生产业务楼	★★
876		合肥高速时代城 A 地块办公楼	★★
877		西安白桦林国际商务广场（A 座、B 座及商业裙房）	★★
878		兰州金徽财富中心建设项目	★★
879		大同御东新区-2009-26 地块-S1 地块铂蓝郡 34 号办公楼及 32～38 号商业楼项目	★★
880		山西医科大学第一医院交城分院建设项目（医疗综合楼）	★★
881		日照市岚山区文化中心	★★
882		日照市综合文化中心图书馆	★★
883		日照兴业·喜来登广场酒店	★★
884		临沂鲁商中心 A1～A8 号办公楼	★★
885		临沂鲁商中心 S01-S04、C01 号商业楼	★★
886		济南工程职业技术学院教学楼	★★

续表

序号	项目类型	项　目　名　称	星级
887		中国铁建·国际城公建项目 A 座（济南）	★★
888		石家庄二中实验学校校园建设项目（综合教学楼、教学实验楼、艺术楼、宿舍、食堂）	★★
889		石家庄市第二十四中学教学综合楼	★★
890		石家庄市老年公寓	★★
891		永旺梦乐城武汉经济技术开发区购物中心	★★
892		广州萝岗区绿地智慧广场 A1 栋办公楼	★★
893		腾讯成都 A、B 地块项目	★★
894		厦门-联发滨海 D2-1 地块项目	★★
895		恒丰银行苏州分行办公楼	★★
896		江汉大学工程训练中心改扩建工程项目	★★
897		天津金融街（南开）中心融汇广场项目 1～3 号楼	★★
898		湖南师范大学附属中学梅溪湖实验中学项目	★★
899		深圳市宝耀片区更新单元二期	★★
900		南方电网生产科研综合基地（生产办公区）	★★
901		南方电网生产科研综合基地（档案中心）	★★
902	公共建筑	南方电网生产科研综合基地（后勤服务中心）	★★
903		南方电网生产科研综合基地（文体休息区）	★★
904		南方电网生产科研综合基地（培训楼专家楼）	★★
905		上海虹桥商务核心区（一期）09 号地块Ⅲ-D08-05（虹桥三湘商业广场）	★★
906		上海德丰路初中	★★
907		青海省康复医院康复大楼	★★
908		青岛国际啤酒城改造项目二期Ⅰ、Ⅱ工程	★★
909		山东（青岛）国际航运中心（A1 地块）	★★
910		广西金融广场	★★
911		柳江县人民医院门诊综合大楼	★★
912		南宁龙光世纪	★★
913		成都大慈寺文化商业综合体项目（商业、酒店）	★★
914		佛山市公共文化综合体之佛山市艺术馆	★★
915		中铁·西安中心	★★
916		上海奉城镇 2606 地块商业 S-2 号楼	★★
917		南昌供电公司高新基地生产调度通信大楼	★★
918		深圳市海上世界酒店	★★★

序号	项目类型	项　目　名　称	星级
919		宜兴环保科技工业园科技孵化园 42 号建筑低碳楼	★★★
920		天津生态城南部片区环卫之家	★★★
921		宜兴市文化中心（科技馆、博物馆、图书馆、大剧院）	★★★
922		中节能（江西）总部基地	★★★
923		东莞长安万科中心 8 栋商业办公楼	★★★
924		上海虹桥商务区核心区一期 03 号地块南块万科中心 1～7 号楼	★★★
925		三亚海棠湾海南省税务学校（含税务数据备份中心）	★★★
926		香港〔Mira Moon〕酒店	★★★
927		香港苏豪智选假日酒店	★★★
928		大连万科绿色建筑技术集成展示中心	★★★
929		武汉国际博览中心会议中心	★★★
930		长沙市轨道交通运营控制中心	★★★
931		南京禄口国际机场二期建设工程 2 号航站楼及停车楼	★★★
932		贵州省贵阳市息烽县人民医院综合住院大楼	★★★
933		浙江绿色低碳建筑科技馆 A 楼	★★★
934		大连国际会议中心	★★★
935	公共建筑	吉林省政府驻大连办事处原址及周边用地改造 A 区项目	★★★
936		昆明世博生态城-低碳中心	★★★
937		宁波滨江 2 号-1 地块项目二期 4 号楼（幼儿园）	★★★
938		武汉未来科技城起步区一期 A 区新能源研究院 B、D 楼	★★★
939		贵阳市城乡规划展览馆	★★★
940		苏州有轨电车研发大楼	★★★
941		佛山广佛新世界庄园广佛会	★★★
942		江苏省常州建设高等职业技术学校科技研发楼	★★★
943		苏州工业园区设计研究院办公楼	★★★
944		中国建筑股份有限公司技术中心办公楼项目	★★★
945		中国建筑股份有限公司技术中心试验楼项目	★★★
946		南宁市规划展示馆	★★★
947		（武汉）东湖国家自主创新示范区公共服务中心	★★★
948		厦门中航紫金广场（B 栋办公塔楼）	★★★
949		北京经开国际企业大道 III3 组团 3-2 号办公楼	★★★
950		常州（紫薇园）民防疏散基地一期	★★★
951		苏州宝时得中国总部（一期）办公大楼	★★★

序号	项目类型	项 目 名 称	星级
952		广州市城市规划展览中心	★★★
953		苏州丰隆城市中心 T3 号楼	★★★
954		杭州市余杭区崇贤街道杨家浜小学	★★★
955		安阳市建设大厦	★★★
956		上海迪斯尼乐园园区六 BH602 办公楼	★★★
957		南京丰盛商汇 C 地块 1～4 号楼	★★★
958		舟山市科技创意研发园一期启动区块 4 号楼	★★★
959		康振环保科技（苏州）有限公司研发楼	★★★
960		德州星凯国际广场（一期商业）项目南侧地块办公楼 A、办公楼 B、家居 mall 和商业街	★★★
961		广东省建筑科学研究院检测实验大楼	★★★
962		长沙·万境财智中心	★★★
963		苏州木渎科技产业园（金枫城市设计产业园工程）-A 幢	★★★
964		云南建工发展大厦	★★★
965		北京汽车产业研发基地用房（综合研发办公大楼）	★★★
966		江南大学综合实验楼二期-食品科学中心	★★★
967	公共建筑	北京金晶研发综合办公楼	★★★
968		中国农业科学院哈尔滨兽医研究所综合科研楼项目	★★★
969		中国博览会会展综合体（北块）	★★★
970		绍兴华汇科研设计中心	★★★
971		济南万象新天北地块四期会所	★★★
972		苏州青山度假山庄二期工程	★★★
973		连云港港国际客运站	★★★
974		青岛市红岛东岸线管理用房	★★★
975		南京市科研设计业务大楼	★★★
976		张家港市职业技能实训基地培训楼 10 号（图书信息楼）	★★★
977		天津大学新校区第一教学楼	★★★
978		天津仁恒海河广场写字楼	★★★
979		上海世茗国际大厦	★★★
980		第二军医大学第三附属医院上海安亭院区一期工程	★★★
981		上海虹桥商务区核心区一期 07-1 地块上海冠捷科技总部大厦	★★★
982		上海虹桥商务区核心区一期 5 号地块南区 D、E、F、G、H4～H6 办公楼	★★★
983		深圳湾科技生态园 3、8 栋	★★★

序号	项目类型	项 目 名 称	星级
984		北京华电产业园 AB 座办公楼	★★★
985		北京金雁饭店项目	★★★
986		中新天津生态城南部片区 5 号地块小学	★★★
987		昭山两型产业发展中心	★★★
988		苏州太谷大厦	★★★
989		北京浦项中心	★★★
990		北京未来科技城中国南方工业研究院 1、4、5 号楼	★★★
991		苏州数码 E 园二期生产用房改扩建工程——办公楼	★★★
992		青岛云鼎国际项目	★★★
993		苏州立德商务广场	★★★
994		深圳市香江金融大厦	★★★
995		长沙梅溪湖国际新城研发中心二期 11 号楼	★★★
996		天津生态城读者新媒体大厦	★★★
997		山东中大千方制药有限公司质检实验楼	★★★
998		青岛连云港路 66 号国际航运中心	★★★
999		粤电信息交流管理中心	★★★
1000	公共建筑	昆明市海公馆会所	★★★
1001		北京绿地昌平未来科技城 B-04、B-05 地块 6、9、15、16 号办公楼	★★★
1002		天津蓝海科技园一期工程 B 栋	★★★
1003		天津滨海新区南部新城社区文化活动中心项目	★★★
1004		天津武清商务办公区一期（高层 2、3 号楼）、三期（多层 A 区 1～9 号楼、B 区 1～8 号楼、C 区 1～8 号楼、D 区 1～5 号楼）	★★★
1005		天津市建筑设计院新建业务用房及附属综合楼工程	★★★
1006		天津湾 D 地块津都湾广场 2 号楼	★★★
1007		上海虹源盛世国际文化城 A 区项目 4.1、4.3、4.5A、4.5B、4.6A、4.6B 号楼	★★★
1008		上海市崇明县陈家镇实验生态社区 4 号公园配套用房	★★★
1009		上海虹桥商务区核心区南片区 02 地块办公楼	★★★
1010		上海国家电网世博园区办公楼 B02B 地块 1～2 号楼	★★★
1011		上海国家电网世博园区办公楼 B03D 地块 3～4 号楼	★★★
1012		上海中铝南方总部项目 B02A-03、06 地块办公楼	★★★
1013		中外运长航上海世博办公楼	★★★
1014		上海中化集团世博 B03C-02 地块商办楼	★★★

序号	项目类型	项 目 名 称	星级
1015	公共建筑	湖南·省建院·江雅园办公楼	★★★
1016		北京市昌平区北七家镇公建混合住宅用地项目（TBD云集中心）2～4号办公楼	★★★
1017		山东省德国企业中心	★★★
1018		上海华电大厦	★★★
1019		苏州轨道交通四号线支线溪霞路站配套地下空间（苏地2013-G-65号地块）	★★★
1020		中节能（江西）低碳环保科技园一期工程1号低碳馆	★★★
1021		河北省建筑科技研发中心中德被动式低能耗建筑示范房	★★★
1022		盐城市建筑设计研究院综合设计业务楼	★★★
1023		深圳壹海城南区3、4、6号地块（3-1地块：AB座商务公寓、CD座办公；3-2地块：A座酒店办公、B座办公；4地块商业综合体）	★★★
1024		山西晋城规划建筑设计研究发展中心	★★★
1025		青岛蓝海新港城项目D2地块（金茂湾购物中心）	★★★
1026		北京雁栖湖国际会都（核心岛）	★★★
1027		东莞万科中心1号商业、办公楼	★★★
1028		上海虹桥协信中心北区T10号楼	★★★
1029		浙江省嘉兴市海盐县零碳屋（能源学校）工程	★★★
1030	工业建筑	江苏金秋竹集团有限公司核电站用生物屏蔽防护门厂区项目	★★
1031		中新天津生态城南部片区生活垃圾收集运输（气力输送）系统2号中央收集站	★★
1032		惠州中京电子科技股份有限公司新型PCB产业建设项目主厂房	★★
1033		哈尔滨九洲电气技术有限责任公司电气产品生产基地1、2、3号厂房	★★★
1034		上海大众汽车有限公司长沙工厂	★★★
1035		上海威派格环保科技有限公司新建给排水成套设备厂房	★★★
1036		长安福特汽车有限公司杭州生产基地乘用车项目一期工程	★★★
1037		上海大众汽车有限公司宁波工厂	★★★

2014年度绿色建筑运行标识项目统计表

序号	项目类型	项 目 名 称	星级
1	住宅建筑	宣化万柳公寓住宅小区C区14～16、D区3、4、14号住宅楼	★
2		洛阳鹏翔小区	★
3		银川中房·东城人家一期住宅	★★

序号	项目类型	项 目 名 称	星级
4	住宅建筑	西安太白北路小区 3 号住宅楼	★★
5		宣化万柳公寓住宅小区 C 区 1～13、D 区 1、2、5～13 号住宅楼	★★
6		鹤壁清华园住宅小区（1～29、32～52 号楼）	★★
7		洛阳新天地红太阳花园（1～3、5、6 号楼）	★★
8		邓州半岛帝城（1～3、5～13、15～18、21、22 号楼）	★★
9		鹤壁东方世纪城（1～38 号楼）	★★
10		广西南宁裕丰·英伦住宅小区	★★
11		石家庄国际城四期 52～67、70 号住宅楼	★★
12		石家庄燕都·紫阁 1～8 号住宅楼	★★
13		洛阳铁道龙城嘉园	★★
14		洛阳铁道龙锦嘉园	★★
15		驻马店置地天中第一城二期（38～42、47～53、56～60 号楼）	★★
16		新疆缔森君悦海棠绿筑小区	★★★
17		北京万科长阳半岛长阳镇起步区 1 号地 03 地块 1～7 号楼、04 地块 1～7 号楼、10 地块 1～9 号楼、11 地块 1～7 号楼	★★★
18	公共建筑	成都金牛万达广场大商业	★
19		绵阳涪城万达广场商业综合体	★
20		温州龙湾万达广场大商业	★
21		太仓万达广场南区（购物中心）	★
22		宜兴万达广场购物中心	★
23		无锡惠山万达广场购物中心	★
24		东莞长安万达广场购物中心	★
25		重庆万州万达广场购物中心	★
26		抚顺万达广场购物中心	★
27		厦门集美万达广场购物中心	★
28		中国延安干部学院	★★
29		内蒙古自治区农牧业科学院科学研究试验楼	★★
30		内蒙古自治区农牧业科学院研究生楼	★★
31		北京乐喜金星大厦（LG 双子座大厦）	★★
32		城建大厦（北京）	★★
33		平顶山福泉大酒店二号楼	★★
34		中冶建工集团设计研发大厦	★★
35		邓州市中心医院	★★

序号	项目类型	项目名称	星级
36	公共建筑	南京旭建 ALC 技术中心大厦	★★
37		阿斯利康上海张江新园区（一期）办公楼	★★
38		大连高新万达广场大商业	★★
39		河北师范大学新校区公共教学楼	★★
40		河北师范大学新校区公共图书馆、博物馆	★★
41		天津市建筑设计院科技档案楼	★★
42		联合国工发组织国际太阳能中心科研教学综合楼	★★
43		中国杭州低碳科技馆	★★★
44		全国组织干部学院（一期）	★★★
45		陕西省科技资源中心（科研办公楼）	★★★
46		中关村国家自主创新示范区展示中心（西区会议中心）	★★★
47		上海建科院莘庄综合楼	★★★
48		上海市委党校二期工程（教学楼，学员楼）	★★★
49		中国国家博物馆改扩建工程	★★★
50		北京汽车产业研发基地用房（综合研发办公大楼）	★★★
51		东莞生态园控股有限公司办公楼	★★★
52		上海申都大厦改造工程	★★★
53		四川省卧龙自然保护区都江堰大熊猫救护与疾病防控中心	★★★
54	工业建筑	北京海林节能设备股份有限公司生产研发基地（一期）	★★★
55		中煤张家口煤矿机械有限责任公司装备产业园项目	★★★

附录 5　中国绿色建筑大事记
Appendix 5　Milestones of China green building development

1. 2014 年 3 月，中共中央、国务院印发《国家新型城镇化规划（2014—2020）》。

2. 2014 年 3 月 18 日，中国城市科学研究会与中国绿色建筑与节能委员会联合印发《关于第一批绿色建筑基地的公告》（城科会字［2014］5 号），公布了北方地区、华东地区、西南地区和南方地区等四个绿色建筑基地的依托单位及联合单位。

3. 2014 年 3 月 26 日，《绿色建筑评价标准（香港版）》修编专家组成立会暨第一次工作会议在京召开，《绿色建筑评价标准（香港版）》修编工作正式启动。

4. 2014 年 3 月 27 日，中国绿色建筑与节能（香港）委员会与中国绿色建筑与节能（澳门）协会筹备组签订合作协议，为共同推动港澳特区绿色建筑发展奠定基础。

5. 2014 年 3 月 28 日，中国绿色建筑与节能委员会第七次全体委员会议在北京国际会议中心 3 号会议厅召开。

6. 2014 年 3 月 28～30 日，第十届国际绿色建筑与建筑节能大会暨新技术新产品博览会在北京国际会议中心成功举办。本届大会主题为"普及绿色建筑，促进节能减排"，共设 31 个分论坛，吸引来自世界各地约 3000 余人参会。

7. 2014 年 4 月 9 日，住房和城乡建设部办公厅印发《关于 2013 年全国住房城乡建设领域节能减排专项监督检查建筑节能检查情况的通报》（建办科函［2014］194 号），20 个省（区、市）和 17 个省会城市、计划单列市得到表扬。

8. 2014 年 4 月 15 日，住房和城乡建设部发布国家标准《绿色建筑评价标准》GB/T 50378—2014，自 2015 年 1 月 1 日起开始实施。

9. 2014 年 5 月 15 日，国务院办公厅印发《2014—2015 年节能减排低碳发展行动方案》（国办发［2014］23 号），要求深入开展绿色建筑行动，到 2015 年城镇新建建筑绿色建筑标准执行率达到 20%，新增绿色建筑 3 亿 m^2。

10. 2014 年 5 月 21 日，住房和城乡建设部、工业和信息化部联合印发《关于绿色建材评价标识管理办法》的通知（建科［2014］75 号），规范绿色建材评价标识管理工作。

11. 2014 年 5 月 30 日，宁波市成立绿色建筑与节能工作组，加大力度推动发展绿色建筑。

12. 2014 年 6 月 2～6 日，中国绿色建筑与节能委员会组团赴加拿大多伦多参加"加拿大绿色建筑大会"，并考察北美绿色建筑。

13. 2014 年 6 月 4 日，住房和城乡建设部、教育部联合印发关于《节约型校园节能监管体系建设示范项目验收管理办法（试行）的通知》（建科［2014］85 号）。

14. 2014 年 6 月 5 日，中国绿色建筑与节能委员会发布学会标准《绿色建筑检测技术标准》CSUS/GBC 05－2014，自 2014 年 7 月 1 日起实施。

15. 2014 年 6 月 7 日，国务院办公厅印发《能源发展战略行动计划（2014－2020）》（国发办［2014］31 号）。到 2020 年，一次能源消费总量控制在 48 亿吨标准煤左右。建设领域实施绿色建筑行动计划。

16. 2014 年 6 月 12 日，住房和城乡建设部建筑节能科技司印发《关于实施绿色建筑及既有建筑节能改造工作定期报表的通知》（建科节函［2014］96 号）。

17. 2014 年 6 月 13 日，绿色小城镇组在清华大学召开工作会议，讨论《绿色小城镇评价标准》初稿，加快《标准》的编制工作。

18. 2014 年 6 月 16 日，住房和城乡建设部"我国绿色建筑效果后评估与调研"课题通过验收。课题主要承担单位是中国城市科学研究会绿色建筑研究中心。

19. 2014 年 7 月 3 日，国内首个绿色工业建筑示范工程项目——张家口张煤机装备产业园通过验收。

20. 2014 年 7 月 22 日，世界银行/全球环境基金项目"大型公建与商业建筑能效对标与信息披露制度技术援助项目"在北京正式启动。

21. 2014 年 7 月 29 日，湖南省建设科技与建筑节能协会绿色建筑专业委员会（简称"湖南省绿专委"）在长沙成立。

22. 2014 年 8 月 7 日，住房和城乡建设部原副部长、中国城市科学研究会理事长仇保兴同志被世界绿色建筑协会授予"世界绿色建筑协会主席奖"荣誉。

23. 2014 年 8 月 28～29 日，"第三届严寒、寒冷地区绿色建筑联盟大会暨绿色建筑技术论坛"在呼和浩特市举行。

24. 2014 年 9 月 12 日，全国绿色建筑基地第一次工作交流会在重庆召开。

25. 2014 年 9 月 16 日，住房和城乡建设部印发关于《可再生能源建筑应用示范市县验收评估办法的通知》（建科［2014］138 号）。

26. 2014 年 9 月 23～24 日，以"生态城市，引领有机疏散"为主题的"2014（第九届）城市发展与规划大会"在天津召开。

27. 2014 年 9 月 26 日，黑龙江省土木建筑学会绿色建筑专业委员会（HG-

BC）成立大会暨国际绿色建筑学术论坛在哈尔滨市举行。

28. 2014 年 10 月 12 日，中国绿色建筑与节能委员会青年委员会 2014 年年会暨西部生态城镇与绿色建筑技术论坛在成都举行。

29. 2014 年 10 月 15 日，住房和城乡建设部办公厅、国家发展和改革委员会办公厅及国家机关事务管理局办公室联合印发《关于在政府公益性建筑及大型公共建筑建设中全面推进绿色建筑行动的通知》（建办科〔2014〕39 号）。

30. 2014 年 10 月 20 日，住房和城乡建设部办公厅印发《关于开展 2014 年度建筑节能与绿色建筑行动实施情况专项检查的通知》（建办科函〔2014〕627 号），定于 10 月～12 月开展建筑节能与绿色建筑行动实施情况专项检查。

31. 2014 年 10 月 29 日，《中国绿色建筑 2015》年度报告编写工作启动。

32. 2014 年 11 月 6 日，住房和城乡建设部办公厅印发《关于开展 2015 年度全国绿色建筑创新奖申报工作的通知》（建办科函〔2014〕699 号）。

33. 2014 年 11 月 6～7 日，第四届夏热冬冷地区绿色建筑联盟大会在武汉举行。

34. 2014 年 12 月，住房和城乡建设部建筑节能科技司和标准定额司联合举办新修订的国家标准《绿色建筑评价标准》GB/T 50378—2014 的培训宣贯会

35. 中国绿色建筑与节能委员会联合中国建筑科学研究院分别在天津和上海两地针对北方地区和华东地区组织新修订的国家《绿色建筑评价标准》GB/T 50378—2014 的培训宣贯会。

36. 2014 年 12 月 9 日，中国绿色建筑与节能（澳门）协会正式成立。

37. 2014 年 12 月 16 日，深圳市启动绿色建筑专业职称评审工作，全国第一批绿色建筑专业高、中级工程师在深圳产生。

■ 中国建筑节能现状与发展报告
■ 中国低碳生态城市发展报告
■ 中国绿色建筑

2014卷、2015卷……持续出版中
中国建筑工业出版社各种长销、畅销、书刊
广告征集中……